21世纪全国本科院校土木建筑类创新型应用人才培养规划教材

混凝土结构设计

主　编　熊丹安　吴建林

副主编　范小春　白应华

参　编　赵　亮　汪　芳　付慧琼

内容简介

本书是《混凝土结构设计原理》一书的后续教材，依据《混凝土结构设计规范》(GB 50010—2010)和相关最新规范、规程的内容编写。本书主要内容包括结构设计的一般概念、钢筋混凝土梁板结构、单层厂房排架结构、多层钢筋混凝土框架结构、剪力墙结构、框架—剪力墙结构，并将混凝土结构构件的抗震设计内容与相关章节有机地结合在一起。本书的显著特点是：适用于2011年7月1日起实施的新规范，用简洁的语言说明原理，对设计计算方法以及施工图的绘制等知识进行深入浅出的论述，并配以相应例题进行讲解。本书每章开篇给出教学目标和要求，引导思路，章末有本章小结、思考题和习题等。

本书可作为大学本科土木工程专业的专业课教材，也可作为土木工程技术人员的学习参考用书。

图书在版编目(CIP)数据

混凝土结构设计/熊丹安，吴建林主编. —北京：北京大学出版社，2012.9
(21世纪全国本科院校土木建筑类创新型应用人才培养规划教材)
ISBN 978-7-301-16710-6

Ⅰ.①混… Ⅱ.①熊… ②吴… Ⅲ.①混凝土结构—结构设计—高等学校—教材 Ⅳ.①TU370.4

中国版本图书馆CIP数据核字(2012)第205549号

书　　名：混凝土结构设计
著作责任者：熊丹安　吴建林　主编
策 划 编 辑：卢　东　吴　迪
责 任 编 辑：卢　东　林章波
标 准 书 号：ISBN 978-7-301-16710-6/TU·0275
出　版　者：北京大学出版社
地　　址：北京市海淀区成府路205号　100871
网　　址：http://www.pup.cn　http://www.pup6.cn
电　　话：邮购部62752015　发行部62750672　编辑部62750667　出版部62754962
电 子 邮 箱：pup_6@163.com
印　刷　者：三河市博文印刷有限公司
发　行　者：北京大学出版社
经　销　者：新华书店
787毫米×1092毫米　16开本　19.5印张　453千字
2012年9月第1版　　2014年6月第2次印刷
定　　价：37.00元

前　　言

为适应高等教育事业的发展，反映我国混凝土结构理论和设计方法在土木工程领域的新进展，培养土木工程专业的合格的高级工程技术人才和卓越工程师，编者依据《混凝土结构设计规范》(GB 50010—2010)、《建筑结构抗震设计规范》(GB 50011—2010)、《高层建筑混凝土结构技术规程》(JGJ 3—2010)及相关最新标准、规程，结合多年的教学实践和施工、设计方面的经验，按照教学大纲的要求编写了本书。本书坚持“讲清基本概念、讲透基本计算、教好基本构造、方便教学和自学”的原则。

本书主要讲述以下三方面内容：①结构设计的一般概念；②梁板结构、排架结构、框架结构、剪力墙结构、框架—剪力墙结构等几种基本混凝土结构的设计；③上述混凝土结构构件的抗震设计原则。本书与《混凝土结构设计原理》相衔接。

参加本书的编写人员有：熊丹安(第 1 章部分、第 2 章部分)、吴建林(第 2 章部分)、范小春(第 4 章)、白应华(第 1 章部分)、赵亮（第 5 章)、汪芳（第 6 章)、付慧琼（第 3 章)。本书由熊丹安、吴建林任主编，范小春、白应华任副主编。

本书用简洁的语言说明原理，用较多的篇幅说明计算过程和结构构造，编制有可操作的课程设计任务书、指导书和计算书；并将部分内容前加 * 号表示供提高的阅读内容，加★号表示重点提示。总之，编者期盼本书的出版能使读者受益，同时，在这里向参与本书编写及提供帮助的人员表示感谢。

由于作者水平有限，书中疏漏之处在所难免，请广大读者批评指正。

编　者

2012 年 5 月

目 录

第1章 结构设计的一般概念

教学目标

本章介绍结构设计的一般概念。通过本章的学习，要求达到以下目标。

(1) 掌握结构设计的基本规定。

(2) 熟悉结构的线弹性分析方法。

(3) 理解结构防连续倒塌设计方法及既有结构的设计规定。

教学要求

知识要点	能力要求	相关知识
混凝土结构类型	(1) 了解梁板结构、排架结构、刚架结构、框架结构的构件连接方式 (2) 了解高层混凝土结构的主要类型和特点	(1) 受弯构件 (2) 偏心受压柱 (3) 剪力墙，框架—剪力墙
结构设计的基本规定	(1) 了解混凝土结构中的结构缝设计要求 (2) 了解结构防连续倒塌设计的目标 (3) 了解既有结构的设计规定	(1) 设计方案 (2) 结构缝 (3) 既有结构
结构分析方法	(1) 理解结构分析应符合的条件 (2) 熟悉杆系结构中杆件截面刚度的确定方法 (3) 掌握杆系结构的计算图形确定方法	(1) 线弹性分析方法 (2) 平法施工图

基本概念

建筑和结构、梁板结构、排架结构、框架结构、高层结构、剪力墙结构、框架—剪力墙结构、筒体结构、既有结构

引言

建筑和结构的统一体即建筑物，它具有两个方面的特质：一是它的内在特质，即安全性、适用性和耐久性；二是它的外在特质，即使用性和美学要求。前者取决于结构，后者取决于建筑。结构是建筑物赖以存在的物质基础，在一定的意义上，结构支配着建筑。一个成功的设计往往以经济合理的结构方案为基础。在决定建筑设计中的平面、立面和剖面时，就需要考虑结构方案的选择，使之既满足建筑的使用和美学要求，又照顾到结构的可能性和施工的难易。巴黎国立蓬皮杜艺术中心是建筑和结构和谐统一的一个例子(图 1.1)。

如果说卢浮宫代表着法兰西的古代文明，那么“国立蓬皮杜艺术中心”便是现代化巴黎的象征。

图 1.1　巴黎国立蓬皮杜艺术中心

不仅它内部的设计、装修、设备、展品等新颖、独特、具有现代化水平，它的外部结构也同样独到、别致、颇具现代化风韵。这座博物馆一反传统的建筑艺术，将所有柱子、楼梯及以前从不为人所见的管道等一律请出室外，以便腾出空间，便于内部使用。整座大厦看上去犹如一座被五颜六色的管道和钢筋缠绕起来的庞大的化学工厂厂房，在那一条条巨形透明的圆筒管道中，自动电梯忙碌地将参观者迎来送往。

下面在讲述混凝土结构构件的设计原理和设计计算方法后，将对几种基本的混凝土结构设计进行介绍。

1.1 混凝土结构的分类

混凝土结构包括钢筋混凝土结构和预应力混凝土结构，都是由混凝土和钢筋两种材料组成。此外，还有由钢框架、型钢混凝土框架、钢管混凝土框架与钢筋混凝土核心筒体所组成的共同承受水平和竖向作用的混合结构。钢筋混凝土结构是应用最广泛的结构，除一般工业与民用建筑外，许多特种结构(如水塔、水池、高烟囱等)也采用钢筋混凝土建造。

1.1.1　梁板结构

顾名思义，这是由梁和板等受弯构件组成的结构，通常作为水平放置的结构构件，广泛用于房屋的楼盖和屋盖中，并在楼梯间、挡土墙、水池顶板等建筑和构筑物中得到应用。本书将在第 2 章中详细介绍这种结构。

1.1.2　单层房屋结构

大跨度的单层工业厂房和公共建筑，其屋盖及其支承结构就是单层房屋结构，有多种不同的结构类型。

1. 排架结构

排架结构的承重体系是屋面横梁(屋架或屋面大梁)、柱及基础，主要用于单层工业厂房。其屋面横梁(屋架或混凝土大梁)与柱的顶端铰接，柱的下端与基础顶面刚接(图 3.1)，这种结构将在本书第 3 章中详细介绍。

2. 刚架结构

刚架是一种梁柱合一的结构构件，钢筋混凝土刚架结构常作为中小型单层工业厂房的主体结构，也可用于民用建筑。刚架有三铰、两铰及无铰等几种形式，可以做成单跨或多跨结构(图 1.2)。

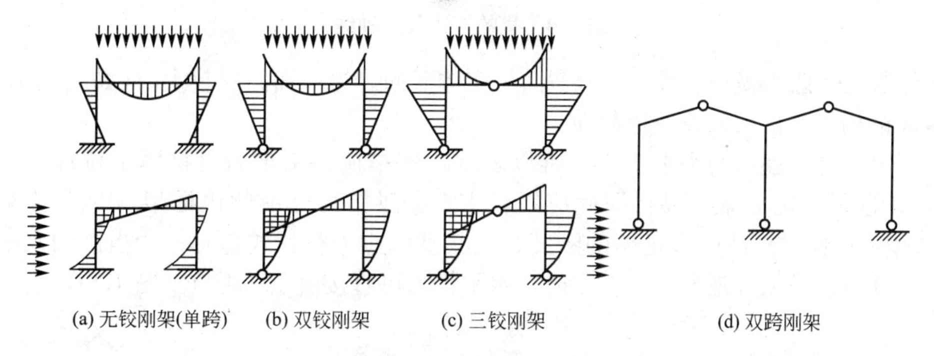
(a) 无铰刚架(单跨) (b) 双铰刚架 (c) 三铰刚架 (d) 双跨刚架

图 1.2 刚架结构形式和受力

刚架的横梁和立柱整体浇筑在一起，交接处形成刚节点，该处需要较大的截面，因而刚架一般做成变截面。刚架横梁通常为人字形(也可做成弧形)；为便于排水，其坡度一般取 1/3～1/5；整个刚架呈“门”形，因此也称为门式刚架，它可使室内有较大的空间。门式刚架的杆件一般采用矩形截面，其截面宽度一般不小于 200mm(无吊车时)或 250mm(有吊车时)；门式刚架结构不宜用于吊车吨位较大的厂房(以不超过 10t 为宜)，其跨度一般为 18m 左右。

3. 拱结构

拱是以承受轴压力为主的结构。由于拱的各截面上的内力大致相等，因而拱结构是一种有效的大跨度结构，在桥梁和房屋中都有广泛的应用(图 1.3)。

(a) 拱桥

(b) 站台屋面

图 1.3 拱结构

拱结构可分为三铰拱、双铰拱或无铰拱等几种形式，其轴线常采用抛物线形状(当拱的矢高 f 不大于拱跨度的 1/4 时，也可用圆弧代替)(图 1.4)。拱的矢高 f 一般为拱跨度的 1/2～1/8；矢高小的拱水平推力大，拱体受力也大；矢高大时则相反，但拱体长度增加。合理地选择矢高是设计中应充分考虑的问题。

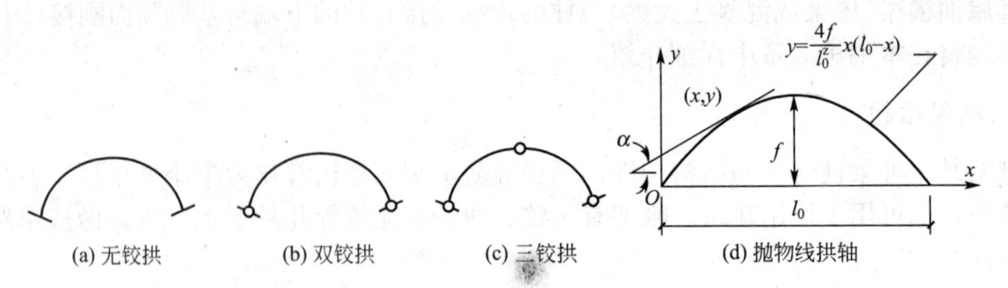

(a) 无铰拱　(b) 双铰拱　(c) 三铰拱　(d) 抛物线拱轴

图 1.4　拱的形式及拱轴线

拱体截面一般为矩形截面或 I 形截面等实体截面。当截面高度较大时(如大于 1.5m)，也可做成格构式、折板式或波形截面。

为了可靠地传递拱的水平推力，可以采取一些措施：①推力直接由钢拉杆承担［图 1.5(a)］，这种结构方案可靠，因此应用较多；②拱推力经由侧边框架(刚架)传至地基［图 1.5(b)］，此时框架应有足够的刚度，且其基础应为整片式基础；③当拱的水平推力不大且地基承载力大、地基压缩性小时，水平推力可直接由地基抵抗［图 1.5(c)］。

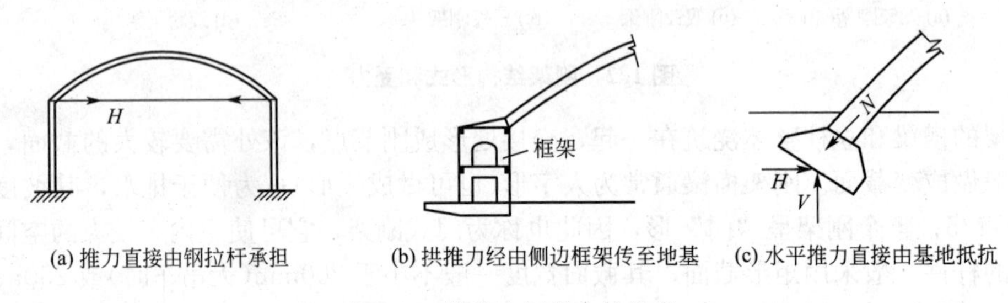

(a) 推力直接由钢拉杆承担　(b) 拱推力经由侧边框架传至地基　(c) 水平推力直接由基地抵抗

图 1.5　拱的水平推力的传递

4. 壳体结构

上述的几种结构都是平面受力的杆件结构体系，其特点是可以忽略各组成构件间的空间受力作用，计算比较简单，但跨度不能太大。当结构构件的空间受力性能不可忽略时，即成为空间受力结构。在单层大跨度房屋中，壳体结构就是这样的空间受力结构。

1) 旋转曲面

旋转曲面是由平面曲线绕竖轴旋转所形成的曲面。平面曲线不同时，其曲面形状也不相同(图 1.6)。典型的旋转曲面是球壳，它是由圆弧绕竖轴旋转而成的曲面。球壳的受力较简单，其壳身(壳体)主要承受压力，其边缘构件(支座环)对壳身起箍的作用，约束壳体的变形，承受环向拉力和弯矩(图 1.7)。

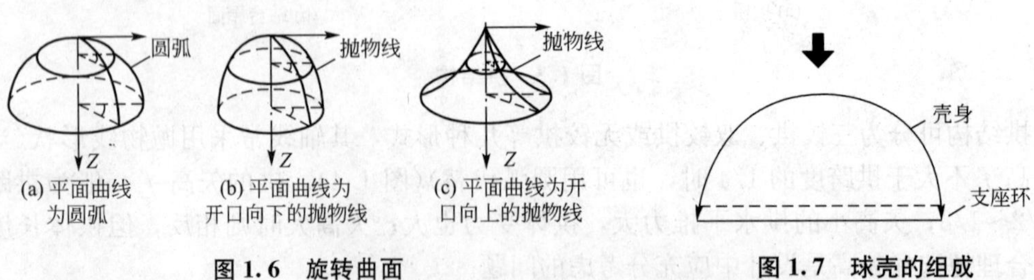

(a) 平面曲线为圆弧　(b) 平面曲线为开口向下的抛物线　(c) 平面曲线为开口向上的抛物线

图 1.6　旋转曲面　　**图 1.7　球壳的组成**

现浇钢筋混凝土球壳，其跨度可达100m。壳体厚度可为圆顶曲率半径的1/600，但不应小于60mm。球壳的支座环如同拱的拉杆对拱的作用一样，是非常重要的，在设计时应与壳体统一考虑(如壳体在支座环附近应适当加厚并采用双层钢筋或采用预应力混凝土支座环等)。

2) 平移曲面

一根竖向曲线(母线)沿另一曲线(导线)平行移动时所形成的曲面称为平移曲面。当母线和导线都是抛物线且凸向相同时，平移形成的曲面称椭圆抛物面(这种曲面和水平面的截交曲线为椭圆)；当母线和导线都是抛物线但凸向相反时，平移所成的曲面称双曲抛物面(图 1.8)。

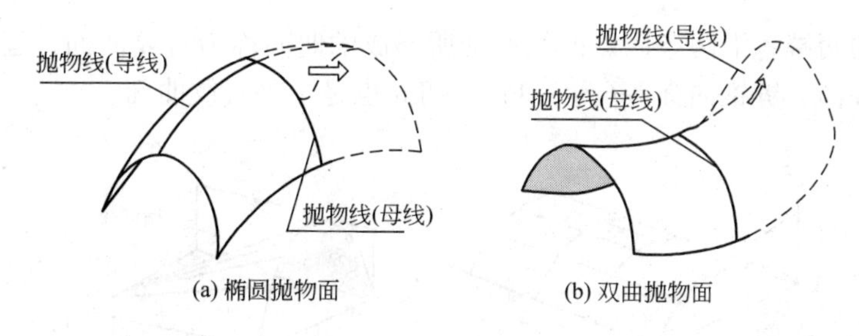

图 1.8　平移曲面

最常见的平移曲面之一是双曲扁壳，它是平面为矩形的椭圆抛物面(图 1.9)，其中壳顶总矢高 $f=f_1+f_2$，小于底面边长的1/5。双曲扁壳由壳体及周边的4个横隔组成，4个横隔互相连接，给壳体以有效的约束，在设计和施工时应保证壳体与横隔有可靠的结合。横隔一般是带拉杆的拱，也可以是变高度的梁(仅用于小跨度)。工程实例如北京火车站的中央大厅，顶盖为35m×35m的双曲扁壳，矢高为7m，壳体厚度为80mm；北京网球馆的顶盖跨度为42m×42m，壳体厚度为90mm。

扭壳是另一种常见的平移曲面壳，它是沿双曲抛物面沿直纹方向截取出来的一块壳面，也可以用一根直线跨在两根相互倾斜但不相交的直线上平行移动而成(图 1.10)。扭壳的受力状态较为理想：在满跨均匀荷载作用下，壳体各点受纯剪力作用且为常量，整个扭壳可想象为由一系列拉索(主拉应力方向)与一系列压拱(主压应力方向)正交组成的曲面。扭壳的四周应有直杆作侧边构件，扭壳上的荷载通过扭壳周边传到侧边构件上。扭壳可以用一整块的形式作屋盖，也可以多块组合成式样新颖的屋盖(图 1.11)。

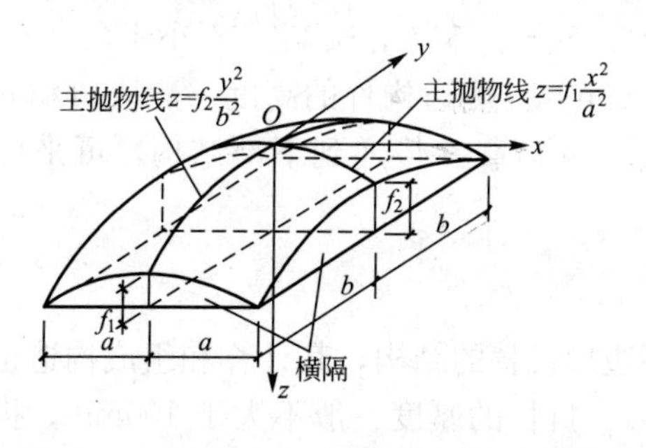

图 1.9　双曲扁壳

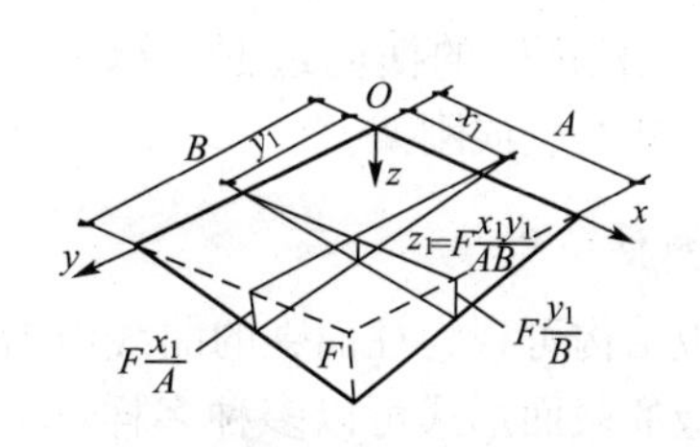

图 1.10　扭壳的形成

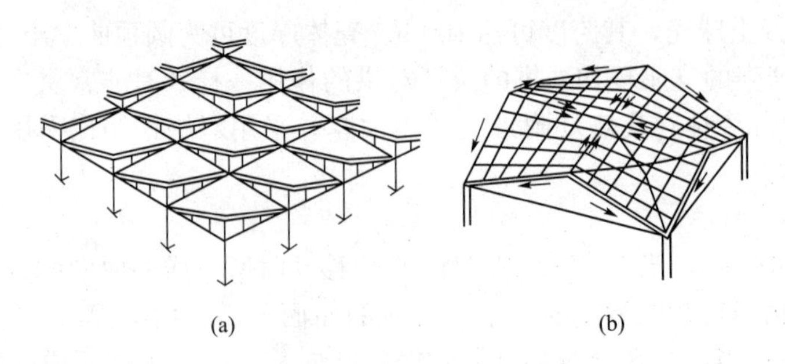

图 1.11　扭壳屋盖

3）直纹曲面

一段直线的两端各沿两条固定曲线移动所形成的曲面称为直纹曲面。建筑中常用的直纹曲面有单曲柱面、劈锥曲面等(图 1.12)。扭壳也是一种直纹曲面。

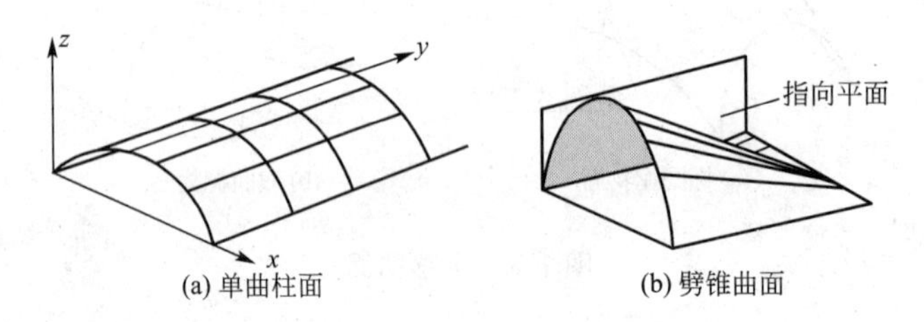

图 1.12　直纹曲面

4）单曲柱面

单曲柱面薄壳是常见的另一种屋盖形式，它由壳体、侧边构件及横隔组成(图 1.13)。横隔之间的距离 l_1 即壳体的跨度，侧边构件间的距离 l_2 称为壳体的波长。当 $l_1/l_2 \geqslant 1$ 时称为长壳，$l_1/l_2 < 1$ 时称为短壳。长壳的跨度可达 30m，短壳的跨度一般为 5～12m。壳体截面可为圆弧、椭圆或其他形状曲线，但一般采用圆弧。

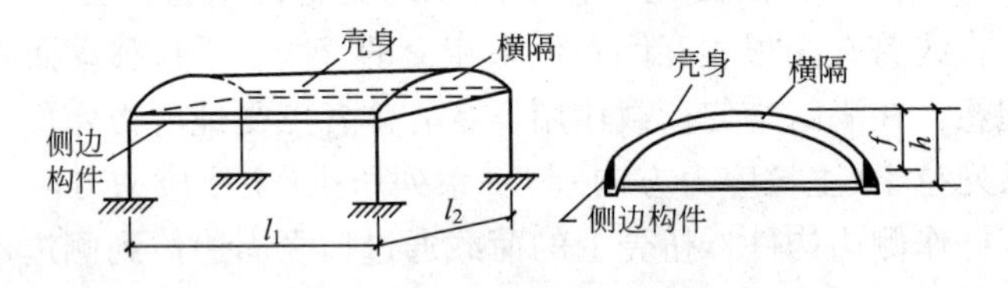

图 1.13　单曲柱面薄壳的组成

壳体高度 h 包括侧边构件在内，一般为(1/10～1/5)l_1，矢高 f 不小于(1/8～1/6)l_2，壳体厚度可取(1/300～1/200)l_2，且不小于 60mm。侧边构件的高度一般取(1/30～1/20)l_1。横隔是柱面壳的横向边框，承受壳体传下的荷载并传递到下部结构，可采用变高度梁、带拉杆的拱或刚架。

5. 折板结构

折板结构可视为柱面壳的曲线由内接多边形代替的结构，其计算和组成构造也大致相同。折板的截面形式可以多种多样(图 1.14)。折板的厚度一般不大于 100mm，折板宽度不大于 3m，折板高度(含侧边构件)一般不小于跨度的 1/10。

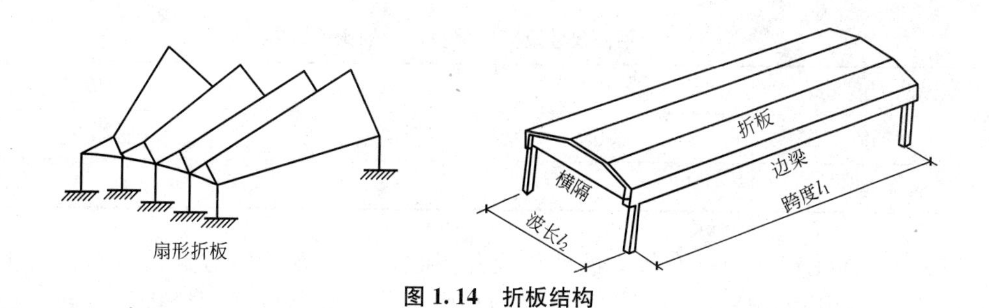

图 1.14 折板结构

1.1.3 多层与高层结构

通常把10层及10层以上或房屋高度大于28m的住宅建筑和房屋高度大于24m的其他高层民用建筑称为高层建筑，用于高层建筑的混凝土结构称为高层混凝土结构(其中30层或100m以上的房屋也称为超高层结构)，而把低于上述规定层数或高度的混凝土房屋结构称为多层混凝土房屋结构。房屋高度是指自室外地面至房屋主要屋面的高度，不包括突出屋面的电梯机房、水箱、构架等的高度。

1. 高层结构平面布置的一般原则

在高层建筑的每一个独立结构单元里，结构平面宜简单、规则、减少偏心，质量、刚度和承载力分布宜均匀，不应采用严重不规则的平面布置，并宜采用风作用效应较小的平面形状；结构平面布置应减少扭转的影响。

满足抗震设计要求的混凝土高层建筑，其平面布置应符合下列规定：平面长度不宜过长，相关尺寸(图1.15)应符合表1-1的规定；建筑平面不宜采用角部重叠或细腰的平面布置；宜调整平面形状，避免设置防震缝。

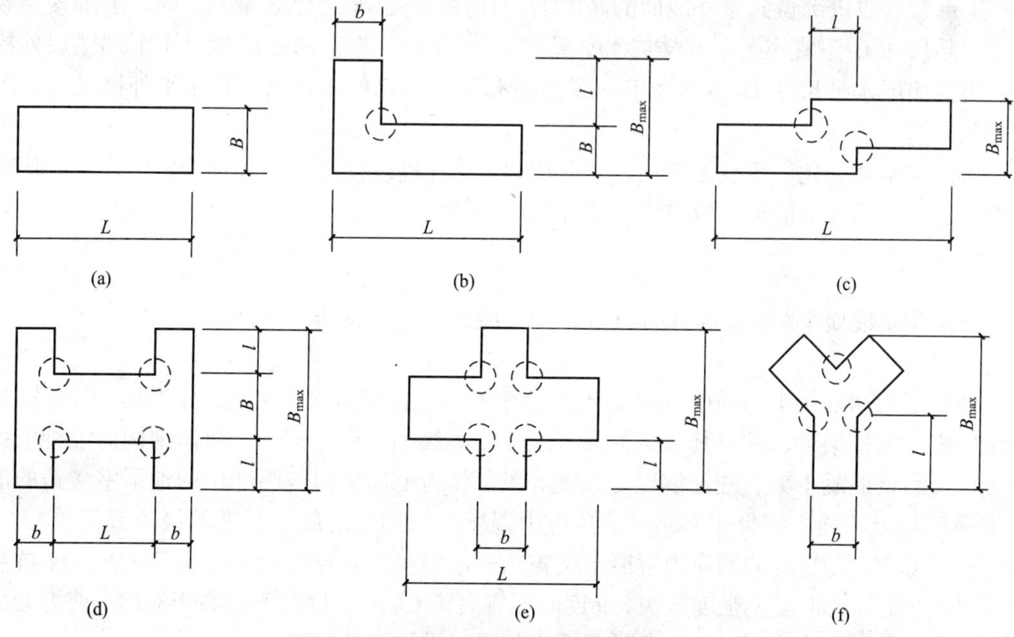

图 1.15 混凝土高层建筑平面尺寸的规定

表 1-1 平面尺寸及突出部位尺寸的比值限制

设防烈度	L/B	l/B_{max}	l/b
6、7 度	≤6.0	≤0.35	≤2.0
8、9 度	≤5.0	≤0.30	≤1.5

当楼板平面比较狭长，有较大的凹入或开洞时，应在设计中考虑其对结构产生的不利影响。楼板开大洞削弱后，宜采取措施加强：①加厚洞口附近楼板，提高楼板的配筋率，采用双层双向配筋；②洞口边缘设置暗边梁；③在楼板洞口角部集中配置斜向钢筋。

2. 高层建筑结构的竖向布置

1）竖向体型

高层建筑的竖向体型宜规则、均匀，避免有过大的外挑和收进，结构的侧向刚度宜上小下大，逐渐均匀变化；抗震设计时，框架—剪力墙楼层与相邻楼层的侧向刚度之比不宜小于 0.9，当本层层高大于相邻上层层高的 1.5 倍时，该比值不宜小于 1.1，对于底部嵌固层，该比值不宜小于 1.5。

2）楼层抗侧力结构

A 级高度高层建筑的楼层抗侧力结构的层间受剪承载力不宜小于其相邻上一层受剪承载力的 80%，不应小于其相邻上一层受剪承载力的 65%；B 级高度高层建筑的楼层抗侧力结构的层间受剪承载力不宜小于其相邻上一层受剪承载力的 75%；抗震设计时，结构竖向抗侧力构件宜上、下连续贯通。

3）收进和外挑

楼层质量沿高度宜分布均匀，不宜大于相邻下部楼层质量的 1.5 倍；抗震设计时，当结构上部楼层收进部位到室外地面的高度 H_1 与房屋高度 H 之比大于 0.2 时，上部楼层收进后水平尺寸 B_1 不宜小于下部楼层水平尺寸 B 的 75%；当上部楼层相对于下部楼层外挑时，上部楼层水平尺寸 B_1 不宜大于下部楼层水平尺寸 B 的 1.1 倍，且水平外挑尺寸 a 不宜大于 4m。

当侧向刚度变化、承载力变化、竖向抗侧力构件连续性不符合上述规定时，其楼层对应于地震作用标准值的剪力应乘以 1.25 的增大系数。

3. 材料

高层建筑混凝土结构宜采用高强高性能混凝土和高强钢筋。

1）混凝土

各类结构用混凝土的强度等级均不应低于 C20，且应符合下列规定：①抗震设计时，一级抗震等级框架梁、柱及其节点的混凝土强度等级不应低于 C30；筒体结构的混凝土强度等级，型钢混凝土梁、柱的混凝土强度等级，作为上部结构嵌固部位的地下室楼盖的混凝土强度等级，均不宜低于 C30；②预应力混凝土结构的混凝土强度等级不宜低于 C40，不应低于 C30；③现浇非预应力混凝土楼盖结构的混凝土强度等级不宜高于 C40；④抗震设计时，框架柱的混凝土强度等级，9 度时不宜高于 C60，8 度时不宜高于 C70；剪力墙的混凝土强度等级不宜高于 C60。各类混凝土的强度设计值见附表 2。

2）钢筋

按一、二、三级抗震等级设计的框架和斜撑构件，其纵向受力钢筋应符合以下要求：①钢筋的抗拉强度实测值与屈服强度实测值的比值不应小于1.25；②钢筋的屈服强度实测值与屈服强度标准值的比值不应大于1.30；③钢筋最大拉力下的总伸长率实测值不应小于9%。钢筋的强度设计值见附表1。

4. 几种结构类型

1）框架结构

框架结构是梁和柱为主要构件组成的承受竖向和水平作用的结构。框架横梁与框架柱为刚性连接，形成整体刚架；底层柱脚通常也与基础刚接。本书将在第4章详细介绍框架结构。

现浇钢筋混凝土框架结构广泛用于6～15层的多层和高层房屋，比如教学楼、实验楼，办公楼、医院、商业大楼、高层住宅等。框架结构的最大适用高度见表1-2，其经济层数为10层左右。其适用的最大高宽比为5(非抗震设计)、4(6度、7度)和3(8度)，一般以5～7为宜。

表1-2 框架结构的最大适用高度

抗震设防烈度	非抗震设计	6度	7度	8度(0.20g)	8度(0.30g)	9度
最大适用高度/m	70	60	50	40	35	—

2）剪力墙结构

钢筋混凝土剪力墙(在抗震设计中称为抗震墙)是指以承受水平作用为主要目的(同时也承受相应范围内的竖向作用)而在房屋结构中设置的成片钢筋混凝土墙体。《混凝土结构设计规范》GB 50010—2010规定：当竖向构件截面长边和和短边(厚度)的比值大于4时，宜按钢筋混凝土墙的要求设计。在水平作用下，剪力墙如同一个巨大的悬臂梁，其整体变形为弯曲型。

剪力墙的高度往往从基础到屋顶，为房屋的全高，宽度可以是房屋的全宽，而厚度最薄可到140mm。剪力墙与钢筋混凝土楼、屋盖整体连接，形成剪力墙结构。

特殊情况下，为了在建筑底部做成较大空间，有时将部分剪力墙底部做成框架柱，形成框支剪力墙(图1.16)，但是这种墙体上、下刚度形成突变，对抗震极为不利。因此在地震区不允许采用框支剪力墙结构体系，只可以采用部分剪力墙落地、部分剪力墙框支的结构体系，并且在构造上满足以下要求：①落地墙布置在两端或中部，纵、横向连接围成筒体；②落地墙间距不能过大；③落地剪力墙的厚度和混凝土的等级要适当提高，使整体结构上、下刚度相近；④应加强过渡层楼板的整体性和刚度。

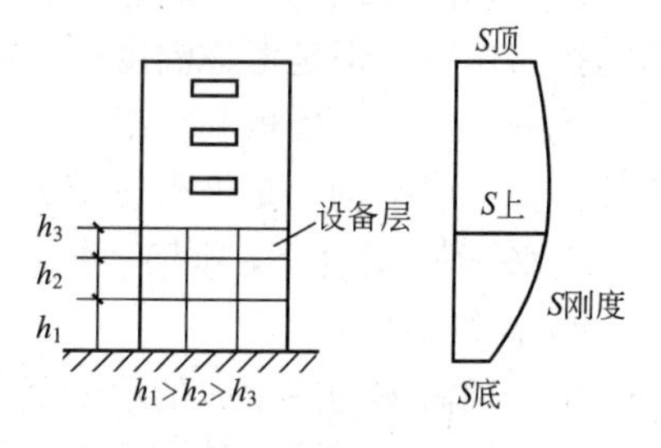

图1.16 框支层剪力墙

高层结构建筑的最大适用高度区分为A级和B级。A级高度的钢筋混凝土高层建筑在目前高层建筑中数量最多，应用最为广泛。当最大高度超出A级高度时，列入B级高度高层建筑，它有更严格的计算和构造措施。剪力墙结构的最大适用高度见表1-3。

表 1-3　剪力墙结构的最大适用高度　　m

抗震设防烈度	非抗震设计	6 度	7 度	8 度(0.20g)	8 度(0.30g)	9 度
全部落地剪力墙	150(180)	140(170)	120(150)	100(130)	80(110)	60
部分框支剪力墙	130(150)	120(140)	100(120)	80(100)	50(80)	不应采用

注：本表适用于乙类和丙类高层建筑，括号外数字为 A 级高度，括号内数字为 B 级高度。

剪力墙结构的优点是：①整体性好、刚度大，抵抗侧向变形能力强；②抗震性能较好，设计合理时结构具有较好的塑性变形能力。因而剪力墙结构适宜的建造高度比框架结构要高。其缺点是：受楼板跨度的限制(其跨度一般为 3～8m)，剪力墙的间距不能太大，因而建筑平面布置不够灵活。本书将在第 5 章介绍这种结构。

3) 框架—剪力墙结构

从前面的叙述可以看出，框架结构在平面布置上有较大的灵活性，但侧移刚度不如剪力墙结构；而剪力墙结构则相反。若在框架的适当部位(如山墙、楼梯间、电梯间等处)设置剪力墙，则组成由框架—剪力墙共同承受竖向和水平作用的框架—剪力墙结构。这种结构综合了框架结构和剪力墙结构的优点，一般可用作办公楼、旅馆、公寓、住宅等高层民用建筑。框架—剪力墙结构的最大适用高度见表 1-4。

表 1-4　框架—剪力墙结构的最大适用高度　　m

抗震设防烈度	非抗震设计	6 度	7 度	8 度(0.20g)	8 度(0.30g)	9 度
最大适用高度	150(170)	130(170)	120(140)	100(120)	80(100)	50(—)

注：同表 1-3。

在考虑结构选型和结构布置时，对建筑装修有较高要求的房屋和高层建筑，也应优先使用框架—剪力墙结构或剪力墙结构。框架—剪力墙结构将在本书第 6 章介绍。

在框架—剪力墙结构体系中，剪力墙的布置应注意以下几点：①剪力墙以对称布置为好，可减少结构的扭转，这一点在地震区尤为重要；②剪力墙应上下贯通，使结构刚度连续而且变化均匀；③剪力墙宜布置成筒体，建筑层数较少时，也应将剪力墙布置成 T 形、L 形、I 形等，便于剪力墙更好地发挥作用；④剪力墙应布置在结构的外围，可以加强结构的抗扭作用，但是考虑温度应力的影响和楼板平面内的变形，剪力墙的间距不应过大。

此外，由无梁楼板和柱组成的板柱框架与剪力墙共同承受竖向和水平作用的结构称为板柱—剪力墙结构，是框架—剪力墙结构的一种特殊形式。

在水平荷载作用下，框架—剪力墙结构的整体变形受框架和剪力墙的共同影响，呈弯剪型。

4) 筒体结构

由竖向筒体为主组成的承受竖向和水平作用的建筑结构称为筒体结构。筒体结构的筒体分剪力墙围成的薄壁筒和由密柱框架或壁式框架围成的框筒等。这种由集中到房屋的外部或内部的薄壁筒或框筒所组成的一个竖向、悬臂的封闭箱体，可以大大增强房屋的整体空间受力性能和抗侧移能力。由内筒(称为核心筒)和外围框筒组成的筒体结构称为筒中筒结构；由内筒与外围的稀柱框架组成的筒体结构称为框架—核心筒结构。内筒通常是由剪力墙围成的实腹筒，而外筒一般采用框筒或桁架筒(图 1.17)。其中桁架筒是筒体的四壁采用桁架做成的。与框筒相比，桁架筒具有更大的抗侧移刚度。

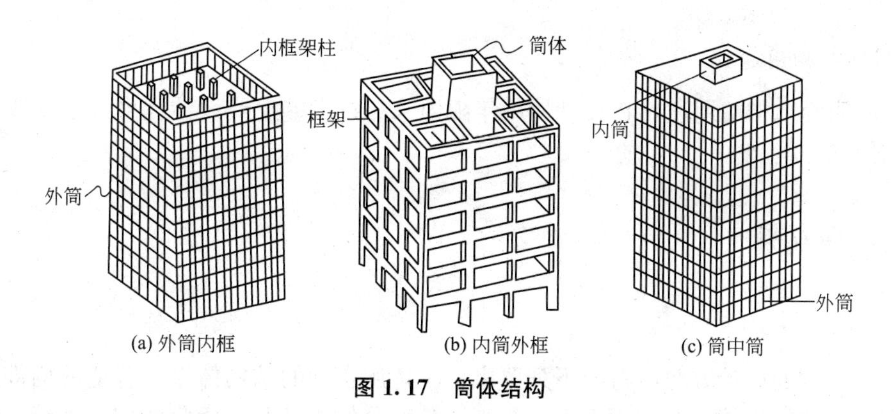

图 1.17　筒体结构

筒体最主要的特点是它的空间受力性能。无论哪一种筒体，在水平力的作用下都可以看成是固定于基础上的悬臂结构，比单片平面结构具有更大的抗侧移刚度和承载能力，因而适宜建造高度更高的超高层建筑。同时，由于筒体的对称性，筒体结构具有很好的抗扭刚度。

当采用多个筒体共同抵抗侧向力时，就成为多筒体系。多筒体系有两种形式：①两个以上的筒体排列在一起成束状，称为成束筒，成束筒的抗侧移刚度比筒中筒结构还要高，适宜的建造高度也更高；②利用筒体作为柱子，在各筒体之间每隔数层用巨型大梁相连，由筒体和巨型梁形成巨型框架，巨型框架虽然仍是框架形式，但由于梁和柱子的断面尺寸很大，巨型框架的抗侧移刚度比一般框架要大得多，因而适宜建造的建筑物高度比框架结构要大得多。筒体结构的最大适用高度见表 1－5。

表 1－5　筒体结构的最大适用高度　　m

抗震设防烈度	非抗震设计	6 度	7 度	8 度(0.20g)	8 度(0.30g)	9 度
框架—核心筒	160(220)	150(210)	130(180)	100(140)	90(120)	70(—)
筒中筒	200(300)	180(280)	150(230)	120(170)	100(150)	80(—)

注：同表 1－3。

1.2 结构设计规定

结构设计的规定除在《混凝土结构设计原理》中已经介绍过的基本设计规定外(如采用以概率理论为基础的极限状态设计法，结构上的作用计算、安全等级、设计使用年限、耐久性设计等)，还应遵循下列规定。

1.2.1　一般规定

1. 混凝土结构的设计内容

混凝土结构设计应包括下列内容：①结构方案的选择，包括结构选型、传力途径和构件的布置；②作用及作用效应的分析；③构件截面的配筋计算及验算；④结构及构件的构造和连接措施；⑤对施工的要求；⑥满足特殊要求的结构构件的专门性能设计。

2. 明确结构用途

设计应明确结构的用途，在设计使用年限内未经技术鉴定或设计许可，不得改变结构的用途和使用环境。

1.2.2 结构方案

1. 设计方案

混凝土结构的设计方案应符合下列要求：①选用合理的结构体系、合适的构件形式和适当的布置；②结构的平、立面布置宜规则，各部分的质量和刚度宜均匀、连续；③结构传力途径应简洁、明确，竖向构件宜连续贯通、对齐；④宜采用超静定结构，重要构件和关键部位宜增加冗余约束或有多条传力途径。

2. 结构缝设计

结构缝是根据结构设计需求而采取的分割混凝土结构间隔的总称，包括伸缩缝、沉降缝、抗震设计中的防震缝、施工阶段的施工缝等。混凝土结构中结构缝的设计应符合下列要求：①应根据结构受力特点及建筑尺度、形状和使用功能要求，合理确定结构缝的位置和构造形式；②宜控制结构缝的数量，并应采取有效措施减少设缝对使用功能的不利影响；③可根据需要设置施工阶段的临时性结构缝。

3. 结构构件连接

结构构件的连接应符合下列要求：①连接部位的承载能力应保证被连接构件之间的传力性能；②当混凝土构件与其他材料的构件连接时，应采取可靠措施；③应考虑构件变形对连接节点及相邻结构或构件造成的影响。

此外，混凝土结构设计还应符合节省材料、方便施工、降低能耗与保护环境的要求。

1.2.3 防连续倒塌的设计

房屋结构在遭受偶然作用时如果发生连续倒塌，将造成人员伤亡和财产损失，是对安全的最大威胁。采取针对性措施加强结构的整体稳固性，就可以提高结构的抗灾性能，降低结构连续倒塌的可能性。

混凝土结构防连续倒塌设计是提高结构综合抗灾能力的重要内容。结构防连续倒塌设计的目标是：在特定类型的偶然作用发生时或发生后，结构能够承受这种作用，或当结构体系发生局部塌垮时，依靠剩余结构体系仍能继续承载，避免发生与作用不相匹配的大范围破坏或连续倒塌。

无法抗拒的地质灾害的破坏作用，不包括在防连续倒塌设计的范围内。

1. 防连续倒塌的设计要求

混凝土结构的防连续倒塌设计宜符合下列要求：①采取减小偶然作用效应的措施；②采取使重要构件及关键传力部位避免直接遭受偶然作用的措施；③在结构容易遭受偶然作用影响的区域增加冗余约束，布置备用的传力途径；④增强疏散通道、避难空间等重要结构构件及关键传力部位的承载能力和变形性能；⑤配置贯通水平、竖向构件的钢筋，并与周边构件可靠地锚固；⑥设置结构缝，控制可能发生连续倒塌的范围。

2. 结构防连续倒塌的设计方法

结构防连续倒塌设计可采用下列方法：①局部加强法，提高可能遭受偶然作用而发生局部破坏的竖向重要构件和关键传力部位的安全储备，也可直接考虑偶然作用进行设计；②拉结构件法，在结构局部竖向构件失效的条件下，可根据具体情况分别按梁—拉结模型、悬索—拉结模型和悬臂—拉结模型进行承载力验算，维持结构的整体稳固性；③拆除构件法，按一定规则拆除结构的主要受力构件，验算剩余结构体系中的极限承载力，也可采用倒塌全过程分析进行设计。

1.2.4 既有结构的设计

既有结构是指已建成和使用的结构。由于历史的原因，我国既有混凝土结构的设计将成为未来工程设计的重要内容。为既有结构延长使用年限、消除安全隐患、改变用途或使用环境、改建、扩建以及受损后的修复，都应进行相应的设计。

1. 既有结构的设计原则

既有结构的设计应符合下列原则：①对既有结构的安全性、适用性、耐久性及抗灾害能力进行评定，应根据评定结果、使用要求和后续使用年限，确定既有结构的设计方案；②既有结构改变用途或延长使用年限时，承载能力极限状态验算宜符合《混凝土结构设计规范》GB 50010—2010 规范(以下简称《规范》)的有关规定；③对既有结构进行改建、扩建或加固改造而重新设计时，承载能力极限状态的计算应符合《规范》和相关标准的规定；④既有结构的正常使用极限状态验算及构造要求宜符合《规范》的规定；⑤必要时可对使用功能作相应的调整，提出限制使用的要求。

2. 既有结构的设计规定

既有结构的设计应符合下列规定：①应优化结构方案，保证结构的整体稳固性；②荷载可按现行规范的标准取值，也可根据使用功能作适当的调整；③结构既有部分混凝土、钢筋的强度设计值应根据强度的实测值确定，当材料的性能符合原设计的要求时，可按原设计的规定取值；④设计时应考虑既有结构构件实际的几何尺寸、截面配筋、连接构造和已有缺陷的影响，当符合原设计的要求时，可按原设计的规定取值；⑤应考虑既有结构的承载历史及施工状态的影响，对二阶段成型的叠合构件，可按《规范》对叠合构件的计算规定进行叠合构件的设计。

1.3 结构分析的原则和方法

1.3.1 结构的整体分析

结构按承载能力极限状态计算和按正常使用极限状态验算时，应按国家现行有关标准规定的作用(荷载)对结构的整体进行作用(荷载)效应分析，即进行结构整体的内力计算和变形验算。

1. 结构分析应符合的条件

在进行结构分析时，应符合下列条件：①力学平衡条件；②在不同程度上符合变形协调条件，包括节点和边界的约束条件；③应采用合理的构件单元或材料的本构关系(即应力—应变关系)。

结构分析中所采用的各种简化和近似假定，应有理论或试验的依据，或经过工程实践验证。计算结果的准确程度应符合工程设计的要求。

2. 进行不同阶段的分析

当结构在施工和使用期的不同阶段有多种受力状态时，应分别进行结构分析，并确定其最不利的作用效应组合。

当结构可能遭遇火灾、爆炸、撞击等偶然作用时，还应按国家现行有关标准的要求进行相应的分析。

3. 对电算结果进行判断

对简单规则的结构，可以直接运用手算进行分析(包括利用相关的设计图表和手册)，对复杂结构的分析往往应用电算完成。结构分析所采用的电算程序应经考核和验证，其技术条件应符合规范和有关标准的要求。对电算结果，应经判断和校核；在确认其合理有效后，方可用于工程设计。

1.3.2 结构的线弹性分析方法

进行结构分析时，应根据结构类型、构件布置、材料性能和受力特点等选择适当的分析方法，如弹性分析方法、考虑塑性内力重分布的分析方法、塑性极限分析方法、非线性分析方法、试验分析方法等，都是在不同的分析中用到的。下面介绍常用的线弹性分析方法。在梁板结构一章中，也将介绍考虑塑性内力重分布的分析方法和塑性极限分析方法。

线弹性分析方法是基于匀质弹性材料的力学分析方法，也是在《材料力学》和《结构力学》中所学到的对杆系结构的分析方法。这种分析方法假定材料的应力—应变成比例，结构的内力及变形与荷载成比例。线弹性分析方法是最早采用的也是最成熟的结构分析方法。对于混凝土结构而言，可以用于各种结构的承载能力极限状态和正常使用极限状态的作用(荷载)效应分析。但由于在荷载较大时混凝土具有塑性变形，计算结果与实际受力情形会有一定差异，需在计算时进行调整。

1. 结构体系的简化

实际工程中的杆系结构，一般宜按空间体系进行结构整体分析，并考虑杆件的弯曲、轴向变形、剪切和扭转变形对结构内力的影响。但在符合下列条件时，可作相应的简化：①体形规则的空间杆系结构，可沿柱列或墙轴线分解为不同方向的平面结构分别进行分析，但应考虑平面结构的空间协调工作；②杆件的轴向变形、剪切和扭转变形对结构内力的影响不大时，可以忽略不计；③结构或杆件的变形对其内力的二阶效应的影响不大时，可以忽略不计。

2. 计算图形的确定

杆系结构的计算图形应按下列方法确定：①杆件轴线宜取截面几何中心的连线；②现浇结构和装配整体式结构的梁柱节点、柱与基础连接处等可视为刚接，梁、板与其支承构件非整体浇筑时，可视为铰接；③杆件的计算跨度或计算高度应按其两端支承长度的中心距离或净距确定，并根据支承节点的连接刚度或支承反力的位置加以修正；④当杆件间连接部分的刚度远大于杆件中间截面的刚度时，可将其作为刚域插入计算图形。

3. 截面刚度的确定

杆系结构中杆件的截面刚度应按下列方法确定：①混凝土的弹性模量按《规范》的规定取用；②截面惯性矩可按匀质的混凝土全截面计算，T形截面杆件的惯性矩宜考虑翼缘的有效宽度进行计算，也可由截面矩形部分面积的惯性矩作修正后确定；③端部加腋的杆件，应考虑其刚度变化对结构分析的影响；④不同受力状态杆件的截面刚度，宜考虑混凝土开裂、徐变等因素的影响予以折减。

4. 荷载和材料性能指标的确定

结构按承载能力极限状态计算时，其荷载和材料性能指标可取为设计值；按正常使用极限状态验算时，其荷载可取为准永久值、材料性能指标可取为标准值。

1.4 结构设计步骤

1.4.1 进行结构平面布置

在进行结构设计前，先有建筑方案或建筑初步设计。在此基础上，结构设计介入，选择适当的结构形式，进行结构平面布置。根据受力情况，在结构平面布置图上表示出各类结构构件的类型和编号。

1.4.2 进行结构构件的设计计算

结构构件的设计计算主要有如下内容：①选择有代表性的计算单元，确定结构的计算简图，包括结构构件截面尺寸和几何特征的确定；②选择所用结构材料的强度等级，计算作用于结构上的各种荷载的数值(当有抗震设防要求时，还要按规定计算地震作用)；③选择恰当的结构分析方法，进行结构的内力计算和变形验算；④根据承载能力极限状态和正常使用极限状态的荷载效应组合公式，进行荷载效应组合；⑤进行结构构件的配筋计算和变形验算。

1.4.3 绘制结构施工图

绘制结构施工图是结构设计的重要内容，也是土木工程专业学生的一项基本实践活动。在绘制时，必须正确运用线型、注意投影关系，还应该掌握平法施工图的绘图和表示方法。

1. 线型和比例

实线、虚线、点画线、折断线等线型，以及线型的粗细运用，是在绘图中应首先注意的问题。

1）线型

图线的宽度分为粗(假定宽度为 b)、中($0.5b$)、细($0.25b$)3 种。在进行结构制图时，应选用的图线见表 1－6。

表 1－6 线型及用途

名称		线型	线宽	用途
实线	粗		b	螺栓、主钢筋线、结构平面图中的单线结构构件线、钢木支撑及系杆线，图名下横线、剖切线
	中		$0.5b$	结构平面图及详图中剖到或可见的墙身轮廓线、基础轮廓线、钢、木结构轮廓线、箍筋线、板钢筋线
	细		$0.25b$	可见的钢筋混凝土构件的轮廓线、尺寸线、标注引出线，标高符号，索引符号
虚线	粗		b	不可见的钢筋、螺栓线，结构平面图中的不可见的单线结构构件线及钢、木支撑线
	中		$0.5b$	结构平面图中的不可见构件、墙身轮廓线及钢、木构件轮廓线
	细		$0.25b$	基础平面图中的管沟轮廓线，不可见的钢筋混凝土构件轮廓线
单点长画线	粗		b	柱间支撑、垂直支撑、设备基础轴线图中的中心线
	细		$0.25b$	定位轴线、对称线、中心线
双点长画线	粗		b	预应力钢筋线
	细		$0.25b$	原有结构轮廓线
折断线			$0.25b$	断开界线
波浪线			$0.25b$	断开界线

2）比例

绘图时应根据图样的用途、被绘物体的复杂程度，选用表 1－7 的常用比例，特殊情况下可选用表中的可用比例。

当构件的纵、横向断面尺寸相差悬殊时，可在同一详图中的纵横向选用不同的比例绘制。轴线尺寸与构件尺寸也可选用不同的比例绘制。

表 1－7 比例选用

图名	常用比例	可用比例
结构平面图 基础平面图	1∶50，1∶100 1∶150，1∶200	1∶60
圈梁平面图、总图 中管沟、地下设施等	1∶200，1∶500	1∶300
详图	1∶10，1∶20	1∶5，1∶25，1∶40

当构件详图的纵向较长、重复较多时，可用折断线断开，适当省略重复部分。

2. 用正投影法绘制结构图

1）定位轴线和标高

结构图应采用正投影法绘制(图 1.18)，特殊情况下也可采用仰视投影绘制。

在结构平面图中，构件应采用轮廓线表示，如果能用单线表示清楚时，也可用单线表示。定位轴线应与建筑平面图一致，并标注结构标高。

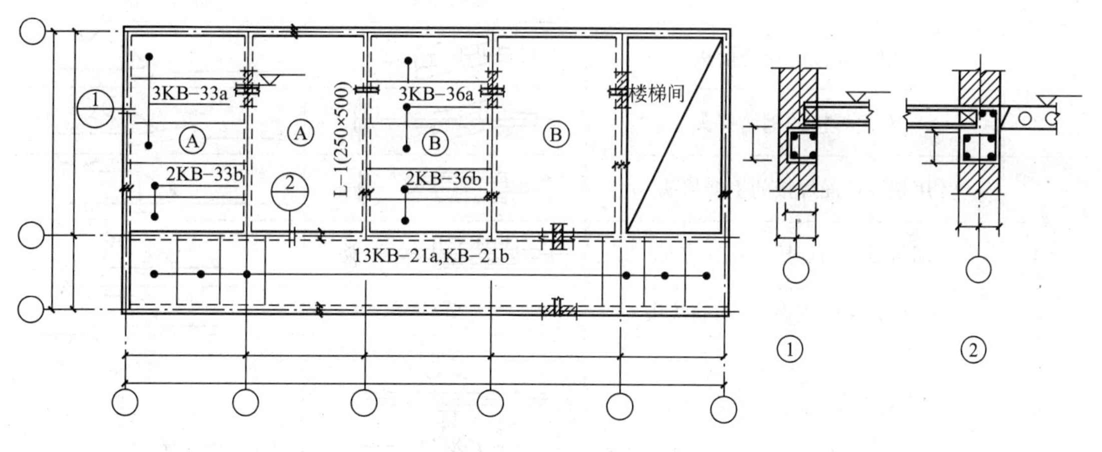

图 1.18 结构平面图

结构标高应根据建筑标高扣除建筑面层厚度确定。一般楼层可取建筑标高减去 0.03m，卫生间及厨房等楼、地面应比一般楼、地面低 0.02～0.03m。

在结构平面图中，如若干部分相同时，可只详细绘制一部分，并用大写拉丁字母(*A*、*B*、*C*…)外加细实线圆圈表示相同部分的分类符号(分类符号圆圈直径为 8mm 或 10mm)，如图 1.18 中的Ⓐ、Ⓑ等。

2）钢筋的表示

普通纵向钢筋的表示方法见表 1－8。

表1-8　纵向钢筋的表示方法

序号	名称	图例	说明
1	钢筋横断面		
2	无弯钩的钢筋端部		下面表示长短钢筋投影重叠时可在短钢筋的端部用45°短画线表示
3	带半圆形弯钩的钢筋端部		
4	带直钩的钢筋端部		
5	带丝扣的钢筋端部		
6	无弯钩的钢筋搭接		
7	带半圆弯钩的钢筋搭接		
8	带直钩的钢筋搭接		
9	花篮螺丝钢筋接头		
10	机械连接的钢筋接头		用文字说明机械连接的方式(或冷挤压或锥螺纹等)

钢筋焊接接头的接头形式和标注方法见表1-9。

表1-9　钢筋的焊接接头

序号	名称	接头形式	标注方法
1	单面焊接的钢筋接头		
2	双面焊接的钢筋接头		
3	用帮条单面焊接的钢筋接头		
4	用帮条双面焊接的钢筋接头		
5	接触对焊(闪光焊)的钢筋接头		
6	坡口平焊的钢筋接头	60° b	60° b
7	坡口立焊的钢筋接头	b 45°	45° b
8	用角钢或扁钢做连接板焊接的钢筋接头		
9	钢筋或螺(锚)栓与钢板穿孔塞焊的接头		

3）预埋件表示

在混凝土构件上设置预埋件时，可在平面图或立面图上表示，引出线指向预埋件，并标注预埋件的代号(图 1.19)。在构件正、反面同一位置均设置相同的预埋件时，引出线为一条实线和一条虚线并指向预埋件，在引出横线上标注预埋件的数量及代号［图 1.19(c)、(d)］。当构件正、反面同一位置设置编号不同的预埋件时，引出线为一条实线和一条虚线并指向预埋件，引出横线上标注正面预埋件代号，引出横线下标注反面预埋件代号［图 1.19(d)］。

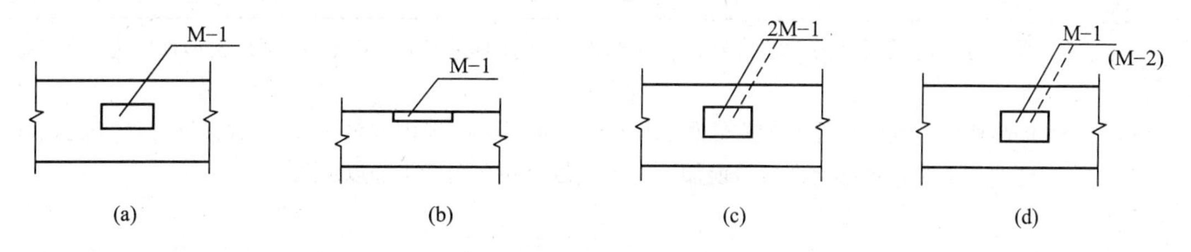

图 1.19　构件上设置预埋件

在构件上设置预留孔、洞或预埋套管时，可在平面或断面图中表示，引出线指向预留(埋)位置，引出横线上方标注预留孔、洞的尺寸，预埋套管的外径，横线下方标注孔、洞(套管)的中心标高或底标高，如图 1.20 所示。

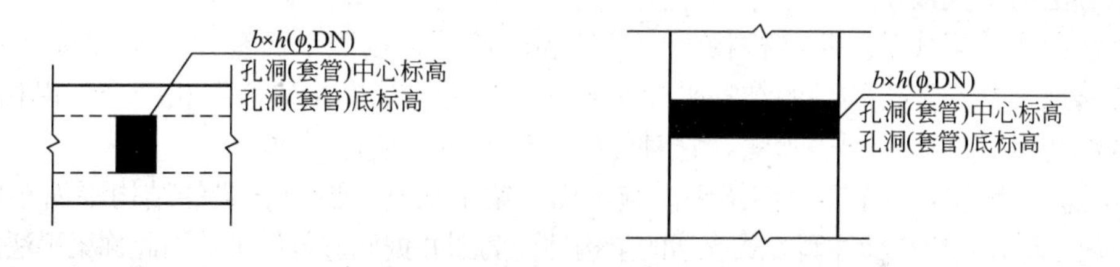

图 1.20　构件上的孔洞表示

3. 构件编号

在结构平面布置图和结构详图中，所有结构构件名称都用编号表示，不同构件采用不同编号，完全相同的构件用同一编号。构件编号由构件代号(大写汉语拼音字母)和序号(阿拉伯数字)组成(表 1-10)。

表 1-10　常用构件编号

顺序	名称	代号	顺序	名称	代号	顺序	名称	代号	顺序	名称	代号
1	板	B	7	楼梯板	TB	13	屋面梁	WL	19	楼梯梁	TL
2	屋面板	WB	8	天沟板	TGB	14	吊车梁	DL	20	框架梁	KL
3	空心板	KB	9	檐口板	YB	15	圈梁	QL	21	框支梁	KZL
4	槽形板	CB	10	墙板	QB	16	过梁	GL	22	屋面框架梁	WKL
5	折板	ZB	11	盖板或沟盖板	GB	17	连系梁	LL	23	框架	KJ
6	密肋板	MB	12	梁	L	18	基础梁	JL	24	刚架	GJ

（续）

顺序	名称	代号	顺序	名称	代号	顺序	名称	代号	顺序	名称	代号
25	屋架	WJ	30	阳台	YT	35	框架柱	KZ	40	挡土墙	DQ
26	托架	TJ	31	雨篷	YP	36	构造柱	GZ	41	楼梯	T
27	天窗架	CJ	32	梁垫	LD	37	暗柱	AZ	42	预埋件	M
28	支架	ZJ	33	天窗端壁	TD	38	基础	J	43	钢筋网	W
29	檩条	LT	34	柱	Z	39	桩	ZH	44	钢筋骨架	G

注：① 预应力钢筋混凝土构件的代号，应在构件代号前加注“Y-”，如Y-DL表示预应力钢筋混凝土吊车梁；

② 预制构件、现浇构件、钢构件和木构件，一般可直接采用本表代号，在绘图中需要区别上述构件种类时，可在构件代号前加注材料代号，并在图纸中加以说明。

1.5 平法施工图

建筑结构施工图平面整体设计方法，简称平法，是对我国目前混凝土结构施工图的设计表示方法的重大改革。

平法的表达形式就是把结构构件的尺寸和配筋等，按照平面整体表示方法制图规则，整体直接地表达在各类构件的结构平面布置图上，再与标准构造详图相配合，以构成一套完整的结构设计的施工图表示法，它对传统的设计方法进行了改革。

作为入门知识，本节只介绍梁平法施工图。梁平法施工图是在梁的结构平面布置图上，采用平面注写方式或截面注写方式表达的梁构件配筋图并据此进行施工，因此称梁平法施工图。

1.5.1 准备工作

1. 绘制梁平面布置图

首先，按一定比例绘制梁平面布置图，分别按照梁的不同结构层次(如标准层、屋面层等)，将全部梁及与之相关联的柱、墙、板绘制在该图上，并按规定注明各结构层的标高及相应的结构层号。

对轴线未居中的梁，应标注其偏心定位尺寸，但贴柱边的梁可不注。

2. 选择注写方式

根据设计计算结果，采用平面注写方式或截面注写方式。

1.5.2 平面注写方式

在梁平面布置图上，分别在不同编号的梁中各选一根梁，在其上注写截面尺寸和配筋具体数据值，称之为平面注写方式。平面注写分为集中标注和原位标注。

1. 集中标注

用集中标注表达梁的通用数值。集中标注的内容包括 4 项必注值和 1 项选注值。集中标注可以从梁的任意一跨引出。

4 项必注值是梁编号、梁截面尺寸、梁箍筋、梁上部贯通筋或架立筋根数。

1）梁编号

梁编号由类型代号、序号、跨数及有无悬挑几项表示。

类型代号表示梁的类型，如楼层框架梁用 KL、屋面框架梁用 WKL、框支梁用 KZL、非框架梁用 L、悬挑梁用 XL 表示。

梁的序号用数字××表示。

梁的跨数用带括号数字(××)表示。

有悬挑在梁跨数后接 A 为一端有悬挑，接 B 为两端有悬挑，悬挑段不计入跨数。

例如，KL7(5A) 表示第 7 号框架梁 5 跨，一端有悬挑；L9(7B)表示第 9 号非框架梁，7 跨，两端有悬挑。

2）梁截面尺寸

梁截面尺寸的表达方式是：等截面梁用 $b \times h$ 表示；加腋梁用 $b \times h$ 、yc1×yc2 表示($c1$ 为腋长，$c2$ 为腋高)；对于悬挑梁，当根部和端部不同时，用 $b \times h1/h2$ 表示(其中 $h1$ 为根部，$h2$ 为端部)。

3）梁箍筋

梁箍筋包括钢筋级别、直径、加密区与非加密区间距及肢数。加密区与非加密区的不同间距及肢数用“/”分隔，箍筋肢数写在括号内。比如Φ10－100/200(4)、Φ10－100(4)/200(2)等。

箍筋加密区长度则按相应抗震等级的标准构造详图采用。

4）梁上部贯通筋或架立筋根数

贯通筋或架立筋所注根数应根据结构受力要求及箍筋肢数等构造要求而定。当既有贯通筋又有架立筋时，用角部贯通筋＋架立筋的形式表示，架立筋写在加号后面的括号内；当全部采用架立筋时，则将其写入括号内。例如，2Φ22＋(4Φ12)用于 6 肢箍，其中的 2Φ22 为贯通筋，4Φ12 为架立筋；单独注 2Φ22 则表示为贯通筋，用于双肢箍。

当梁的上部纵筋和下部纵筋均为贯通筋，且多数跨的配筋相同时，可用分号“；”将上部纵筋与下部纵筋分隔。例如，3Φ22；3Φ20 表示梁上部配置 3Φ22 的贯通筋，梁的下部配置 3Φ20 的贯通筋。

1 项选注值是当梁顶面有标高高差时，将其差值写入括号内，无差值时不注。当某梁顶面高于所在结构层的标高时，其标高高差为正值，反之为负值。例如，某结构层楼面标高为 24.950m，当某梁的梁顶面标高高差注写为(－0.050)时，即表明该梁顶面标高为 24.900m，低 0.05m。

2. 原位标注

原位标注就是在梁控制截面处的标注，包括支座上部纵筋标注、梁下部纵筋标注、梁侧纵向构造钢筋、其他钢筋标注等。

1）支座上部纵筋标注

本标注为包括贯通筋在内的全部纵筋，多于一排时，用“/”自上而下分开。例如，6Φ25 4/2 表示支座上部钢筋共 2 排，上排 4Φ25，下排 2Φ25。

当同排纵筋有两种不同直径时，用“+”表示，角部纵筋写在前面；当中间支座两侧纵筋相同时，可仅在一侧表示。

2）梁下部纵筋标注

与上部纵筋标注类似，多于一排时用“/”将各排纵筋自上而下分开。例如，6Φ25 2/4 表示上排 2Φ25，下排 4Φ25，全部伸入支座。

3）梁侧纵向构造钢筋

梁侧纵向构造钢筋不标注，按构造要求选用，并由设计者在单项工程中注明。

4）其他钢筋标注

其他钢筋有抗扭纵筋、附加箍筋或吊筋(图 1.21)。当有抗扭纵筋时，在该跨适当位置加“·”表示抗扭纵筋总配筋值。例如，在梁下部纵筋处另注写有·6Φ18 时，则表示该跨梁两侧各有 3Φ18 的抗扭纵筋。附加箍筋或吊筋直接画在平面图中主梁的相应位置，用线引注总配筋值(附加箍筋肢数写在括号内)，其几何尺寸根据构造详图规定。

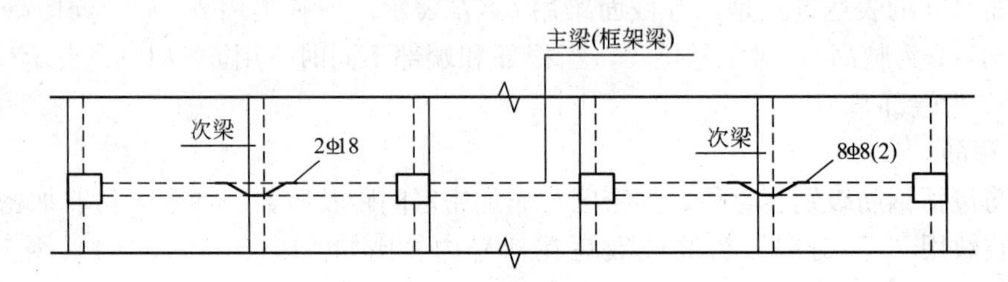

图 1.21　附加箍筋或吊筋的标注

5）局部不一致时的标注

当集中标注的内容不适用于某跨或某悬挑部分内容时，则将其不同数值采用原位标注在该跨或该悬挑部位，并下划细实线加以强调。

当多跨梁已集中标注加腋，而某跨的端部不需加腋时，则应在该跨原位标注等截面的 $b\times h$，以修正集中标注中的加腋信息(图 1.22)。

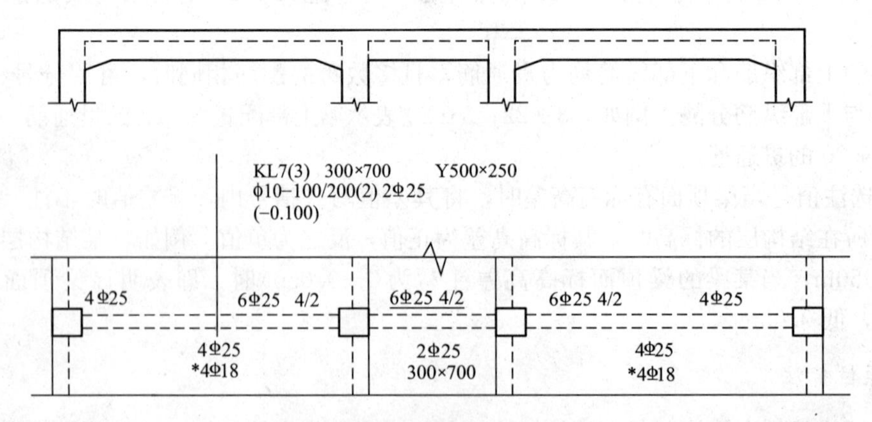

图 1.22　局部不一致时的表示

当局部梁的布置过密时，可将该区域用虚线框出，适当放大比例后再用平面注写方式表示。

井式梁一般由非框架梁组成，支座为框架梁或边梁。因此其编号时，无论有几根同类梁相交，均视为一跨处理。相交处设置附加箍筋时，在平面图中注明。

图 1.23 为某结构 15.870～26.670 各楼层的梁平法施工图。

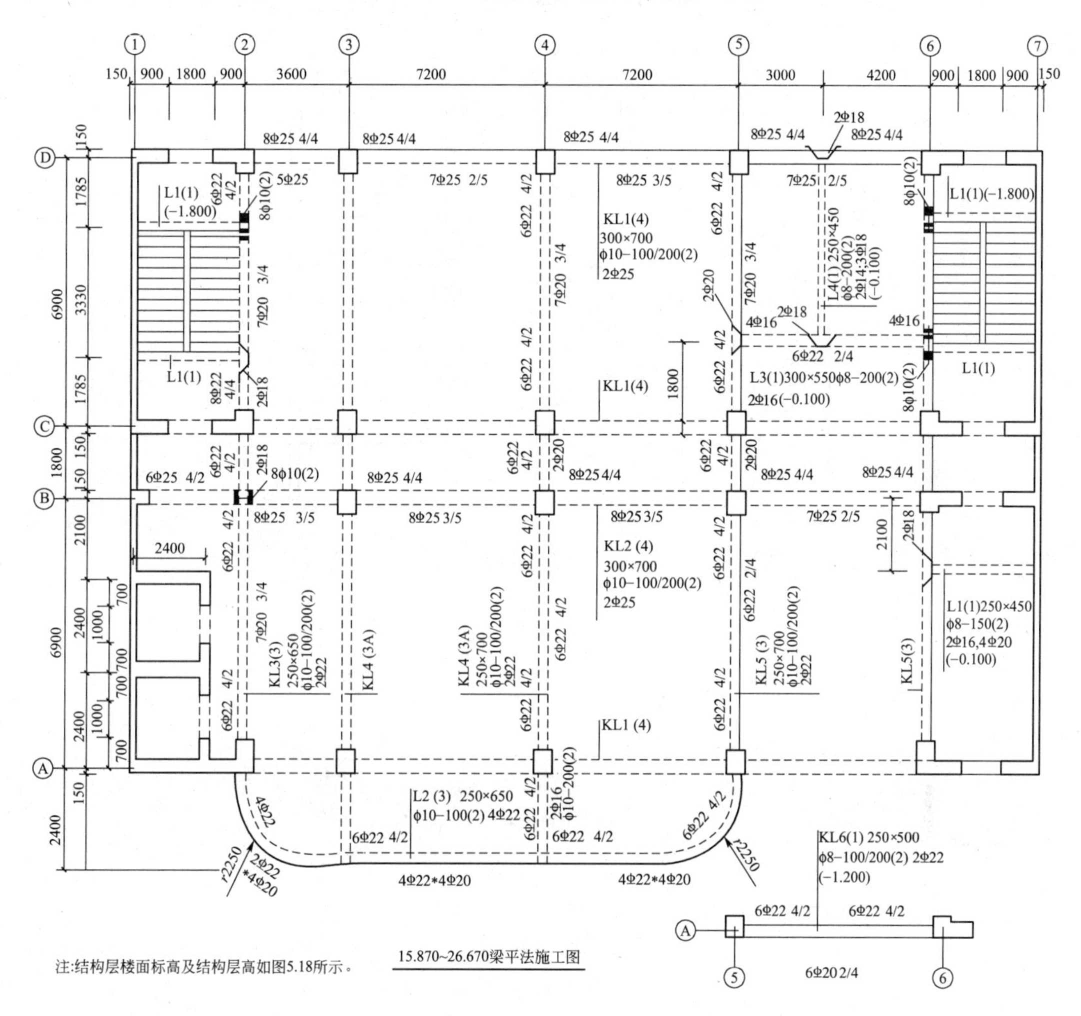

图 1.23 梁平法施工图平面注写方式

1.5.3 截面注写方式

截面注写方式是在分标准层绘制的梁平面布置图上，分别在不同编号的梁中各选择一根梁，用剖面号引出配筋图，并在其上注写截面尺寸和配筋具体数值的方式表达的梁平法施工图。

截面注写方式可以单独使用，也可以与平面注写方式结合使用(如表达异形截面梁的尺寸和配筋，以及表达局部区域过密的梁)。

具体做法是：对所选择的梁，先将“单边截面号”画在该梁上，再将截面配筋图画在本图或其他图上。在截面配筋详图上注写截面尺寸、上部筋、下部筋、侧面筋和箍筋的具体数值时，其表达方式与平面注写形式相同；梁顶面标高不同于结构层的标高时，其注写规定也与平面注写方式相同(图 1.24)。

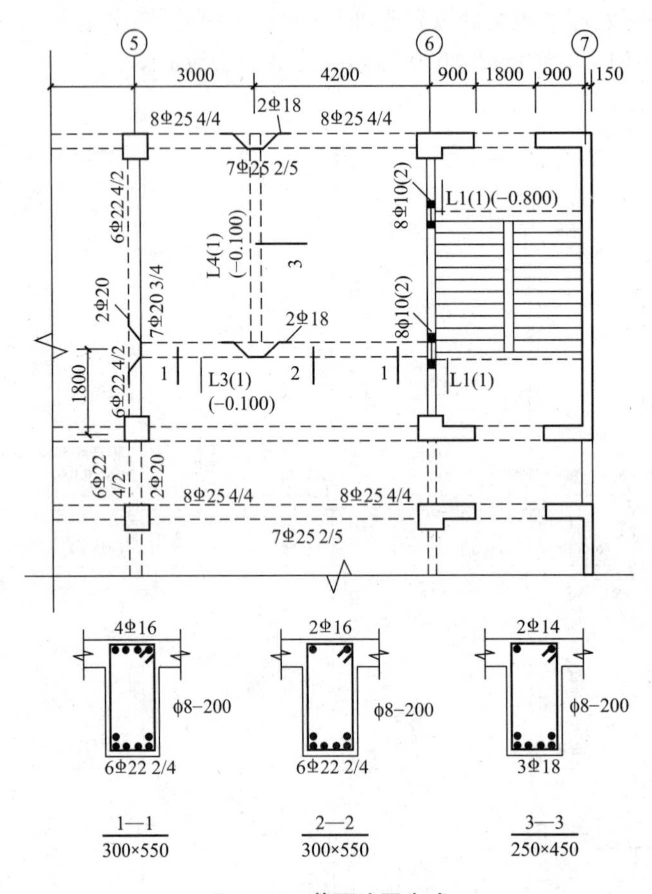

图 1.24　截面注写方式

本章小结

梁板结构、排架结构、框架结构等常见的结构，以及高层建筑的剪力墙结构、框架—剪力墙结构等，都是由受弯构件、受压构件等基本构件组成的，钢筋混凝土结构是应用最广泛的结构。结构的设计方案应合理，结构布置宜规则。线弹性分析方法是结构内力和变形计算中最常采用的方法之一。对既有混凝土结构的设计将成为未来工程设计的重要内容，防连续倒塌设计则是提高结构综合抗灾能力的重要手段。

思考题

1. 按结构材料的不同，建筑结构有哪些类型？

2. 排架结构的屋面横梁与柱、柱与基础之间是如何连接的？
3. 框架结构的组成构件有哪些？各构件间是如何连接的？
4. 如何区分多层和高层建筑？
5. 什么是钢筋混凝土剪力墙？柱和剪力墙如何区分？

习　　题

选择题

1. 排架结构的杆件连接方式是(　　)。
   A. 屋面横梁与柱顶铰接，柱下端与基础底面固接
   B. 屋面横梁与柱顶固接，柱下端与基础顶面固接
   C. 屋面横梁与柱顶铰接，柱下端与基础顶面固接
   D. 屋面横梁与柱顶固接，柱下端与基础底面铰接
2. 在水平荷载作用下，钢筋混凝土剪力墙的整体变形是(　　)。
   A. 剪切型　　B. 弯曲型
   C. 弯剪型　　D. 剪弯型
3. 在水平荷载作用下，钢筋混凝土框架的整体变形是(　　)。
   A. 剪切型　　B. 弯曲型
   C. 弯剪型　　D. 剪弯型
4. 高层建筑采用钢筋混凝土筒中筒结构时，外筒柱截面宜采用(　　)。
   A. 圆形截面　　B. 正方形截面
   C. 矩形截面、长边平行于外墙　　D. 矩形截面，短边平行于外墙
5. 高层建筑采用筒中筒结构时，下列4种平面中受力性能最差的是(　　)。
   A. 圆形　　B. 三角形
   C. 正方形　　D. 正多边形
6. 对于钢筋混凝土墙，其墙长为l，墙厚为t，则应按剪力墙进行设计的条件是(　　)。
   A. $l>4t$　　B. $l\geqslant 3t$
   C. $l>1000$mm　　D. $t\geqslant$层高的1/25
7. 在水平荷载作用下，结构变形曲线为弯剪型(底部为弯曲型变形、顶部为剪切型变形)的是(　　)。
   A. 框架结构　　B. 混合结构
   C. 剪力墙结构　　D. 框架—剪力墙结构
8. 下列4种结构体系中，适用的最大高度最高的体系是(　　)。
   A. 现浇框架结构　　B. 预制框架结构
   C. 现浇框架—剪力墙结构　　D. 部分框支墙现浇剪力墙结构
9. 下列关于选择拱轴线形式的叙述中，不正确的是(　　)。
   A. 应根据建筑要求和结构合理相结合来选择

B. 理论上最合理的拱轴线是使拱在荷载作用下处于无轴力状态

C. 理论上最合理的拱轴线是使拱在荷载作用下处于无弯矩状态

D. 一般来说，拱在均布荷载作用下比较合理的拱轴线是二次抛物线

10. 对于刚架结构，刚架的横梁和立柱(　　)。

A. 铰接在一起，立柱与基础铰接

B. 形成刚结点，立柱与基础刚接

C. 铰接在一起，立柱与基础刚接

D. 形成刚接点，立柱与基础铰接

11. 高层建筑房屋的高度，是指(　　)。

A. 室外地面至房屋主要屋面的高度

B. 基础顶面至房屋主要屋面的高度

C. 基础底面至房屋主要屋面的高度

D. 室外地面至房屋最高外(如水臬、电梯机房)的高度

第2章 钢筋混凝土梁板结构

教学目标

本章介绍由梁、板等受弯构件组成的基本结构。通过本章的学习，要求达到以下目标。

(1) 掌握单向板和双向板的区别，理解弹性理论的设计方法和塑性理论的设计方法。

(2) 熟悉单向板肋形楼盖设计计算和配筋要求，熟悉板式楼梯的设计。

(3) 理解双向板肋形楼盖设计计算方法。

教学要求

知识要点	能力要求	相关知识
整浇楼(屋)盖的类型	(1) 理解单向板和双向板的受力特点 (2) 熟悉楼盖结构布置的原则和方法 (3) 掌握荷载的传递路线和计算方法	(1) 单向板和双向板 (2) 次梁和主梁 (3) 梁柱的线刚度
单向板肋形楼盖	(1) 理解弹性理论设计方法和塑性理论设计方法 (2) 熟悉活荷载的最不利布置和弯矩包络图作法 (3) 熟悉塑性内力重分布和塑性铰的概念 (4) 掌握单向板肋形楼盖计算过程	(1) 折算荷载 (2) 内力包络图、材料图 (3) 充分利用截面、理论不需要截面
双向板肋形楼盖	(1) 了解双向板肋形楼盖的结构布置 (2) 熟悉多区格板的弹性理论计算方法	(1) 单区格板 (2) 多区格板
梁式楼梯和板式楼梯	(1) 了解梁式楼梯和板式楼梯的构件布置 (2) 熟悉板式楼梯的计算方法 (3) 掌握板式楼梯的配筋设计	(1) 踏步板、斜梁 (2) 梁板配筋

基本概念

单向板、双向板、单向板肋形楼盖、荷载最不利组合、活荷载的最不利布置、内力包络图、折算荷载、塑性内力重分布、板面增设构造钢筋、塑性铰、板拱、分离式配筋、附加横向钢筋、梁式楼梯、板式楼梯

引言

钢筋混凝土梁板结构是由钢筋混凝土受弯构件(梁和板)组成的基本受力结构，广泛用于房屋建筑中的楼盖、屋盖，以及阳台、雨篷、楼梯、基础、水池顶板等部位。

按照施工方法的不同，梁板结构可分为整浇和预制的两类。预制的梁板结构一般是板预制、梁现浇的方式(也可以梁和板都预制)，其设计计算与单个构件没有大的区别，主要是加强梁和板的整体连接构造；而现浇梁板结构的设计计算具有和单个构件的设计计算不同的特点，因此本章重点介绍现浇单向板肋形楼盖、现浇双向板肋形楼盖及现浇楼梯等梁板结构的设计。

作用于梁板结构上的荷载一般是竖向荷载，包括恒荷载和活荷载。其中恒荷载为结构构件自重、构造层自重以及永久性设备的自重等，可根据相应的重力密度(也称为重度或比重)和截面尺寸求得；活荷载则需按建筑的不同用途由《建筑结构荷载规范》(GB 50009—2010)查出。

2.1 整浇楼(屋)盖的受力体系

整浇楼(屋)盖的类型主要有单向板肋形楼盖、双向板肋形楼盖以及无梁楼盖等。

2.1.1 单向板肋形楼盖

单向板肋形楼盖由板、次梁、主梁组成(图 2.1)。板的四边支承在梁(或墙)上，次梁支承在主梁上。当板的长边 l_2 与短边 l_1 之比相对较大时(按弹性理论计算，$l_2/l_1>2$；按塑性理论，$l_2/l_1>3$)，板上荷载主要沿短边 l_1 的方向传递，而沿长边传递的荷载效应可以忽略不计。这种主要沿单方向(短向)传递荷载、产生单向弯曲的板，称为单向板。由于沿长边方向的支座附近仍有一定的弯曲变形和内力，需要考虑其实际受力情况在配筋构造上加以处理。

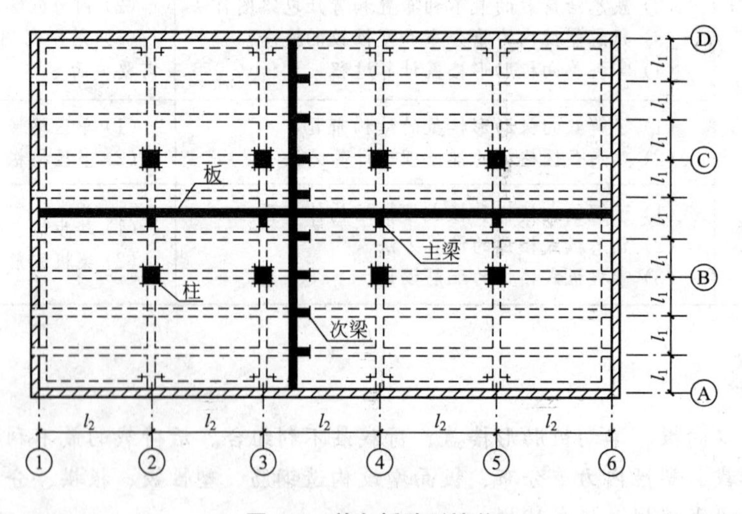

图 2.1　单向板肋形楼盖

1. 结构平面布置

在进行板、次梁和主梁的布置时，应在满足建筑使用要求的前提下，尽量使结构布置合理、造价比较经济。

1）跨度

主梁的跨度一般为5～8m；次梁的跨度一般为4～6m；板的跨度(也即次梁的间距)一般为2.0～3.0m，通常为2.5m左右。在一个主梁跨度内，次梁不宜少于2根。

2）板的厚度

板的混凝土用量占整个楼盖混凝土用量的一半以上，因此应尽量使现浇板厚度接近板的构造厚度(板的构造厚度详见《混凝土结构设计原理》表4-1，如对单向的屋面板为60mm、对民用建筑和工业建筑楼板分别为60mm和80mm等)，并且板的厚度不应小于板跨度的1/40。

3）梁板构件布置原则

在进行梁板结构的构件布置时，应当遵循下述原则：①为了增强房屋的横向刚度，主梁一般沿房屋横向布置，而次梁则沿房屋纵向布置；主梁必须避开门窗洞口(图2.1)；当建筑上要求横向柱距大于纵向柱距较多时，主梁也可沿纵向布置以减小主梁跨度(图2.2)；②梁格布置应力求规整，板的厚度宜一致、梁截面尺寸应尽量统一；柱网宜为正方形或矩形；梁系应尽可能连续贯通以加强楼盖整体性，并便于设计和施工；③梁、板尽量布置成等跨度；由于边跨内力要比中间跨的大些，因此板、次梁及主梁的边跨跨长宜略小于中间跨跨长(一般在10%以内)。

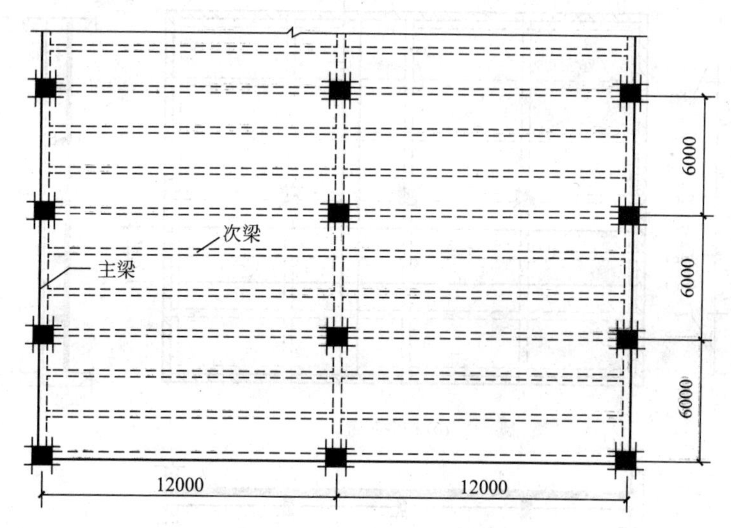

图2.2 主梁纵向布置方案

2. *荷载的传递和计算*

单向板肋形楼盖的荷载传递路线是：板→次梁→主梁。

板承受均布荷载。由于沿板长边方向的荷载分布相同，因此在计算板的荷载效应(内力)时，可取1m宽度的单位板宽(即$b=1000$mm)进行计算；板支承在次梁或墙上，其支座按不动铰支座考虑。

次梁承受由板传来的荷载以及次梁的自重，都是均布荷载；次梁支承在主梁上，其支座按不动铰支座考虑。

主梁承受次梁传下的荷载以及主梁自重。次梁传下的荷载也即是次梁的支座反力，是集中荷载；而主梁的自重是均布荷载。但因为主梁自重所占荷载比例较小，可简化为集中荷载计算，因此主梁的荷载可都按集中荷载考虑。当主梁支承在砖柱(或砖墙)上时，其支座可简化为不动铰支座；当主梁与钢筋混凝土柱整浇时，若梁柱的线刚度比大于5，则主梁支座也可视为不动铰支座(这样，板、次梁、主梁都可按连续受弯构件计算)；若梁柱的线刚度比相当(如梁柱的线刚度比小于3)，则主梁应按弹性嵌固于柱上的框架梁计算。

★在进行荷载计算时，不考虑结构连续性或支座沉降的影响，直接按各自构件承受荷载的范围进行统计(这一原则，也适用于其他结构)。

3. 计算简图

荷载、支承条件和跨度是确定计算简图的基本要素(对于变截面梁或板。还应知道截面的抗弯刚度)。在按弹性理论方法计算时，板、次梁、主梁(或单跨梁板)的计算跨度均可取支座中心线之间的距离。若支承长度较大时，可进行如下修正：当板与梁整浇时，板的中间跨跨度不大于1.1 l_n(l_n为板的净跨长度)；当梁与支座整浇，梁的中间跨跨度不大于$1.05l_n$，边跨跨度不大于$1.025l_n+b/2$(l_n为梁的净跨长度，b为中间支座宽度)。单向板肋形楼盖的计算简图如图2.3所示。

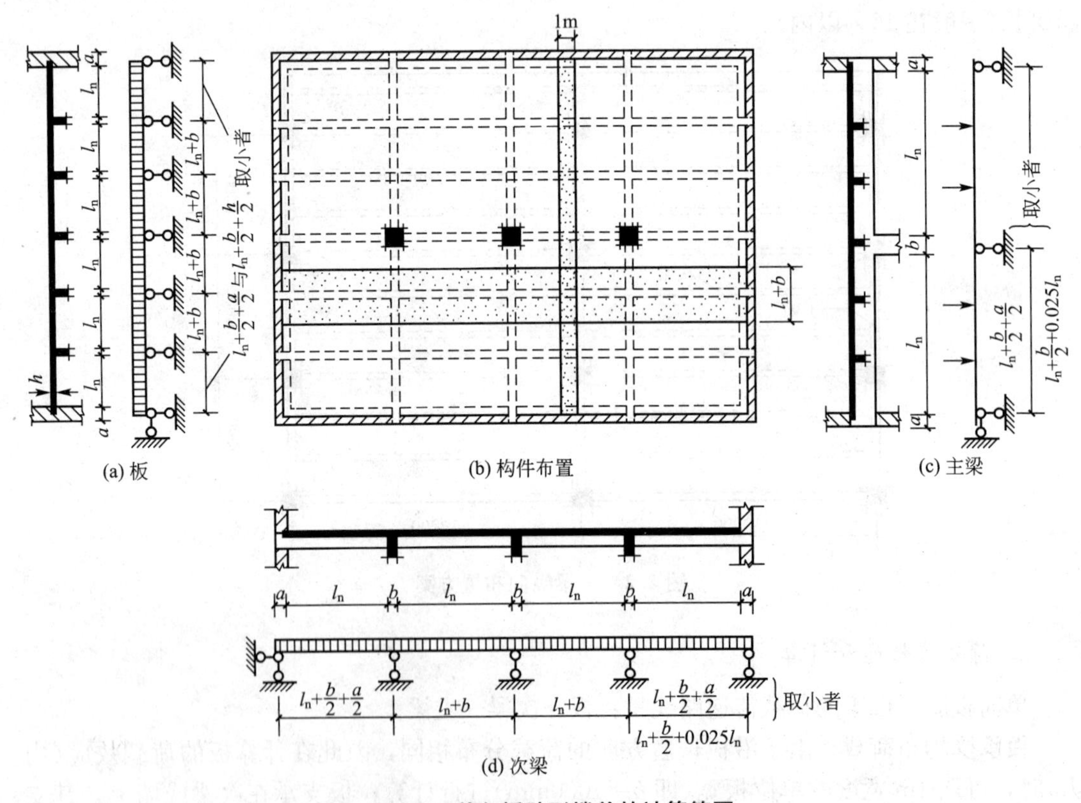

图2.3　单向板肋形楼盖的计算简图

2.1.2　双向板肋形楼盖

双向板肋形楼盖(图2.4)与单向板肋形楼盖的区别是：板的长边和短边的比值较为接

近($l_2/l_1<2$)，板的厚度不应小于 80mm；在承受和传递荷载时，板在两个方向的内力和变形都不能忽略。由于板在两个方向都传递荷载，因而周边梁受到的是三角形分布的荷载或梯形分布的荷载。

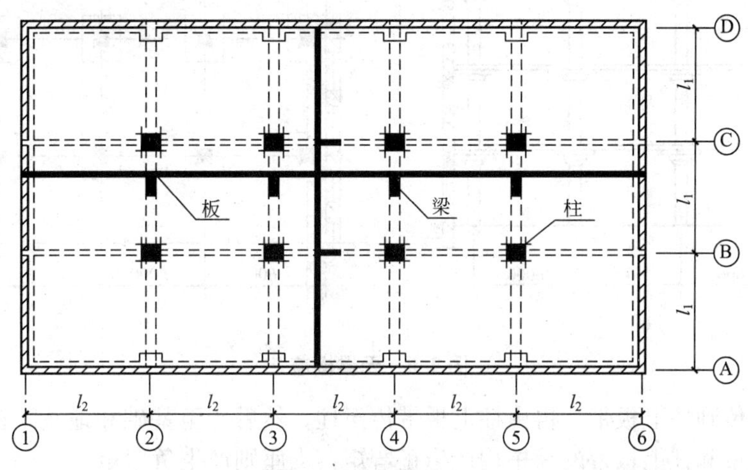

图 2.4　双向板肋形楼盖

在某些建筑中，当建筑使用上要求有大空间时，在双向板肋形楼盖范围内可不设柱而组成井式楼盖(图 2.5)。当房间长短边之比不大于 1.5 时，各梁可直接支承在承重墙或墙梁(边梁)上［图 2.5(a)］；当长短边之比大于 1.5 时，可用支柱将平面划分为同样形状区格，使次梁支承在梁间主梁上［图 2.5(c)］，也可沿 45° 线方同布置梁格［图 2.5(b)］。梁区格的长短边之比一般不宜大于 1.5；梁高 h 可取(1/16～1/18)l，梁宽 b 为(1/3～1/4)h，其中 l 为房间平面(或边梁)的短边长度。

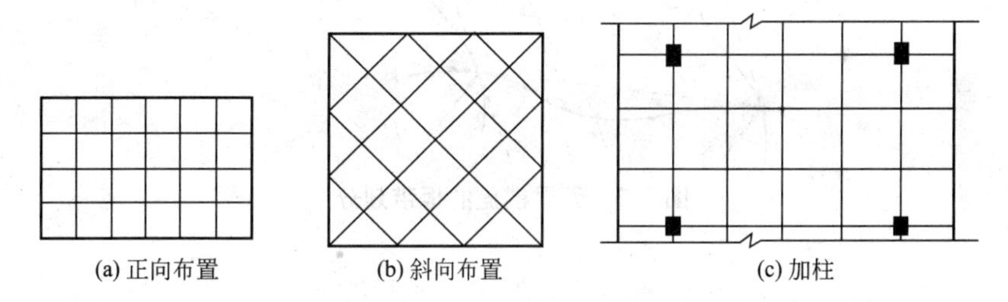

图 2.5　井式楼盖梁格布置

*2.1.3　无梁楼盖

当楼板直接支承在柱上而不设梁时，则成为无梁楼盖(图 2.6)。为了改善板的受冲切性能，往往在柱的上部设置柱帽。

无梁楼盖的柱网通常为正方形，每一方向的跨数不少于 3 跨，柱距一般为 6m，无梁楼盖的板厚一般为 160～200mm，板厚与板的最大跨度之比为 1/35(有柱帽)或 1/32(无柱帽)，板的最小厚度为 150mm。

在竖向荷载作用下，无梁楼盖相当于点支承的平板。平板在纵向和横向可划分为柱上板带和跨中板带(图 2.7)。柱上板带支承在柱上。而跨中板带则以柱上板带为支托。荷载

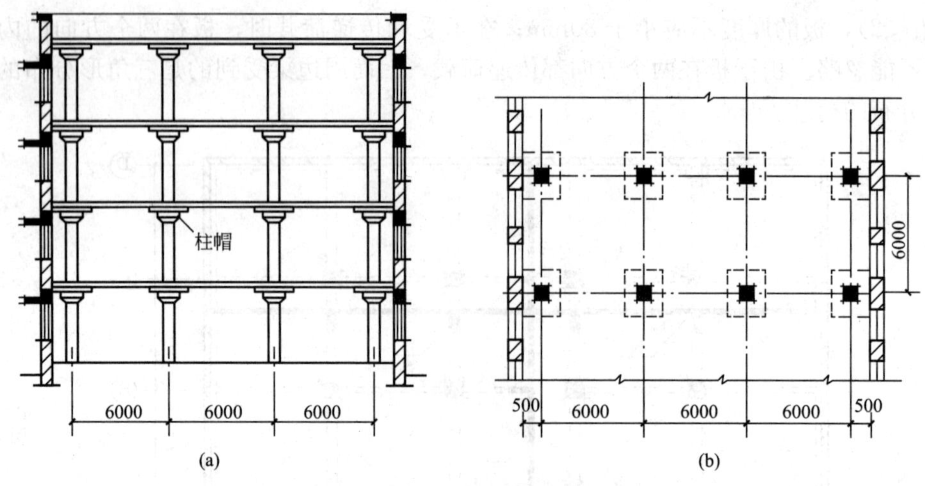

图 2.6　无梁楼盖

通过跨中板带传到柱上板带，再由柱上板带传至柱，然后传至基础和地基。在竖向荷载作用下，跨中板带和柱上板带的跨中均产生正弯矩，支座则产生负弯矩。

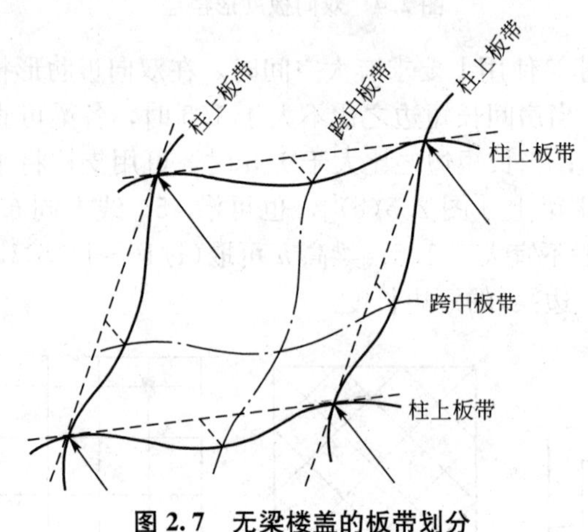

图 2.7　无梁楼盖的板带划分

2.2 单向板肋形楼盖的设计计算

当结构平面布置和计算简图确定后，就可进行结构构件的内力计算。单向板肋形楼盖的板和次梁往往是等跨的并有较多的跨数。随着跨数的增多，各内跨的内力差别不大，因此对多于 5 跨的等跨梁、板(所谓等跨，指跨度相差不超过 10%)，可近似按 5 跨计算；对不多于 5 跨的梁、板，则按实际跨数计算。

单向板肋形楼盖的内力计算方法有弹性理论计算方法和塑性理论计算方法。

2.2.1　按弹性理论的计算方法

单向板肋形楼盖的板和次梁，以及可按不动铰支座考虑的主梁，都可按多跨连续受弯构件进行计算。当计算方法是材料力学或结构力学的方法时，就是按弹性理论计算的方法。对于常用荷载下的等跨、等截面梁，其内力系数可直接查附表8。

在计算时，由于实际的结构构件不同于理想的结构构件，以及活荷载作用位置的变化等因素，因此在按弹性理论计算时，还需要注意如下问题。

1. 荷载的最不利组合

恒荷载作用在结构上后，其位置不会发生改变，而活荷载的位置可以变化。由于活荷载的布置方式不同，会使连续结构构件各截面产生不同的内力。为了保证结构的安全性，就需要找出构件产生最大内力的活荷载布置方式，并将其内力与恒荷载内力叠加，作为设计的依据，这就是荷载最不利组合(或最不利内力组合)的概念。

1）活荷载的最不利布置

在荷载作用下，连续梁的跨中截面及支座截面是出现最大内力的截面，这些截面称为控制截面。控制截面产生最大内力的活荷载布置就是活荷载的最不利布置。

活荷载的最不利布置的原则就是找出跨中产生最大弯矩和最小弯矩以及支座产生负弯矩最大值和剪力最大值的布置，有如下几个要点：①使某跨跨中产生弯矩最大值时，除应在该跨布置活荷载外，还应向左、右两侧隔跨布置活荷载；使该跨跨中产生弯矩最小值时，其布置恰好与此相反(即该跨不布置活荷载而在左、右两相邻跨内布置活荷载，然后隔跨布置活荷载)；②使某支座产生负弯矩最大值或剪力最大值时，应在该支座两侧跨内同时布置活荷载，并向左、右两侧隔跨布置活荷载(边支座负弯矩为零；考虑剪力时，可视支座外侧跨长为零)。

按上述原则，对两跨连续梁有3种最不利布置方式，对五跨连续梁有6种最不利布置方式，对于n跨连续梁，可得出$n+1$种活荷载的最不利布置方式(图2.8)。

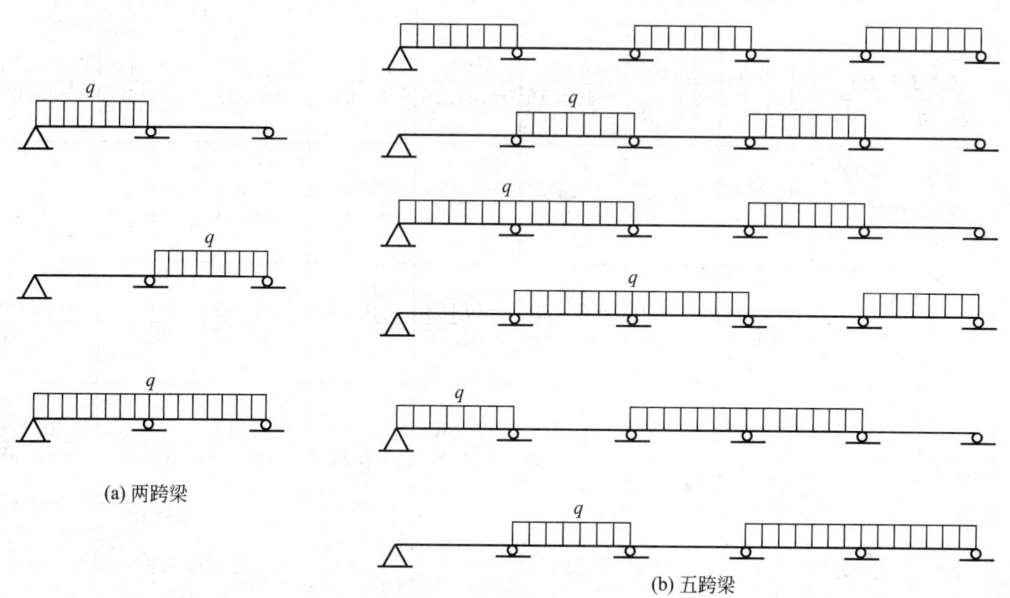

图2.8　连续梁的活荷载最不利布置(图中为均布活荷载)

2）内力包络图

每一种活荷载的最不利布置都不可能脱离恒荷载而单独存在，因此每种活荷载最不利布置下产生的内力均应与恒荷载产生的内力叠加。当在同一坐标上画出各种(恒荷载＋活荷载最不利布置)内力图后，其外包线就是内力包络图，它表示各截面可能出现的内力的上、下限。

【例 2－1】 某单向板肋形楼盖的主梁如图 2.9 所示，承受由次梁传来的恒荷载设计值 G_1＝56.58kN，活荷载设计值 Q＝78.0kN，主梁自重(均布荷载)折算的集中荷载设计值 G_2＝8.44kN，试作出该梁的弯矩包络图和剪力包络图。

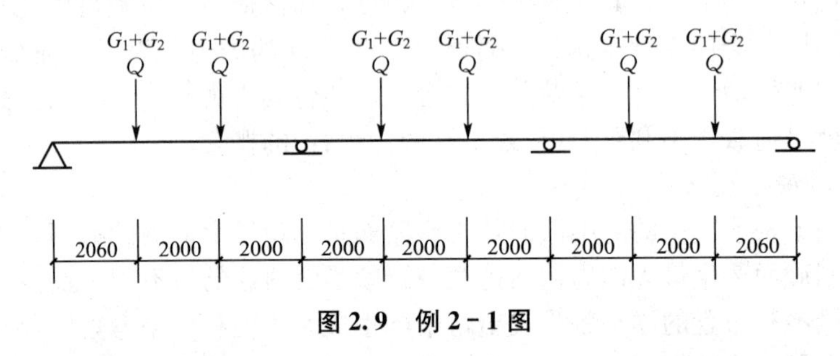

图 2.9 例 2－1 图

【解】 (1) 求恒荷载与活荷载作用下的内力。

恒荷载 $G=G_1+G_2$＝56.58＋8.44＝65.02kN　　　活荷载 Q＝78.0kN

则 $G+Q$＝65.02＋78.0＝143.02kN

查附表 8，可求出恒荷载作用下及各种活荷载最不利布置下的内力(表 2－1)。

表 2－1 恒荷载与活荷载作用下的内力

项次	荷载图	跨内弯矩		支座弯矩		剪力			
		M_1	M_2	M_B	M_C	V_A	$V_{B左}$	$V_{B右}$	$V_{C左}$
①	G G G G G G A 1 B 2 C	$\frac{0.244}{95.19}$	$\frac{0.067}{26.14}$	$\frac{-0.267}{-104.16}$	$\frac{0.267}{-104.16}$	$\frac{0.733}{47.66}$	$\frac{-1.267}{-82.38}$	$\frac{-1.000}{65.02}$	$\frac{-1.000}{-65.02}$
②	Q Q　Q Q A 1 B 2 C	$\frac{0.289}{136.6}$	$\frac{-0.133}{-62.56}$	$\frac{-0.133}{-62.56}$	$\frac{-0.133}{-62.56}$	$\frac{0.866}{67.55}$	$\frac{-1.134}{-88.45}$	$\frac{0}{0}$	$\frac{0}{0}$
③	Q Q A 1 B 2 C	$\frac{-0.044}{-20.85}$	$\frac{0.200}{93.60}$	$\frac{-0.133}{-62.56}$	$\frac{-0.133}{-62.56}$	$\frac{-0.133}{-10.37}$	$\frac{-0.133}{-10.37}$	$\frac{1.000}{78.0}$	$\frac{-1.000}{-78.0}$
④	Q Q Q Q A 1 B 2 C	$\frac{0.299}{108.24}$	$\frac{0.170}{79.56}$	$\frac{-0.311}{-146.28}$	$\frac{-0.089}{-41.86}$	$\frac{0.689}{53.74}$	$\frac{-1.311}{-102.56}$	$\frac{1.222}{95.32}$	$\frac{-0.778}{-60.68}$
⑤	Q Q Q Q A B C	与④相反				与④反对称			

注：① 横线以上为内力系数，横线以下为内力值，单位为 kN·m(M)或 kN(V)；

② 计算支座弯矩时，采用相邻跨度平均值；

③ 跨内较小弯矩可用取脱离体的方法确定。

（2）作弯矩包络图和剪力包络图。

在同一坐标上，画出①＋②、①＋③、①＋④、①＋⑤等几种荷载组合下的内力图，其外包线就是弯矩包络图和剪力包络图(图 2.10)。其中剪力包络图可直接由弯矩斜率确定(相应各段的弯矩斜率最大者，其斜率就是该段剪力包络图)，而弯矩包络图是对称图形(其中①＋⑤可利用对称性作出)。

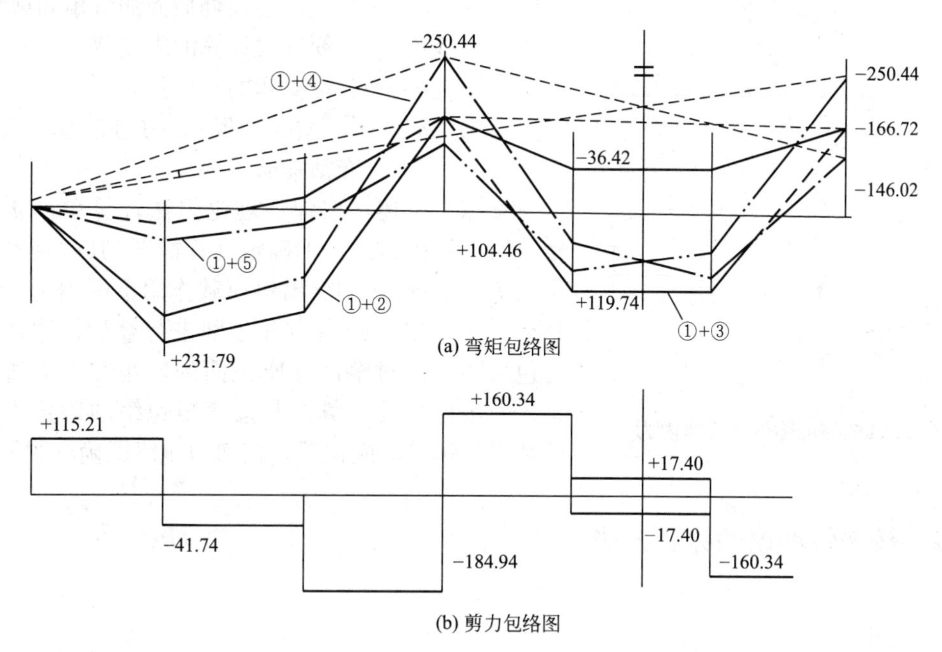

(a) 弯矩包络图

(b) 剪力包络图

图 2.10　例 2-1 的弯矩包络图和剪力包络图(单位：弯矩为 kN·m，剪力为 kN)

2. 折算荷载

当板与次梁、次梁与主梁整浇在一起时，其支座与计算简图中的理想铰支座有较大差别。尤其是活荷载隔跨布置时，支座将约束构件的转动，使被支承的构件(板或次梁)的支座弯矩增加、跨中弯矩降低。为了修正这一影响，通常采用增大恒荷载、相应减小活荷载的方式来处理(恒荷载满布各跨，将其增加可使支座弯矩增加；相应减小活荷载会使跨中弯矩变小，而总荷载保持不变)，即采用折算荷载来计算内力。

对于板：折算恒荷载　$g'=g+q/2$，折算活荷载　$q'=q/2$；

对于次梁：折算恒荷载　$g'=g+q/4$，折算活荷载　$q'=3q/4$。

式中：g、q——实际的恒荷载、活荷载。

主梁不采用折算荷载计算，因为当支承主梁的柱刚度较大时，应按框架计算结构内力；当柱刚度较小时，它对梁的约束作用很小，可以略去其影响，因此无须进行荷载修正来调整内力。

3. 支座截面的内力设计值修正

在用弹性理论方法计算时，计算跨度一般都取至支座中心线。而当板与梁整浇、次梁与主梁整浇以及主梁与混凝土柱整浇时，在支承处的截面工作高度大大增加，因而危险截面不是支座中心处的构件截面而是支座边缘处截面(图 2.11)。

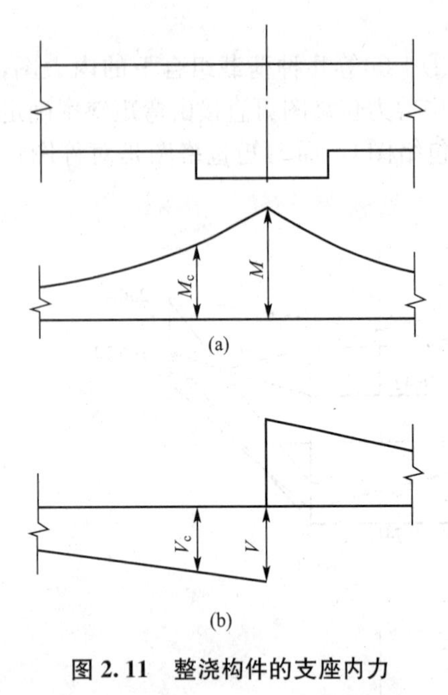

图 2.11　整浇构件的支座内力

为了节省材料，整浇支座截面的内力设计值可按支座边缘处取用，并近似取为：

$$M_c = M - V_0 b/2 \quad (2.1)$$

$$V_c = V - (g+q)b/2 \quad (2.2)$$

式中：M、V——支座中心线处截面的弯矩和剪力；

V_0——按简支梁计算的支座剪力；

b——整浇支座的宽度；

g、q——作用在梁(板)上的均布恒荷载和均布活荷载。

★综上所述，按弹性理论方法计算单向板肋形楼盖的主要步骤是：①确定计算简图(其中板和次梁采用折算荷载)；②求出恒荷载作用下的内力和最不利活荷载作用下的内力并分别进行叠加；③作出内力包络图；④对整浇支座截面的弯矩和剪力进行调整；⑤进行配筋计算；⑥按弯矩包络图确定弯起钢筋和纵向钢筋截断位置，按剪力包络图确定腹筋。

2.2.2　按塑性理论的计算方法

1. 塑性内力重分布和塑性铰

在按弹性理论的计算分析方法也即按线弹性理论的计算分析方法时，结构构件的刚度是始终不变的，内力与荷载成正比。但是，钢筋混凝土受弯构件在荷载作用下会出现裂缝，而且混凝土材料也不是匀质弹性材料。随着荷载的增加、混凝土塑性变形的发展，结构构件各截面的刚度相对值会发生变化。而超静定结构构件的内力是与构件刚度有关的，刚度的变化意味着截面内力分布会发生不同于弹性理论的分布，这就是超静定混凝土结构构件塑性内力重分布的概念。

显著的塑性内力重分布发生在控制截面的受拉钢筋屈服之后。受拉钢筋的屈服使该截面在承受的弯矩几乎不变的情况下发生较大的转动。因此，构件在钢筋屈服的截面好像形成了一个可转动的铰，称之为塑性铰。

★塑性铰与理想铰的区别是：①理想铰可以自由转动，而塑性铰只能在单一方向上做有限的转动，其转动能力与构件的配筋率密切相关，配筋率增大，塑性铰的转动能力减少；②理想铰不能承受弯矩，而塑性铰可以承受弯矩，由于塑性铰是在截面弯矩接近破坏弯矩时才出现，因此它能承受的弯矩就是极限弯矩 M_u；③理想铰是理想化的点铰，而受拉钢筋的屈服有一定范围，因此塑性铰是一个区域铰(有一定长度)。

静定结构的某一截面一旦形成塑性铰，结构即转化为几何可变体系而丧失承载能力，但对超静定结构则不同，如当连续梁的某一支座截面形成塑性铰后，并不意味着结构承载能力丧失，而仅仅是减少了一次超静定次数，结构可以继续承载，直至整个结构形成几何可变体系，结构才最后丧失承载能力。

超静定结构出现塑性铰后，结构的受力状态与按弹性理论的计算有很大不同。由于结构发生显著的塑性内力重分布，结构的实际承载能力要高于按弹性理论计算的承载能力。

2. 塑性理论的计算方法

在进行超静定的梁板结构计算时，塑性理论计算方法的要点是：通过弯矩调整、预先设计塑性铰出现的截面(一般是中间支座截面)，根据调整后的弯矩进行截面配筋，从而节省钢材、方便施工，取得一定的经济效果。

较普遍采用的塑性理论计算方法是弯矩调幅法。这种方法是在弹性理论计算的基础上进行的：降低和调整按弹性理论计算的某些截面的最大弯矩值，并同时满足静力平衡条件。截面的弯矩调整幅度用弯矩调幅系数 β 表示：

$$\beta=1-M_0/M_e \tag{2.3}$$

式中：M_0——调整后的弯矩设计值；

M_e——按弹性理论计算得到的弯矩值。

【例 2-2】 已知一端固定、另一端铰支的单跨钢筋混凝土梁，计算跨度为 l_0。在跨中承受集中荷载 F [图 2.12(a)]，该梁在跨中和支座的正截面受弯承载力均为 $M_u=42\text{kN}\cdot\text{m}$(即跨中和支座配有同样的钢筋)。试求：①刚出现塑性铰时的集中荷载 F_e 是多少？②极限荷载 F_u 是多少？③固定支座的弯矩调幅系数 β 为何值？(已知按弹性方法计算时，跨中正弯矩 $M_1=5Fl_0/32$；支座负弯矩 $M_B=3Fl_0/16$)

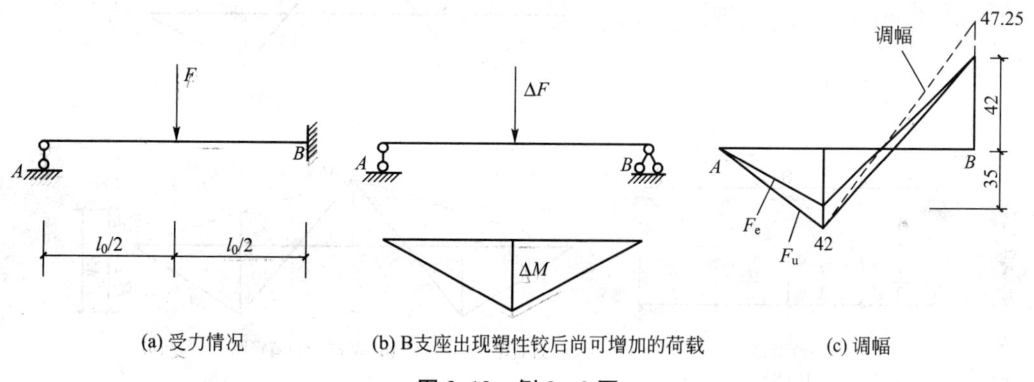

(a) 受力情况　　(b) B支座出现塑性铰后尚可增加的荷载　　(c) 调幅

图 2.12　例 2-2 图

【解】 (1) 按弹性计算求 F_e。

由题目已知：$M_1=\dfrac{5}{32}Fl_0$，$M_B=\dfrac{3}{16}Fl_0$；显然 $M_B>M_1$，支座 B 将首先出现塑性铰。

故由 $M_B=\dfrac{3}{16}F_e l_0=42\text{kN}\cdot\text{m}$，得 $F_e=\dfrac{224}{l_0}\text{kN}$。

此时 $M_1=\dfrac{5}{32}Fl_0=\dfrac{5}{32}\times\dfrac{224}{l_0}l_0=35\text{kN}\cdot\text{m}$。

(2) 求极限荷载 F_u。

由于跨中和支座的承载力相同，因此当嵌固端出现塑性铰时，跨中截面还处于弹性阶段，结构还未破坏，而仅是降低了超静定次数，形成静定结构 [图 2.12(b)]，还可在 F_e 的基础上继续承担荷载 ΔF，直到跨中形成塑性铰，也承受同样的 $M_u=42\text{kN}\cdot\text{m}$，故 $\Delta M=M_u-M_1=42-35=7\text{kN}\cdot\text{m}$。

则有 $$\Delta F=\frac{4\Delta M}{l_0}=\frac{4\times7}{l_0}=\frac{28}{l_0}\text{kN}$$

可得 $$F_u=F_e+\Delta F=\frac{224}{l_0}+\frac{28}{l_0}=\frac{252}{l_0}\text{kN}$$

(3) 求支座弯矩调幅系数。

在 F_u 的作用下，如按弹性计算时，此时 M_B 为 M_B'：

$$M_B'=\frac{3}{16}F_u l_0=\frac{3}{16}\cdot\frac{252}{l_0}l_0=47.25\text{kN}\cdot\text{m}$$

因此调幅系数为：

$$\beta=1-\frac{M_0}{M_e}=1-\frac{42}{47.25}=0.11$$

【例 2－3】 某两跨的等跨连续梁(略去自重)，在跨度中点作用有集中荷载 F(图 2.13)，按弹性理论计算，支座弯矩 $M_B=-0.188Fl$，跨度中点弯矩为 $M_1=0.156Fl$，现将支座弯矩调整为 $M_a=-0.15Fl$，求支座 B 的弯矩调幅系数 β 和此时的跨中弯矩值 M_{1a}。

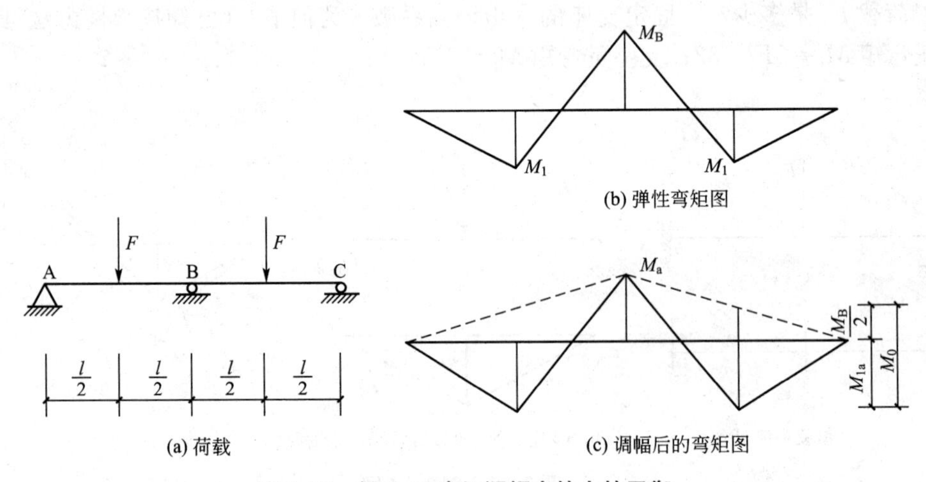

图 2.13　例 2－3 弯矩调幅中的力的平衡

【解】 (1) 根据弯矩调幅系数的定义，有

$$\beta=\frac{(0.188-0.15)Fl}{0.188Fl}=0.202$$

(2) 弯矩调整后，结构仍保持平衡，跨度中点的弯矩值可由静力平衡条件确定。设 M_0 为按简支梁确定的跨度中点弯矩：

$$M_0=Fl/4$$

则有 $$M_{1a}=M_0-M_B/2=(Fl/4)-(0.15Fl/2)=0.175Fl$$

例 2－3 是在一组荷载作用下的支座弯矩调幅以及调幅后的弯矩变化情形。而由于活荷载的最不利布置，某一组荷载作用下的支座弯矩降低而导致的跨中弯矩的增加，不一定会超过其他荷载作用下跨中的弹性弯矩值(例如在本例中，如果仅在其中一跨跨中作用 F 时，其跨中弯矩值为 $0.203Fl$)。

图 2.14 所示的是受均布荷载作用的两跨连续梁，按弹性理论计算方法得出了弯矩包络图(其外包线由恒荷载与不同活荷载布置下的弯矩曲线ⓐ、ⓑ、ⓒ分段组成)。假如把支座 B 在ⓐ情形下的弯矩 M_B 降低 30%，即支座截面按 $0.7M_B$ 配筋，则由平衡条件，此时ⓐ曲线的跨中弯矩相应增加 $0.15M_B$，曲线ⓐ调整成为曲线ⓓ，该曲线正弯矩段还未超过弹性理论计算的曲线ⓑ、ⓒ。则按调整后的支座弯矩 M_B 及弹性计算的ⓑ、ⓒ正弯矩设计，将在荷载ⓐ情形下，支座 B 出现塑性铰，跨中还处于弹性阶段；而在ⓑ或ⓒ情形下，B 支座处于弹性阶段，仅 AB 跨中或者 BC 跨中处于承载力极限状态(与弹性理论的设计一致)，因而这样的设计既节省了支座 B 的钢筋，又保证了结构的安全性。

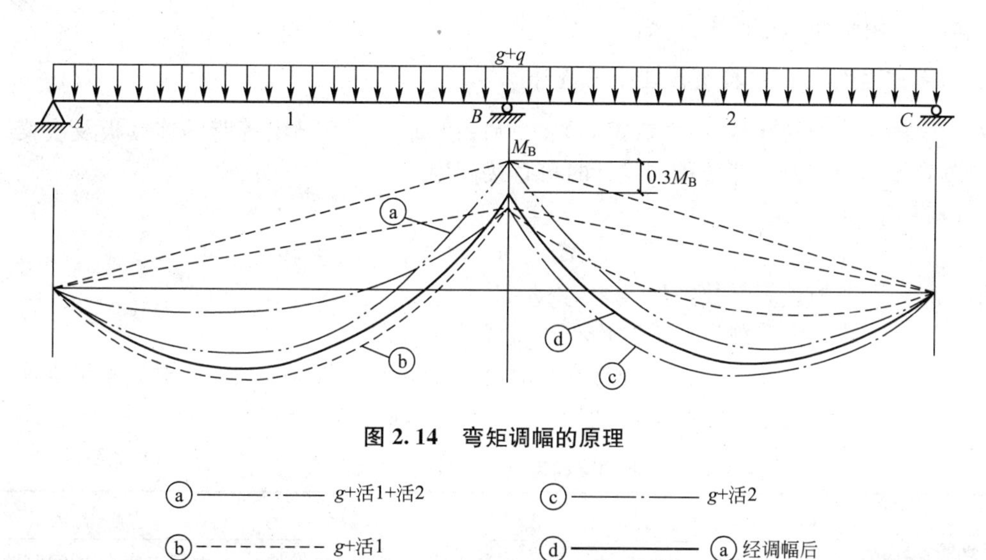

图 2.14 弯矩调幅的原理

ⓐ ———·—— g+活1+活2　　ⓒ ———·—— g+活2

ⓑ - - - - - - - - g+活1　　ⓓ ———— ⓐ经调幅后

采用塑性理论计算连续板和梁时，为了保证塑性铰在预期的部位形成，同时又要防止裂缝过宽及挠度过大影响正常使用，因此在设计时，要求遵守下述各项原则。

1) 要保证塑性铰的转动能力

为了保证塑性铰的转动能力，应采用塑性性能好的热轧钢筋(如 HPB300、HRB335 或 HRB400 等级别钢筋)作纵向受力钢筋；在弯矩降低的截面(称正调幅)，计算配筋时的混凝土相对受压区高度满足 $\xi \leqslant 0.35$。

2) 控制调幅范围

调幅范围一般不超过 25%；当 $q/g \leqslant 1/3$ 或采用冷拉钢筋时，调幅不得超过 15%(q 为均布活荷载，g 为均布恒荷载)。

3) 应满足静力平衡条件

在任何情况下，应使调整后的每跨两端支座弯矩平均值与跨中弯矩绝对值之和不小于按简支梁计算的跨中弯矩，如图 2.15 所示，即要求：

$$\frac{M_B + M_C}{2} + M_1 \geqslant M_0 \tag{2.4}$$

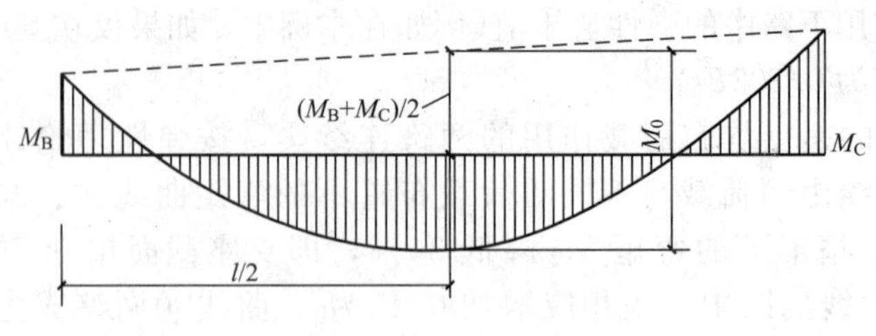

图 2.15　弯矩的平衡条件

在均布荷载下，梁的支座弯矩和跨中弯矩值均不得小于$\frac{1}{24}(g+q)l_0^2$。

4）特殊情况不应采用

对直接承受动力荷载的结构、负温下工作的结构、裂缝控制等级为一级和二级的结构，均不采用塑性理论计算方法。

3. 等跨连续梁、板按塑性理论的设计

按照塑性理论的计算方法(弯矩调幅法)和一般原则，可导出等跨的连续板及次梁在承受均布荷载下的内力计算公式，设计时可直接利用。

1）弯矩设计值 M

$$M=\alpha_m(g+q)l_0^2 \tag{2.5}$$

式中：α_m——弯矩计算系数，见表 2-2；

g、q——均布恒荷载设计值和均布活荷载设计值；

l_0——计算跨度。对于整浇支座，取至支座边缘，即净跨长度；对非整浇支座，按弹性理论方法取值(一般取至支座中心线)。

表 2-2　连续梁和连续单向板的弯矩计算系数 α_m

<table>
<tr><th colspan="2" rowspan="3">支承情况</th><th colspan="6">截面位置</th></tr>
<tr><th>端支座</th><th>边跨跨中</th><th>离端第二支座</th><th>离端第二跨跨中</th><th>中间支座</th><th>中间跨跨中</th></tr>
<tr><th>A</th><th>Ⅰ</th><th>B</th><th>Ⅱ</th><th>C</th><th>Ⅲ</th></tr>
<tr><td colspan="2">梁、板搁支在墙上</td><td>0</td><td>$\frac{1}{11}$</td><td rowspan="4">二跨连续：
$-\frac{1}{10}$
三跨以上连续：
$-\frac{1}{11}$</td><td rowspan="4">$\frac{1}{16}$</td><td rowspan="4">$-\frac{1}{14}$</td><td rowspan="4">$\frac{1}{16}$</td></tr>
<tr><td>板</td><td rowspan="2">与梁整浇连接</td><td>$-\frac{1}{16}$</td><td rowspan="2">$\frac{1}{14}$</td></tr>
<tr><td>梁</td><td>$-\frac{1}{24}$</td></tr>
<tr><td colspan="2">梁与柱整浇连接</td><td>$-\frac{1}{16}$</td><td>$\frac{1}{14}$</td></tr>
</table>

注：① 表中系数适用于荷载比 $q/g>0.3$ 的等跨连续梁和连续单向板；

② 连续梁或连续单向板的各跨长度不等，但相邻两跨的长跨与短跨之比值小于 1.10 时，仍可采用表中弯矩系数值。计算支座弯矩时应取相邻两跨中的较长跨度值，计算跨中弯矩时应取本跨长度。

2）剪力设计值 V

$$V=\alpha_V(g+q)l_n \tag{2.6}$$

式中：α_V——剪力系数，见表2-3；

l_n——梁的净跨长度。

表2-3 连续梁的剪力计算系数 α_V

支承情况	截面位置				
	端支座内侧 A_{in}	离端第二支座		中间支座	
		外侧 B_{ex}	内侧 B_{in}	外侧 C_{ex}	内侧 C_{in}
搁支在墙上	0.45	0.60	0.55	0.55	0.55
与梁或柱整体连接	0.50	0.55			

2.2.3 配筋设计及构造要求

1. 连续单向板设计

1) 设计要点

(1) 设计方法：与次梁整浇或支承于砖墙上的连续单向板，一般可按塑性理论方法进行设计(弯矩系数分别取1/11、－1/14、1/16)。并可取计算宽度 $b=1000$mm，按单筋矩形截面计算。

(2) 受剪承载力：板所受的剪力很小($V<0.7f_tbh_0$)，仅依靠混凝土即足以承担剪力，一般不必进行受剪承载力计算，也不必配置箍筋。

(3) 板厚、板跨和板支承长度：板的厚度 h 应满足板的构造规定，板的跨度一般为2m左右。板的支承长度应满足受力钢筋在支座内的锚固要求，且支承长度一般不小于板厚和120mm，板的计算跨度应按图2.16取用。

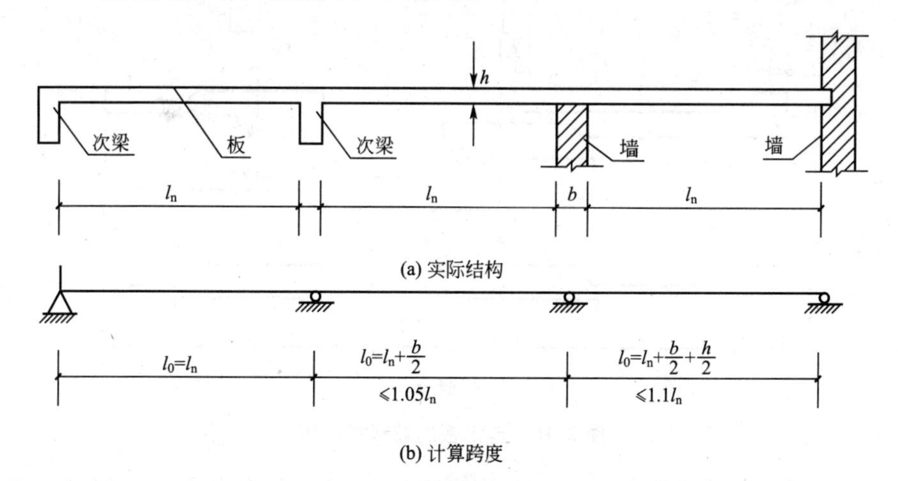

图2.16 板的计算跨度

(4) 配筋调整：在极限状态下，板支座在负弯矩作用下上部开裂，跨中在正弯矩作用下下部开裂，使跨中和支座间的混凝土形成拱(图2.17)。当板的四周有梁、使板的支座不能自由移动时，则板拱在竖向荷载作用下产生的横向推力可以减少板中各计算截面的弯矩，因此对四周与梁整浇的单向板，其中间跨跨中和中间支座，计算弯矩可减少20%。

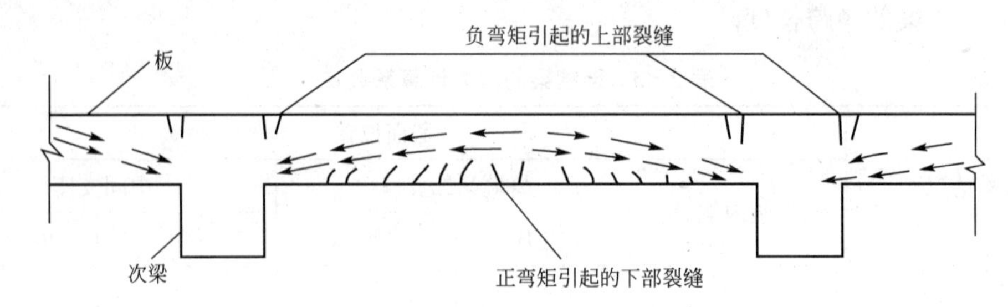

图 2.17　板开裂后形成的拱

2）配筋构造

(1) 受力钢筋。受力钢筋可采用HPB300级或HPB235级光圆钢筋，也可采HRB335级带肋钢筋。常用直径有6mm、8mm、10mm和12mm，宜选用较大直径作支座负弯矩钢筋。

钢筋的间距一般不小于70mm，也不大于200mm(当板厚h>150mm时，不大于1.5h且不大于250mm)。伸入支座的钢筋截面面积不得少于跨中受力钢筋截面面积的1/3，且间距不大于400mm。

钢筋锚固长度不应小于5d，光圆钢筋末端应作弯钩。可以弯起跨中受力钢筋的一半作支座负弯矩钢筋(最多不超过2/3)，弯起角度一般为30°(当h>120mm时，可采用45°)。负弯矩钢筋的末端宜做成直钩直接顶在模板上以保证钢筋在施工时的位置。

受力钢筋的配置方式有弯起式(图2.18)和分离式两种。

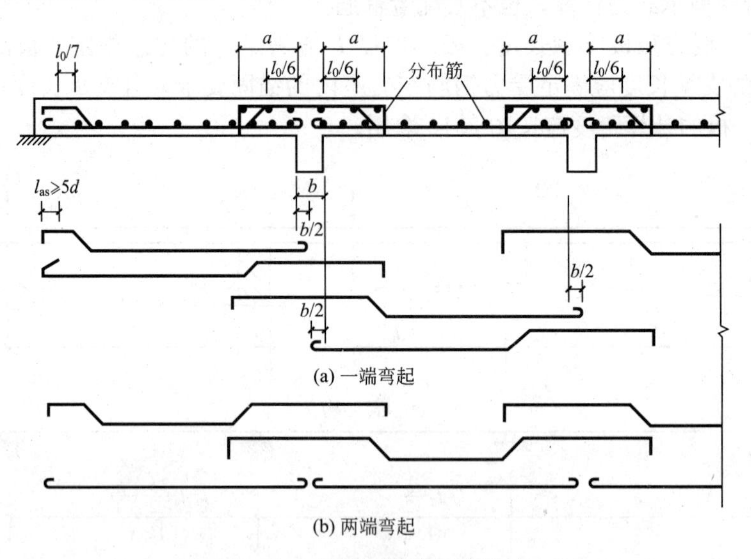

图 2.18　连续板的弯起式配筋

在图2.18的弯起式配筋中，支座负弯矩钢筋向跨内的延伸长度a应覆盖负弯矩图并满足钢筋锚固的要求。一般情况下，当$g/q\leqslant 3$时，可取$a=l_0/4$；当$g/q>3$时，取$a=l_0/3$。l_0为计算跨度。

具体配筋时，先按跨中正弯矩确定受力钢筋的直径、间距，然后在支座附近将其中的一部分按规定弯起以抵抗支座负弯矩(抵抗支座负弯矩不够时，再加直钢筋)，另一部分钢筋则伸入支座。这种配筋方式节省钢材、整体性和锚固性都好。

分离式配筋是指跨中正弯矩钢筋和支座负弯矩钢筋分别配置，负弯矩钢筋向跨内的延伸长度 a 与弯起式配筋相同，跨中正弯矩钢筋宜全部伸入支座。参照弯起式的配筋方式，不难画出分离式配筋图(自行练习)。

(2) 分布钢筋。分布钢筋布置于受力钢筋内侧，与受力钢筋垂直放置并互相绑扎(或焊接)。其单位长度上的面积不少于单位长度上受力钢筋面积的 15%，且不小于该方向板截面面积的 0.15%，其间距不宜大于 250mm，直径不小于 6mm；在集中荷载较大时，分布钢筋间距不宜大于 200mm。在受力钢筋的弯折处，也都应布置分布钢筋。

分布钢筋末端可不设弯钩。

分布钢筋的作用是：固定受力钢筋位置；抵抗混凝土的温度应力和收缩应力；承担并分散板上局部荷载产生的内力。

(3) 板面附加钢筋。对嵌入墙体内的板，为抵抗墙体对板的约束产生的负弯矩以及抵抗由于温度收缩影响在板角产生的拉应力，应在沿墙长方向及墙角部分的板面增设构造钢筋(图 2.19)。钢筋间距不应大于 200mm，直径不应小于 6mm(包括弯起钢筋在内)，其伸出墙边的长度不应小于 $l_1/7$(l_1 为单向板的跨度或双向板的短边跨度)。

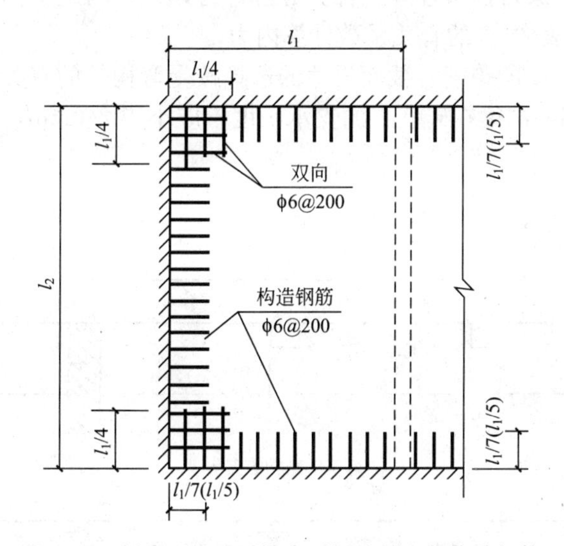

图 2.19 板嵌固在承重墙内时板边的上部构造钢筋
(括号内数字用于混凝土梁或混凝土墙)

对两边均嵌固在墙内的板角部分，应双向配置上部构造钢筋，其伸出墙边的长度不应小于 $l_1/4$。

沿受力方向配置的上部构造钢筋(包括弯起钢筋)的截面面积不宜小于跨中受力钢筋截面面积的 1/3～1/2。

(4) 现浇板与主梁相交处。现浇板的受力钢筋与主梁肋部平行，但由于板靠近主梁的一部分荷载会直接传至主梁，因此应沿主梁肋方向配置间距不大于 200mm、直径不小于 8mm 的与梁肋垂直的构造钢筋(图 2.20)，且单位长度的总截面面积不应小于板中单位长度内受力钢筋截面面积的 1/3，伸入板中的长度从肋边算起每边不应小于板计算跨度的 1/4。

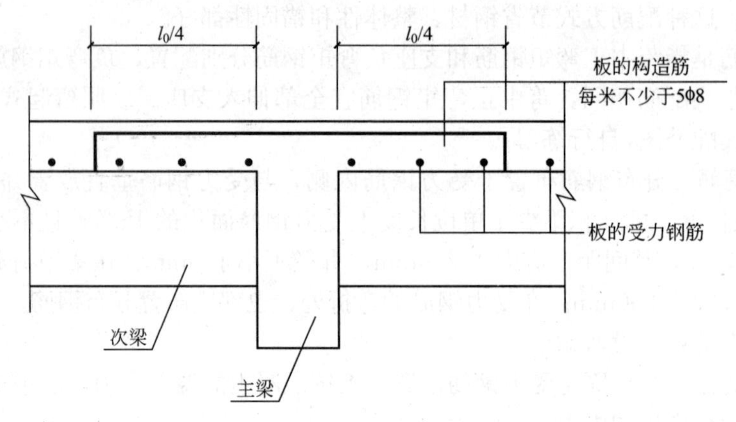

图 2.20　板中与梁肋垂直的构造钢筋

2. 次梁的设计

1）设计要点

(1) 计算方法。次梁可按塑性理论计算方法进行设计，因此承受均布荷载的等跨次梁可直接利用表 2-2、表 2-3 的有关系数计算内力。

(2) 计算简图。次梁的跨度、截面尺寸的选择按受弯构件的有关规定确定。次梁的计算跨度按图 2.21 选用，次梁在砖墙上的支承长度不应小于 240mm，并应满足墙体局部受压承载力的要求。

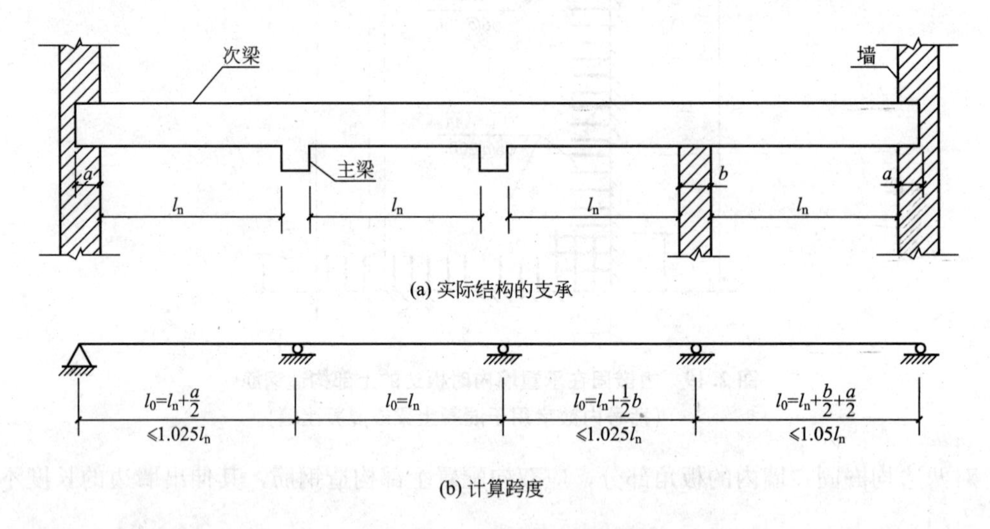

图 2.21　次梁的计算跨度

(3) 计算截面。在正弯矩作用下，梁的跨中截面为 T 形截面(翼缘受压)。在负弯矩作用下，中间连续支座两侧的截面按矩形截面计算(翼缘受拉)。T 形截面的翼缘计算宽度 b_f' 的取值同前述(见受弯构件)。

2）配筋构造

(1) 一般要求。次梁的钢筋直径、净距、混凝土保护层厚度，钢筋的锚固、弯起及纵向钢筋的搭接、截断等，均按受弯构件的有关规定。

(2) 钢筋布置方式。对承受均布荷载的次梁，当 $q/g \leqslant 3$、跨度差不大于 20%时，可按图 2.22 的方式布置钢筋。

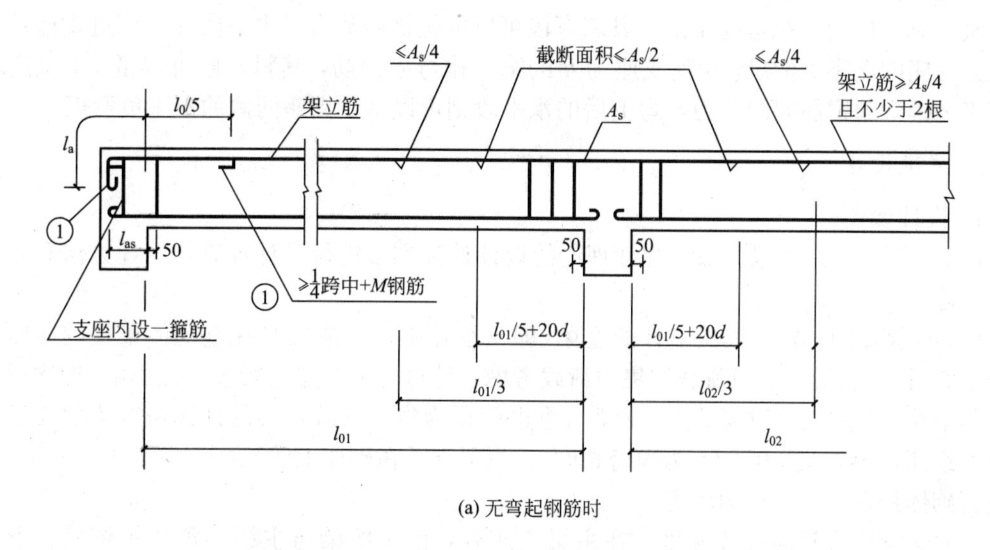

(a) 无弯起钢筋时

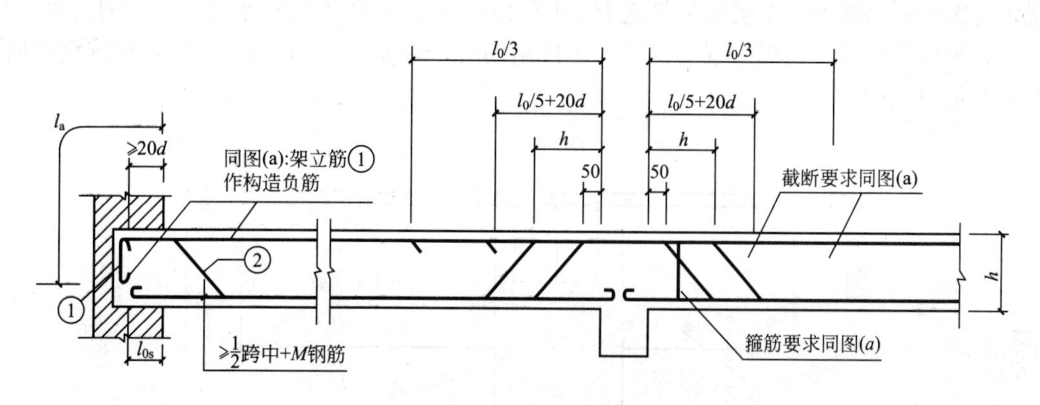

(b) 设弯起钢筋时

图 2.22　次梁配筋方式

① 配筋方式 1：不考虑弯起钢筋时［图 2.22(a)］。

跨中正弯矩钢筋全部伸入支座，伸入支座的钢筋锚固长度 $l_{as} \geqslant 12d$(带肋钢筋)或 $15d$(光圆钢筋)且伸至支座边缘(边支座)或支座中心线处(中间支座)。

中间支座的负弯矩钢筋 A_s 应全部穿过支座向跨内延伸，在距支座边缘 $20d+l_0/5$ 处(或 $l_0/4$ 处)可截断部分($\leqslant A_s/2$)负弯矩钢筋，在距支座边缘 $l_0/3$ 处可截断余下的一半(即 $\leqslant A_s/4$)，保留部分(即$\geqslant A_s/4$)兼作架立钢筋。在截断及保留钢筋时，应注意钢筋配置的对称性。例如，支座处配有 2Φ18+1Φ14($A_s=663\text{mm}^2$)，则在距支座边缘 $20d+l_0/5$ 处只能截断 1Φ14；而在距支座边缘 $l_0/3$ 处，若截断 2Φ18，则已无保留钢筋，此时可采用受力钢筋连接方式，配置 2Φ12(或 2Φ10)与 2Φ18 连接。

边支座处的负弯矩钢筋应视不同情况考虑：当与梁或柱整浇时，仍利用表 2-2 系数计算，当支承在砖墙(或砖柱)上时，按图 2.22(b)配置构造的负弯矩钢筋。

② 配筋方式 2：考虑弯起钢筋时［图 2.22(b)］。

弯起钢筋的斜弯段可以抗剪，弯起后的水平段可抵抗支座负弯矩。在中间支座处，距离支座 50mm 的第 1 排弯起钢筋，其斜弯段可以抵抗该侧剪力，水平段连续穿过支座后可抵抗另一侧的支座负弯矩；距离支座为 h 的第 2 排弯起钢筋，其斜弯段可以抵抗该侧第 1 排和第 2 排弯起钢筋间的剪力，弯上后的水平段则可以承受支座两侧的支座负弯矩。

3. 主梁设计

1) 设计要点

(1) 计算方法。主梁一般按弹性理论的设计计算方法进行设计计算，设计方法和步骤同前所述。

(2) 计算简图。按连续梁设计的主梁(即支承在砌体上或梁与柱整浇但梁柱的线刚度比大于 5 时)，次梁传下的荷载按集中荷载考虑，计算时不考虑次梁连续性影响(即次梁传下的集中荷载按简支构件考虑)，主梁自重也简化为集中荷载，梁的计算跨度 l_0 取支座中心线间距离，但 $l_0 \leqslant 1.05 l_n$ (l_n 为净跨长度)，主梁支承在砌体上的长度不应小于 370mm 并应进行砌体局部受压承载力验算。

(3) 支座处的截面有效高度。在主梁支座处，由于次梁与主梁的负弯矩钢筋彼此相交，且次梁的钢筋置于主梁的钢筋之上(图 2.23)，因而计算主梁支座的负弯矩钢筋时，其截面有效高度应按下列规定减小：当为单排钢筋时，取 $h_0 = h - 60$mm；当为双排钢筋时，取 $h_0 = h - 90$mm。

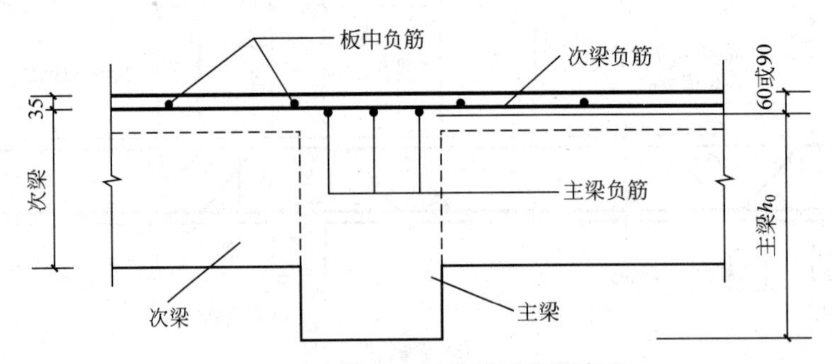

图 2.23　主梁支座处的截面有效高度

2) 构造要求

主梁的截面尺寸、钢筋选择等应遵守梁的有关规定。主梁的跨度一般为 5～8m。纵向受力钢筋的弯起、截断等应通过作材料图确定。当支座处剪力很大、箍筋和弯起钢筋还不足以抗剪时，可以增设鸭筋抗剪，但不得采用浮筋。

在次梁和主梁相交处，次梁的集中荷载不是传至主梁的顶部而是传至主梁的腹部，因而有可能在该处的主梁上引起斜裂缝。为了防止斜裂缝的发生导致局部破坏，应在次梁支承处的主梁内设置附加横向钢筋(图 2.24)。将上述次梁的集中荷载有效地传递到主梁的混凝土受压区。

附加横向钢筋包括附加箍筋和附加吊筋，布置在长度为 s 的范围内($s = 2h_1 + 3b$，其中 h_1 为次梁与主梁的高度差，b 为次梁的腹板宽度)。附加横向钢筋的截面面积按如下公式计算，并宜优先采用箍筋。

$$F \leqslant mnf_{yv}A_{sv1} + 2f_yA_{sb}\sin\alpha \tag{2.7}$$

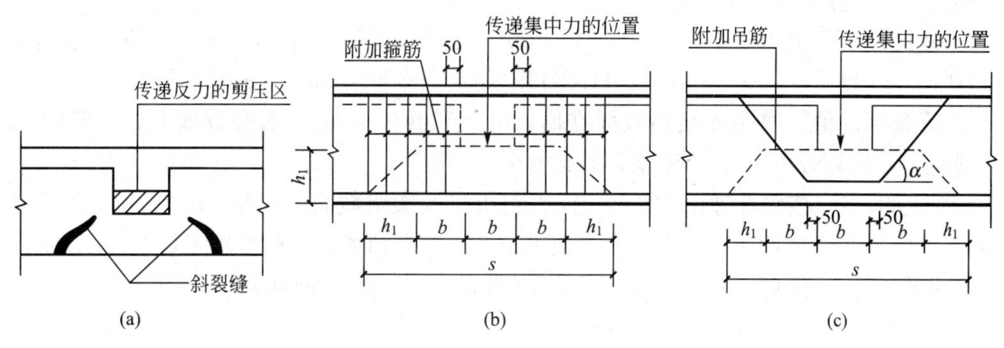

图 2.24 主梁的附加横向钢筋

式中：F——次梁传来的集中荷载设计值；

m、n——长度 s 范围内的箍筋根数和每根箍筋肢数；

A_{sv1}——单肢箍筋截面面积；

A_{sb}——吊筋截面面积；

α——吊筋与梁轴线间夹角，与弯起钢筋的取值相同；

f_{yv}、f_y——箍筋、吊筋的抗拉强度设计值。

当仅选择箍筋时，可取 $A_{sb}=0$，当仅选择吊筋时，取 $m=0$。

【例 2-4】 某藏书库的二层楼盖结构平面布置如图 2.25 所示，墙体厚 370mm。楼面面层为水磨石，梁板底面为 15mm 厚混合砂浆抹平。采用 C25 混凝土；梁中纵向受力钢筋为 HRB335 级，其余钢筋为 HPB235 级。试设计该楼盖(楼梯间在此平面之外，暂不考虑，一类环境)。

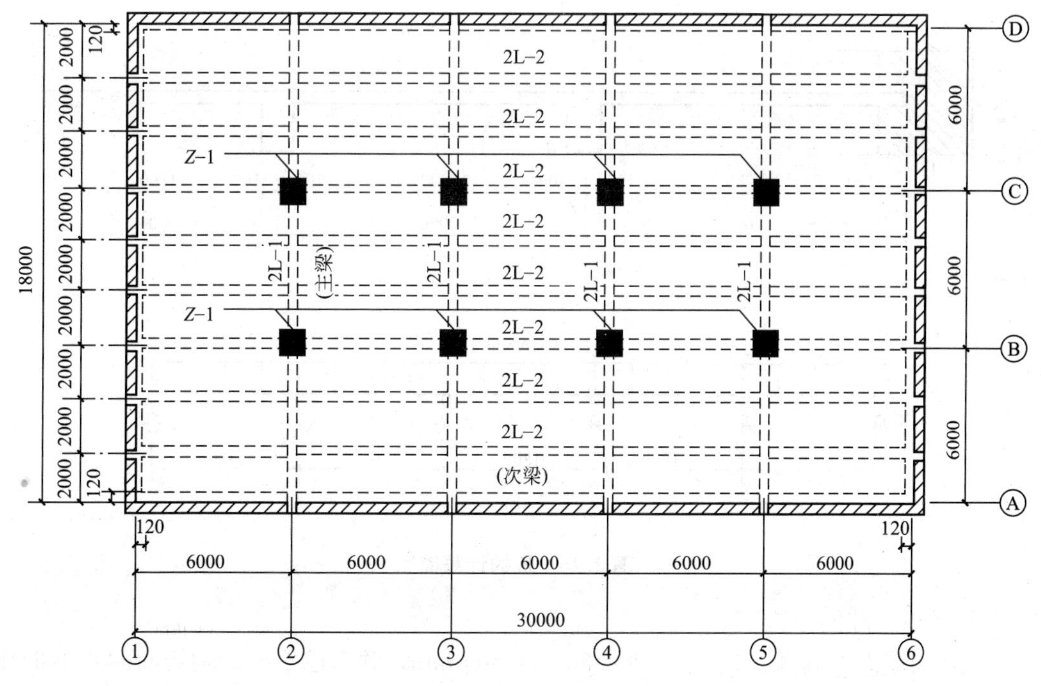

图 2.25 楼盖结构平面布置

【解】（1）基本设计资料。

① 材料：C25 混凝土，$f_c=11.9\text{N/mm}^2$，$f_t=1.27\text{N/mm}^2$，$f_{tk}=1.78\text{N/mm}^2$；钢筋，HPB235 级（$f_y=210\text{N/mm}^2$），HRB335 级（$f_y=300\text{N/mm}^2$，$\xi_b=0.55$）。

② 荷载标准值：藏书库活荷载标准值，$q_k=5.0\text{kN/mm}^2$；水磨石地面，0.65kN/m²；钢筋混凝土，25kN/m³；混合砂浆，17kN/m³。

（2）板的设计（按塑性理论方法）。① 确定板厚及次梁截面。板厚 $h\geqslant l/40=2000/40=50\text{mm}$，并应不小于民用建筑楼面最小厚度 60mm，考虑到楼面活荷载较大，取 $h=80\text{mm}$。

次梁截面高 h 按 $(1/20\sim1/12)l$ 初估，选 $h=450\text{mm}$，截面宽 $b=(1/2\sim1/3)h$，选 $b=200\text{mm}$。

② 板荷载计算。

楼面面层	0.65kN/m²
板自重	0.08×25=2.0kN/m²
板底抹灰	0.015×17=0.255kN/m²
恒荷载 g	1.2×2.905=3.49kN/m²
活荷载 q	1.3×5.0=6.5kN/m²

$g+q=9.99\text{kN/m}^2$，　　$q/g=6.5/3.49=1.86<3$

③ 板计算简图。

取板宽 $b=1000\text{mm}$ 作为计算单元，由板和次梁尺寸可得板的计算简图（实际 9 跨，可按 5 跨计算）如图 2.26(b)所示。其中中间跨的计算跨度 $l_0=l_n$，边跨的计算跨度 $l_0=l_n+h/2$。边跨与中间跨的计算跨度相差 $(1.82-1.80)/1.8=1.1\%$，因此可按等跨连续板计算内力。

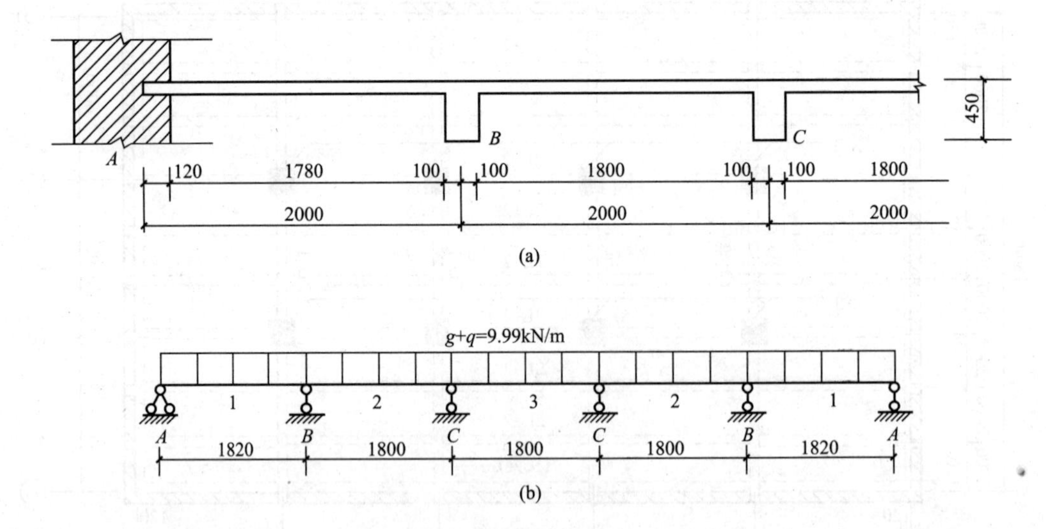

图 2.26　板的计算简图

④ 弯矩及配筋计算。

取板的截面有效高度 $h_0=h-20=80-20=60\text{mm}$，并考虑②～⑤轴线间的弯矩折减，可列表计算（表 2-4）。

表 2-4 板的配筋计算

截面	1	B	2	C
弯矩系数 α	$+\frac{1}{11}$	$-\frac{1}{11}$	$+\frac{1}{16}\left(+\frac{1}{16}\times 0.8\right)$	$-\frac{1}{14}\left(-\frac{1}{14}\times 0.8\right)$
$M=\alpha(g+q)l_0^2$ (kN·m)	$\frac{1}{11}\times 9.99\times 1.82^2$ $=3.01$	$-\frac{1}{14}\times 9.99\times\left(\frac{1.82+1.8}{2}\right)^2$ $=-2.98$	$\frac{1}{16}\times 9.99\times 1.8^2$ $=2.02(1.62)$	$-\frac{1}{14}\times 9.99\times 1.8^2$ $=-2.31(-1.85)$
$\xi=1-\sqrt{1-\frac{M}{0.5f_c bh_0^2}}$	0.073	−0.072	0.0483	−0.0555(−0.0442)
$A_s=\frac{\xi f_c bh_0}{f_y}$(mm²)	248	245	164(131)	189(150)
选用钢筋	Φ8@200	Φ8@200	Φ6@150(Φ6@180)	Φ6@150(Φ6@180)
实际钢筋面积(mm²)	251	251	189(157)	189(157)

注：① 括号内数字用于②～⑤轴间；

② $\rho_{min}bh=75\text{mm}^2$。

★对四周与梁整浇的单向板跨中和中间支座处，弯矩可减少20%(表2-4中括号数字)，也可直接采用钢筋面积折减，即将非折减处的钢筋面积直接乘以0.8，这样计算简便些，且误差不大、偏于安全。

★板配筋选择法：现浇板的配筋用间距 s 表示。在求出钢筋面积 A_s 后，习惯上是通过查“板配筋表”得到间距的(见《原理》附表14)。通过对该表编制的了解，不难看出：钢筋直径 d、间距 s、计算面积 A_s 之间有如下关系：

$$A_s=\frac{1000}{s}\times\frac{\pi}{4}d^2$$

则有

$$s=\frac{(28.025d)^2}{A_s}\approx\frac{(28d)^2}{A_s} \tag{2.8}$$

因此在算出钢筋面积后，可将其存储于计算器内，然后选择常用直径 d 与28相乘，再平方，然后除以 A_s 即得间距 s。此法快速方便，可称为板配筋计算的“28d法”。

在一般情况下，楼面所受动力荷载不大，可采用分离式配筋。本例采用分离式配筋方式，配筋图如图2.27所示。

(3) 次梁设计(按塑性理论计算)。

计算简图的确定。

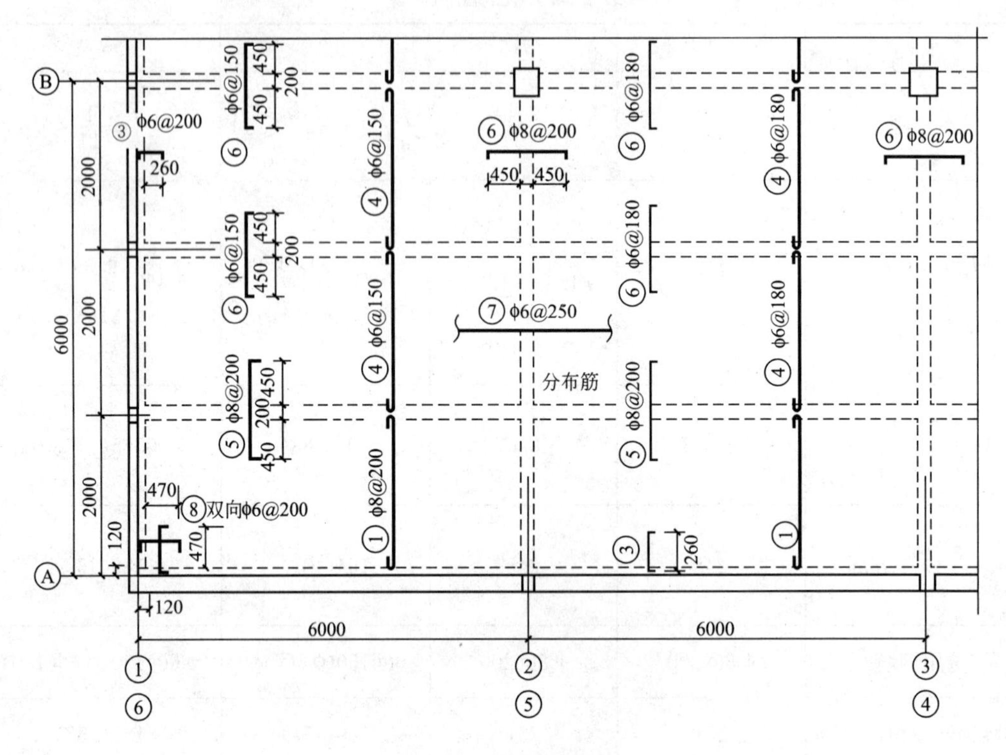

图 2.27　板配筋平面图

（注：本图只画出部分平面）

① 荷载。

板传来的恒荷载	$3.49\times2=6.98\text{kN/m}$
次梁自重	$1.2\times25\times0.2\times(0.45-0.08)=2.22\text{kN/m}$
次梁粉刷	$1.2\times17\times0.015\times(0.45-0.08)\times2=0.23\text{kN/m}$
恒荷载	$g=9.43\text{kN/m}$
活荷载	$q=1.3\times5.0\times2=13.0\text{kN/m}$
	$g+q=22.43\text{kN/m}$
	$q/g=1.38<3$

主梁截面尺寸选择：主梁截面高度 h 为 $(1/14\sim1/18)l_0=430\sim750\text{mm}$。选用 $h=600\text{mm}$；由 $b=(1/2\sim1/3)h$，选 $b=250\text{mm}$；则主梁截面尺寸 $b\times h=250\text{mm}\times600\text{mm}$。

计算简图：根据平面布置及主梁截面尺寸，可得出次梁计算简图(图 2.28)。中间跨的计算跨度 $l_0=l_n=5.75\text{m}$，边跨的计算跨度 $l_0=l_n+a/2=5.88\text{m}<1.025l_n=5.90\text{m}$，边跨的计算跨度和中间跨计算跨度相差 $(5.88-5.75)/5.75=2.2\%$，可按等跨连续梁计算。

② 内力及配筋计算。

正截面承载力计算：次梁跨中截面按 T 形截面计算，翼缘计算宽度按规定选用，有：

$$\begin{cases} b_f'\leqslant l_0/3=5750/3=1917\text{mm} \\ b_f'\leqslant b+s_n=200+1800=2000\text{mm} \end{cases}$$

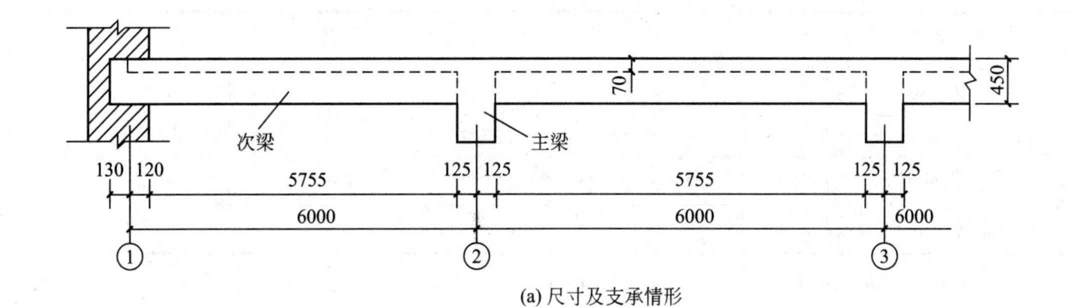

(a) 尺寸及支承情形

(b) 计算简图

图 2.28　次梁计算简图的确定

取 $h_0=450-35=415\text{mm}$，$h'_f/h_0=80/415=0.193>0.1$，故取 $b'_f=1917\text{mm}$。且

$$f_c b'_f h'_f\left(h_0-\frac{h'_f}{2}\right)=11.9\times1917\times80\times\left(415-\frac{80}{2}\right)=684.4\text{kN}\cdot\text{m}$$

以此作为判 T 形截面类别的依据。

次梁支座截面按 $b\times h=200\text{mm}\times450\text{mm}$ 的矩形截面计算。并取 $h_0=450-35=415\text{mm}$，支座截面应满足 $\xi\leqslant0.35$。以下计算过程列表进行(表 2-5)。

表 2-5　次梁正截面承载力计算(受力纵向钢筋采用 HRB335 级)

截面位置	1	B	2	C
弯矩系数 α_m	$\frac{1}{11}$	$-\frac{1}{11}$	$+\frac{1}{16}$	$-\frac{1}{14}$
$M=\alpha_m(g+q)l_0^2$ /kN·m	$\frac{1}{11}\times22.43\times5.88^2$ $=70.50$	$-\frac{1}{11}\times22.43\times\left(\frac{5.88+5.75}{2}\right)^2$ $=-68.95$	$\frac{1}{16}\times22.43\times5.75^2$ $=46.35$	$-\frac{1}{14}\times22.43\times5.75^2$ $=-52.97$
截面类别及截面尺寸/mm	一类 T 形 $b\times h=1917\times450$	矩形 $b\times h=200\times450$	一类 T 形 $b\times h=1917\times450$	矩形 $b\times h=200\times450$
$\xi=1-\sqrt{1-\frac{M}{0.5f_cbh_0^2}}$	0.0181	0.185	0.0119	0.139

（续）

截面位置	1	B	2	C
$A_s=\frac{f_c b h_0 \xi}{f_y}$/mm²	571	609	376	458
选用钢筋	2Φ16+1Φ14	2Φ18+1Φ14	3Φ14	3Φ14
实际钢筋截面面积/mm²	556	663	462	462

注：$A_{smin}=\rho_{min}bh=0.15\%\times200\times450=135mm^2$。

斜截面受剪承载力计算：

a. 剪力设计值见表 2 - 6。

表 2 - 6　剪力设计值计算表

截面	A	$B_左$	$B_右$	C
剪力系数 α_V	0.45	0.6	0.55	0.55
$V=\alpha_V(g+q)l_n$ /kN	0.45×22.43×5.755 =58.02	0.6×22.43×5.755 =77.45	0.55×22.43×5.75 =70.93	0.55×22.43×5.75 =70.93

b. 截面尺寸校核公式如下。

$$h_w/b=415/200<4$$

$$0.25f_c bh_0=0.25\times11.9\times200\times415=246.9kN>V$$

因此截面尺寸满足要求。

c. 箍筋设计见表 2 - 7。

表 2 - 7　箍筋计算表

截面	A	$B_左$	$B_右$	C
V/kN	58.02	77.45	70.93	70.93
$0.7f_t bh_0$/N	73787	73787	73787	73787
$f_t bh_0$/N	105410	105410	105410	105410
箍筋肢数、直径	2ϕ6	2ϕ6	2ϕ6	2ϕ6
$\frac{A_{sv}}{s}=0.24f_t b/f_{yv}$	$V<0.7f_t bh_0$	0.29	$V<0.7f_1 bh_0$	$V<0.7f_1 bh_0$
s/mm	180	180	200	200

注：$s_{max}=200mm$。

根据计算结果，画出次梁配筋图如图 2.29 所示，中间支座负弯矩钢筋按图 2.22(b)所示的方式截断。

（4）主梁设计。

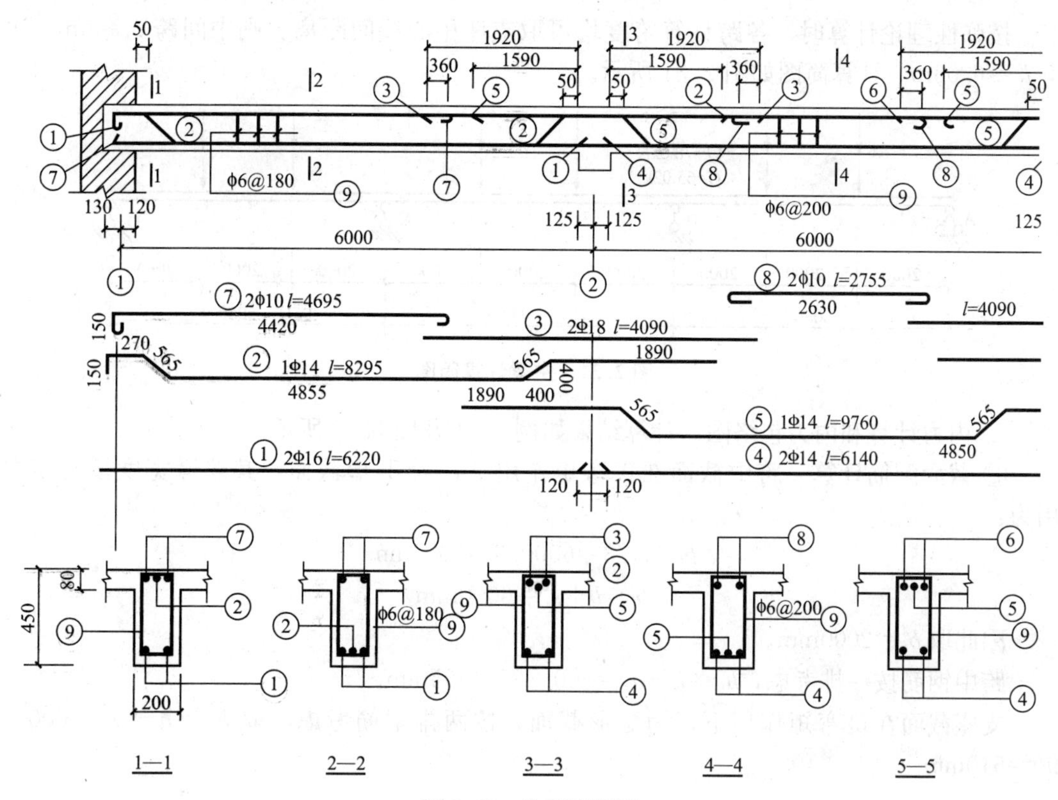

图 2.29　次梁配筋图

① 计算简图的确定。

荷载：

次梁传来恒荷载	9.43×6=56.58kN
主梁自重	1.2×25×2×0.25×(0.6−0.08)=7.8kN
梁侧抹灰	1.2×17×2×0.015×(0.6−0.08)×2=0.64kN
恒荷载 G	=65.02kN
活荷载 Q	13×6=78.0kN
$G+Q$	=143.02kN

计算简图：假定主梁线刚度与钢筋混凝土柱线刚度比大于5，则中间支承按铰支座考虑，边支座为砖砌体，支承长度为370mm(图 2.30)。

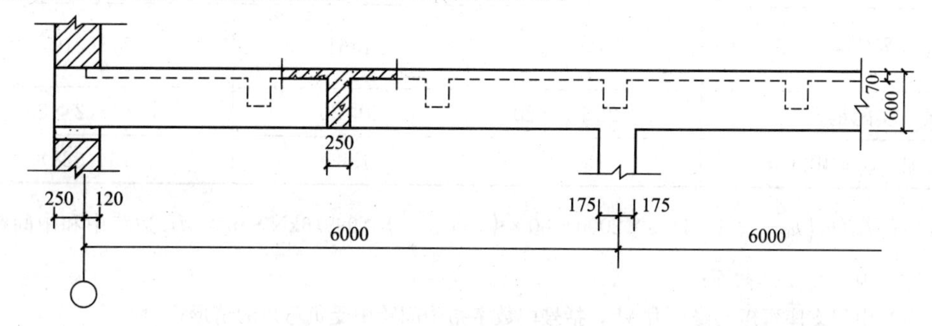

图 2.30　主梁几何尺寸与支承情况

按弹性理论计算时，各跨计算跨度均可取支座中心线间距离。则中间跨 $l_0=6$m，边跨 $l_0=6.06$m。计算简图如图 2.31 所示。

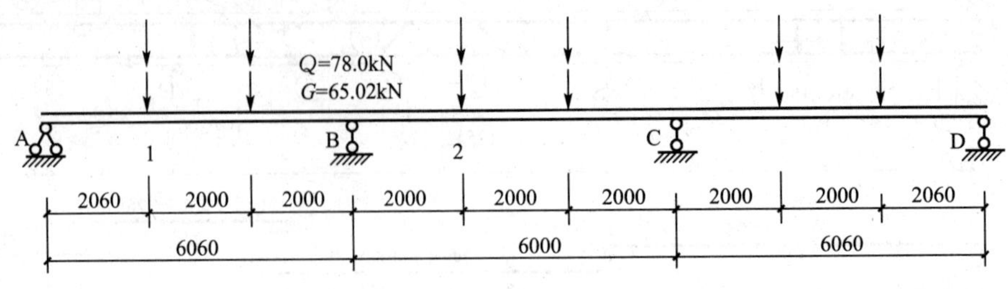

图 2.31　主梁计算简图

② 内力计算和内力包络图。计算结果如例 2 - 1 及图 2.10 所示。

③ 截面配筋计算。跨中截面在正弯矩作用下，为 T 形截面，其翼缘宽度按规定取用为：

$$b_f' \leqslant l_0/3=6000/3=2000\text{mm}$$

$$b_f' \leqslant b+s_n=6000\text{mm}$$

因此取 $b_f'=2000$mm。

跨中钢筋按一排考虑，$h_0=h-a_s=600-35=565$mm。

支座截面在负弯矩作用下，为矩形截面，按两排钢筋考虑，取 $h_0=h-a_s=600-90=510$mm。

主梁中间支座为整浇支座，宽度 $b=350$mm，则支座边 $M_c=M-\frac{V_0}{2}b$，$V_0=G+Q=143.02$kN。

配筋计算结果见表 2 - 8、表 2 - 9。

表 2 - 8　主梁正截面受弯计算

截面	边跨中	中间支座	中间跨中
M/kN	231.79	−232.56	119.94(−36.42)
截面尺寸	$b=b'_f=2000$ $h_0=565$	$b=250$ $h_0=510$	$b=2000(250)$ $h_0=565$
$\xi=1-\sqrt{1-\frac{M}{0.5f_cbh_0^2}}$	0.031	0.368	0.016(0.039)
$A_s=\frac{\xi f_c bh_0}{f_y}(\text{mm}^2)$	1390	1861	717(219)
实配钢筋	2Φ22+2Φ20	6Φ20	3Φ18(2Φ20)
实配钢筋面积/mm²	1389	1885	764(628)

注：① $f_cb_f'h_f'\left(h_0-\frac{h_f'}{2}\right)=11.9\times2000\times80\times\left(565-\frac{80}{2}\right)=999.6\text{kN}\cdot\text{m}>M$，边跨中和中间跨中均为一类 T 形截面；

② 中间支座弯矩已修正为 M_c，括号内数字指中间跨中受负弯矩的情形；

③ $A_{smin}=\rho_{min}bh=0.2\%\times250\times600=300\text{mm}^2$。

表 2-9 主梁斜截面受剪计算

截面	边支座边	B 支座左	B 支座右
V/kN	115.21	184.94	160.34
$0.25f_c bh_0$/kN	420.2>V	379.3>V	379.3>V
$0.7f_t bh_0$/N	122571	113347	113347
$f_t bh_0$/N	175101>V	$V>f_t bh_0$	$V>f_t bh_0$
箍筋肢数、直径	$n=2$，ϕ8	$n=2$，ϕ8	$n=2$，ϕ8
$\frac{A_{sv}}{s}$	$0.24\times250\times\frac{1.27}{210}=0.363$	$\frac{184940-113347}{1.25\times210\times510}=0.535$	$\frac{160340-113347}{1.25\times210\times510}=0.351$
计算值 s/mm	277	188	286
实配箍筋间距/mm	200	150	200

④ 附加横向钢筋计算。

由次梁传至主梁的集中荷载设计值：

$$F=56.58+78=134.58\text{kN}$$

附加横向钢筋应配置在 $s=3b+2h_1=3\times200+2\times(600-450)=900\text{mm}$ 的范围内。

方案 1：仅选择箍筋

由 $F\leqslant mnf_{yv}A_{sol}$ 并取ϕ 8 双肢箍，则

$$m\geqslant\frac{134580}{2\times210\times50.3}=6.37\text{ 个}$$

取 $m=8$ 个，在主次梁相交处的主梁内，每侧附加 4ϕ8@70 箍筋。

方案 2：选择吊筋

由 $F\leqslant2f_yA_{sb}\sin\alpha$，并选用 HRB335 级钢，则

$$A_{sb}\geqslant\frac{134580}{2\times300\times\sin45^\circ}=317\text{mm}^2$$

可选 2Φ14($A_{sb}=308\text{mm}^2$)吊筋。

本例集中荷载不大，可按方案 1 配附加箍筋。

⑤ 主梁配筋图。

a. 按比例画出主梁的弯矩包络图。

b. 按同样比例(长度方向)画出主梁纵向配筋图。本例不需纵向钢筋弯起抗剪，因此纵向钢筋弯起时只需满足正截面受弯承载力要求(材料图覆盖弯矩图)及斜截面受弯承载力要求(弯起钢筋弯起点距该钢筋充分利用截面距离不小于 $h_0/2$)。

c. 作材料图。确定纵向钢筋的弯起位置和截断位置，具体做法应满足相关构造规定。例如负弯矩钢筋截断，当其充分利用截面处 $V>0.7f_tbh_0$ 时，则从充分利用截面向外的延伸长度不应小于 $1.2l_a+h_0$，且从其强度不需要该钢筋截面延伸不小于 $20d$ 或 h_0，并取两者的较大值。

主梁的材料图和实际配筋图如图 2.32 所示。

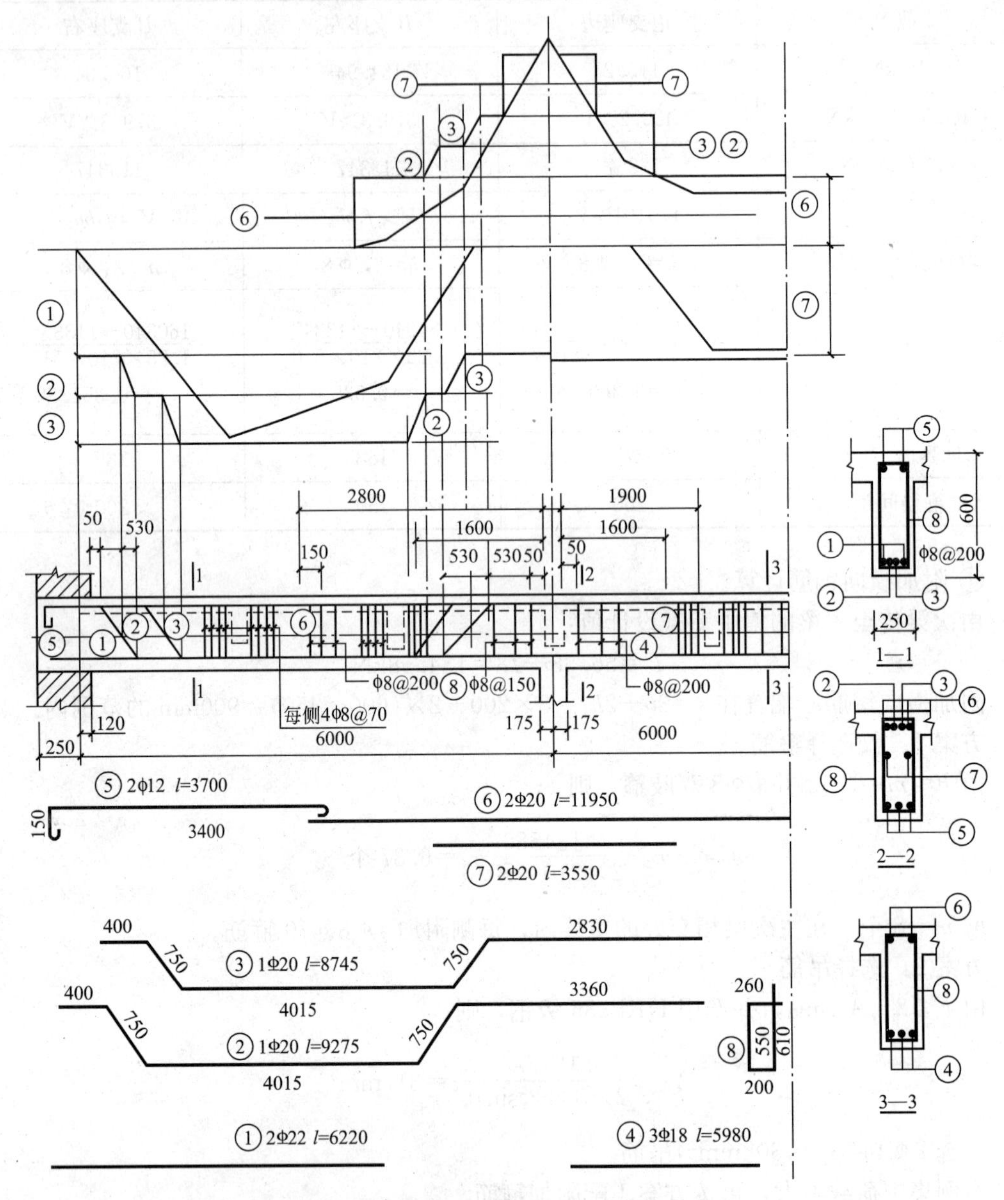

图 2.32 主梁材料图与配筋图

2.3 双向板肋形楼盖的设计计算

当四边支承板的两向跨度之比不大于 2(按弹性理论计算)或不大于 3(按塑性理论计算)时，应考虑荷载向板的两个方向传递。受力钢筋也应沿板的两个方向布置。

由上述双向板和梁组成的现浇楼盖即为双向板肋形楼盖。双向板肋形楼盖也有两种计算方法：弹性理论和塑性理论的计算方法。

2.3.1 双向板按弹性理论的计算方法

1. 单区格板的设计计算

对仅有板边支承的单区格板，可采用线弹性分析方法，设计计算可直接利用不同边界条件下的按弹性薄板理论公式编制的相应表格(附表 9)，查出有关内力系数，即可进行配筋设计。

$$m=\text{表中系数}\times(g+q)l_0^2 \tag{2.9}$$

式中：m——计算截面单位宽度的弯矩设计值；

l_0——板的较短方向计算跨度；

g、q——均布恒荷载和均布活荷载设计值。

附表 14 的计算表格是按材料的泊松比 $\nu=0$ 编制的。当泊松比不为零时(如钢筋混凝土，可取 $\nu=0.2$)，可按下式进行修正：

$$\left.\begin{aligned} m_x^{(\nu)}&=m_x+\nu m_y\\ m_y^{(\nu)}&=m_y+\nu m_x \end{aligned}\right\} \tag{2.10}$$

式中：$m_x^{(\nu)}$、$m_y^{(\nu)}$——考虑泊松比后的弯矩；

m_x、m_y——泊松比为零时的弯矩。

2. 多区格双向板的实用计算方法

多区格双向板按弹性理论的精确计算过于复杂，设计中采用实用的近似计算法。

1) 基本假定

(1) 支承梁的抗弯刚度很大，其垂直变形可以忽略不计。

(2) 支承梁的抗扭刚度很小，板可以绕梁转动。

(3) 同一方向的相邻最小跨度与最大跨度之比大于 0.75。

按照上述基本假定，梁可视为板的不动铰支座，同一方向板的跨度可视为等跨。

2) 计算方法

(1) 求区格跨中最大弯矩。此时，应将恒荷载 g 满布板面各个区格，活荷载 q 作棋盘形布置(图 2.33)。为了利用已有的单区格板内力系数表格，将 g 与 q 分解为 $g'=g+q/2$，$q'=\pm q/2$ 分别作用于相应区格。

在 g' 作用于各区格时，各内区格支座转动很小，可视为固定支座，因此可利用四边固定板系数表求内区格在 g' 作用下的跨中弯矩。在 q' 作用下，各内区格可视为承受反对称荷载 $\pm q/2$ 的连续板，中间支座的弯矩近似为零，因而内区格板在 q' 作用下可利用四边简支板表格求出此时的跨中弯矩，而外区格按实际支承考虑。最后，叠加 g' 和 q' 作用下的同一区格跨中弯矩，即得出相应跨中最大弯矩。

(2) 求区格支座的最大负弯矩。此时，应将各区格均满布活荷载 q。内区格板按作用 $g+q$ 的四边固定板求得的支座弯矩即为支座最大负弯矩；外区格按实际支承情形考虑，在 $g+q$ 作用下的支座弯矩也是该支座最大负弯矩。

同一内支座按相邻区格求出的负弯矩有差别(近似计算的结果)，可取其平均值或较大值进行配筋设计。

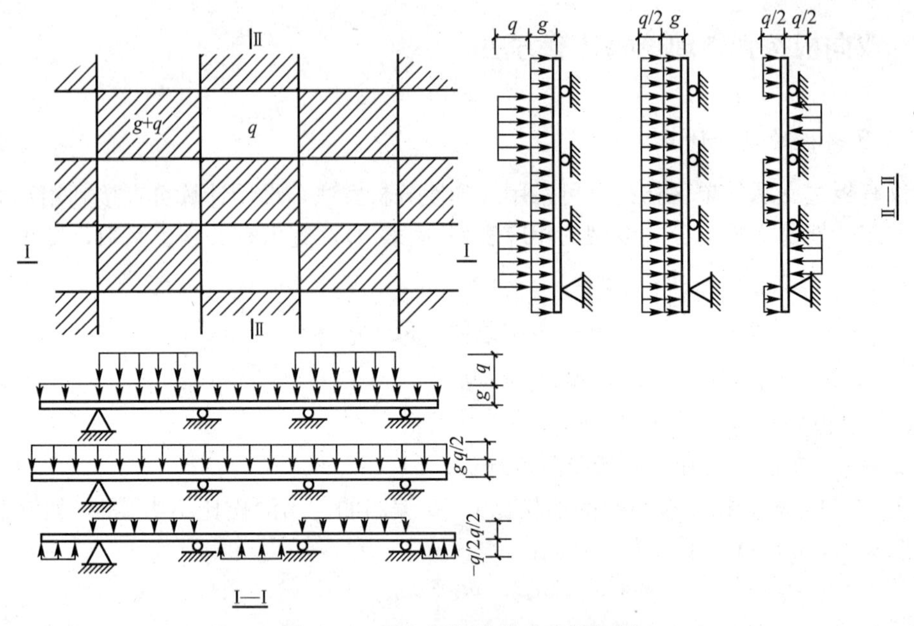

图 2.33　双向板的棋盘式荷载布置

3. 双向板的配筋构造

1）配筋计算

(1) 双向板的短跨方向受力较大，其跨中受力钢筋应置于板的外侧，而长跨方向的受力钢筋应与短跨方向的受力钢筋垂直，置于内侧，其截面有效高度 $h_{0y}=h_{0x}-d$(h_{0x}为短跨方向跨中截面有效高度，d 为受力钢筋直径)。当为正方形板时，可取两个方向截面有效高度平均值作为计算时的跨中截面有效高度。

(2) 按弹性理论求得的弯矩是中间板带的最大弯矩，而靠近支座的边板带，其弯矩已大为减小，因此配筋也可减少。通常的做法是：将每个区格板划分为一个中间板带和两个边缘板带(图 2.34)，中间板带按计算配筋，边缘板带的单位宽度配筋量为中间板带单位宽

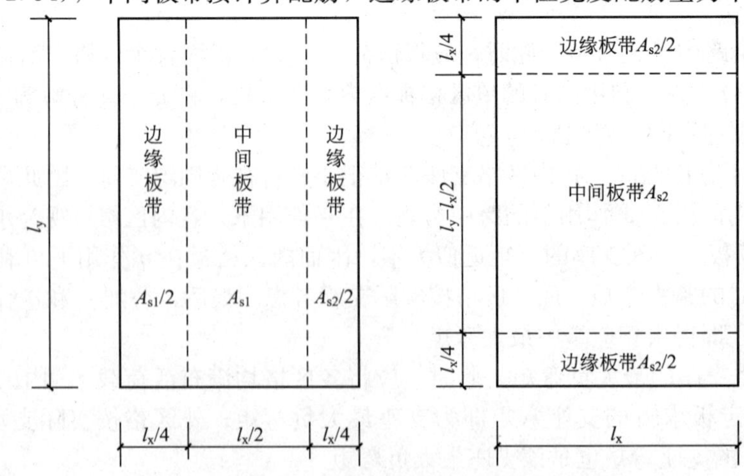

图 2.34　中间板带与边板带的划分

(A_{s1}、A_{s2} 分别为沿 l_y 和 l_x 方向布置的钢筋在单位宽度内的截面面积)

度配筋量的一半(但不少于 4 根/m)。支座负弯矩钢筋沿支座均匀布置，不应减少(因角部有扭矩作用)。

(3) 由于板的内拱作用(与单向板肋形楼盖类似)，弯矩设计值在下述情况可减小(图 2.35)。

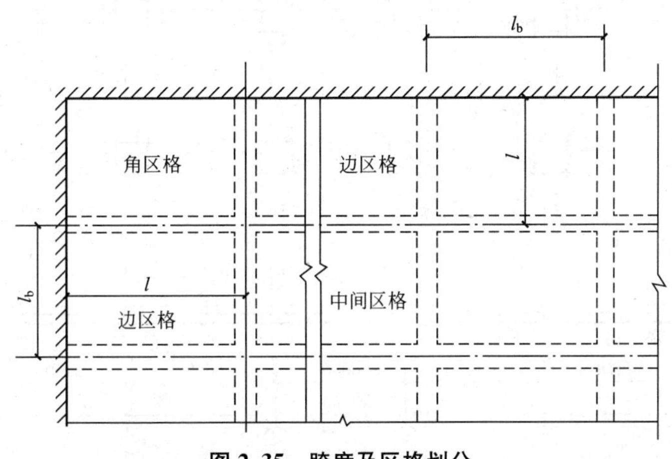

图 2.35 跨度及区格划分

① 中间区格的跨中截面及中间支座减少 20%。

② 边区格的跨中截面及从楼板边缘算起的第二支座；当 $l_b/l<1.5$ 时，减少 20%；当 $l_b/l=1.5\sim2.0$ 时，减少 10%；当 $l_b/l>2$ 时，不折减。其中，l 为垂直于楼板边缘方向计算跨度，l_b 为沿楼板边缘方向计算跨度。

③ 角区格不折减。

(4) 为简化计算，双向板的配筋面积可按下式求出：

$$A_s=\frac{m}{0.9f_yh_0} \tag{2.11}$$

式中：h_0——截面有效高度，跨中长向应比短向少 10mm。

2) 构造规定

(1) 双向板的厚度 h 不宜小于 80mm。且对于简支板，$h/l_0\geqslant1/45$；对于连续板，$h/l_0\geqslant1/50$。l_0 为板的较小方向计算跨度。

(2) 板的配筋方式类似于单向板，有分离式和弯起式两种。负弯矩钢筋及板面构造钢筋的设置也和单向板的类似。

【例 2-5】 设计资料同例 2-4，但按双向板肋梁楼盖进行设计，楼盖结构平面布置详如图 2.36 所示。

【解】 (1) 确定板厚和荷载设计值。按双向板的构造厚度 $h\geqslant80$mm 且 $h\geqslant l_0/50\approx120$mm，初选 $h=120$mm。荷载计算如下：

板面面层	$=0.65\text{kN/m}^2$
板自重	$0.12\times25=3\text{kN/m}^2$
板底抹灰	$=0.255\text{kN/m}^2$
恒荷载 g	$1.2\times3.905=4.69\text{kN/m}^2$
活荷载 q	$1.3\times5.0=6.5\text{kN/m}^2$
$g+q$	$=11.19\text{kN/m}^2$

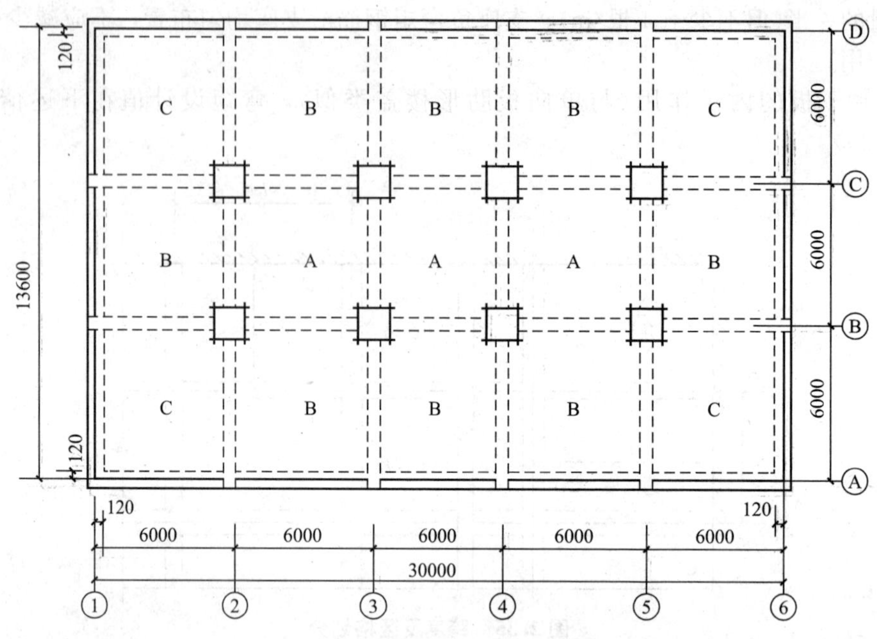

图 2.36　例 2－5 结构平面布置

(2) 板的计算跨度及区格划分。按弹性理论计算时，构件计算跨度均可取支座中心线间距离。本例各区格板，均取 $l_x=l_y=6000$mm(角区格及边区格一个方向的计算跨度实际为 5940mm，取 6000mm 偏于安全)，则 $l_y/l_x=1.0$。

按板的支承情况，可划分为 3 种区格：中间区格 A、边区格 B、角区格 C。板外周边简支在砖墙上，各内区格以支承梁为界。

(3) 分区格进行内力计算。

$$g'=g+q/2=4.69+6.5/2=7.94\text{kN/m}^2\text{；}q'=q/2=6.5/2=3.25\text{kN/m}^2$$

① 区格 A。只有四边固定和四边简支两种情况，查附表 9 可得。

l_y/l_x	支承条件	m_x	m_y	m'_x	m'_y
1.0	四边固定	0.0176	0.0176	−0.0513	−0.0513
	四边简支	0.0368	0.0368	—	—

a. 跨中弯矩。取钢筋混凝土泊松比 $\nu=0.2$，则有：

$$m_x^{(\nu)}=m_y^{(\nu)}=m_x+0.2m_y=1.2m_x=1.2\times(0.0176g'+0.0368q')l_0^2$$
$$=1.2\times(0.0176\times7.94+0.0368\times3.25)\times6^2=11.20\text{kN}\cdot\text{m}$$

b. 支座弯矩：

$$m'_x=m'_y=-0.0513(g+q)l_0^2=-0.0513\times11.19\times6^2=-20.67\text{kN}\cdot\text{m}$$

② 区格 B。有三边固定、一边简支和四边简支两种情况，查附表 9 可得三边固定、一边简支的弯矩系数。

l_y/l_x	m_x	m_y	m'_x	m'_y
1.0	0.0227	0.0168(简支方向)	−0.0600	−0.0550

$$m_x^{(\nu)} = m_x + 0.2m_y = (0.0227g' + 0.0368q')l_0^2 + 0.2\times(0.0168g' + 0.0368q')l_0^2$$
$$= [(0.0227 + 0.2\times0.0168)\times7.94 + 1.2\times0.0368\times3.25]\times6^2 = 12.62\text{kN}\cdot\text{m}$$
$$m_y^{(\nu)} = m_y + 0.2m_x = (0.0168g' + 0.0368q')l_0^2 + 0.2\times(0.0227g' + 0.0368q')l_0^2$$
$$= [(0.0168 + 0.2\times0.0227)\times7.94 + 1.2\times0.0368\times3.25]\times6^2 = 11.27\text{kN}\cdot\text{m}$$
$$m_x^1 = -0.06(g+q)l_0^2 = -0.06\times11.19\times6^2 = -24.17\text{kN}\cdot\text{m}$$
$$m_y^1 = -0.055(g+q)l_0^2 = -0.055\times11.19\times6^2 = -22.16\text{kN}\cdot\text{m}$$

③ 区格 C：有两邻边固定、两邻边简支及四边简支两种情况，查附表 9 可得两邻边固定、两邻边简支时的弯矩系数。

l_y/l_x	m_x	m_y	m_x'	m_y'
1.0	0.0234	0.0234	−0.0677	−0.0677

$$m_x^{(\nu)} = m_y^{(\nu)} = m_x + 0.2m_y = (0.0234g' + 0.0368q')l_0^2 + 0.2\times(0.234g' + 0.0368q')l_0^2$$
$$= 1.2\times(0.0234\times7.94 + 0.0368\times3.25)\times6^2 = 13.19\text{kN}\cdot\text{m}$$
$$m_x' = m_y' = -0.0677(g+q)l_0^2 = -0.0677\times11.19\times6^2 = -27.27\text{kN}\cdot\text{m}$$

(4) 配筋设计。假定钢筋直径为 10mm，混凝土保护层厚度取 15mm，则支座截面有效高度 $h_0=100$mm，跨中截面有效高度分别为 100mm 和 90mm，取平均值 $h_0=95$mm。

由于 $l_y/l_x<1.5$，边区格 B 及中区格 A 的弯矩设计值均可降低 20%，角区格 C 不折减，计算过程见表 2-10，配筋平面图如图 2.37 所示。

表 2-10　截面配筋计算表

截面			m/kN·m	h_0/mm	$A_s=\frac{m}{0.9f_yh_0}$/mm²	实配	
						直径、间距	面积/mm²
跨中	A	x 方向	11.2×0.8	95	499	(Φ6/8@150) Φ10@150	523
		y 方向	11.2×0.8			(Φ6/8@150) Φ10@150	
	B	x 方向	12.62×0.8	95	562	(Φ6/8@140) Φ10@140	561
		y 方向	11.27×0.8	95	502	(Φ6/8@140) Φ10@140	561
	C	x 方向	13.19	95	735	(Φ6/8@100) Φ10@100	785
		y 方向	13.19			(Φ6/8@100) Φ10@100	
支座	A-A		−20.67×0.8	100	875	Φ10@75	1047
	B-B		−24.17×0.8	100	1023	Φ10@70	1121
	A-B		$-\frac{20.67+22.16}{2}\times0.8$	100	906	Φ10@75	1047
	B-C		$-\frac{24.17+27.24}{2}$	100	1361	Φ10/12@70	1369

注：① B 区格 x 方向指顺墙方向，y 方向与 x 方向垂直；

② 上述配筋为中间板带配筋，跨中边缘板带可减少一半(括号内数字)。

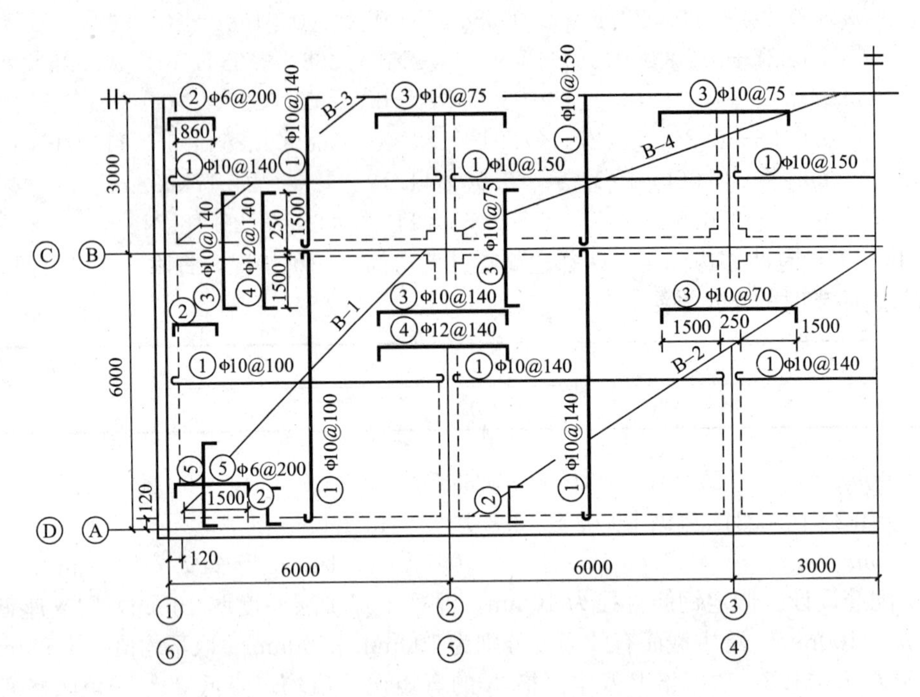

图 2.37　双向板按弹性理论计算配筋平面图

(本图只画出部分平面)

2.3.2　双向板按塑性理论的计算方法

1. 双向板的受力

对均布荷载作用下四边简支板的试验研究表明：当荷载较小、板未开裂时，其受力处于弹性工作阶段，由于板角部的集中反力作用，板四角有上翘的趋势；随着荷载的增加，在板底受力大的位置出现第一批裂缝。对正方形板，该裂缝沿对角线方向，对矩形板，该裂缝沿板底中部的长边方向；荷载继续增加、板底裂缝发展，数量增多、宽度加大，板顶角部出现环状裂缝(图 2.38)；当板接近破坏时，与主要裂缝相交的受力钢筋屈服。

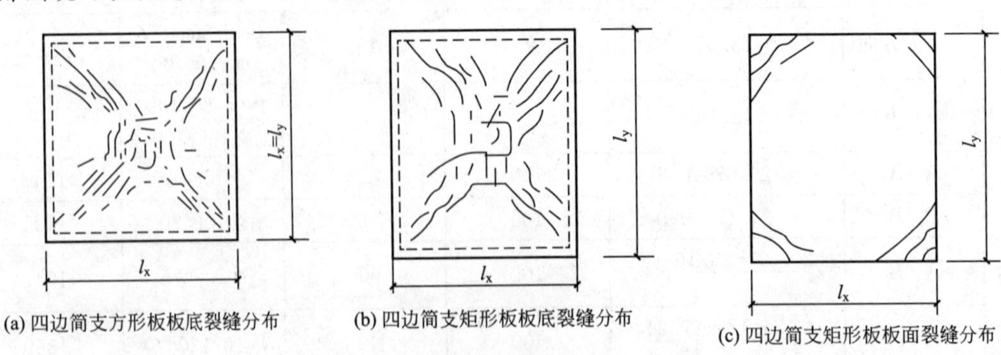

(a) 四边简支方形板板底裂缝分布　(b) 四边简支矩形板板底裂缝分布　(c) 四边简支矩形板板面裂缝分布

图 2.38　均布荷载下双向板的裂缝分布

2. 塑性铰线

根据试验分析，假定四边简支板在破坏时出现如下理想的破损线(图 2.39)：在破损线上，受拉钢筋屈服、受压混凝土边缘纤维达到极限压应变；板块绕破损线有足够的转动能力。这种理想的破损线称为塑性铰线。塑性铰线上承受的弯矩即为极限弯矩，对应的荷载称为极限荷载。

3. 极限荷载

对承受均布极限荷载的矩形双向板(四边简支或四边固定；四边固定时，沿支座板面出现负弯矩产生的塑性铰线)，假定：①在极限状态下出现如图 2.40 所示的塑性铰线；②形成塑性铰线的板成为几何可变体系；③塑性变形集中在塑性铰线上、板块的弹性变形可略去不计，因此块体绕塑性铰线发生刚性转动；④在塑性铰线上没有扭矩和剪力，只有极限弯矩。

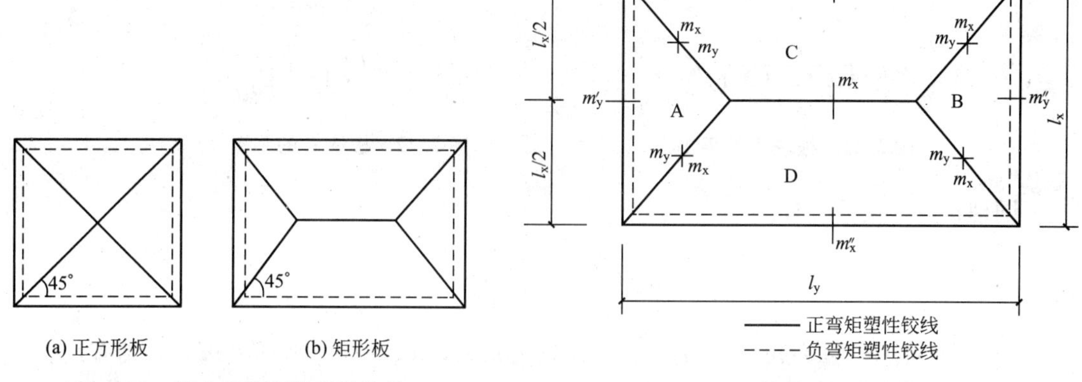

图 2.39 简支板的理想塑性铰线

图 2.40 塑性铰线上的弯矩分布

利用上述假定，对用塑性铰线分割的各个板块 A、B、C、D 分别考虑极限平衡条件。

1) 板块 A，对 $a-a$ 取矩(图 2.41)

$$m'_y l_x + m_y l_x = \frac{1}{2}(g+q)l_x \cdot \frac{l_x}{2} \cdot \frac{l_x}{3} \cdot \frac{l_x}{2} = \frac{1}{24}(g+q)l_x^2$$

即

$$m_y + m'_y = \frac{1}{24}(g+q)l_x^2$$

同理，对板块 B 可得：

$$m_y + m''_y = \frac{1}{24}(g+q)l_x^2$$

2) 板块 C，对 $b-b$ 取矩(图 2.42)

$$m'_x l_y + m_x l_y = (g+q) \cdot \frac{l_x}{2}(l_y - l_x) \cdot \frac{l_x}{4} + \frac{1}{2}(g+q)l_x \cdot \frac{l_x}{2} \cdot \frac{1}{3} \cdot \frac{l_x}{2}$$

$$= \frac{l_x^2}{24}(g+q)(3l_y - 2l_x)$$

即 $$m_x+m_x'=\frac{g+q}{24}\frac{l_x^2}{l_y}(3l_y-2l_x)$$

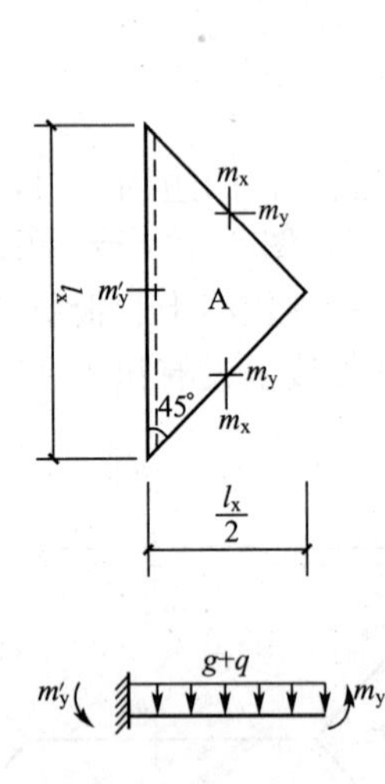

图 2.41　板块 A 的平衡

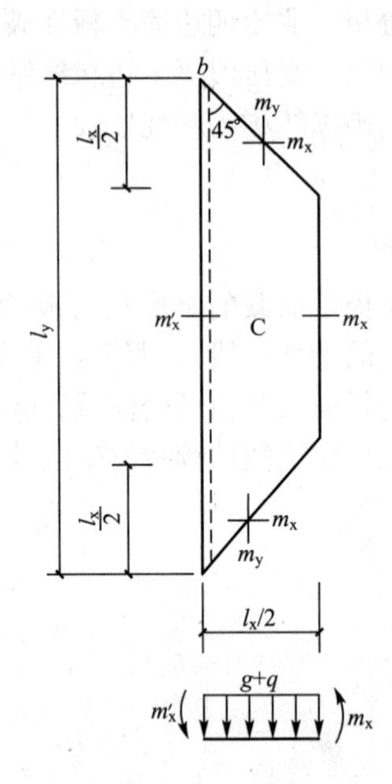

图 2.42　板块 C 的平衡

同理，对板块 D，有：

$$m_x+m_x''=\frac{g+q}{24}\cdot\frac{l_x^2}{l_y}(3l_y-2l_x)$$

令 $M_x=m_xl_y$，$M_x'=m_x'l_y$，$M_x''=m_x''l_y$；$M_y=m_yl_x$，$M_y'=m_y'l_x$，$M_y''=m_y''l_x$，则有：

$$M_x+M_y+\frac{1}{2}(M_x'+M_x''+M_y'+M_y'')=\frac{1}{24}(g+q)l_x^2(3l_y-l_x) \tag{2.12a}$$

式中：M_x、M_x'、M_x''——短跨方向的跨中和支座总弯矩；

l_y——长向跨度；

m_x、m_x'、m_x''——短跨方向上单位长度的弯矩值；

M_y、M_y'、M_y''——长跨方向的跨中和支座总弯矩；

l_x——短向跨度；

m_y、m_y'、m_y''——长跨方向的单位长度弯矩值；

$g+q$——单位面积上的极限荷载值。

当用单位弯矩表示时(即将①、②、③、④相加)，有：

$$m_x+m_y+\frac{1}{2}(m_x'+m_x''+m_y'+m_y'')=\frac{1}{12}(g+q)l_x^2\left(2-\frac{l_x}{l_y}\right) \tag{2.12b}$$

四边简支时，可令式(2.12a)中的

$$M_x'=M_y'=M_x''=M_y''=0$$

或

$$m_x'=m_x''=m_y'=m_y''=0$$

即可得出四边简支的公式。

式(2.12)是全部跨中钢筋伸入支座的计算公式。

4. 配筋设计计算

1) 跨中钢筋全部伸入支座时

直接利用式(2.12)设计，因为该式有6个未知数，因此在第一次计算时，应先假定其中5个。根据板的受力分析，可作如下假定。

(1) 两向跨中弯矩比 m_y/m_x，取为：

$$\frac{m_y}{m_x}=\alpha，且\ \alpha=\frac{l_x^2}{l_y^2}=\lambda^2，也即\ \lambda=\frac{l_x}{l_y}$$

(2) 同一方向支座弯矩与跨中弯矩比

$$\frac{m_x'}{m_x}及\frac{m_x''}{m_x}；\ \frac{m_y'}{m_y}及\frac{m_y''}{m_y}$$

分析表明，上述比值在1.5～2.5之间。首次计算时，均可假定

$$\frac{m_x'}{m_x}=\frac{m_x''}{m_x}=\beta_x=2；\ \frac{m_y'}{m_y}=\frac{m_y''}{m_y}=\beta_y=2$$

计算从内区格开始，逐步向外推进。在第一个区格按上述假定完成后，后面的区格可利用已知的 $m_x'(m_x'')$ 及 $m_y'(m_y'')$ 值代入，形成自动平衡，β_x 或 β_y 值就不是首次的假定值了。

2) 弯起部分跨中钢筋

在固定支座处，将全部跨中钢筋伸入支座会造成一定的浪费。通常是在距支座 $l_x/4$ 处，将跨中钢筋弯起一半作为支座负弯矩钢筋(图2.43)。则在4个角部，抵抗正弯矩的钢筋将减少一半，则总弯矩 M_x，M_y 需修正为

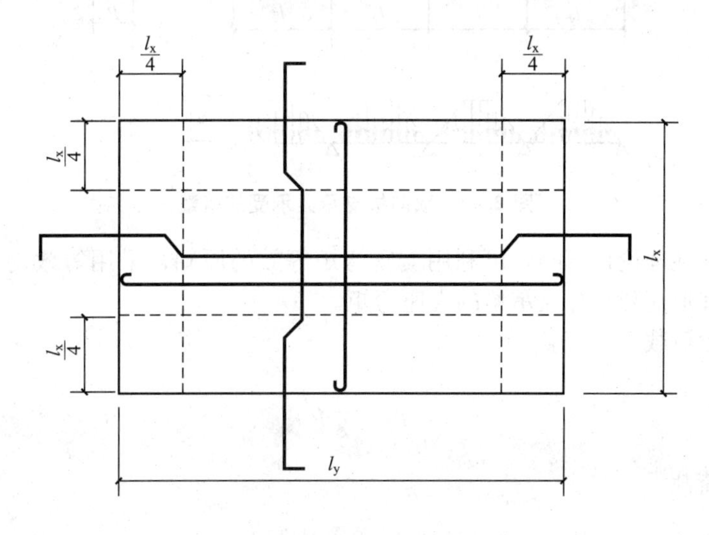

图2.43 跨中钢筋的弯起位置

$$M_x=\left(\frac{1}{\lambda}-\frac{1}{4}\right)l_x m_x \qquad (2.13)$$

$$M_y=\frac{3}{4}\lambda^2 l_x m_x \qquad (2.14)$$

式中　$\lambda=l_x/l_y$。

经上述修正后，仍可利用式(2.12)进行计算。

3）支座负弯矩钢筋的截断

支座负弯矩钢筋的过早截断或弯下会造成负弯矩塑性铰线的位置改变。在工程设计中，取截断位置$\geqslant\frac{l_x}{4}$就可满足要求。

2.3.3　双向板支承梁的设计

双向板上的荷载，将向最近的支座方向传递，因而支承梁承受的荷载范围，可近似认为：在跨中首先朝短跨方向传递；在板的四角，以45°等分角线为界，分别传至两相邻支座。这样，沿短跨方向的支承梁，承受板面传来的三角形荷载；沿长跨方向的支承梁，承受板面传来的梯形荷载，如图2.44所示。

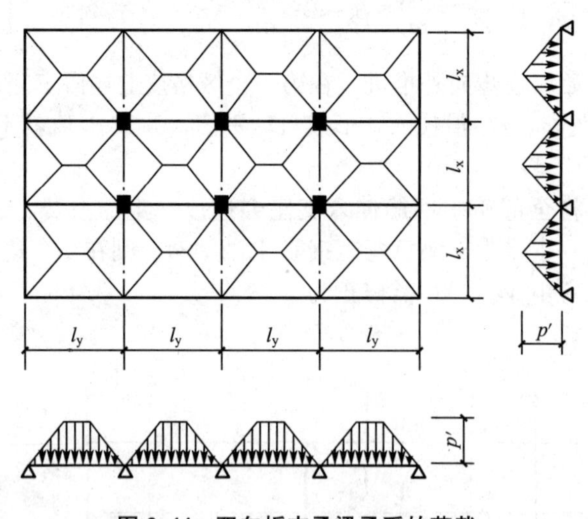

图2.44　双向板支承梁承受的荷载

支承梁按弹性理论计算时，可利用支座弯矩等效的原则，采用等效均布荷载 p_e 代替三角形荷载和梯形荷载计算支承梁的支座弯矩。

对于三角形荷载

$$p_e=\frac{5}{8}p' \qquad (2.15)$$

对于梯形荷载

$$p_e=(1-2\alpha_1^2+\alpha_1^3)p' \qquad (2.16)$$

式中
$$\alpha_1 = 0.5l_x/l_y$$
$$p' = 0.5(g+q)l_x$$

支承梁按考虑塑性内力重分布方法计算时，可在弹性理论求出的支座弯矩基础上进行调幅，通常可将支座弯矩绝对值降低25%，再按实际荷载求出跨中弯矩。

【例2-6】 设计资料同例2-5，但按塑性方法设计。板厚$h=120$mm，板区格布置如图2.36所示。为便于比较，采用板底钢筋全部伸入支座方式，即直接运用式(2.1)进行设计。

【解】 取梁宽$b=250$mm，板支承在梁上与梁整浇时，板的计算跨度取净跨度，则对A区格，$l_x=l_y=5750$mm；B区格$l_x=5750$mm，$l_y=5815$mm；C区格$l_x=l_y=5815$mm。计算从A区格开始。

(1) 弯矩设计值。

A区格计算：

$\lambda=\frac{l_x}{l_y}=1.0$；$\alpha=\lambda^2=1.0$；$m_y=m_x$。令$\frac{m'_x}{m_x}=\frac{m''_x}{m_x}=\frac{m'_y}{m_y}=\frac{m''_y}{m_y}=2$，则由式(2.12b)，有

$m_x=\frac{g+q}{12}l_x^2=\frac{11.19}{12}\times5.75^2=5.14\text{kN}\cdot\text{m}$；$m_y=5.14\text{kN}\cdot\text{m}$；$m'_x=m''_x=m'_y=m''_y=10.28\text{kN}\cdot\text{m}$

B区格计算：

$\lambda=\frac{l_x}{l_y}=\frac{5.75}{5.815}=0.989$；$\alpha=\lambda^2=0.978$；$m_y=\alpha m_x=0.978m_x$；$m'_y=10.28\text{kN}\cdot\text{m}$；$m''_y=0$。令$m'_x=m''_x=2m_x$，则由式(2.12b)，有$m_x+0.978m_x+\frac{1}{2}(4m_x+10.28)=\frac{11.19}{12}\times5.75^2\times(2-0.989)$，得$m_x=6.54\text{kN}\cdot\text{m}$；$m_y=6.40\text{kN}\cdot\text{m}$；$m'_x=m''_x=13.08\text{kN}\cdot\text{m}$

C区格计算：

$\lambda=\frac{l_x}{l_y}=1.0$；$\alpha=1.0$；$m_x=m_y$；$m'_x=m'_y=13.08\text{kN}\cdot\text{m}$，$m''_x=m''_y=0$。则由式(2.12b)有$2m_x+\frac{1}{2}\times(13.08+13.08)=\frac{1}{12}\times11.19\times5.815^2$，得$m_x=9.23\text{kN}\cdot\text{m}$，$m_y=9.23\text{kN}\cdot\text{m}$

(2) 配筋计算。

跨中配筋。按双向板的近似计算公式，考虑两个方向跨度相等或接近相等，截面有效高度取两向有效高度平均值，即取$h_0=95$mm，则对

A区格：$A_{sx}=A_{sy}=\frac{m}{0.9f_yh_0}=\frac{5.14\times10^6}{0.9\times210\times95}=286\text{mm}^2$，选Φ8@170。

B区格：$A_{sx}=A_{sy}=\frac{m}{0.9f_yh_0}=\frac{6.54\times10^6}{0.9\times210\times95}=364\text{mm}^2$，选Φ8@140。

C区格：$A_{sx}=A_{sy}=\frac{m}{0.9f_yh_0}=\frac{9.23\times10^6}{0.9\times210\times95}=514\text{mm}^2$，选Φ10@150。

支座配筋。可按近似式(2.11)或单向板公式计算。现将两种方法计算结果比较见下表，可以看出，用近似公式一般是偏于安全的。

位置	m/(kN·m)	h_0/mm	$A_s=\frac{m}{0.9f_yh_0}$/mm²	$\xi=1-\sqrt{1-\frac{M}{0.5f_cbh_0^2}}$	$A_s=\frac{\xi f_cbh_0}{f_y}$/mm²
A-A A-B	10.28	100	544 (选Φ10@140)	0.0905	513
B-C	13.08	100	692 (Φ10@110)	0.117	663

由上述配筋可见，相对于按弹性理论计算结果，具有一定的经济效益。

*2.4 井式梁结构设计

在正方形或接近正方形的平面中布置纵横交叉的梁，在交叉点处无柱，而仅在梁端设置支承的边梁或墙、柱，这种楼盖(或屋盖)称为井式楼盖。井式楼盖可以获得较大的自由空间，纵横交叉成方格形或近似方格形的梁在不吊顶时也可取得好的美学效果，常用于中、小礼堂，餐厅以及公共建筑的门厅等部分。井式楼盖的板与梁现浇时，板为双向板，可按前述的双向板设计方法(弹性方法或塑性方法)进行设计；当采用预制板时，板在各个区格的放置应使各梁均匀受力(即区格间纵横交错摆放)。因此井式楼盖的设计主要是井式梁的设计(图 2.45)。

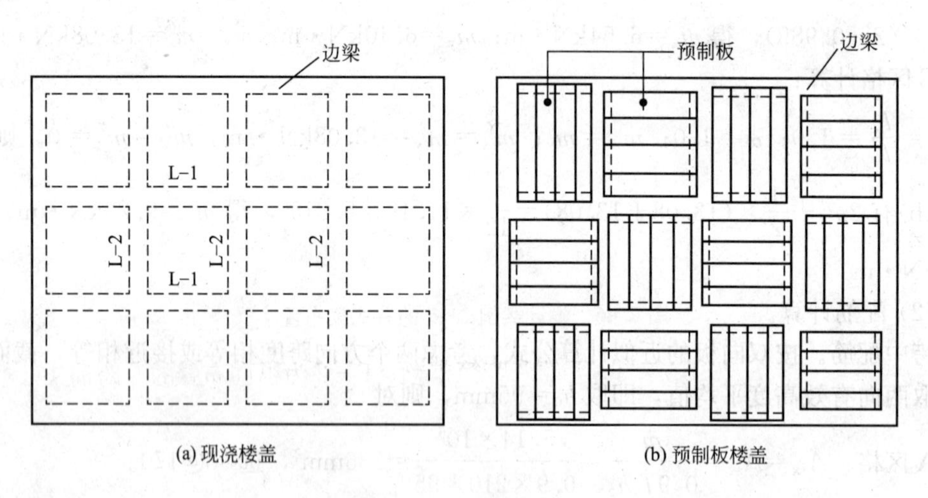

图 2.45 井式楼盖布置

2.4.1 井式梁的受力特点

井式梁的布置方式和截面尺寸要求已在 2.1.2 节中叙述。

井式梁的受力特点是：①由于井式梁支承在刚度很大的边梁或框架梁上，因此井式梁的支座可按简支支座考虑；②在井式梁的交叉点处，纵横向梁的挠度相等，这就提供了交点荷载分配给相应梁的条件。

根据上述受力特点，可编制出井式梁的内力系数表(附表10)，设计时可直接取用。

在一般情况下，井式梁的支座和边梁是整体浇筑的，因此在井式梁的支座处应配置构造的负弯矩钢筋。

2.4.2 井式梁的设计实例

【例2-7】 下面通过例题说明井式梁的设计计算方法。为便于比较，所采用例2-5的平面，但在6m区的双向板正中设置十字交叉的井式梁，使双向板的跨度由6m变为3m，则板的厚度可由120mm改为80mm(图2.46)。

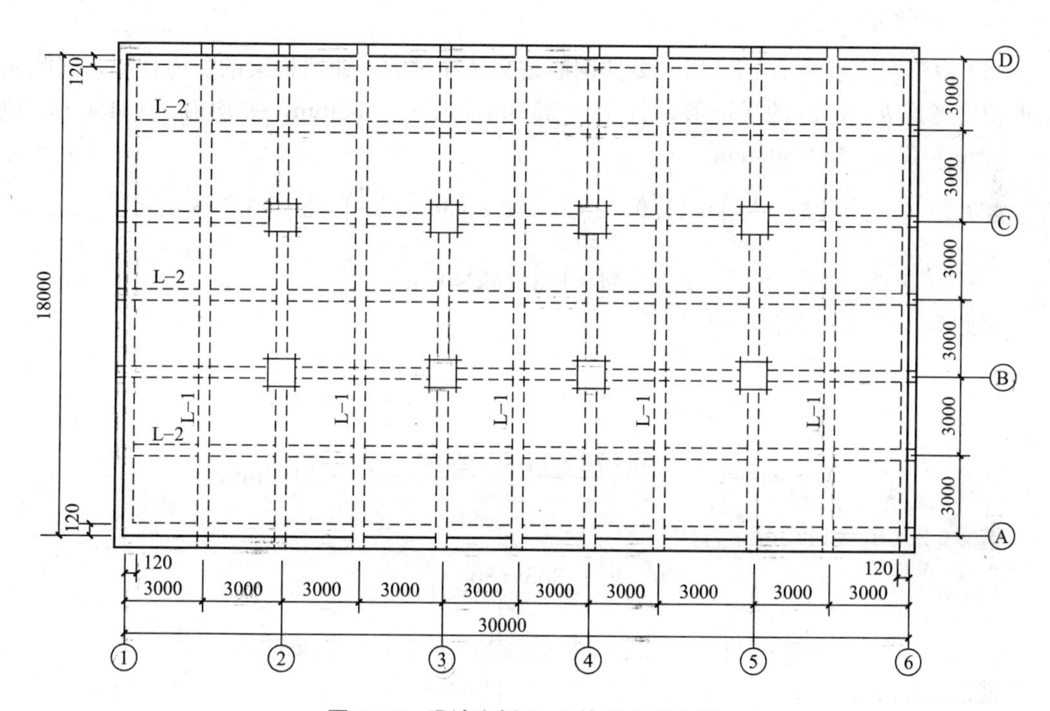

图2.46 设计实例2-7的井式梁布置

根据上述布置，L-1为横向布置的3跨简支梁，L-2为纵向布置的5跨简支梁。

1. 设计基本资料

现浇板厚$h=80$mm，则板面荷载设计值$g+q=11.19-1.2\times0.04\times25=9.99$kN/m^2；混凝土强度等级C25($f_c=11.9$N/mm^2，$f_t=1.27$N/mm^2)，纵向钢筋选HRB400级($f_y=360$N/mm^2，$\xi_b=0.517$)；箍筋及构造钢筋选用HPB235级钢筋($f_{yy}=210$N/mm^2)。

井式梁的平面尺寸比：长边/短边=6.0/6.0=1.0。

区格长边和短边比：$a/b=3.0/3.0=1.0$，井式梁跨度$l=6000$mm。井式梁的内力系数查附表10，得：L-1、L-2的弯矩系数均为0.25，剪力系数均为0.5。

2. 梁截面尺寸选择

梁高 $h=\left(\frac{1}{16}\sim\frac{1}{18}\right)l=\left(\frac{1}{16}\sim\frac{1}{18}\right)\times6000=375\sim333\text{mm}$；取 $h=350\text{mm}$，$b=200\text{mm}$，板与梁整浇，可取 $h_f'=80\text{mm}$，$b_f'=\frac{l}{3}=2000\text{mm}$。

3. 梁的内力计算

节点荷载值 $F=(g+q)ab=9.99\times3\times3=89.91\text{kN}$

梁自重化为节点荷载 $G=0.2\times0.35\times25\times1.2\times6=12.6\text{kN}$

则跨中弯矩 $M=(89.91+12.6)\times0.25\times6=153.76\text{kN}\cdot\text{m}$

支座剪力 $V=(89.91+12.6)\times0.5=51.26\text{kN}$

4. 配筋计算

(1) 由于在交点处 L－1 和 L－2 的钢筋是交叉穿过的，而两根梁的受力相同，因此 h_0 的取值需考虑 h_{01} 和 h_{02} 的平均值，若 $a_{s1}=35\text{mm}$，则 $a_{s2}=55\text{mm}$，平均值 $a_s=45\text{mm}$，则 $h_0=h-a_s=350-45=305\text{mm}$。

(2)
$$f_c b_f' h_f'\left(h_0-\frac{h_f'}{2}\right)=11.9\times2000\times80\times\left(305-\frac{80}{2}\right)=504.5\text{kN}\cdot\text{m}$$
$$>M=153.76\text{kN}\cdot\text{m}$$

因此为一类 T 形截面。

(3)
$$\xi=1-\sqrt{1-\frac{M}{0.5f_c b_f' h_0^2}}=1-\sqrt{1-\frac{153.76\times10^6}{0.5\times11.9\times2000\times305^2}}=0.072$$
$$A_s==\frac{\xi f_c b_f' h_0}{f_y}=\frac{0.072\times11.9\times2000\times305}{360}=1452\text{mm}^2$$

选 3 Φ 25($A_s=1473\text{mm}^2$)。

(4)
$$\frac{h_w}{b}=\frac{305-80}{200}<4$$
$$0.25f_c bh_0=0.25\times11.9\times200\times305=181.5\text{kN}>V$$

截面满足要求。

$$0.7f_t bh_0=0.7\times1.27\times200\times305=54229\text{N}>V$$

因此可按构造要求选箍筋Φ 6@200 双肢箍。

(5) 配筋图。绘制配筋图时应特别注意边支座的负弯矩钢筋、中间支座的负弯矩钢筋、交点处的附加横向钢筋(配置在 $3b+2h_1=3\times200+0=600\text{mm}$ 范围内)的配置。

支座负弯矩钢筋可取跨中钢筋面积的 1/4，即 $1452/4=363\text{mm}^2$，可选 2 Φ 16($A_s=402\text{mm}^2$)，伸出支座长度可取 $l/6=1000\text{mm}$(边支座)及 $l/4=1500\text{mm}$(中间支座)。

附加横向钢筋的计算，取Φ 6 双肢箍($n=2$)，则

由
$$F\leqslant 2mnf_{yv}A_{sv1}$$

$m=\frac{(89.91+12.6)\times1000}{2\times2\times210\times28.3}=4.3$，取 $m=8$，在梁交叉点各侧 200mm 范围内配 2 Φ 6 附加钢筋，配筋图如图 2.47 所示。

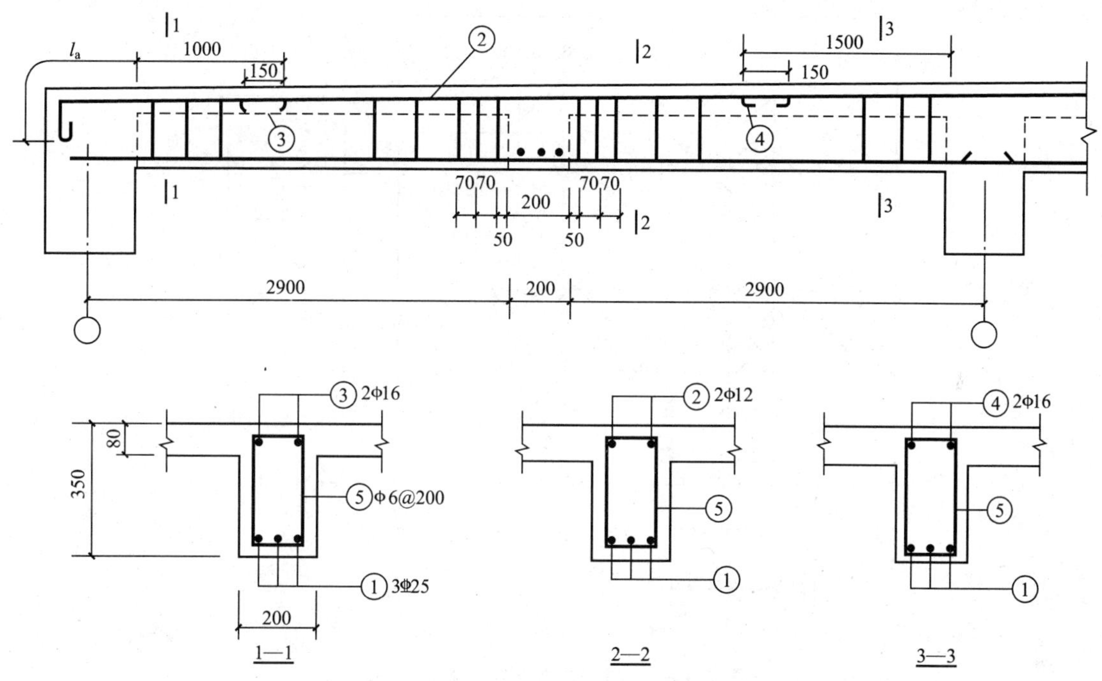

图 2.47　井式梁 L－1、L－2 配筋图(局部)

*2.5 无梁楼盖设计

无梁楼盖实际上是由板和柱组成的板柱结构。柱网一般为正方形或接近正方形，楼面荷载由板直接传递到柱上，柱间无梁，板双向受力(图 2.6)。

无梁楼盖一般用于需充分利用楼盖空间的建筑，如冷藏库、商店、书库等。

2.5.1　无梁楼盖的结构组成和受力分析

1. 组成

无梁楼盖由钢筋混凝土板、柱、柱帽和圈梁组成。板可以是现浇的，也可以在现场地面叠制，然后采用升板提升技术，将整板从上而下逐层提升到设计位置，通过柱帽和柱整体连接。

2. 受力分析

对于无梁楼盖的精确分析很复杂，实用上采用近似的分析方法。

(1) 将无梁楼盖沿柱中心线划分为区格(正方形或矩形)，楼板可分为内区格、边区格、角区格 3 种区格板(图 2.48)。

(2) 假定每一方向的板像“扁梁”(也称板带)一样与柱形成框架，忽略板平面内的轴力、剪力及扭矩的影响。

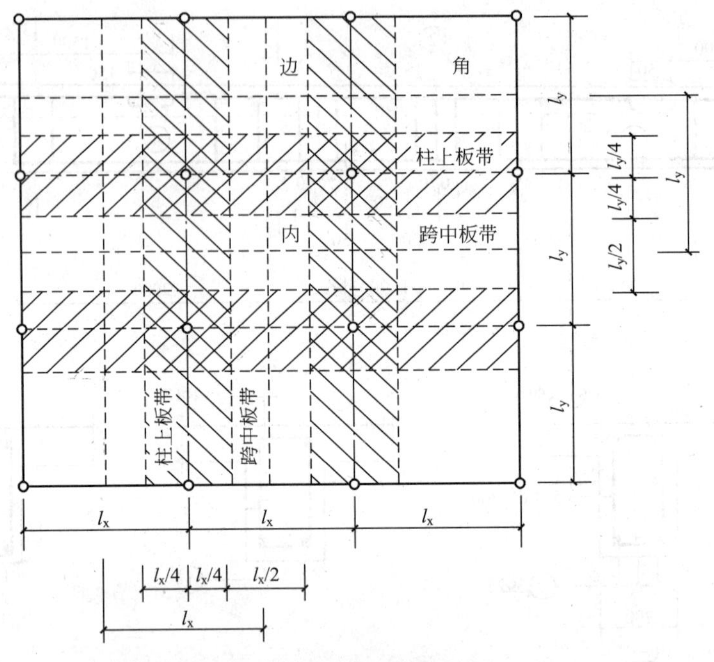

图 2.48　无梁楼盖的区格和板带分布

(3) 整个楼盖和柱一起，形成双向交叉的“板带—柱”框架体系。

(4) 板的受力可视为支承在柱上的交叉板带；①沿柱中线两则各 $l_{0x}/4$(或 $l_{0y}/4$)的板带称为柱上板带，柱上板带相当于以柱为支点的连续梁(柱的线刚度较小时)或与柱形成的连续框架(当柱的线刚度较大时)；②柱距的中间宽度 $l_x/2$(或 $l_y/2$)的板带称为跨中板带，跨中板带可看作以柱上板带为支承的连续板；③由于柱的存在，柱上板带的刚度远大于跨中板带的刚度。

(5) 无梁楼盖的全部竖向荷载通过板柱连接面上的剪力传给柱，再由柱传递到基础。当板柱连接面的抗剪能力不足时，可能发生冲切破坏(沿柱周边的板出现 45°斜裂缝，板柱发生错位)。为加强抗冲切能力，可在柱顶设置柱帽(图 2.49)。

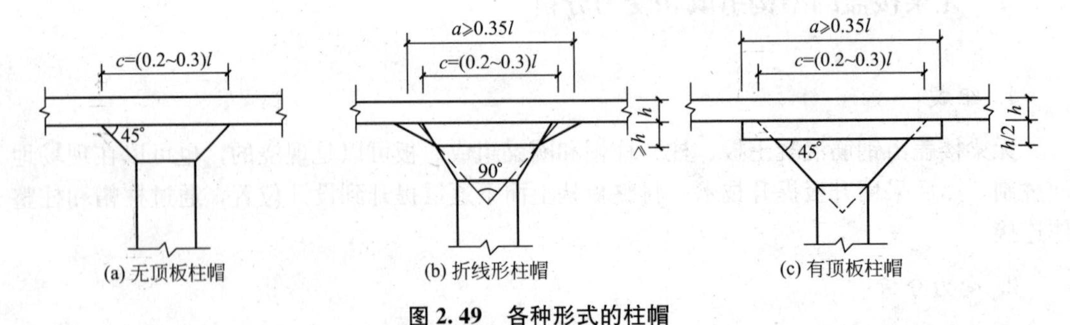

(a) 无顶板柱帽　(b) 折线形柱帽　(c) 有顶板柱帽

图 2.49　各种形式的柱帽

2.5.2　无梁楼盖的计算

无梁楼盖的计算方法有经验系数法(直接设计法)和等代框架法。当楼盖的布置满足一定的条件时，可采用经验系数直接计算楼盖的内力。下面介绍这种方法。

1. 楼盖布置应满足的条件

(1) 每个方向至少有3个连续跨。

(2) 同一方向跨度应接近(最大距度与最小跨度之比不应超过1.2)，端跨的跨度不应小于内跨跨度。

(3) 必须是矩形区格，区格的长短向比值不大于1.5。

(4) 活荷载与恒荷载之比不大于3。

(5) 结构体系中必须有承受水平荷载的抗侧力支撑或剪力墙。

2. 计算步骤和方法

(1) 求出每一区格在每一方向(x方向及y方向)的跨中弯矩及支座弯矩的总和M_{0x}和M_{0y}，该值相当于简支受弯构件在均布荷载作用下的跨中弯矩。

$$M_{0x}=\frac{1}{8}(g+q)l_y \cdot l_{0x}^2=\frac{1}{8}(g+q)l_y\left(l_x-\frac{2}{3}c\right)^2 \tag{2.17a}$$

$$M_{0y}=\frac{1}{8}(g+q)l_x \cdot l_{0y}^2=\frac{1}{8}(g+q)l_x\left(l_y-\frac{2}{3}c\right)^2 \tag{2.17b}$$

式中：l_x、l_y——两个方向的柱距；

c——柱帽在计算弯矩方向的有效宽度(图2.49)。

(2) 经验系数的确定。假定各跨同时承受荷载，中区格板的支座转角为零，相当于固定端的情况，可取支座弯矩和跨中弯矩比为2∶1，则在x方向(y方向类同)可取：

支座弯矩 $M_{0x}(-)=\frac{2}{3}M_{0x}\approx 0.67M_{0x}$

跨中弯矩 $M_{0x}(+)=\frac{1}{3}M_{0x}\approx 0.33M_{0x}$

再将上述弯矩分配给柱上板带和跨中板带。其中$M_{0x}(-)$由柱上板带承受75%，跨中板带承受25%；$M_{0x}(+)$由柱上板带承受55%，跨中板带承受45%。则在x方向：

柱上板带负弯矩 $M_1=0.75\times 0.67M_{0x}=0.50M_{0x}$

跨中板带负弯矩 $M_2=0.25\times 0.67M_{0x}=0.17M_{0x}$

柱上板带正弯矩 $M_3=0.55\times 0.33M_{0x}=0.18M_{0x}$

跨中板带正弯矩 $M_4=0.45\times 0.33M_{0x}=0.15M_{0x}$

对边区格，上述数值应适当调整。经综合后，可得无梁楼盖双向板的弯矩计算系数α_m(表2-11)。则相应板带的跨中弯矩和支座弯矩为：

$$M=\alpha_m M_{0x} \tag{2.18}$$

表2-11 无梁楼盖双向板的弯矩计算系数α_m

截面	边跨			内跨	
	边支座	跨中	内支座	跨中	支座
柱上板带	−0.48	0.22	−0.50	0.18	−0.50
跨中板带	−0.05	0.18	−0.17	0.15	−0.17

注：负号(−)表示板面受拉。

在保持总弯矩不变的前提下，允许将柱上板带负弯矩的10%分配给跨中板带负弯矩。

当不满足2.5.2的条件时，上述经验系数法不能采用，而应改用等效框架法分析(略)。

2.5.3 截面设计及构造要求

1. 板的厚度及截面有效高度

《混凝土结构设计规范》规定，现浇钢筋混凝土无梁楼板的最小厚度为150mm。无梁楼板的厚度，除满足承载能力的要求外，还应满足板的刚度要求，一般用板厚h与长跨l_{02}的比值为控制其挠度；当有柱帽时，$h/l_{02}\leqslant 1/35$；无柱帽时，$h/l_{02}\leqslant 1/32$。当无柱帽时，柱上板带宜适当加厚。

板的截面有效高度取值与前述的双向板类似。在同一部位有两个方向的钢筋重叠时，应分别取各自截面的有效高度。

2. 板的配筋

按柱上板带和跨中板带的弯矩算出板带钢筋后，即可进行配筋。配筋一般采用一端弯起式(图2.50)，钢筋的弯起和截断位置应满足图中的构造要求。对于支座处承受负弯矩的钢筋，钢筋直径不宜小于12mm。

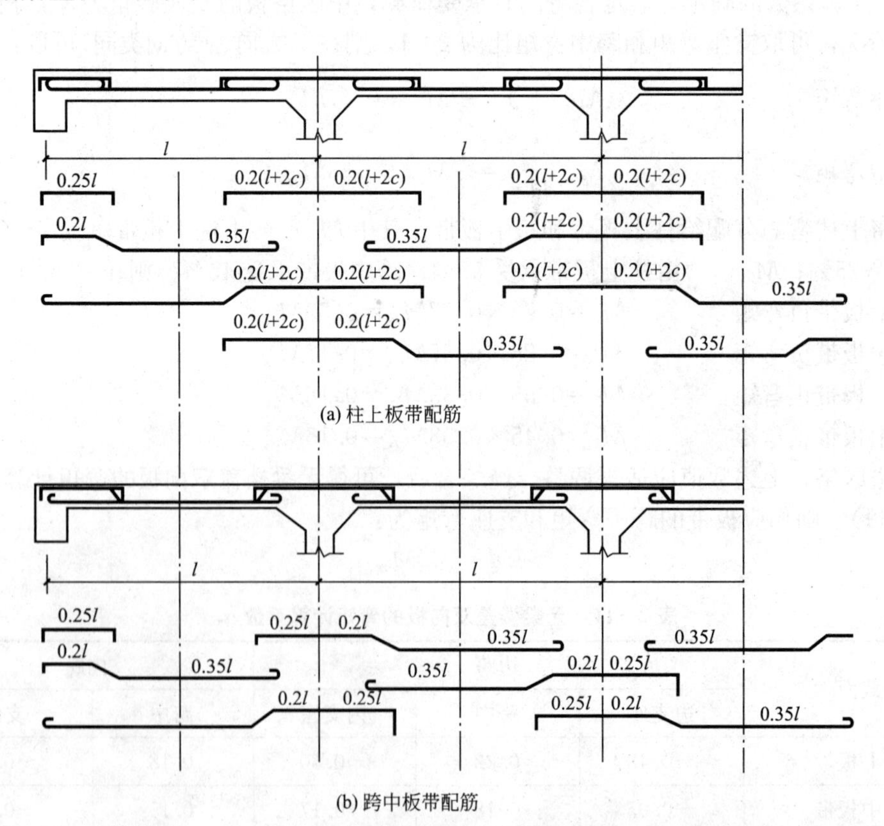

图2.50 无梁楼板的配筋构造

2.5.4 柱帽的设计计算

在无梁楼盖的柱顶处增设柱帽，可以增加板柱连接面面积，减少板的计算跨度，增加楼面刚度，并使楼板各部分合理地承受板面荷载(柱上板带承受较大弯矩，柱帽的设置使总弯矩减少，从而柱上板带弯矩有较大的降低)。因此一般的无梁楼盖都设计有柱帽。柱帽的设计主要是考虑板的抗冲切承载力要求。

1. 板的抗冲切计算

在柱顶反力和板面荷载的作用下，若板厚度不够或混凝土强度低，可能出现由板面指向柱边的45°斜裂缝而发生冲切破坏，如图2.51所示，其实质是该45°斜面上的混凝土主拉应力超过混凝土抗拉强度而导致的剪切破坏。防止该破坏的发生与防止一般剪切破坏发生的方法相同：一是保证截面尺寸满足一定要求，二是配置必要的抗剪钢筋。

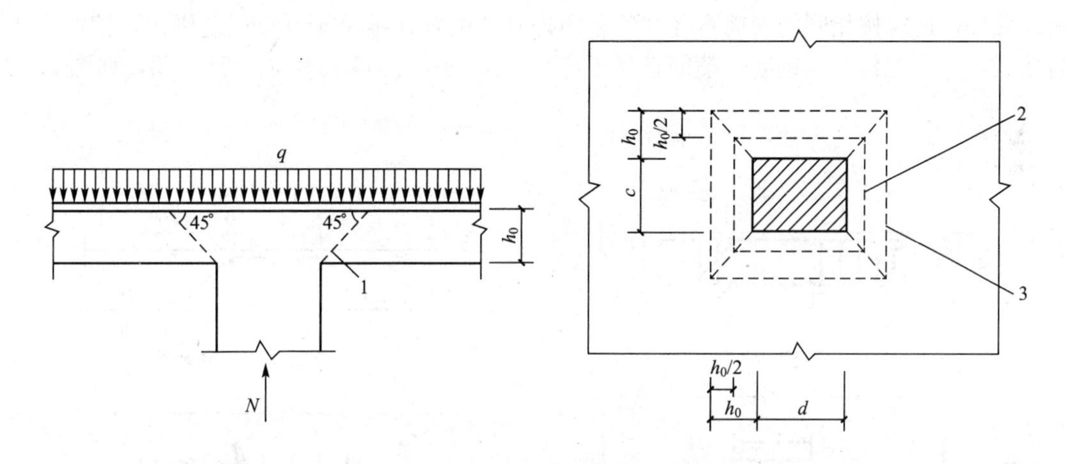

图2.51 楼盖受冲切承载力计算

1—冲切破坏锥体的斜面；2—距荷载面积周边 $h_0/2$ 处的周长；3—冲切破坏锥体的底面线

1) 不配箍筋或弯起钢筋时

在局部荷载或集中反力作用下不配箍筋或弯起钢筋的板，其受冲切承载力应满足下列规定：

$$F_l \leqslant 0.7\beta_h f_t \eta u_m h_0 \tag{2.19}$$

式中：F_l——局部荷载设计值或集中反力设计值。对板—柱结构的节点，取柱所承受的轴向压力设计值的层间差值减去冲切破坏锥体范围内板所承受的荷载设计值；

β_h——截面高度影响系数，当 $h \leqslant 800$mm时，取 $\beta_h = 1.0$；当 $h \geqslant 2000$mm时，取 $\beta_h = 0.9$，其间按线性插值法确定；

f_t——混凝土轴心抗拉强度设计值；

η——系数，取 η_1 和 η_2 的较小值。其中 η_1 为局部荷载或集中反力作用面积形状的影响系数，$\eta_1 = 0.4 + \dfrac{1.2}{\beta_s}$，当作用面积为矩形时，$\beta_s$ 为长边与短边尺寸比值，β_s 不宜大于 4，$\beta_s<2$ 时，取 $\beta_s=2$；当面积为圆形时，取 $\beta_s=2$；η_2 为临界截面周长与板截面有效高度之比的影响系数，$\eta_2=0.5+\frac{\alpha_s h_0}{4u_m}$，$\alpha_s$ 为柱类型影响系数，对中柱取 $\alpha_s=40$，对边柱取 $\alpha_s=30$，对角柱取 $\alpha_s=20$；

u_m——临界截面的周长，取距离局部荷载或集中反力作用面积周边 $h_0/2$ 处板垂直截面的最不利周长；

h_0——截面有效高度，取两个配筋方向的截面有效高度平均值。

2) 配置箍筋或弯起钢筋

当受冲切承载力不满足式(2.17)的要求且板厚受限制时，可配置箍筋或弯起钢筋。

(1) 在配置箍筋或弯起钢筋时，受冲切截面也应符合下列条件：

$$F_l\leqslant 1.2f_t\eta u_m h_0 \tag{2.20}$$

(2) 抗冲切箍筋或弯起钢筋的配置。按计算求得的箍筋，应配置在冲切破坏锥体范围内。此外，还应按相同的箍筋直径和间距向外延伸配置在不小于 $0.5h_0$ 范围内，箍筋宜为封闭式，并应箍住架立钢筋，箍筋直径不应小于 6mm，其间距不应大于 $h_0/3$，如图 2.52(a)所示。

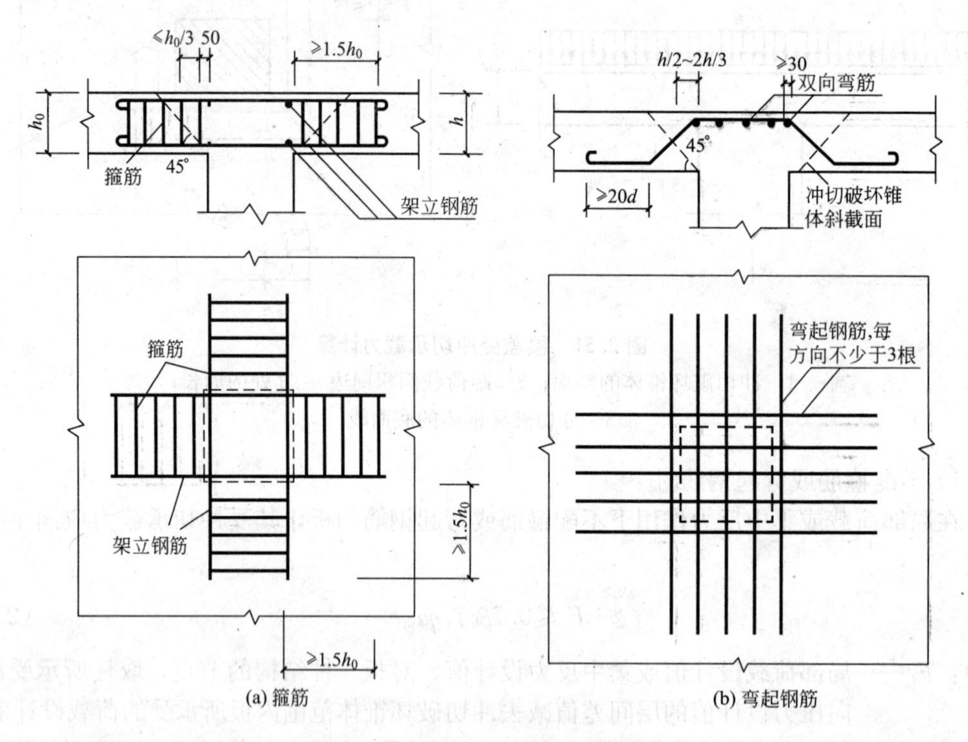

图 2.52　楼盖抗冲切钢筋布置

当配置箍筋时，受冲切承载力按下式验算：

$$F_l\leqslant 0.5f_t u_m h_0+0.8f_{yv}A_{svu} \tag{2.21a}$$

当同时配置弯起钢筋时［图 2.52(b)］，弯起钢筋的受冲切承载力为：

$$F_l \leqslant 0.8 f_y A_{sbu} \sin\alpha \quad (2.21b)$$

式中：A_{svu}——与呈45°冲切破坏锥体斜截面相交的全部箍筋截面积；

A_{sbu}——与呈45°冲切破坏锥体斜截面相交的全部弯起钢筋截面积；

α——弯起钢筋与板底面的夹角可根据板的厚度在30°～45°之间选取；

f_y、f_{yv}——弯起钢筋和箍筋的抗拉强度设计值。

弯起钢筋的直径不宜小于12mm，且每一方向不宜少于3根。

对于配置受冲切的箍筋或弯起钢筋的冲切破坏锥体以外的截面，仍应按式(2.17)进行受冲切承载力验算。此时，取冲切破坏锥体以外$0.5h_0$处的最不利周长计算。

2. 柱帽的配筋

除在柱帽上部的板内配置抗冲切的箍筋或弯起钢筋外，在柱帽内应配置Φ8～Φ10的构造钢筋，钢筋间距为100～150mm(图2.53)。

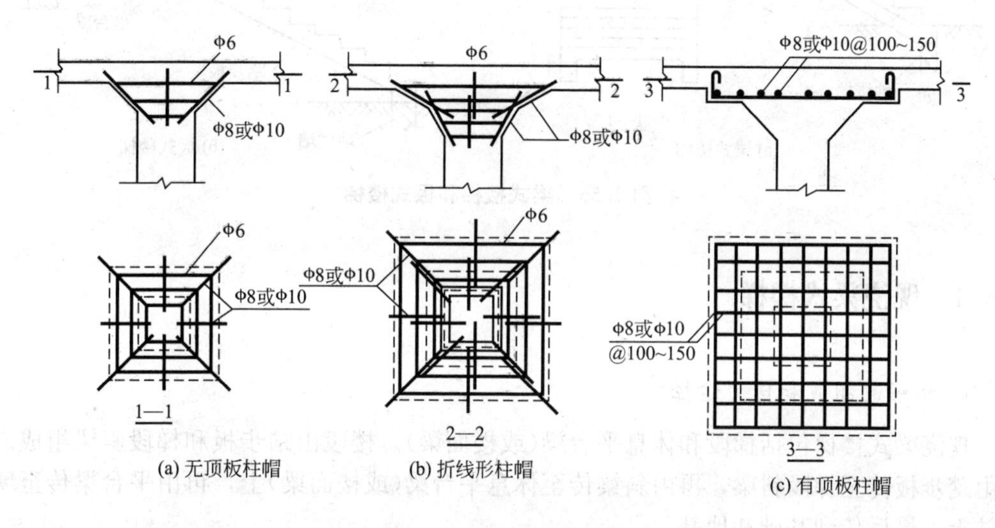

图2.53 柱帽的配筋构造

2.5.5 边梁设计

沿无梁楼盖的周边，应设置钢筋混凝土边梁。边梁的截面高度不应小于板厚的2.5倍，边梁宽度应满足板带钢筋的锚固要求(图2.54)。边梁支承于柱上或支承于由柱挑出的梁内(板宽超出柱范围时)。边梁与柱上板带共同承受弯矩和未计及的扭矩，因此边梁除有纵向受弯钢筋外，还应有抗扭的纵向构造钢筋，箍筋也应按抗扭要求设置。

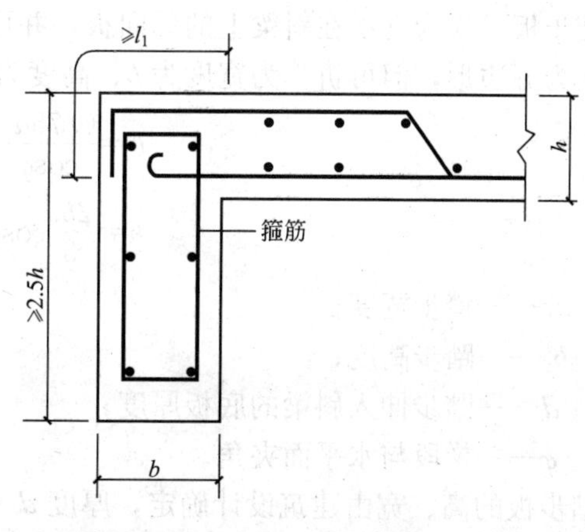

图2.54 边梁构造

2.6 梁式楼梯和板式楼梯设计

梁式楼梯和板式楼梯属于平面受力体系，也是常见的梁板结构形式之一(图 2.55)。

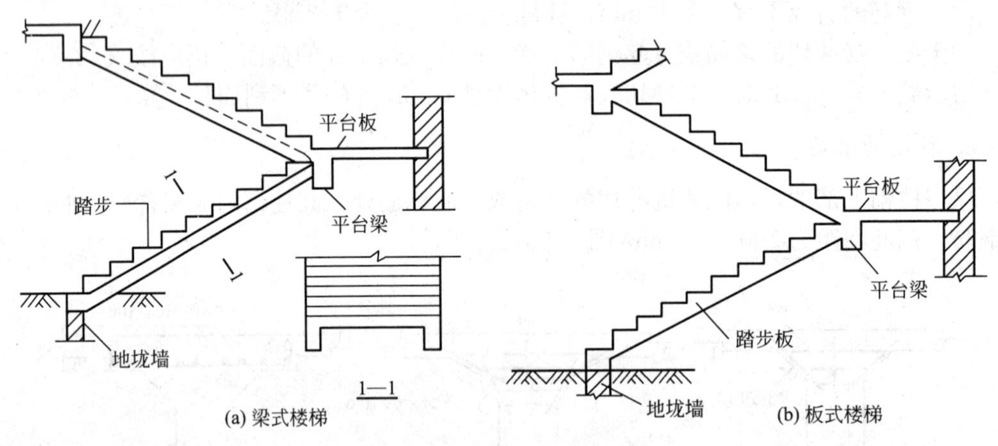

图 2.55 梁式楼梯和板式楼梯

2.6.1 现浇梁式楼梯

1. 楼梯的组成和传力途径

现浇梁式楼梯包括梯段和休息平台梁(或楼面梁)。楼段由踏步板和梯段斜梁组成。荷载由踏步板传至梯段斜梁，再由斜梁传至休息平台梁(或楼面梁)上，再由平台梁传至墙体或柱上，最后传到基础和地基。

2. 计算与构造

1) 踏步板

踏步板可视为支承在斜梁上的单向板，并可取一个踏步作为计算单元(图 2.56)。其实际截面为五边形，但可折算为宽度为 b、高度为 h 的矩形截面进行计算。

$$\left.\begin{aligned} b&=\frac{0.75a_1}{\cos\varphi} \\ h&=\frac{2b_1}{3}\cos\varphi+d \end{aligned}\right\} \tag{2.22}$$

式中：a_1——踏步宽度；

b_1——踏步高度；

d——踏步伸入斜梁的底板厚度；

φ——梯段与水平面夹角。

踏步板的高、宽由建筑设计确定，厚度 d 一般为 40～60mm；配筋应保证每踏步至少有 2φ8 的受力钢筋，分布钢筋为φ8@200 沿梯段均匀布置。

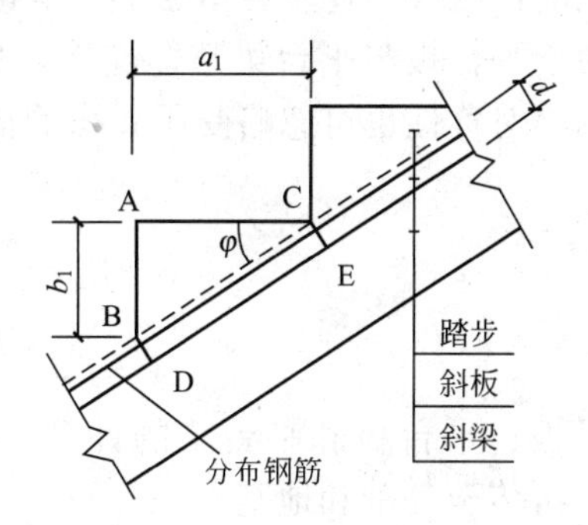

图 2.56 踏步板截面尺寸及配筋

2) 斜梁

斜梁承受踏步板传来的均布荷载，按简支梁计算。无论直线形斜梁还是折线形斜梁，都可简化为水平简支梁(图 2.57)。作用在斜梁上的恒荷载也应换算成水平投影长度上的均布荷载。

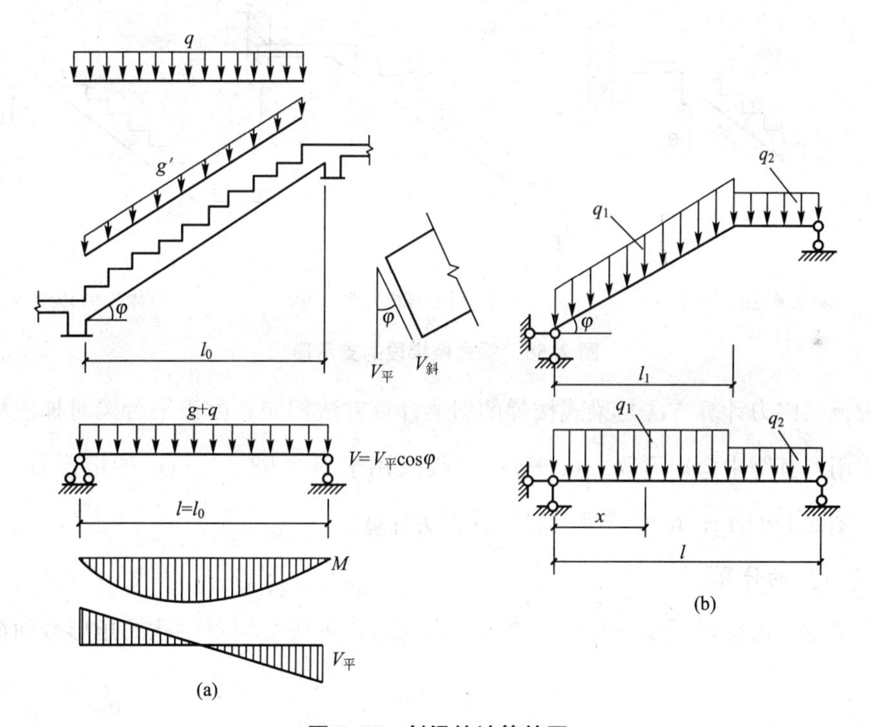

图 2.57 斜梁的计算简图

当梁为折线形斜梁时(图 2.57)，梯段和平台荷载会有差别，跨中弯矩不是最大弯矩，但与最大弯矩相差不大。从简化计算出发，可取 q_1 和 q_2 中的较大值求出跨中弯矩进行配筋设计。

3) 平台板和平台梁

平台板一般为单向板，支承在平台梁和外墙上或钢筋混凝土过梁上，计算弯矩可取 $(g+q)l_0^2/8$或$(g+q)l_0^2/10$。

平台梁除承受平台板传来的荷载外，还主要承受上、下楼梯斜梁传来的集中荷载，其设计一般也按简支梁计算。由于平台板与平台梁整体连接，平台梁实际上为倒L形截面，但受弯工作时，考虑其截面的不对称性也可忽略受压翼缘的作用，近似地按宽为肋宽 b 的矩形截面计算配筋。

2.6.2 板式楼梯

板式楼梯的计算包括梯段板、平台板和平台梁的计算。荷载由梯段板直接传至平台梁，再由平台梁传至墙(柱)，再传至基础和地基。

1. 梯段板的计算

梯段板的厚度(最薄处)一般取(1/25～1/30)l，常用厚度为100～120mm。梯段板的水平投影长度一般不宜超过3m，否则板的厚度增加，此时做成梁式楼梯较为经济。

梯段板有如下几种支承形式(图2.58)：支承在上、下平台梁上，或取消平台梁成为折线形板，或者休息平台为悬挑板。

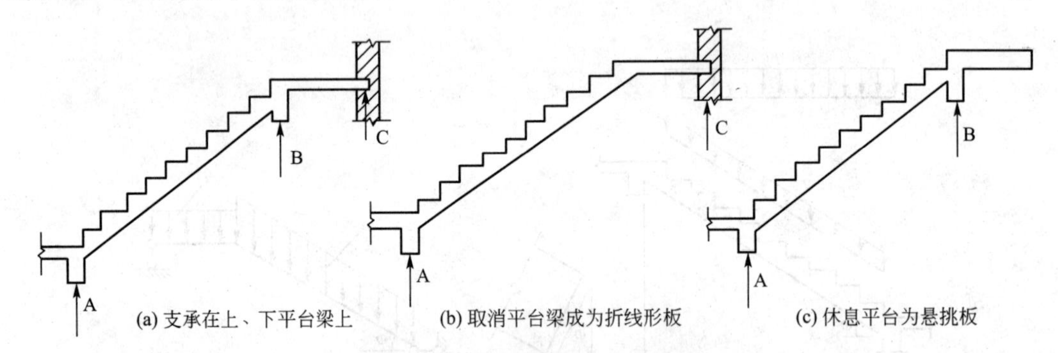

图2.58　板式楼梯段的支承形式

楼段板的内力计算方法与梁式楼梯的斜梁计算方法相同。由于平台梁对梯段板有一定的嵌固作用，其跨中弯矩可取$\frac{1}{10}(g+q)l_0^2$［仅适用于图2.58(a)、(c)的情形］；当为折线形板时［图2.58(b)］，可按折线梁的计算方法计算。

2. 平台梁的计算

平台梁承受由梯段板及平台板传来的均布反力，可按受均布荷载的矩形截面简支梁进行设计。

3. 配筋构造

板式楼梯的梯段板与平台梁整体连接，因此应将平台板的负弯矩钢筋伸入梯段板，伸入长度不小于 $l_0/4$(l_0 为梯段板的计算跨度即净跨)。梯段板的受力钢筋一般采用分离式配筋，也可采用弯起式配筋(图2.59)。楼段板的分布钢筋不应少于每踏步1φ8。

在折线形板式(梁式)楼梯的内折角处，受力钢筋不应连续穿过内折角，而应断开后伸进受压区内锚固。箍筋在梁内折角处应按规定计算，适当加密。图2.59是板式楼梯端部及折角处的几种配筋形式。

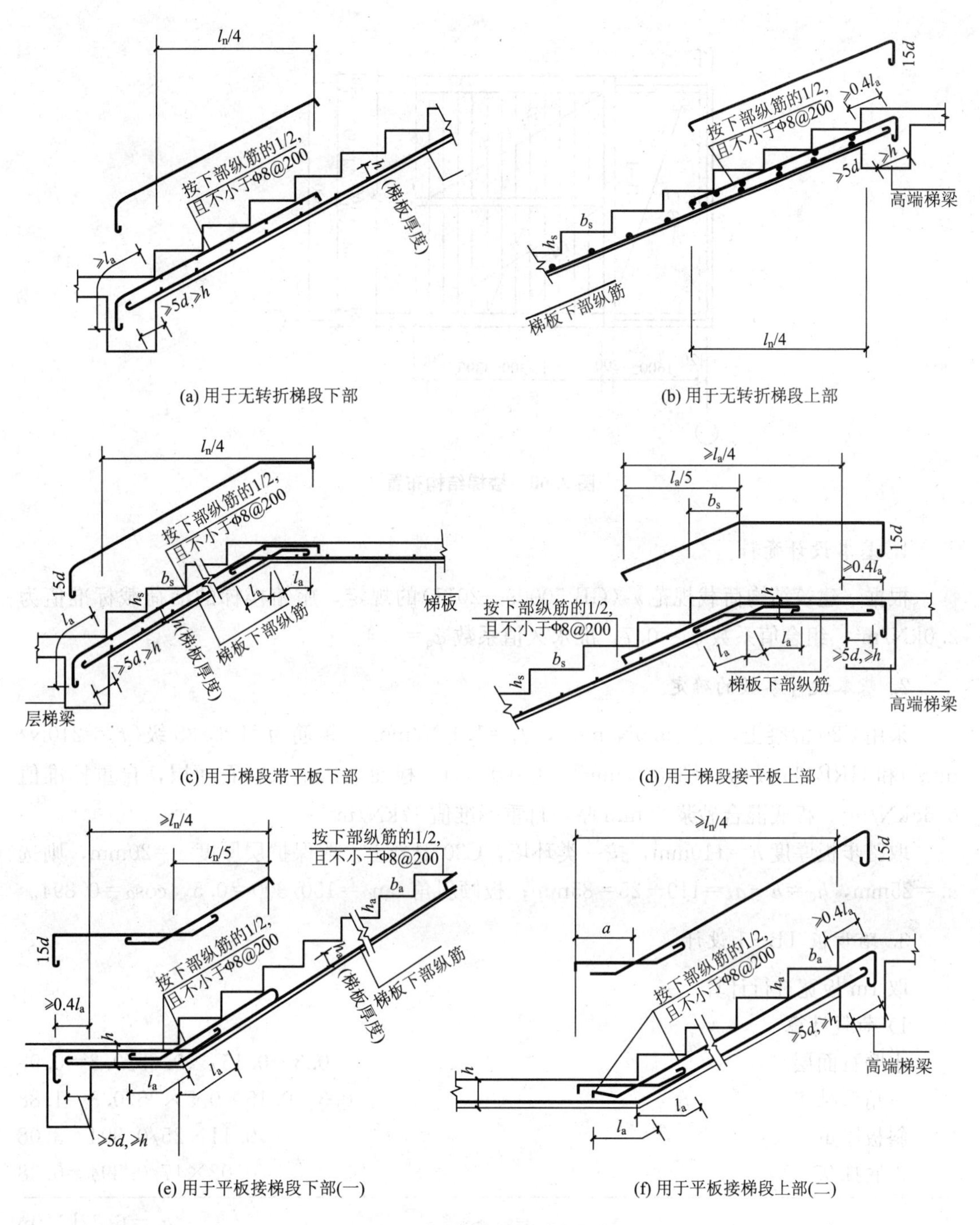

图 2.59　板式楼梯梯段配筋

2.6.3　楼梯设计案例

【例 2-8】 某旅馆现浇板式楼梯，平面布置如图 2.60 所示。层高 3.6m，踏步尺寸 $b_1 \times h_1 = 300\text{mm} \times 150\text{mm}$，试设计该楼梯。

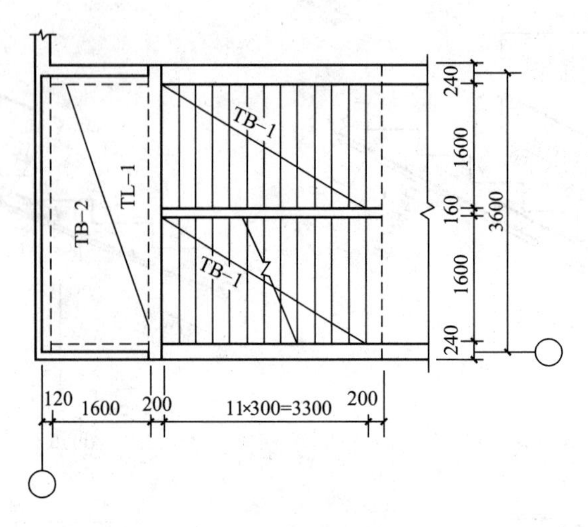

图 2.60　楼梯结构布置

1. 基本设计资料

根据《建筑结构荷载规范》(GB 50009—2011)的规定，旅馆楼梯的活荷载标准值为 $2.0\mathrm{kN/m^2}$，组合值系数 $\varphi_c=0.7$，准永久值系数 $\varphi_q=0.4$。

2. 基本设计参数的确定

采用C20混凝土，$f_c=9.6\mathrm{N/mm^2}$，$f_t=1.1\ \mathrm{N/mm^2}$；钢筋为HPB235级($f_y=210\mathrm{N/mm^2}$)和HRB335级($f_y=300\mathrm{N/mm^2}$，$\xi_b=0.55$)。板面做法：水磨石面层，自重标准值 $0.65\mathrm{kN/m^2}$。板底混合砂浆20mm厚，自重标准值 $17\mathrm{kN/m^3}$。

取踏步板厚度 $h=110\mathrm{mm}$，按一类环境，C20混凝土，取保护层厚度 $c=20\mathrm{mm}$，则选 $a_s=25\mathrm{mm}$，$h_0=h-a_s=110-25=85\mathrm{mm}$；板倾斜角 $\tan\alpha=150/300=0.5$，$\cos\alpha=0.894$。

3. 踏步板TB-1设计

取1m板宽进行计算。

1) 荷载计算

水磨石面层	$(0.3+0.15)\times0.65/0.3=0.98$
三角形踏步	$0.3\times0.15\times0.5\times25/0.3=1.88$
斜板厚重	$0.11\times25/0.894=3.08$
板底抹灰	$0.02\times17/0.894=0.38$

$g_k=6.32\mathrm{kN/m}$

$q_k=2.0\mathrm{kN/m}$

2) 截面设计

$$q_k/g_k=2.0/6.32=0.31$$

因此踏步板的荷载效应由永久荷载效应控制。

弯矩设计值

$$M=\frac{1}{10}(g+q)l_{n}^{2}$$

$$=\frac{1}{10}(1.35q_{k}+1.4\times0.7q_{k})l_{n}^{2}=\frac{1}{10}\times(1.35\times6.32+0.98\times2.0)\times3.3^{2}$$

$$=11.43\text{kN}\cdot\text{m}$$

$$\xi=1-\sqrt{1-\frac{M}{0.5f_{c}bh_{0}^{2}}}=1-\sqrt{1-\frac{11.43\times10^{6}}{0.5\times9.6\times1000\times85^{2}}}=0.183$$

$$A_{s}=\frac{\xi f_{c}bh_{0}}{f_{y}}=\frac{0.183\times9.6\times1000\times85}{210}=711\text{mm}^{2}$$

选Φ10@110（$A_s=714\text{mm}^2$），分布筋为每踏步1Φ8，配筋图如图2.61所示。

4. 平台板TB-2设计

取板厚$h=80\text{mm}$，按单向板设计，板宽$b=1000\text{mm}$，$h_0=80-25=55\text{mm}$。

1）内力计算

恒荷载标准值　$g_k=0.65+0.08\times25+0.02\times17=2.99\text{kN/m}$

计算跨度　$l_0=1600+100+\frac{80}{2}=1740\text{mm}$

$$M=\frac{1}{8}\times(1.2\times2.99+1.4\times2)\times1.74^{2}=2.42\text{kN}\cdot\text{m}$$

2）配筋计算

$$\xi=1-\sqrt{1-\frac{M}{0.5f_{c}bh_{0}^{2}}}=1-\sqrt{1-\frac{2.42\times10^{6}}{0.5\times9.6\times1000\times55^{2}}}=0.087$$

$A_{s}=\frac{\xi f_{c}bh_{0}}{f_{y}}=\frac{0.087\times9.6\times1000\times55}{210}=219\text{mm}^{2}$，选Φ6@125（$A_s=226\text{mm}^2$），配筋如图2.61所示。

5. 平台梁TL-1设计

平台梁截面选$b\times h=200\text{mm}\times350\text{mm}$，$h_0=h-a_s=350-40=310\text{mm}$。

1）荷载计算

梁自重　$0.2\times(0.35-0.08)\times25=1.35\text{kN/m}$

梁侧粉刷　$0.02\times(0.35-0.08)\times2\times17=0.18\text{kN/m}$

1.53kN/m

荷载设计值　$g+q=1.2\times\left(1.53+6.32\times\frac{3.3}{2}+2.99\times\frac{1.8}{2}\right)+1.4\times2\times\left(\frac{3.3}{2}+\frac{1.8}{2}\right)$

$=24.72\text{kN/m}$

2）内力计算

取计算跨度　$l_0=3600\text{mm}$

弯矩设计值　$M=\frac{1}{8}\times24.72\times3.6^{2}=40.05\text{kN}\cdot\text{m}$

剪力设计值　$V=\frac{1}{2}\times24.72\times(3.6-0.24)=41.53\text{kN}$

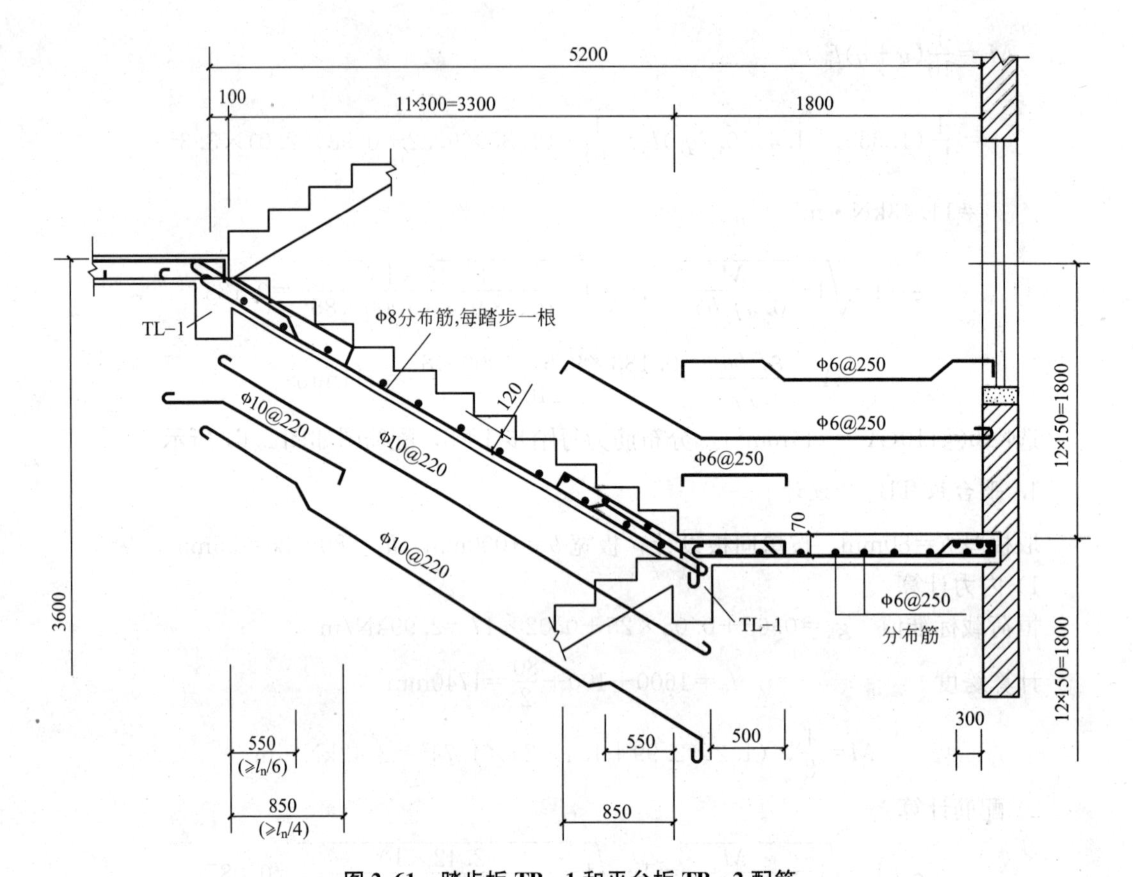

图 2.61　踏步板 TB－1 和平台板 TB－2 配筋

（本图采用弯起式配筋，也可根据图 2.59 改用分离式配筋）

3）配筋计算

（1）截面尺寸验算。

$\frac{h_w}{b}<4$　$0.25f_cbh_0=0.25\times9.6\times200\times310=148.8\text{kN}>V$，满足要求。

（2）纵向受拉钢筋计算。倒 L 形截面，近似按矩形截面计算：

$$\xi=1-\sqrt{1-\frac{M}{0.5f_cbh_0^2}}=1-\sqrt{1-\frac{40.05\times10^6}{0.5\times9.6\times200\times310^2}}=0.248$$

$$A_s=\frac{\xi f_cbh_0}{f_y}=\frac{0.248\times9.6\times200\times310}{300}=492\text{mm}^2$$

$$>0.2\%bh=140\text{mm}^2$$

$$>\frac{45f_t}{f_y}\%bh=116\text{mm}^2$$

选 2Φ18，$A_s=509\text{mm}^2$。

（3）箍筋计算。

$$0.7f_tbh_0=0.7\times1.1\times200\times310=47.74\text{kN}>V$$

选Φ 6@200 双肢箍。

平台梁配筋详图如图 2.62 所示。

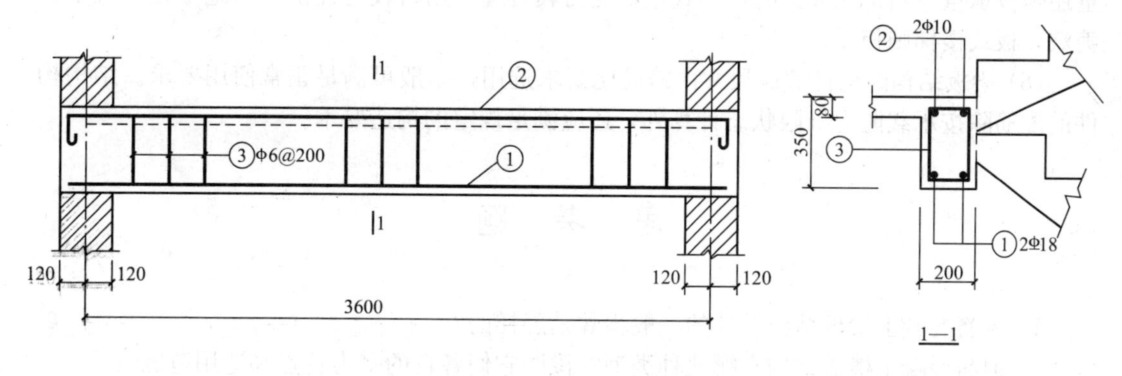

图 2.62 平台梁配筋

本章小结

(1) 钢筋混凝土梁板结构是由受弯构件的梁、板组成的一种最基本的结构。其设计的一般步骤是：选择适当的结构形式；进行结构平面布置；确定结构构件的计算简图；进行内力分析、组合及截面配筋计算；绘制结构构件施工图(简称"结施"图纸)。

(2) 现浇单向板肋形楼盖是常用的一种梁板结构，其荷载传递方式是：板→次梁→主梁。可采用弹性理论计算方法和考虑塑性内力重分布方法进行计算。在计算时，板和次梁都可按连续受弯构件进行分析；主梁在梁柱线刚度比比较大时(如大于 3)，也可按连续梁计算。

(3) 单向板肋形楼盖在按弹性理论计算时，连续梁的跨度可取支座中心线间的距离、板和次梁的荷载都应采用折算荷载、活荷载应考虑最不利布置。当活荷载与恒荷载之比不大于 3 时(这是一般情形)，纵向钢筋的弯起和截断位置可按一般设计经验直接确定；当该比值大于 3 时，应在内力包络图上作材料图确定。

(4) 单向板肋形楼盖考虑塑性内力重分布进行计算时，常用的一种设计方法是弯矩调幅法，通常假定塑性铰首先出现在连续梁的支座截面(或支座截面与部分跨中截面同时出现)；为了保证塑性铰的转动能力，应采用塑性好的低强度钢筋(如 HPB235 级钢或 HRB335 级钢及 HRB400 级钢)，计算配筋时，中间支座处的混凝土相对受压区高度应满足 $\xi \leqslant 0.35$，并应控制调幅范围。对于等跨、受均布荷载作用的连续板、连续梁，可直接利用已推导出的内力系数直接进行控制截面的内力计算并以此进行配筋设计。

(5) 除单向板肋形楼盖外，还有双向板肋形楼盖。当区格板的长边与短边尺寸之比不大于 2 时，应按双向板设计；当该比值大于 2 但小于 3 时，宜按双向板计算(当按沿短边方向受力的单向板计算时，应沿长边方向布置足够数量的构造钢筋)。

(6) 连续支承的双向板，也有按弹性理论和塑性理论两种计算方法。弹性理论方法采用查表方式进行；塑性理论方法基于塑性铰线的分布、采用极限平衡公式计算，要比弹性理论方法节省钢筋。

(7) 梁式楼梯和板式楼梯都是平面受力楼梯，其主要区别在于楼梯梯段是采用斜梁承重还是板承重。当跨度较大时，梁式楼梯受力较合理，用料较为经济，但施工较烦且不够美观，板式楼梯则相反。

(8) 梁板结构的构件截面尺寸由跨高比要求选用，一般可满足正常使用要求。结构构件的配筋除按承载能力极限状态计算外，还应满足规定的构造要术。

思考题

1. 钢筋混凝土梁板结构设计的一般步骤是怎样的?
2. 钢筋混凝土楼盖结构有哪儿种类型?说明它们各自的受力特点和适用范围。
3. 现浇单向板肋形楼盖结构布置可从哪几个方面来体现结构设计的合理性?
4. 现浇单向板肋形楼盖中的板、次梁和主梁，当其内力按弹性理论计算时，如何确定其计算简图?当按塑性理论计算时，其计算简图又如何确定?
5. 如何绘制主梁的弯矩包络图?
6. 什么叫“内力重分布”?什么是塑性铰?
7. 塑性铰与结构力学中的理想铰有什么不同?塑性铰与内力重分布有何关系?
8. 什么叫弯矩调幅?
9. 考虑塑性内力重分布计算连续梁时，为什么对出现塑性铰的截面要限制截面受压区高度?
10. 如何区分单向板和双向板?
11. 简述周边简支的矩形板裂缝的出现和开展过程及破坏时板底裂缝分布示意图。
12. 在用弹性方法计算多区格双向板时，有哪些假定?
13. 单向板肋形楼盖的板、次梁、主梁在配筋计算和构造有哪些要点?
14. 如何确定梁式楼梯和板式楼梯各构件的计算简图?

习题

一、选择题

1. 钢筋混凝土楼盖中的主梁是主要承重构件，其计算方法是(　　)。

A. 塑性内力重分布方法　　B. 弹性理论方法

C. 混凝土按塑性，钢筋按弹性　　D. 混凝土按弹性，钢筋按塑性

2. 某12m×16m平面，柱沿周边按4m间距布置、采用钢筋混凝土现浇楼盖。为取得较大的楼层净高，最为合适的布置是(　　)。

A. 采用12m跨、4m间距主梁，另一方向采用2m间距的4跨连续次梁

B. 采用16m跨、4m间距的主梁，另一方向采用2m间距的3跨连续次梁

C. 沿长向柱列设两根主梁，并布置1m间距、12m跨的次梁

D. 采用3×4格的井字梁

3. 使连续梁某跨跨中产生最大正弯矩的活荷载布置方式是(　　)。

A. 该跨不布置活荷载而在相邻跨布置活荷载，然后向其左、右隔跨布置

B. 该跨布置活荷载且在相邻跨布置活荷载，然后向其左、右隔跨布置

C. 该跨布置活荷载，然后向其左、右隔跨布置

D. 各跨布置活荷载

4. 使连续梁某中间支座产生最大负弯矩(指绝对值)的活荷载布置方式是(　　)。

A. 各跨布置活荷载

B. 该支座一侧跨内布置活荷载，然后向其左、右隔跨布置

C. 该支座两侧跨内布置活荷载，然后向其左、右隔跨布置

D. 该支座两侧跨内不布置活荷载，然后向其左、右布置并隔跨布置

5. 使连续梁某中间支座产生最大剪力的活荷载布置方式是(　　)。

A. 各跨布置活荷载

B. 该支座一侧跨内布置活荷载，然后向其左、右隔跨布置

C. 该支座两侧跨内布置活荷载，然后向其左、右隔跨布置

D. 该支座两侧跨内不布置活荷载，然后向其左、右布置并隔跨布置

6. 使连续梁边支座产生最大剪力的活荷载布置方式是(　　)。

A. 各跨布置活荷载

B. 含该支座的跨内布置活荷载，然后隔跨布置活荷载

C. 含该支座的跨内不布置活荷载，然后隔跨布置活荷载

D. 含该支座的连续两跨布置活荷载，然后隔跨布置活荷载

7. 用弯矩调幅法计算连续梁时，对预期出现塑性铰的支座截面，在配筋计算时应保证(　　)。

A. $\xi > 0.35$　　　　B. $\xi = \xi_b$

C. $\xi \leqslant 0.35$　　　　D. $\xi > \xi_b$

8. 按照弹性理论，四边支承板应按双向板设计计算的条件是(　　)。

A. $l_2/l_1 > 2$　　　　B. $l_2/l_1 \leqslant 2$

C. $l_2/l_1 \geqslant 3$　　　　D. $l_2/l_1 \leqslant 2.5$

9. 在现浇梁板结构中的次梁和主梁相交处，为了传递次梁荷载，可在相交处的主梁内(　　)。

A. 设置鸭筋　　　　B. 设置吊筋

C. 设置浮筋　　　　D. 设置弯起纵筋

10. 钢筋混凝土楼盖梁如出现裂缝，应当是(　　)。

A. 不允许的

B. 允许，但应满足构件变形要求

C. 允许，但应满足裂缝宽度的要求

D. 允许，但应满足裂缝开展深度的要求

二、计算题

1. 某民用楼盖5跨连续板的内跨板带如图2.63所示。板跨2.4m，承受的恒荷载标准值 $g_k = 3\text{kN/m}^2$，活荷载标准值 $q_k = 3.5\text{kN/m}^2$；混凝土强度等级为C20，HPB235级钢筋；次梁截面尺寸 $b \times h = 200\text{mm} \times 450\text{mm}$。求板厚及其配筋(考虑塑性内力重分布计算内

力)，并绘出配筋断面图。

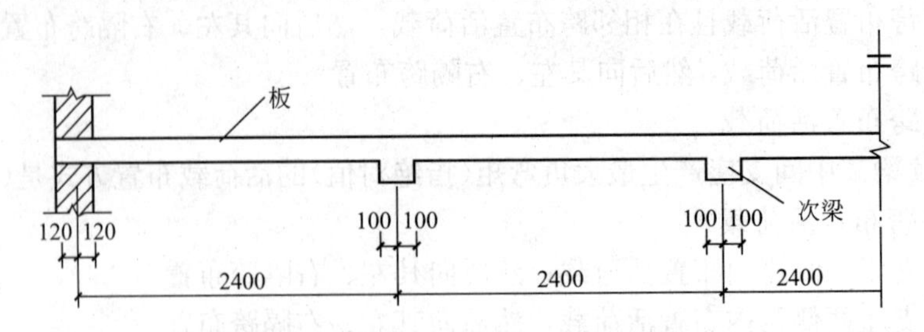

图 2.63　5 跨连续板几何尺寸及支承情况

2. 某 5 跨连续次梁两端支承在 370mm 厚的砖墙上，中间支承在 $b\times h=250\text{mm}\times 700\text{mm}$ 主梁上(图 2.64)。承受板传来的恒荷载标准值 $g_k=12\text{kN/m}$，分项系数为 1.2，活荷载标准值 $q_k=18\text{kN/m}$，分项系数为 1.3。混凝土强度等级为 C25，采用 HRB335 级钢筋，试考虑塑性内力重分布设计该梁(确定截面尺寸及配筋)，并绘出配筋草图。

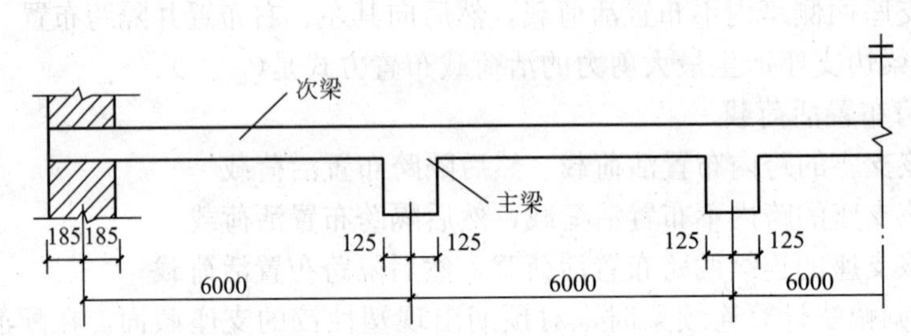

图 2.64　5 跨连续次梁几何尺寸及支承情况

附：混凝土楼盖课程设计

一、设计任务书

1. 设计资料

(1) 某工业仓库楼盖，平面轴线尺寸如图1所示。其中纵向尺寸为5×A，横向尺寸为甲组3×B(图2.65)；乙组2×B(图2.65，但少一个B)。楼盖尺寸A、B由指导教师给定；外围墙体为砖墙，采用MU10烧结普通砖、M5混合砂浆砌筑，其中纵墙厚度为370mm，横墙厚度为240mm；轴线通过各墙体截面中心线。楼梯间设在该平面之外(本课程设计时不考虑)。

A_1=6000；A_2=6600；A_3=6900；A_4=7200；A_5=7500；A_6=7800；A_7=8100；

B_1=6600；B_2=6900；B_3=7200；B_4=7500；B_5=7800；B_6=8100；B_7=8400。

(2) 本设计中内柱为钢筋混凝土柱，截面尺寸为350mm×350mm。

(3) 楼面采用水磨石面层，自重标准值0.65kN/m^2；顶棚为混合砂浆抹灰20mm厚，自重标准值17kN/m^3；钢筋混凝土自重标准值按25kN/m^{3}计算。

(4) 混凝土强度等级：C25。

(5) 楼面活荷载标准值q_k(kN/m^2)如下。

编　号	1	2	3	4	5	6
q_k	4.5	5.0	5.5	6.0	6.5	7.0

2. 设计内容

(1) 按指导教师给定的设计号进行设计(设计号的给定方式为：×组A×B×q×，如乙组A3B2q5，即为横向2跨，A=6900mm，B=6900mm，q_k=6.5kN/m^2)，编制设计计算书。

(2) 用2号图纸2张绘制楼盖结构施工图，包括结构平面布置图、板配筋图、次梁及主梁配筋图(铅笔图完成)。

3. 设计要求

(1) 计算书应书写清楚，字体端正，主要计算步骤、计算公式、计算简图均应列入，图表按顺序编号并尽量利用表格编制计算过程。

(2) 图面应整洁，布置应匀称，字体和线条应符合建筑结构制图标准。

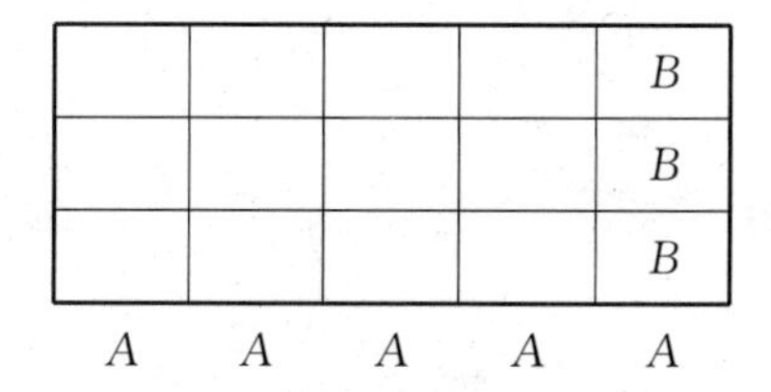

图2.65　楼盖平面轴线尺寸

二、设计指导书

1. 结构平面布置

按给定的设计号进行单向板肋形楼盖布置，各构件应按类型编号，主梁一般沿横向设置；梁系应贯通，布置应规整，同类构件截面尺寸应尽可能统一。

2. 设计计算

(1) 按构造规定选择板、次梁和主梁截面尺寸。

(2) 单向板和次梁采用塑性内力重分布方法计算，利用相应弯矩系数和剪力系数求内力，列表计算截面配筋；主梁采用弹性理论方法计算、按连续梁考虑，分别计算恒荷载和各最不利布置活荷载作用下的内力，绘制弯矩包络图和剪力包络图，列表计算截面配筋；进行主梁附加横向钢筋的计算。

3. 绘图

绘图可按教材的传统方法，也可采用平面整体绘图方法(平法)，但必须画出相应节点构造并编制钢筋表(图 2.66)。

(1) 当采用 2 号图纸绘图时，其中一张图纸绘制结构平面布置图、板配筋图及次梁配筋图(结施 01)，另一张绘制主梁的弯矩包络图、材料图和主梁配筋图(结施 02)。绘图应利用结构构件的对称性。

(2) 绘图时先用硬铅打底，后按规定加粗、加深。

(3) 设计图纸的图签可按如下内容要求编制：其中图别为结施；图号分别为 01(此时图纸内容填写结构平面有布置、现浇板配筋、次梁配筋图)、02(此时图纸内容填写主梁配筋图)。

<table>
<tr><td colspan="3" rowspan="2">××××大学
混凝土结构课程设计</td><td>工程名称</td><td>某工业仓库</td></tr>
<tr><td>项目</td><td>楼盖梁板结构</td></tr>
<tr><td>设计</td><td></td><td rowspan="3">(图纸内容)</td><td>图别</td><td></td></tr>
<tr><td>审核</td><td></td><td>图号</td><td></td></tr>
<tr><td>成绩</td><td></td><td>日期</td><td></td></tr>
</table>

图 2.66 图纸设计

第3章 单层厂房排架结构

教学目标

排架结构是单层工业厂房最常见的结构形式。通过本章的学习,要求达到以下目标。

(1) 了解排架结构的组成和结构布置要求。

(2) 熟悉排架结构的计算简图和各种荷载的计算方法。

(3) 掌握等高排架内力计算的剪力分配法。

(4) 理解排架柱内力组合的主要内容。

教学要求

知识要点	能力要求	相关知识
排架结构的组成和结构布置	(1) 了解排架结构的四大组成部分 (2) 熟悉无檩体系的主要结构构件 (3) 掌握支撑的布置和作用	(1) 有檩体系和无檩体系 (2) 横向平面排架 (3) 纵向平面排架
排架结构的内力计算和内力组合	(1) 理解作用在排架上的主要荷载 (2) 熟悉剪力分配法 (3) 掌握排架内力组合的主要原则和方法	(1) 上柱、下柱，截面刚度 (2) 吊车荷载，支座反力影响线 (3) 弯矩和轴力的相关性
排架柱和柱下杯口基础设计	(1) 了解牛腿的受力特点，掌握牛腿的配筋构造 (2) 掌握排架柱的配筋要点 (3) 理解柱下独立基础设计的主要内容	(1) 弯压破坏 (2) 地基承载力 (3) 抗冲切承载力

基本概念

排架结构、横向平面排架、柱网、变形缝、支撑、抗风柱、杯口基础、吊车工作级别、等高排架、控制截面、内力组合、牛腿、杯口基础、基础垫层

引言

单层厂房适用于需要有较高净空、较大跨度和较重起重设备的厂房，是工业厂房最常见的厂房形式。由于厂房的跨度和净高都很大，因此构件的截面尺寸较大。作用于厂房的吊车荷载，是一种不同于民用建筑的动力荷载，由于使用需要，厂房内部一般无隔墙，仅四周有围护墙体，因此厂房结构又是一种空旷结构。同时，厂房柱是一种既要承受竖向荷载，又要承受水平荷载的主要结构构件，这些都是单层厂房的特点。

单层厂房的结构有排架结构和刚架结构两种：排架柱柱顶与屋面梁或屋架铰接，柱底与基础刚接；

而刚架柱顶与横梁刚结，柱底与基础铰接(图 3.1)。

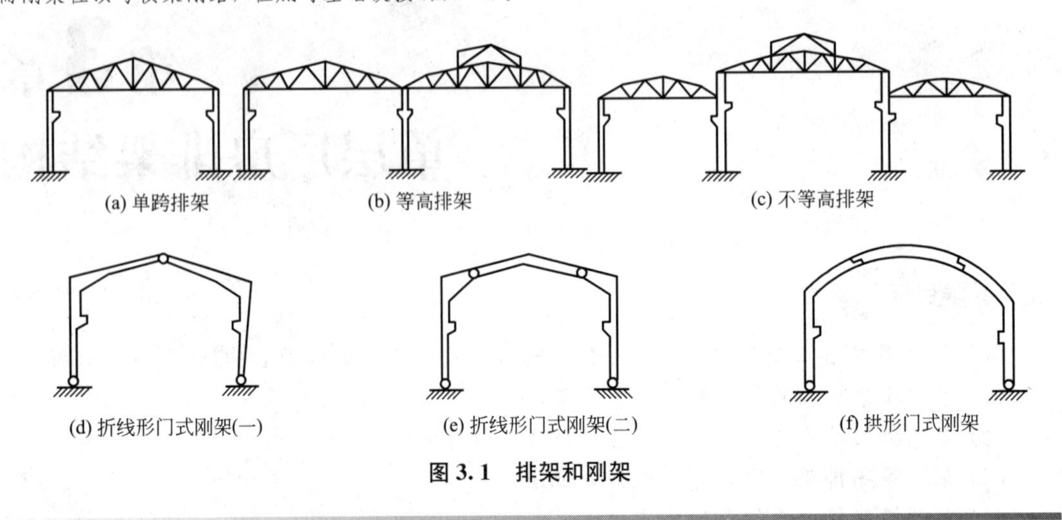

图 3.1　排架和刚架

3.1 排架结构的组成和布置

3.1.1　排架结构的组成

排架结构构件组成如图 3.2 所示，由屋盖结构、横向平面排架、纵向平面排架、围护结构四大部分组成。

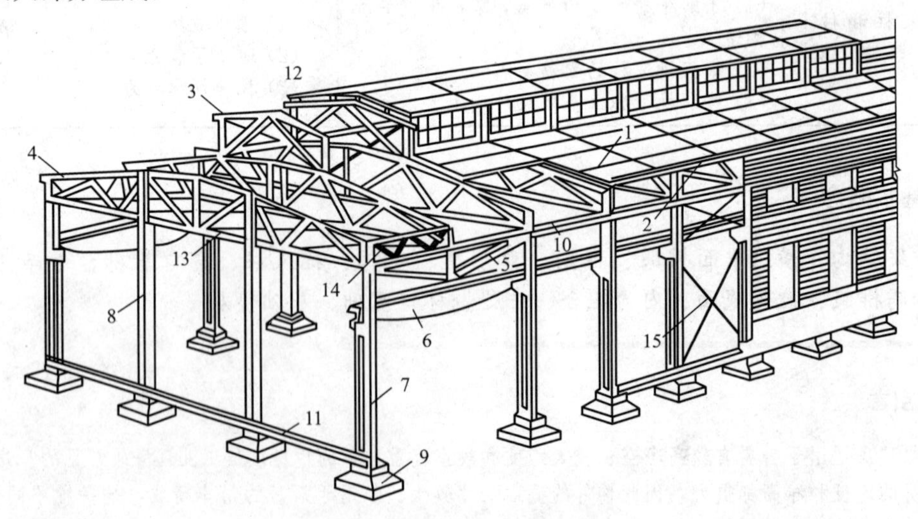

图 3.2　厂房结构构件组成概貌

1—屋面板；2—天沟板；3—天窗架；4—屋架；5—托架；6—吊车梁；7—排架柱；8—抗风柱；9—基础；10—连系梁；11—基础梁；12—天窗架垂直支撑；13—屋架下弦横向水平支撑；14—屋架端部垂直支撑；15—柱间支撑

1. 屋盖结构

屋盖结构的主要作用是承受屋面荷载(如自重、雪荷载、检修活荷载等)并将荷载传给排架柱，起采光、通风、隔热等围护作用。

屋盖结构分为有檩体系和无檩体系两类：有檩体系由小型屋面板、檩条和屋架、支撑等组成；无檩体系由大型屋面板、屋架及支撑组成。前者屋面刚度较小，后者屋面刚度大，是排架结构常用的屋盖，其组成包括大型屋面板、天沟板、天窗架、屋架、屋盖支撑及托架等。

2. 横向平面排架

横向平面排架是厂房的基本承重结构。厂房的竖向荷载(如自重、屋面活荷载、吊车荷载等)及横向水平荷载(如风荷载、吊车横向刹车力等)主要由横向平面排架承担并将其传至基础，再由基础传至地基。

横向平面排架由横向柱列、横梁(屋架或屋面梁)及基础组成(图 3.3)

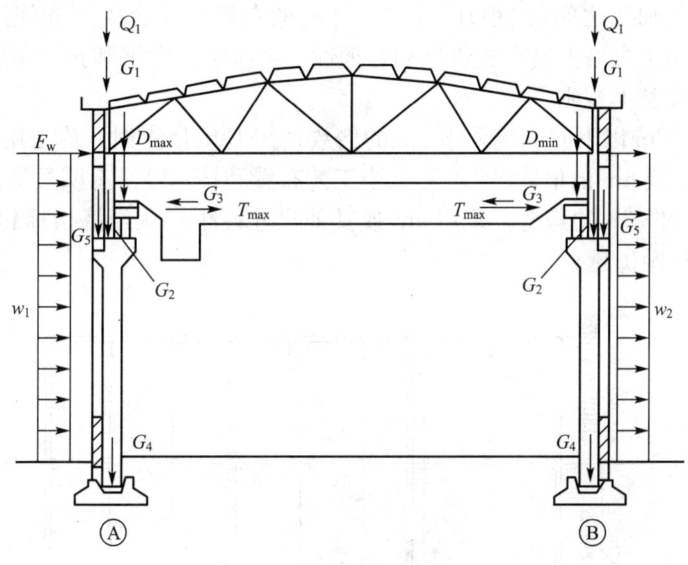

图 3.3 横向平面排架结构

3. 纵向平面排架

纵向平面排架由纵向柱列、基础、连系梁、吊车梁、柱间支撑等构件组成(图 3.4)，其作用是保证厂房结构纵向刚度和稳定性，承受纵向水平作用(纵向风荷载、吊车纵向刹车力、温度应力等)。

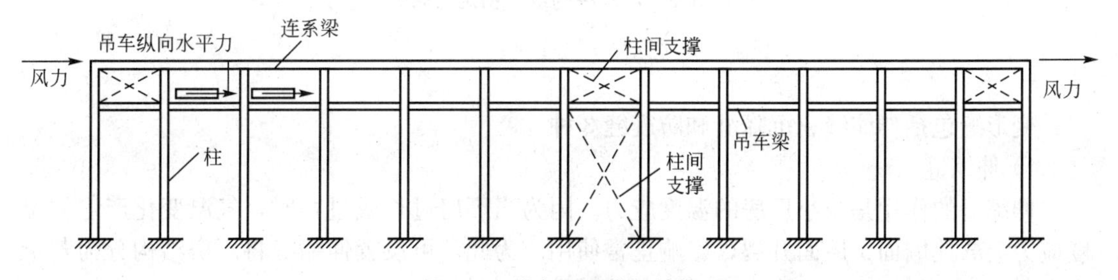

图 3.4 纵向平面排架结构

4. 围护结构

由纵墙、横墙(山墙)及抗风柱、基础梁、墙梁等组成的围护结构(图 3.2)，主要起围护作用，并承受墙体和构件的自重以及作用于墙面上的风荷载。

上述四大部分，组成整体受力的空间结构。

3.1.2 结构布置

上述四大部分组成结构在平面上的布置称为结构布置，其内容包括柱网布置、变形缝设置、支撑体系布置、抗风柱及围护结构构件布置等。

1. 柱网布置

排架柱的定位轴线在平面上排成的网格称为柱网，其布置就是确定纵向定位轴线之间(跨度)和横向定位轴线之间(柱距)的尺寸。柱网的布置应符合生产和使用要求，经济合理，结构形式和施工方法上具有先进性和合理性，适应生产发展和技术革新要求，并应符合厂房建筑统一化基本规则。

厂房跨度在 18m 以下时，应采用 3m 的倍数；在 18m 以上时，应采用 6m 的倍数。厂房柱距应采用 6m 或 6m 的倍数(图 3.5)。当工艺布置和技术经济有明显的优越性时，也可采用 21m、27m 和 33m 的跨度，采用 9m 或其他尺寸柱距。从经济指标和材料消耗而言，6m 柱距比 12m 柱距优越。

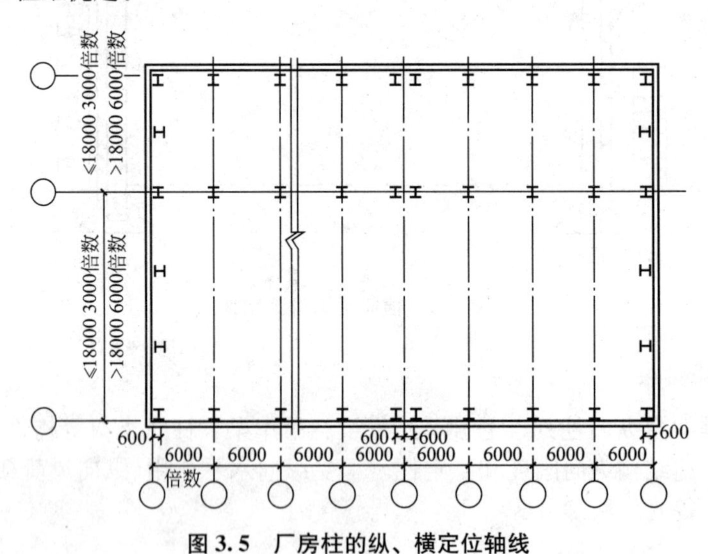

图 3.5　厂房柱的纵、横定位轴线

2. 变形缝设置

变形缝包括伸缩缝、沉降缝和防震缝 3 种。

1) 伸缩缝

伸缩缝的作用是减小厂房的温度应力。因为当厂房过长或过宽时，气温变化产生的温度应力会导致墙面、屋面开裂，影响正常使用。为此，可设置伸缩缝将厂房结构分为若干个温度区段，使一个区段内温度应力不致过大。

伸缩缝的做法是：从基础顶面开始，将两个温度区段的上部结构和建筑全部分开，并留有一定的宽度；伸缩缝之间的距离即温度区段长度称为伸缩缝间距，取决于结构类型、结构整体性和结构所处环境条件。对装配式排架结构，伸缩缝最大间距为100m(室内或土中)或70m(露天)。当排架结构的柱高(从基础顶面算起)低于8m、屋面无保温或隔热措施、位于气候干燥地区、夏季炎热且暴雨频繁地区，或经常处于高温作用下时，伸缩缝间距宜适当减少。此外，材料收缩较大、室内结构因施工外露时间较长时，也宜减少伸缩缝间距。

伸缩缝的构造如图3.6所示。

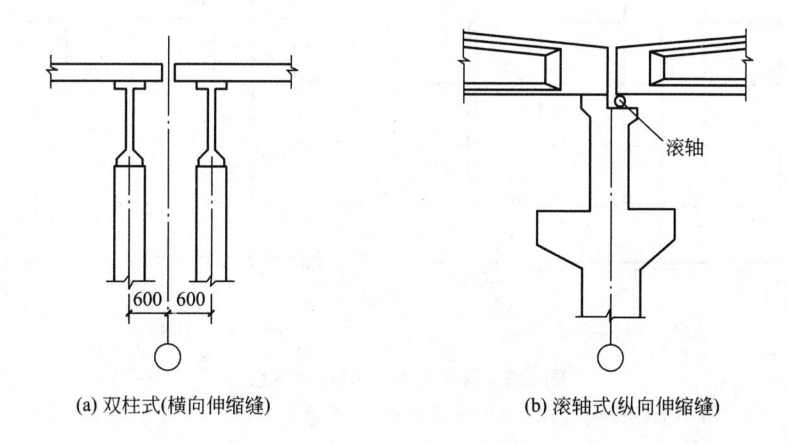

(a) 双柱式(横向伸缩缝)　　(b) 滚轴式(纵向伸缩缝)

图3.6　单层厂房伸缩缝的构造

2）沉降缝

沉降缝的作用是避免不均匀沉降产生的影响，一般在单层厂房中不需设置。但当厂房相邻两部分高差大于10m、地基承载力或下卧土层有巨大差异、相邻跨间起重量相差悬殊或厂房施工间隔相差很久时，应考虑设置沉降缝。

沉降缝的做法是将建筑物从基础到屋顶全部分开，使两边成为完全独立的结构。沉降缝可兼作伸缩缝，但伸缩缝不能兼作沉降缝。

3）防震缝

防震缝是为减轻地震灾害而采取的措施，具体做法参见《建筑抗震设计规范》(GB 50011—2010)。

3. 支撑体系布置

支撑体系的作用是：加强厂房结构的空间刚度，使厂房结构形成整体；保证结构构件在安装和使用阶段的稳定和安全；传递风荷载、吊车刹车力等水平荷载。

支撑体系包括屋盖支撑和柱间支撑。

1）屋盖支撑

屋盖支撑包括设置在屋架间的垂直支撑、水平系杆(图3.7)，在上、下弦平面内的横向水平支撑和下弦平面内的纵向水平支撑(图3.8)

屋盖支撑的布置和做法在相应的屋架标准图集、天窗架标准图集中列出，设计和施工时应详细参阅。

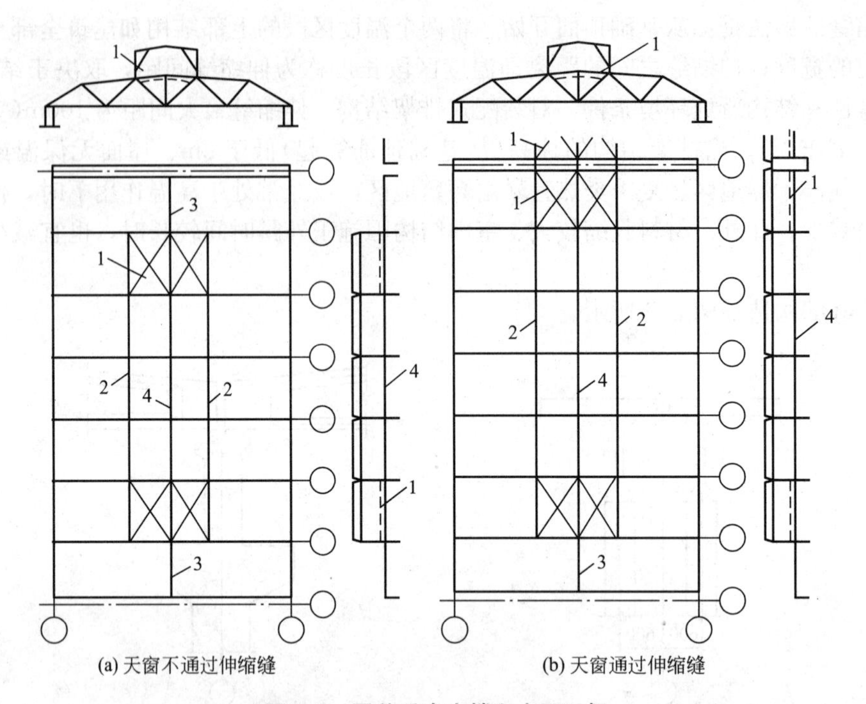

图 3.7　屋盖垂直支撑和水平系杆

1—上弦横向支撑；2—下弦系杆；3—垂直支撑；4—上弦系杆

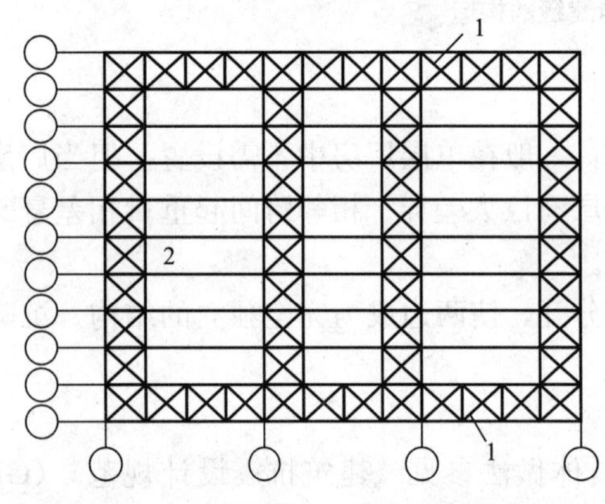

图 3.8　下弦横向、纵向水平支撑

1—横向支撑；2—纵向水平支撑

2）柱间支撑

柱间支撑的作用主要是提高厂房纵向刚度和稳定性。对于有吊车的厂房，柱间支撑分上部和下部两种。前者位于吊车梁上部，用以承受山墙上的风力并保证厂房上部的纵向刚度；后者位于吊车梁下部，用以承受上部支撑传来的力和吊车梁传来的纵向制动力，并把它们传至基础(图 3.9)。

一般单层厂房，凡属下列情况之一者，应设置柱间支撑：①厂房跨度在 18m 及以上或柱高在 8m 以上时；②纵向柱列的总数在 7 根以下时；③露天吊车栈桥的柱列；④设有悬臂式吊车或 3t 及以上的悬挂式吊车；⑤设有工作级别为 A6～A7 的吊车或工作级别为 A1～A5、吊车起重量在 10t 及以上时。

当柱间设有承载力和稳定性足够的墙体，且与柱连接紧密能起整体作用，吊车起重量又较小(不大于 5t)时，可不设柱间支撑。

柱间支撑通常设在伸缩缝区段的中央或临近中央的柱间。这样布置，当温度变化或混凝土收缩时，有利于厂房结构的自由变形，而不致产生过大的温度或收缩应力。

当柱顶纵向水平力没有简捷途径(如通过连系梁)传递时，必须在柱顶设置一道通长的纵向水平系杆。

柱间支撑宜用杆件交叉的形式，杆件倾角通常在 35°～55°之间［图 3.9(a)］。当柱间交通设备布置或柱距较大而不宜或不能采用交叉支撑时，也可采用如图 3.9(b)所示的门架支撑。

柱间支撑一般采用钢结构，杆件截面尺寸应经承载力和稳定性验算。

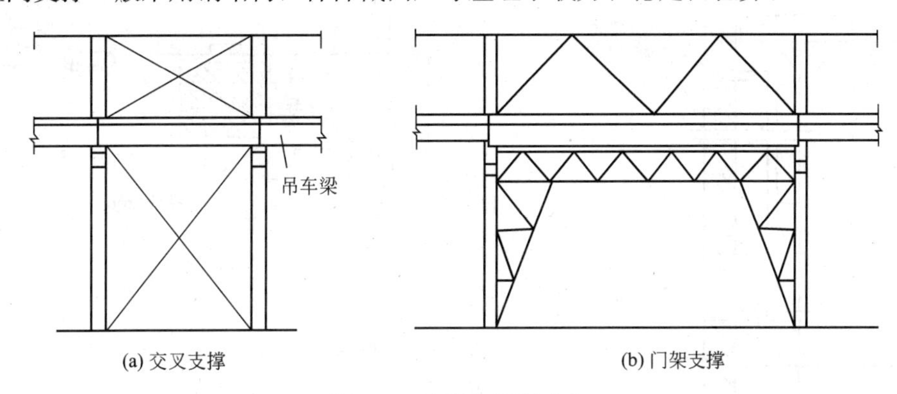

图 3.9　柱间支撑的形式

4. 抗风柱

单层厂房的端墙(山墙)受风面积较大，一般须设置抗风柱将山墙分成几个区格，以使墙面受到的风荷载，一部分直接传给纵向柱列，另一部分则经抗风柱上端通过屋盖结构传给纵向柱列和经抗风柱下端传给基础。

当厂房高度和跨度均不大(如柱顶在 8m 以下，跨度为 9～12m)时，可采用砖壁柱作为抗风柱；当高度和跨度较大时，一般都采用钢筋混凝土抗风柱。

抗风柱一般与基础刚接，与屋架上弦铰接，根据具体情况，也可与下弦铰接或同时与上、下弦铰接。抗风柱与屋架连接必须满足两个要求：一是在水平方向必须与屋架有可靠的连接，以保证有效地传递风荷载；二是在竖向应允许两者之间有一定相对位移的可能性，以防厂房与抗风柱沉降不均匀时产生的不利影响。因此，抗风柱和屋架一般采用竖向可移动、水平方向又有较大刚度的弹簧板连接［图 3.10(b)］；如厂房沉降较大时，则宜采用通过长圆孔的螺栓进行连接［图 3.10(c)］。

5. 维护结构构件布置

当单层厂房的维护结构采用砌体墙时，须在墙上适当位置设置钢筋混凝土圈梁、连系梁、过梁、基础梁等结构构件。

1) 圈梁

圈梁的作用是将墙体同厂房柱箍在一起，以加强厂房的整体刚度，防止由于地基的不均匀沉降或较大振动荷载对厂房引起的不利影响。圈梁设在墙内，并与柱用钢筋拉结。圈梁不承受墙体重量，因此柱上不设置支承圈梁的牛腿。

圈梁的设置位置为：檐口标高处、吊车梁标高处、窗顶处及墙中适当位置。

圈梁应连续设置在墙体的同一标高处并成封闭状。当圈梁被洞口截断时，应在洞口上部墙体内设置补强圈梁(过梁)，其截面尺寸不应小于被截断的圈梁且伸过洞口的长度不得小于 1m，并不应小于其垂直间距的 2 倍。

圈梁的宽度宜与墙厚相同，当墙厚 $h \geqslant 240$mm 时，其宽度不宜小于 $2h/3$。圈梁高度不应小于 120mm，纵向钢筋不应少于 $4\phi 10$，绑扎接头的搭接长度按受拉钢筋考虑，箍筋

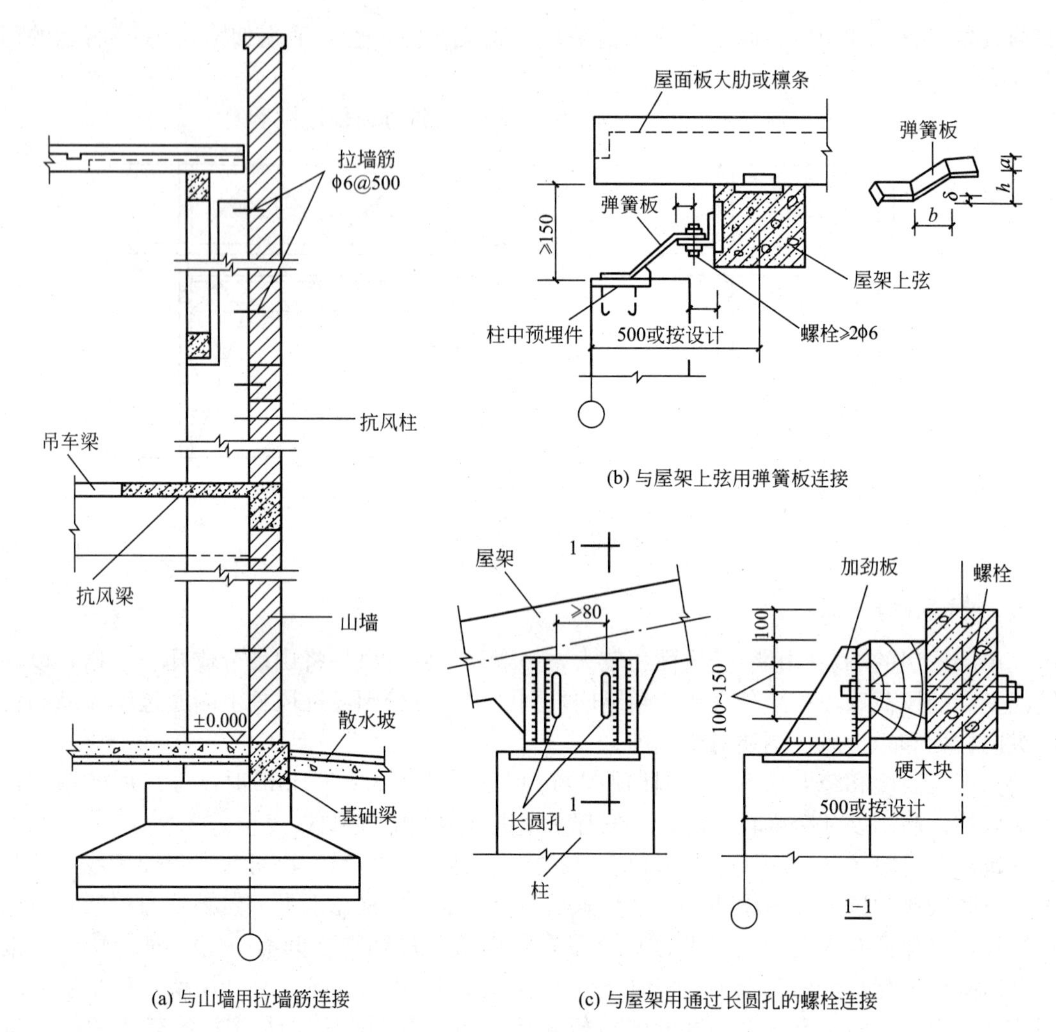

(a) 与山墙用拉墙筋连接

(b) 与屋架上弦用弹簧板连接

(c) 与屋架用通过长圆孔的螺栓连接

图 3.10　钢筋混凝土抗风柱构造

间距不应大于 300mm。

2）连系梁

连系梁的作用是连系纵向柱列，以增强厂房的纵向刚度，并将风荷载传给纵向柱列。此外，连系梁还承受其上墙体的自重。连系梁通常是预制的，两端搁置在柱牛腿上，用螺栓或电焊与牛腿连接。

3）过梁

过梁的作用是承托门窗洞口上部墙体的自重。

在进行厂房结构布置时，应尽可能将圈梁、连系梁、过梁结合起来，使一个构件起到 2 种或 3 种构件的作用，以节约材料，简化施工。

4）基础梁

基础梁的作用是承托围护墙体的自重，因此围护墙不另做基础。基础梁底部距土壤表面要预留 100mm 的空隙，使梁可随柱基础一起沉降。当基础梁下有冻胀性土时，应在梁下铺设一层干砂、碎砖或矿渣等松散材料，并留 50～150mm 的空隙，防止土壤冻胀时将梁顶裂。基础梁与柱一般不要求连接，直接搁置在基础杯口上［图 3.11(a)、(b)］；当基础埋置较深时，则搁置在基础顶面的混凝土垫块上［图 3.11(c)］。施工时，基础梁支承处应坐浆。基础梁顶面一般设置在室内地坪以下 50mm 标高处［图 3.11(b)、(c)］。

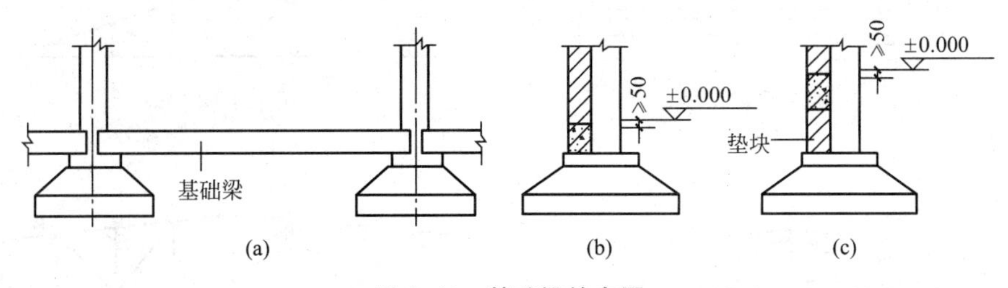

图 3.11 基础梁的布置

当厂房不高、地基比较好、柱基础又埋得较浅时，也可不设基础梁，而做砌体或混凝土基础。

3.1.3 主要承重构件

单层厂房排架结构的主要承重构件有：屋面板、屋面梁和屋架、吊车梁、排架柱和基础。除柱和基础外，都采用标准图集进行构件的选择。

1. 屋面板

屋面板起承重和维护作用。用于无檩体系的屋面板一般采用预应力大型屋面板、F 形屋面板、单肋板或空心板(图 3.12)，均可选用标准图集，在预制厂生产。

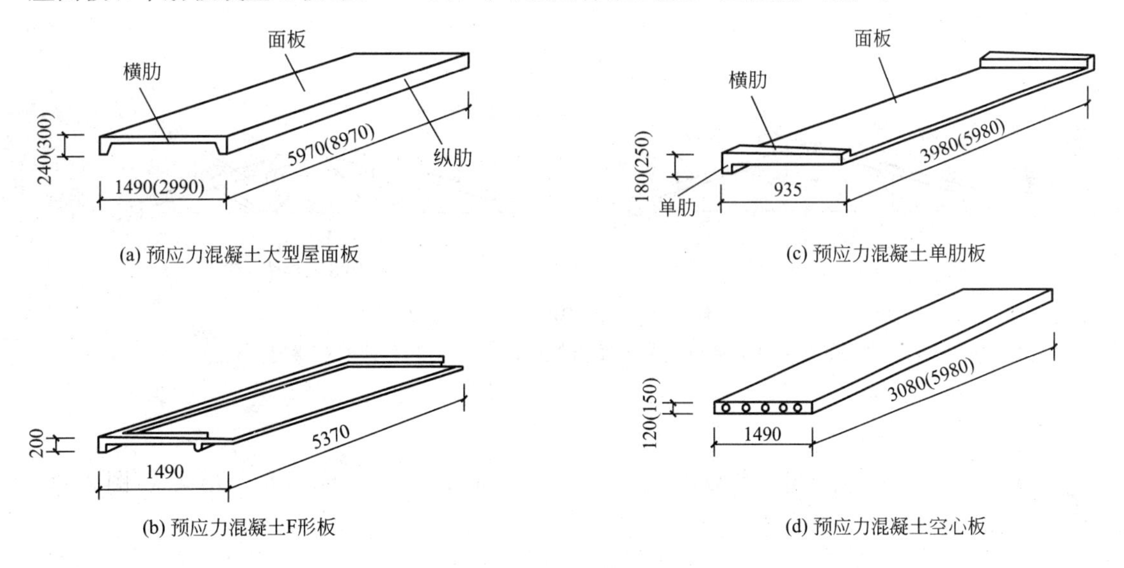

图 3.12 屋面板的类型

2. 屋面梁和屋架

屋面梁有单坡屋面梁和双坡屋面梁，适用于跨度为 15m 及以下厂房。屋架有三角形、梯形、折线形及拱形多种形状，用于跨度为 18m 及以上厂房。屋面梁和屋架主要类型如图 3.13 所示。

屋面梁和跨度较小的屋架可在工厂预制，而跨度较大的屋架则在现场预制。

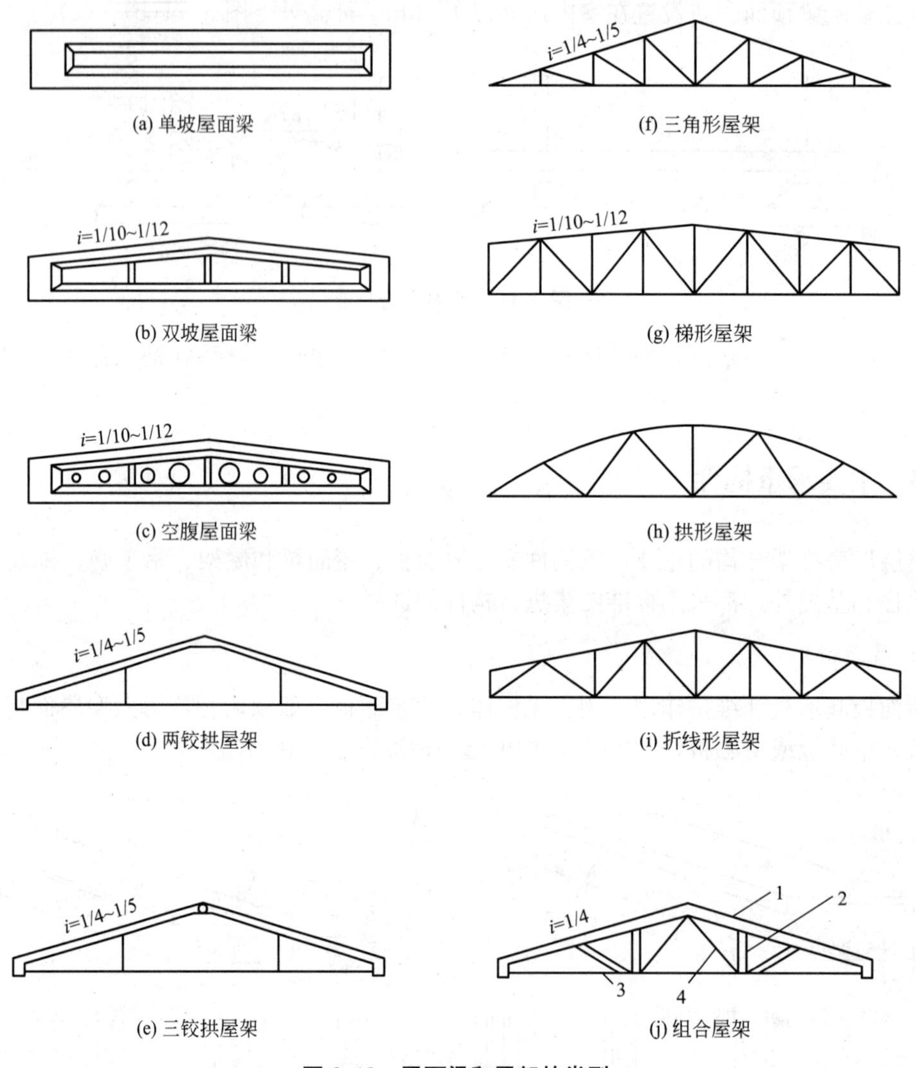

图 3.13　屋面梁和屋架的类型

1、2—钢筋混凝土上弦及压腹杆；3、4—钢下弦及拉腹杆

3. 吊车梁

吊车梁承受吊车荷载并将荷载传给厂房柱，其截面形式有 T 形、I 形及桁架式(图 3.14)，一般在工厂预制。

4. 排架柱

排架柱是单层厂房中的主要承重构件，其截面形式有矩形($h\leqslant600$mm 时)、I 形($h=800\sim1500$mm)、双肢柱($h>1600$mm)等(图 3.15)。

柱截面尺寸的选择不仅要满足承载力要求，还应满足刚度要求，表 3－1 列出了 6m 柱距、采用矩形截面或工形截面的最小截面尺寸限值，表 3－2 列出了根据设计经验采用的柱常用截面形式及尺寸，可供设计时参考采用。

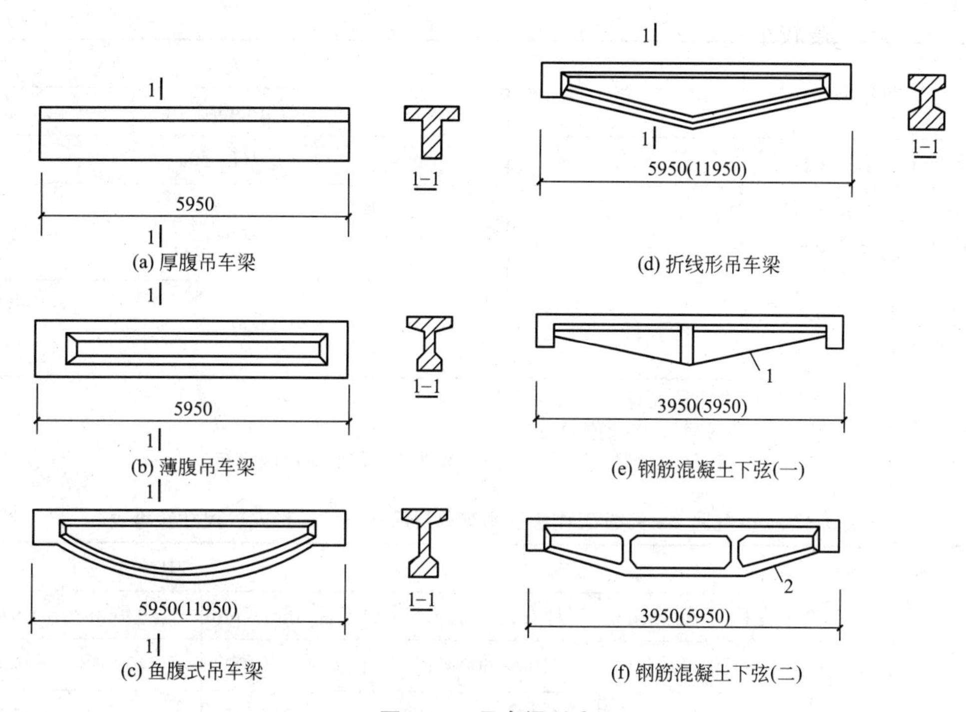

图 3.14 吊车梁形式

1—钢下弦；2—钢筋混凝土下弦

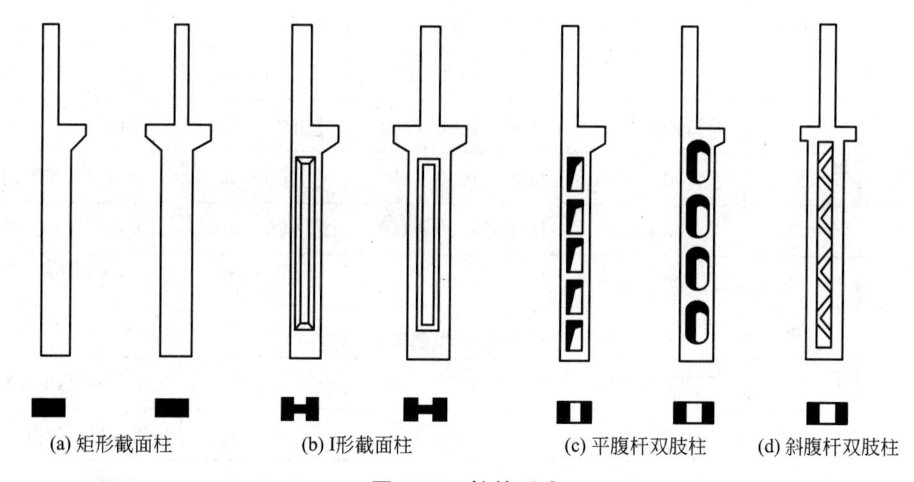

图 3.15 柱的形式

表 3-1 6m 柱距单层厂房矩形、I 形截面柱截面尺寸限值

柱的类型	b	h		
		$Q\leqslant 10t$	$10t<Q<30t$	$30t\leqslant Q\leqslant 50t$
有吊车厂房下柱	$\geqslant H_l/22$	$\geqslant H_l/14$	$\geqslant H_l/12$	$\geqslant H_l/10$
露天吊车柱	$\geqslant H_l/25$	$\geqslant H_l/10$	$\geqslant H_l/8$	$\geqslant H_l/7$
单跨无吊车厂房柱	$\geqslant H/30$	$\geqslant 1.5H/25$(即 $0.06H$)		

（续）

柱的类型	b	h		
		$Q\leqslant 10t$	$10t<Q<30t$	$30t\leqslant Q\leqslant 50t$
多跨无吊车厂房柱	$\geqslant H/30$	$\geqslant H_l/20$		
仅承受风荷载与柱自重的山墙抗风柱	$\geqslant H_b/40$	$\geqslant H_l/25$		
同时承受由连系梁传来山墙自重的山墙抗风柱	$\geqslant H_b/30$	$\geqslant H_l/25$		

注：① H_l—下柱高度(牛腿顶面算至基础顶面)；
② H——柱全高(柱顶算至基础顶面)；
③ H_b——山墙抗风柱从基础顶面至柱平面外(宽度)方向支撑点的高度。

表 3-2　6m 柱距 A4～A5 工作级别吊车单层厂房柱截面形式、尺寸参考表

吊车起重量/t	轨顶标高/m	边柱		中柱	
		上柱/mm×mm	下柱/mm×mm×mm	上柱/mm×mm	下柱/mm×mm×mm
≤5	6～8	□400×400	I400×600×100	□400×400	I400×600×100
10	8	□400×400	I400×700×100	□400×600	I400×800×150
	10	□400×400	I400×800×150	□400×600	I400×800×150
15～20	8	□400×400	I400×800×150	□400×600	I400×800×150
	10	□400×400	I400×900×150	□400×600	I400×1000×150
	12	□500×400	I500×1000×200	□500×600	I500×1200×200
30	8	□400×400	I400×1000×150	□400×600	I400×1000×150
	10	□400×500	I400×1000×150	□500×600	I500×1200×200
	12	□500×500	I500×1000×200	□500×600	I500×1200×200
	14	□600×500	I600×1200×200	□600×600	I600×1200×200
50	10	□500×500	I500×1200×200	□500×700	双 500×1600×300
	12	□500×600	I500×1400×200	□500×700	双 500×1600×300
	14	□600×600	I600×1400×200	□600×700	双 600×1800×300

注：□——矩形截面 $b\times h$；
I——I 形截面 $b_f\times h\times h_f$；
双——双肢柱 $b_f\times h\times h_c$，b、h 为双肢柱截面宽和高，h_c 为单肢截面高度。

当柱的长度较大时，常采用现场预制方法制作；柱长度较短时，也可在工厂制作。

5. 基础

单层厂房柱下基础常采用单独基础，其形式有阶形和锥形。由于它们与柱的连接部分做成杯口，因此也称为杯形基础或杯口基础［图 3.16(a)、(b)］；当柱下基础与设备基础有冲突需要埋深时，可做成高杯口基础［图 3.16(c)］；当上部结构荷载大，地质条件差时，也可做成桩基础［图 3.16(d)］。

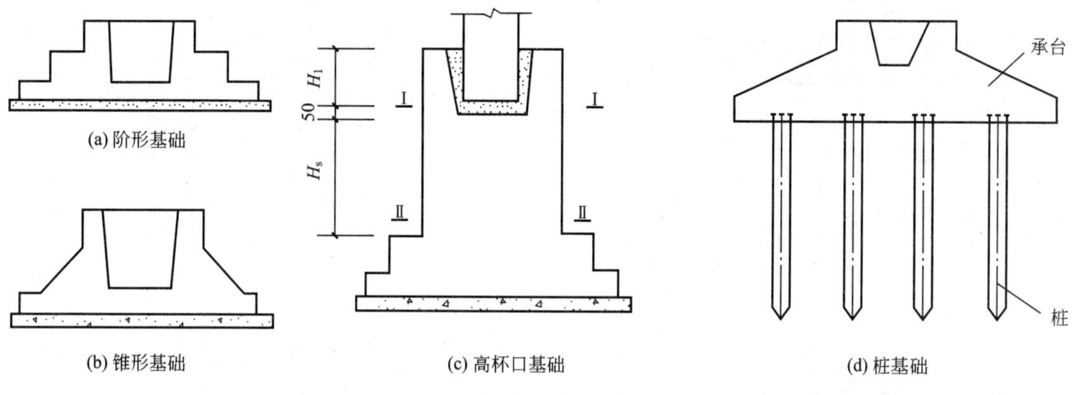

图 3.16 柱下单独基础的形式

3.2 排架内力计算

单层厂房排架结构虽为空间受力结构，但一般可按纵向平面结构和横向平面结构分别计算。在通常情况下，纵向平面排架柱较多、水平刚度较大，因而每柱承受的水平力较小，因此当纵向柱列柱多于 7 根时，可不必进行纵向平面排架的计算(但在考虑水平地震作用或温度应力时，另当别论)。

横向平面排架的计算内容包括：计算简图的确定、荷载计算、内力分析和内力组合等，必要时还应验算排架的侧移。其目的是确定柱截面设计的控制内力以进行配筋，确定柱传给基础的最不利内力来设计基础。

3.2.1 计算简图

1. 计算单元

当纵向柱距相等时，可取柱与柱的中线范围作为计算单元［图 3.17(a)］，该范围内的荷载作为横向平面排架的荷载(但吊车荷载另行考虑)。当纵向柱距不等时，可以选取较宽的计算单元［图 3.1 7(b)］，将几个排架合并为一个平面排架。合并后的平面排架柱的惯性矩按合并后的考虑，如图 3.17 中Ⓐ、Ⓒ轴线柱为两根，当同一轴线上柱截面尺寸相同时，则合并后柱惯性矩为单柱的 2 倍。

2. 基本假定

根据排架构件的连接和实际受力状况，计算的基本假定有如下两点：其一，柱下端固接于基础顶面，柱上端铰接于横梁；其二，横梁为无轴向变形的刚性杆。

由于柱下端插入杯口有一定深度，并且用细石混凝土浇筑密实，基础的转动一般很小，因此假定柱下端与基础固接通常符合实际。柱上端与屋架或屋面梁通过螺栓连接或与

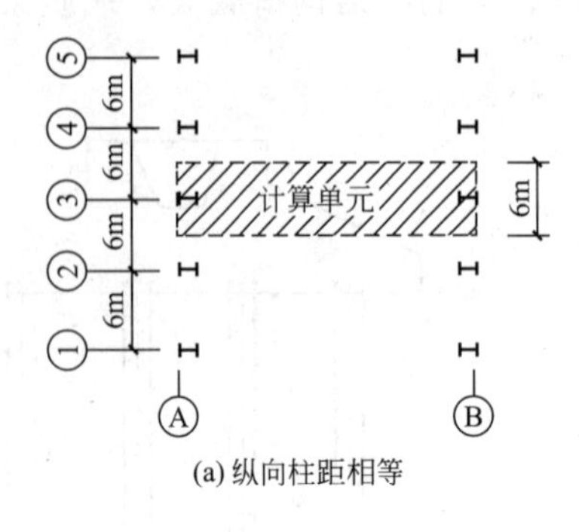

(a) 纵向柱距相等

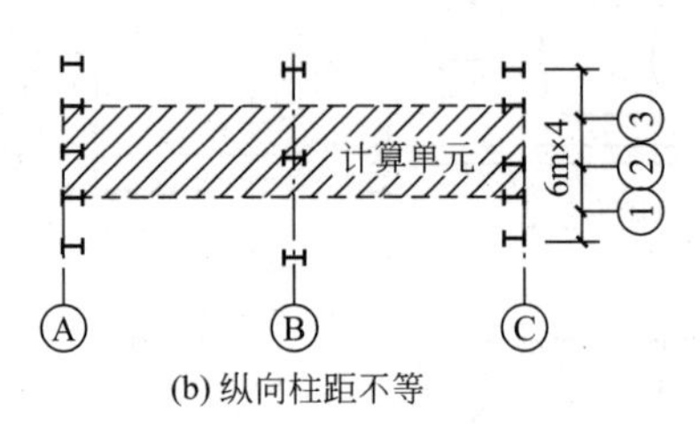

(b) 纵向柱距不等

图 3.17 计算单元选择

钢板焊接，因此传递的弯矩很小，按铰接考虑较为合理。假定二对屋面梁和下弦刚度较大的屋架适用，但对于下弦刚度小的屋架，应考虑轴向变形的影响。

3. 计算简图的确定

排架的计算简图如图 3.18 所示。计算简图中的尺寸按下列规定确定。

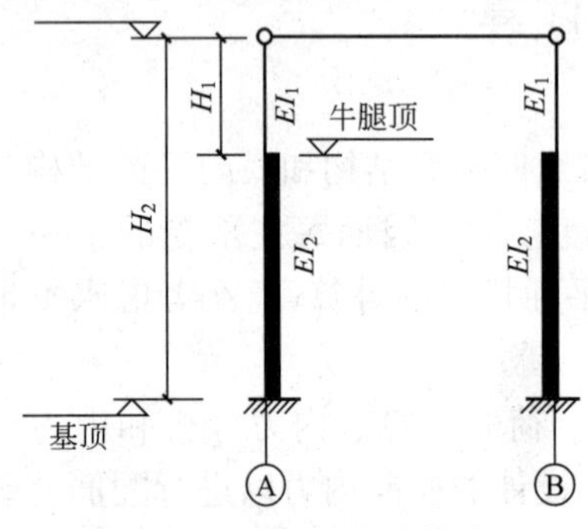

图 3.18 单跨排架计算简图

(1) 计算轴线：分别取上、下柱截面中心线。

(2) 柱总高 H_2 = 柱顶标高 − 基础顶高标高(一般为−0.5m 左右)。

(3) 上柱高 H_1 = 柱顶标高 − 牛腿顶面标高；下柱高 = $H_2 - H_1$。

(4) 截面刚度 EI_1、EI_2，可按表 3-1、表 3-2 选定截面尺寸，求出 EI 值。当最后调整后的实际柱 EI 值与计算假定值相差在 30%以内时，通常可不重算。

3.2.2 荷载计算

作用在排架上的荷载分为恒荷载和活荷载。恒荷载包括：屋盖自重、上柱自重、吊车梁及轨道自重、下柱自重及维护结构自重等。活荷载则包括：屋面活荷载、吊车荷载及风荷载。

1. 恒荷载

作用于排架柱上的恒荷载如图 3.19 所示。

(1) 屋盖恒荷载 G_1：包括屋盖全部构件自重和构造层(如找平层、隔离层、保温层、防水层等)的自重，通过屋架和屋面梁传至柱顶。当采用屋架时，G_1 的作用位置为屋架上下弦中心线交点处，一般取距柱外边缘 150mm 处；当为屋面梁时，为梁端垫板中心位置。

(2) 上柱自重 G_2：沿上柱中心线作用。

(3) 下柱自重 G_3：沿下柱中心线作用。

(4) 吊车梁及轨道和零件自重 G_4：沿吊车梁中心线作用于牛腿顶面，一般该中心线到柱外边缘(边柱时)或柱中心线(中柱时)距离为 750mm。

（5）维护墙体自重 G_5：通过柱牛腿上的墙梁支承的围护墙体自重，沿墙梁中心线作用于牛腿顶面，此项荷载不一定产生。

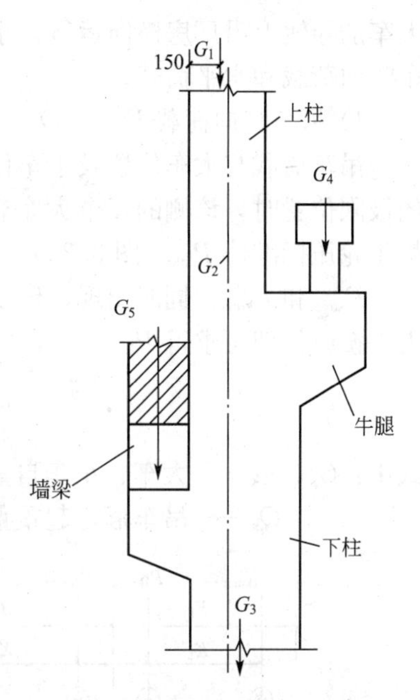

图 3.19　排架柱上的恒荷载

2. 屋面活荷载

屋面活荷载传至排架柱上的作用位置与恒荷载 G_1 的位置相同。屋面活荷载包括：①屋面均布活荷载，非上人屋面取 0.5kN/m^2（标准值）、上人屋面取 2.0kN/m^2（标准值）；②屋面雪荷载按荷载规范采用；③屋面灰荷载，对生产中有大量排灰的厂房及相邻建筑，按荷载规范规定采用。

屋面活荷载均按屋面水平投影面积计算，且屋面均布活荷载不与雪荷载同时考虑（即"下雪不检修，检修不下雪"），仅取其较大者。

3. 吊车荷载

工业厂房内吊车有单梁式吊车和桥式吊车，一般采用桥式吊车（图 3.20）。

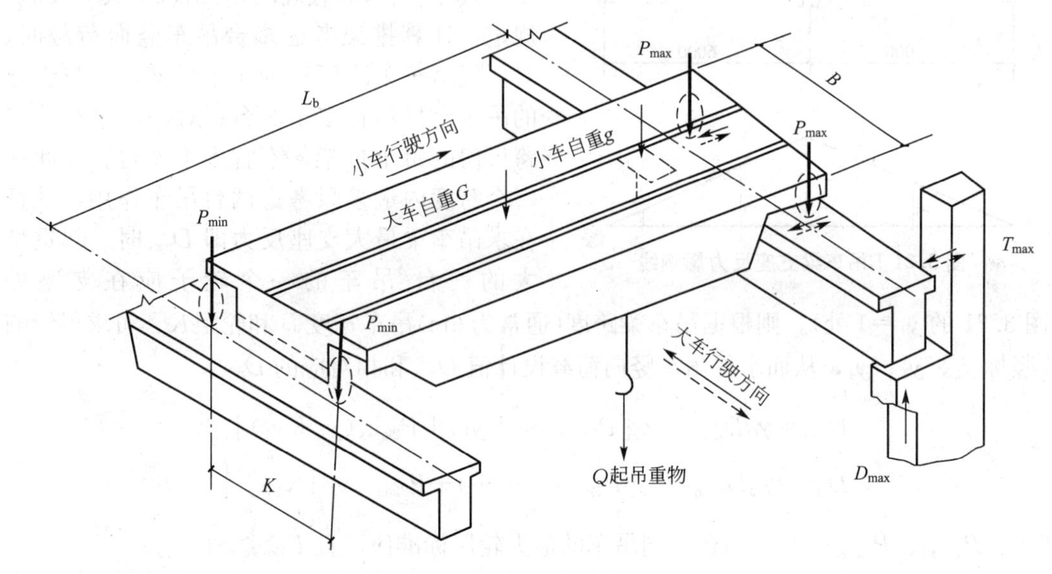

图 3.20　桥式吊车及其受力状况

桥式吊车按其利用等级（按使用期内要求的总工作循环次数分级）和荷载状态（吊车达到其额定值的频繁程度）分成 8 个工作级别 A1 级～A8 级。与工作级别 A1～A3、A4～A5、A6～A7、A8 相对应的吊车工作制等级分别为轻级、中级、重级、超重级。一般满载机会少、运行速度低、不紧张、不繁重工作的场所，如水电站、机械检修站等的吊车属于轻级工作制；机械加工车间和装配车间的吊车属于中级工作制；一般冶炼车间和参加连续生产的吊车属于重级工作制。电动桥式吊车的相关数据见附表 11。

桥式吊车由大车（桥架）和小车组成。大车在吊车梁的轨道上沿厂房纵向行驶，小车在大车的导轨上沿厂房横向运行，小车上装有带吊钩的卷扬机。吊车对横向排架的作用有吊车竖向荷载和水平荷载。

1）吊车竖向荷载 D_{max}、D_{min}

吊车荷载与大车位置及小车位置有关。当吊有规定起重量标准值 Q_k 的小车开到一侧的极限位置时，该侧的每个大车轮压称为最大轮压标准值 P_{kmax}，另一侧的大车轮压即为最小轮压标准值 P_{kmin}(图 3.20)。

P_{kmax}和 P_{kmin}。同时出现，P_{kmax}通常可根据吊车型号、规格由产品目录查得(附表 11)，由平衡条件即可求得 P_{kmin}

$$P_{kmin}=\frac{G_k+g_k+Q_k}{2}-P_{kmax} \tag{3.1}$$

式中：G_k、g_k——大车、小车自重标准值；

Q_k——吊车额定起重量标准值。

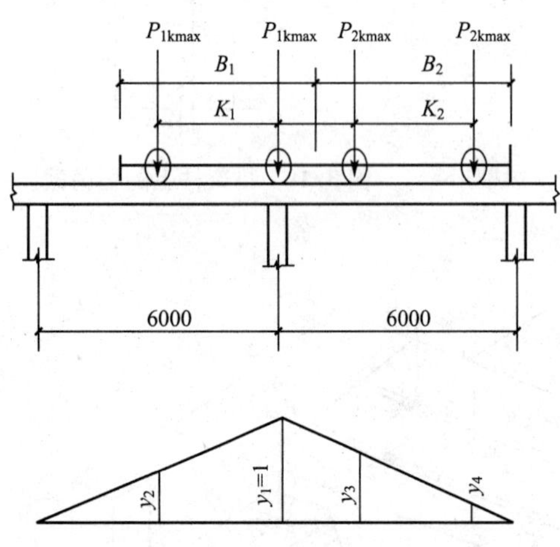

图 3.21　吊车梁支座反力影响线

由于大车作用位置不同，它在吊车梁支座产生的反力将不相同，而该支座反力即为吊车的竖向荷载。为了求得竖向荷载的最大值 D_{max}，显然要利用吊车梁支座竖向反力影响线进行计算(图 3.21)。

《建筑结构荷载规范》(GB 50009—2001)规定：计算排架考虑多台吊车竖向荷载时，对一层吊车单跨厂房的每个排架，参与组合的吊车台数不宜多于 2 台；对一层吊车的多跨厂房的每个排架，不宜多于 4 台。因此在一个跨度内最多只考虑两台吊车作用，并且在求吊车梁最大支座反力即 D_{max}时，起重量大的一台 吊车的一个轮子应在支座处(图 3.21 的 $y_1=1$ 处)，则根据吊车梁跨度(通常为 6m)吊车宽度 B 和轮距 K，可求得影响线竖标 y_2、y_3、y_4，从而求得吊车竖向荷载设计值 D_{max}和相对应的 D_{min}：

$$\left.\begin{aligned} D_{max}&=\gamma_Q D_{kmax}=\gamma_Q[P_{1kmax}(y_1+y_2)+P_{2kmax}(y_3+y_4)] \\ D_{min}&=\gamma_Q D_{kmin}=\gamma_Q[P_{1kmin}(y_1+y_2)+P_{2kmin}(y_3+y_4)] \end{aligned}\right\} \tag{3.2}$$

式中：P_{1kmax}、P_{2kmax}、——两台不同吊车的最大轮压标准值，且 $P_{1kmax}>P_{2kmax}$；

P_{1kmin}、P_{2kmin}——两台不同吊车的最小轮压标准值，且 $P_{1kmin}>P_{2kmin}$；

γ_Q——可变荷载分项系数，$\gamma_Q=1.4$。

2）吊车水平荷载 T_{max}

当吊起重物 Q 的小车突然刹车时，则由于小车和重物的惯性将产生横向水平制动力，该制动力通过吊车两侧的轮子传给两侧的吊车梁并由吊车梁传给两侧排架柱(图 3.22)。当四轮吊车满载运行时，每个轮子产生的横向水平制动力标准值 T_k 可按下式计算：

$$T_k=\frac{\alpha}{4}(Q_k+g_k)g \tag{3.3}$$

式中：α——横向制动力系数，对硬钩吊车取 $\alpha=0.2$；对软钩吊车分别取 0.12($Q_k\leqslant$10t 时)、0.10($Q_k=$16～50t 时)、0.08($Q_k\geqslant$75t 时)；

g——重力加速度值，可近似取 10m/s^2。

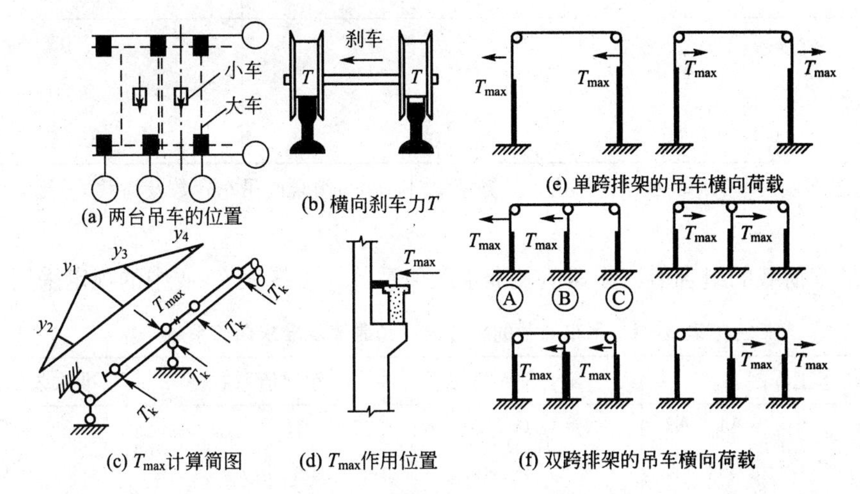

图 3.22　吊车横向水平荷载

确定了 T_k 后，便可按与吊车竖向荷载相同方法确定作用于排架柱上的吊车水平荷载设计值：

$$T_{max}=\gamma_Q T_{kmax}=\gamma_Q\left[T_{1k}(y_1+y_2)+T_{2k}(y_3+y_4)\right] \tag{3.4a}$$

由于各个轮子对应的 y 值与吊车竖向荷载的 y 值完全相同，故当两台吊车完全相同时，可取

$$T_{max}=\frac{T_k}{P_{max}}D_{max} \tag{3.4b}$$

因为刹车可以有两个相反的方向，故吊车水平荷载具有方向性［图 3.22(e)、(f)］，其作用位置可近似取吊车梁顶面标高处。

在考虑吊车横向水平荷载 T_{max}时，不论单跨或多跨厂房，每个排架最多只考虑两台吊车同时刹车。

* 吊车的纵向水平荷载设计值可取为：

$$T_0=\gamma_0 m\frac{nP_{max}}{10} \tag{3.5}$$

式中：n——吊车每侧的制动轮数，对一般四轮吊车，$n=1$；

m——起重量相同的吊车台数，不论单跨和多跨厂房，当 $m>2$ 时，取 $m=2$。

吊车纵向水平荷载全部由柱间支撑承担。当无柱间支撑时，由同一伸缩缝区段内所有各柱共同承担。

3) 吊车荷载的荷载折减系数和组合系数

(1) 排架计算时，多台吊车的竖向荷载和水平荷载标准值，应乘以表 3-3 规定的折减系数。

表 3-3 多台吊车的荷载折减系数 β

参与组合的吊车台数	吊车工作级制	
	A1～A5	A6～A8
2	0.90	0.95
3	0.85	0.90
4	0.80	0.85

注：对于多层吊车的单跨或多跨厂房，计算排架时，参与组合的吊车台数及荷载的折减系数应按实际考虑。

(2) 吊车荷载的组合值、频遇值及准永久值系数，可按表 3-4 中的规定采用。

表 3-4 吊车荷载的组合值、频遇值及准永久值系数

吊车工作制		组合值系数 φ_c	频遇值系数 φ_f	准永久值系数 φ_q
软钩吊车	A1～A3	0.7	0.6	0.5
	A4、A5	0.7	0.7	0.6
	A6、A7	0.7	0.7	0.7
硬钩吊车及 A8 软钩吊车		0.95	0.95	0.95

(3) 吊车荷载的动力系数：在计算吊车梁及其连接的强度时，吊车竖向荷载应乘以动力系数。对工作级别 A1～A5 的软钩吊车及悬挂吊车(包括电动葫芦)，动力系数取 1.05；对 A6～A8 的软钩吊车，硬钩吊车和其他特种吊车，动力系数可取为 1.1。

【例 3-1】 某 24m 单跨、柱距为 6m 的车间内设有两台 20/5t、工作级别为 A5 的电动双钩桥式吊车，试计算排架上的吊车荷载 D_{max}、D_{min}、T_{max}。

【解】 由电动双钩桥式吊车数据(见附表 11)查得：$P_{kmax}=202\text{kN}$，$P_{kmin}=60\text{kN}$，$g_k=7.72\text{t}$，吊车最大宽度 $B=5600\text{mm}$，大车轮距 $K=4400\text{mm}$，则可得到计算排架吊车荷载的反力影响线和竖标(图 3.23)。

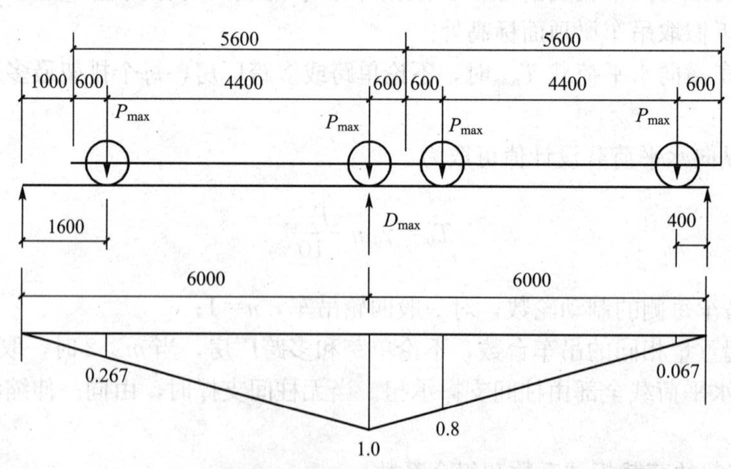

图 3.23 例 3-1 计算简图

由式(3.2)，并引入折减系数(表 3-3)，$\beta=0.9$，则

$$D_{\max} = \gamma_Q \beta P_{\text{kmax}} \sum y_i$$
$$= 1.4 \times 0.90 \times 202 \times (1 + 0.267 + 0.8 + 0.067) = 543.1\text{kN}$$
$$D_{\min} = \frac{P_{\text{kmin}}}{P_{\text{kmax}}} D_{\max} = \frac{60}{202} \times 543.1 = 161.3\text{kN}$$

由式(3.3)，每个轮子上的横向水平制动力标准值为

$$T_k = \frac{\alpha}{4}(Q_k + g_k)g$$
$$= \frac{0.1}{4} \times (20 + 7.72) \times 10 = 6.93\text{kN}$$

由于两台吊车相同，可取

$$T_{\max} = \frac{T_k}{P_{\text{kmax}}} \cdot D_{\max} = \frac{6.93}{202} \times 543.1 = 18.6\text{kN}$$

4. 风荷载

风是对流的空气，具有一定的速度和能量。它在厂房的迎风面上产生压力，在厂房的背风面上产生吸力。垂直作用于建筑物表面上的风荷载标准值 w_k，应按下式计算：

$$w_k = \beta_z \mu_s \mu_z w_0 \tag{3.6}$$

式中：w_0——基本风压，按《建筑结构荷载规范》规定，取 50 年一遇的风压，但不得小于 0.3kN/m²；

μ_s——风荷载体型系数，详见附表 12；

μ_z——风压高度变化系数，详见附表 13；

β_z——高度 z 处的风振系数，对高度不超过 30m 的单层厂房，取 $\beta_z = 1.0$。

在单层厂房的设计中，可将柱顶以下的风荷载简化为沿厂房高度不变的均布荷载 q_1、q_2，在按式(3.6)计算时，按柱顶标高处位置取值，而柱顶以上的屋面风荷载则简化为水平集中力 F_w 作用于柱顶，μ_z 按如下规定采用：有矩形天窗时，按天窗檐口处标高计算；无矩形天窗时，按厂房檐口标高计算(图 3.24)。

风荷载有方向性，通常以左风、右风分别表示(图 3.24 表示左风作用)。

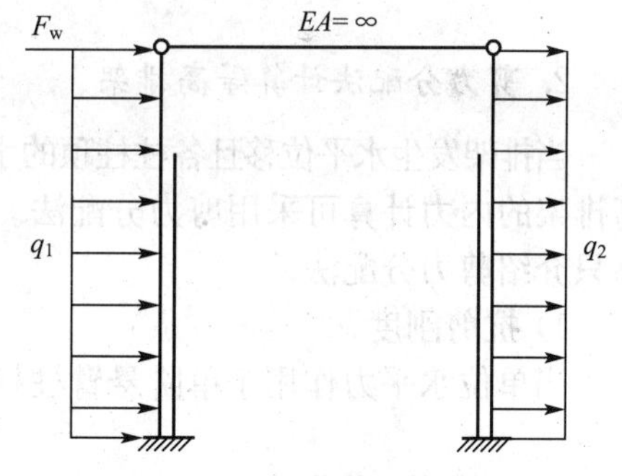

图 3.24　风荷载计算简图

3.2.3　排架的内力计算

1. 排架上的荷载作用情形

将上述恒荷载、屋面活荷载、吊车荷载、风荷载等分别作用到排架计算简图上，就可进行排架的内力计算。在计算之前，首先要确定在排架上可能单独作用的荷载情况，并将竖向荷载向柱截面形心简化。

以单跨排架为例，可能有如下 8 种荷载作用情形。

(1) 恒荷载($G_1 \sim G_5$)。

(2) 屋面活荷载。

(3) 吊车竖向荷载 D_{max}作用于左柱、D_{min}作用于右柱。

(4) 吊车竖向荷载 D_{min}作用于左柱 D_{max}作用于右柱。

(5) 吊车右刹车，T_{max}作用在左柱及右柱上，方向→。

(6) 吊车左刹车，T_{max}作用在左柱及右柱上，方向←。

(7) 左风作用。

(8) 右风作用。

可以看出，吊车荷载、风荷载是成对的。当为两跨排架时，情形 3～6 还将增加 4 种，共有 12 种可能作用情形。

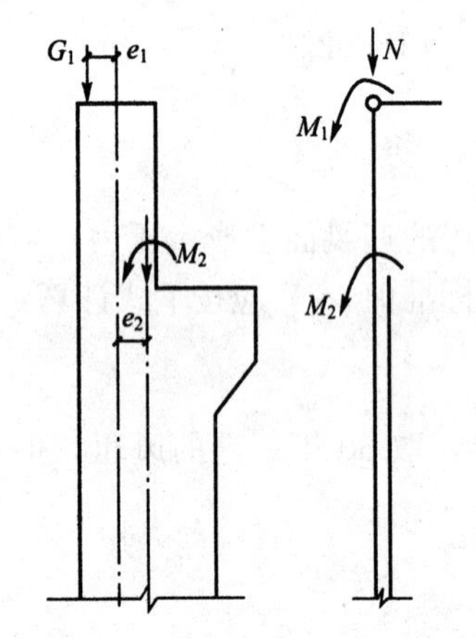

图 3.25　竖向荷载向柱截面形心简化

竖向荷载向柱截面形心简化后，轴心压力往往不经过排架分析可直接求出，例如，屋面恒荷载 G_1(图 3.25)向上柱截面形心简化，则变为柱顶的一个轴心压力 $N=G_1$ 和弯矩 $M_1=G_1e_1$；此轴心压力向下柱顶(牛腿面)简化，又将出现作用于下柱顶的弯矩 $M_2=G_1e_2$，而轴力 $N=G_1$ 仍作用于下柱形心线。这样，进行排架内力分析时，只须考虑弯矩 M_1、M_2 产生的排架内力。

此外，一部分恒荷载是在排架形成之前就有的，如柱自重 G_2、G_3 以及吊车梁自重 G_1，这部分荷载产生的内力可直接由静定的悬臂杆算出。

2. 剪力分配法计算等高排架

当排架发生水平位移且各柱柱顶的水平位移相同时，这类排架称为等高排架(图 3.26)。等高排架的内力计算可采用剪力分配法。而对于不等高排架。则采用力法进行内力分析。本书只介绍剪力分配法。

1) 抗剪刚度 k

当单位水平力作用于单阶悬臂柱柱顶时(图 3.27)，柱顶水平位移可由力学方法求得：

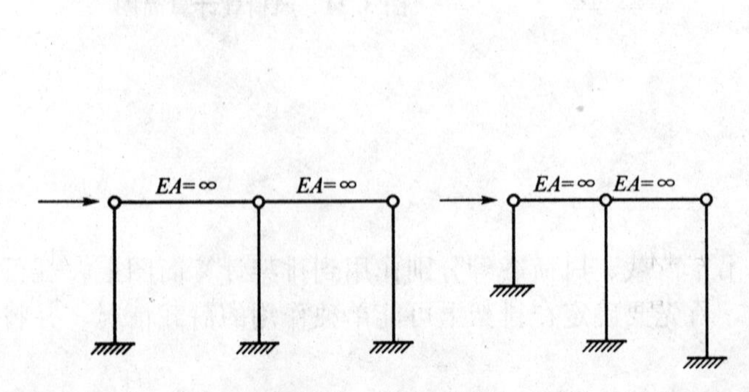

图 3.26　等高排架

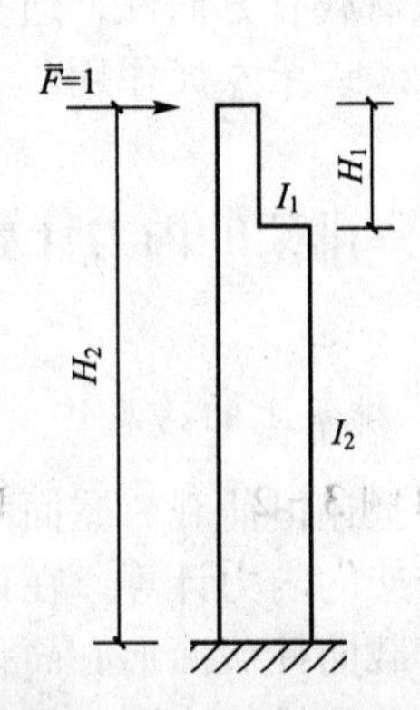

图 3.27　抗剪刚度计算图

$$\delta=\frac{H_2^3}{3EI_2}\left[1+\lambda^3\left(\frac{1}{n}-1\right)\right]=\frac{H_2^3}{EI_2\beta_0} \tag{3.7a}$$

式中

$$\lambda=\frac{H_1}{H_2}$$

$$n=\frac{I_1}{I_2}$$

$$\beta_0=\frac{3}{1+\lambda^3\left(\frac{1}{n}-1\right)}$$

显然，若使柱顶产生单位水平位移，则所需施加于柱顶的力为$\frac{1}{\delta}$；当EI越大时，所需施加的水平力越大。故$\frac{1}{\delta}$反映柱抵抗侧移的能力，称为抗剪刚度，用$k=\frac{1}{\delta}$表示，即

$$k=\frac{EI_2}{H_2^3}\beta_0 \tag{3.7b}$$

其中，β_0可由附表14-1查出或由式(3.7)直接计算。

2）柱顶作用水平集中力时

排架柱柱顶作用水平集中力F时，则在各柱柱顶产生的剪力分别为V_A、V_B、V_C，如图3.28所示。由平衡条件得：

$$V_A+V_B+V_C=F$$

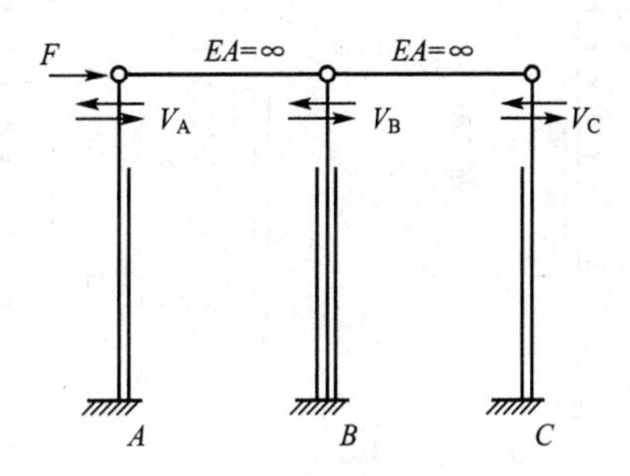

图3.28 排架柱顶受水平集中力的计算

由等高排架定义，各柱柱顶产生相同水平位移：$\Delta u_A=\Delta u_B=\Delta u_C=\Delta u$。根据抗剪刚度定义，有$V_A=k_A\Delta u_A$，$V_B=k_B\Delta u_B$，$V_c=k_c\Delta u_c$；代入平衡条件公式，则有$(k_A+k_B+k_c)\Delta u=F$，可得

$$V_A=\frac{k_A}{k_A+k_B+k_C}F$$

$$V_B=\frac{k_B}{k_A+k_B+k_C}F$$

$$V_C=\frac{k_C}{k_A+k_B+k_C}F$$

即在柱顶水平荷载作用下，各柱柱顶分配的水平剪力与柱的抗剪刚度成正比，$\eta_i=k_i/\sum k_i$称为i柱的剪力分配系数。

3）任意位置作用荷载时

★ 此时可按如下步骤进行：第一步，先在排架柱顶附加不动铰支座阻止柱顶水平侧移，用查表的方法求出支座反力R(各种荷载下的支座反力可从附表14查得)，从而得到在荷载和R作用下的柱杆件内力图；第二步，撤除附加支座，并将反向作用的R加于排架柱顶(即恢复其实际情况)，利用剪力分配法求该反向的R产生的排架内力；第三步，叠加第一步和第二步的杆件内力即为排架柱的最后内力。

【例3-2】 已知某单跨厂房排架几何尺寸和截面特征如图3.29(a)所示，风荷载体型系数如图3.29(b)所示。厂房所在地区基本风压$w_0=0.25\text{kN/m}^2$，地面粗糙度为B类，并已查得柱顶标高处$\mu_z=1.07$，天窗檐口标高处$\mu_z=1.232$，试求该排架在风荷载作用下的柱底弯矩(纵向柱距为6m)。

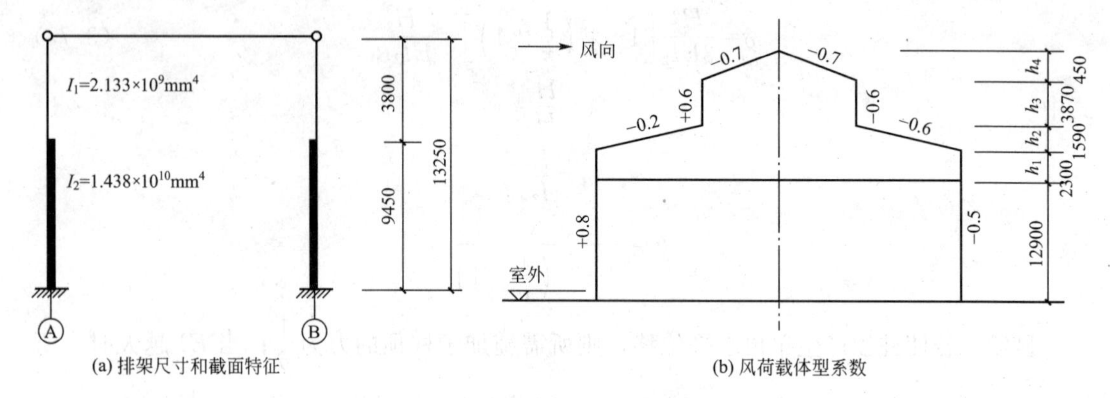

(a) 排架尺寸和截面特征　　(b) 风荷载体型系数

图 3.29　例 3－2 附图

【解】(1) 在风作用下，风荷载设计值的计算［图 3.30(a)］。

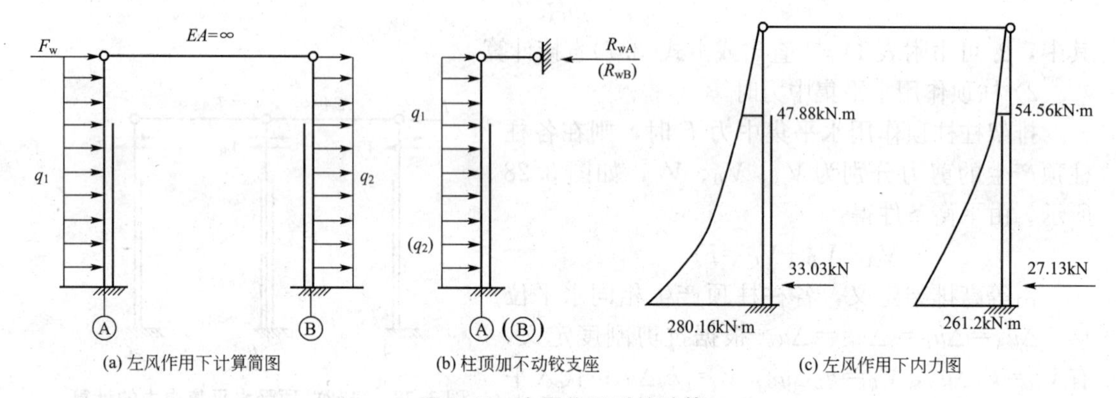

(a) 左风作用下计算简图　　(b) 柱顶加不动铰支座　　(c) 左风作用下内力图

图 3.30　左风作用时的计算

① 柱顶以下：均布荷载，其值如下。

$$q_1=\gamma_Q\mu_{s1}\mu_z w_0 B=1.4\times0.8\times1.07\times0.25\times6=1.8\text{kN/m}$$

$$q_2=\gamma_Q\mu_{s2}\mu_z w_0 B=1.8\times\frac{0.5}{0.8}=1.125\text{kN/m}$$

② 柱顶以上：简化为柱顶处集中荷载，其值如下。

$$\begin{aligned}F_w&=\gamma_Q\mu_z w_0 B(1.3h_1+0.4h_2+1.2h_3)\\&=1.4\times1.232\times0.25\times6\times(1.3\times2.3+0.4\times1.59+1.2\times3.87)\\&=21.4\text{kN}\end{aligned}$$

(2) 柱顶加不动铰支座，求柱顶反力及内力［图 3.30(b)］。

$$n=\frac{I_1}{I_2}=\frac{2.133}{14.38}=0.15,\ \lambda=\frac{H_1}{H_2}=\frac{3.8}{13.25}=0.29$$

由附表 14－8 得 $\beta_w=0.34$，则

$$R_{wA}=0.34\times13.25\times1.8=8.11\text{kN}(\leftarrow)$$

牛腿处：

$$V_{A1}=q_1H_1-R_{wA}=1.8\times3.8-8.11=-1.27\text{kN}$$

$$M_{A1}=8.11\times3.8-\frac{1}{2}\times1.8\times3.8^2=17.82\text{kN}\cdot\text{m}$$

柱底处：

$$V_A = q_2 H_2 - R_{wA} = 1.8 \times 13.25 - 8.11 = 15.74\text{kN}$$

$$M_A = 8.11 \times 13.25 - \frac{1}{2} \times 1.8 \times 13.25^2 = -50.55\text{kN} \cdot \text{m}$$

B柱按A柱比例分配。

(3) 撤除支座，则柱顶集中力：

$$F = F_w + R_{wA} + R_{wB}$$

$$= 21.4 + 8.11 + 8.11 \times \frac{0.5}{0.8} = 34.58\text{kN}(\rightarrow)$$

则A、B柱顶剪力各为：

$$V_{A2} = V_{B2} = 0.5 \times 34.58 = 17.29\text{kN}$$

牛腿处：$M_{A2} = M_{B2} = 17.29 \times 3.8 = 65.7\text{kN} \cdot \text{m}$

柱底部：$M_A = M_B = 17.29 \times 13.25 = 299.61\text{kN} \cdot \text{m}$

合并(2)、(3)的结果，可得左风作用下排架内力图［图3.30(c)］。

牛腿处：

$$M_A = 65.7 - 17.82 = 47.88\text{kN} \cdot \text{m}$$

$$M_B = 65.7 - 17.82 \times \frac{0.5}{0.8} = 54.56\text{kN} \cdot \text{m}$$

柱底处：

$$M_A = 229.61 + 50.55 = 280.16\text{kN} \cdot \text{m}$$

$$M_B = 229.61 + 50.55 \times \frac{0.5}{0.8} = 261.2\text{kN} \cdot \text{m}$$

$$V_A = 17.29 + 15.74 = 33.03\text{kN}$$

$$V_B = 17.29 + 15.74 \times \frac{0.5}{0.8} = 27.13\text{kN}$$

【例3-3】 某单跨排架结构计算简图如图3.31所示，A柱与B柱形状和几何特征相同，且已知$I_1 = 2.13 \times 10^9\text{mm}^4$，$I_2 = 5.85 \times 10^9\text{mm}^4$；$H_1 = 3300\text{mm}$；$H_2 = 11000\text{mm}$。柱牛腿处作用由吊车竖向荷载产生的弯矩设计值，$M_{max} = 103\text{kN} \cdot \text{m}$，$M_{min} = 36\text{kN} \cdot \text{m}$，求排架内力。

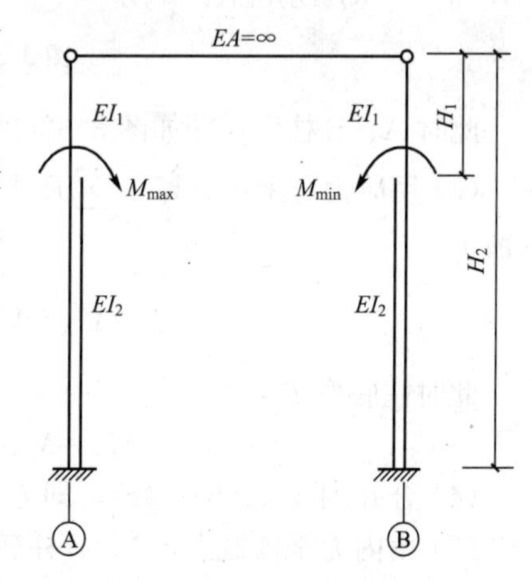

图3.31 例3-3计算简图

【解】 (1) 计算参数n和λ。

$$n = \frac{I_1}{I_2} = \frac{2.13 \times 10^9}{5.85 \times 10^9} = 0.36$$

$$\lambda = \frac{H_1}{H_2} = \frac{3300}{11000} = 0.3$$

(2) 在A柱和B柱柱顶分别虚加不动铰支座［图3.32(a)］，则由附表14-3得

$$\beta_2 = \frac{3}{2} \cdot \frac{1 - \lambda^2}{1 + \lambda^3 \left(\frac{1}{n} - 1\right)} = \frac{3}{2} \cdot \frac{1 - 0.3^2}{1 + 0.3^3 \left(\frac{1}{0.36} - 1\right)} = 1.3$$

(注：也可由曲线图直接查得。)

则
$$R_A=\frac{M_{max}}{H_2}\beta_2=\frac{103}{11}\times1.3=12.2\text{kN}(\leftarrow)$$
$$R_B=\frac{M_{min}}{H_2}\beta_2=\frac{36}{11}\times1.3=4.3\text{kN}(\rightarrow)$$

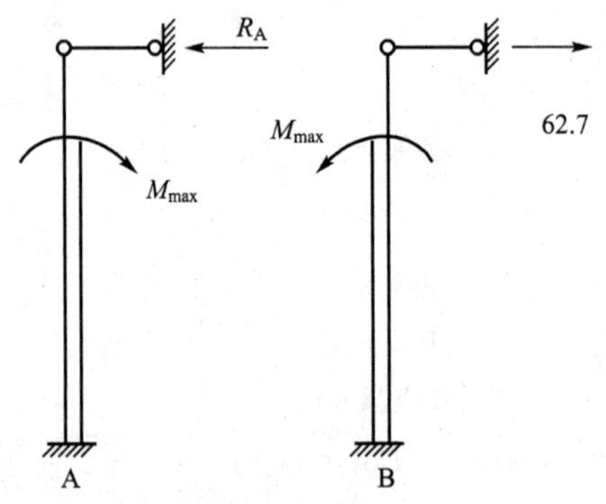

(a) 柱顶虚加支座求反力

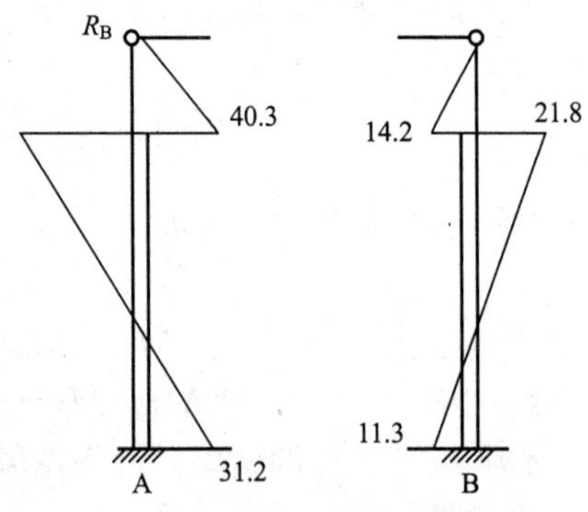

(b) 加支座后的M图

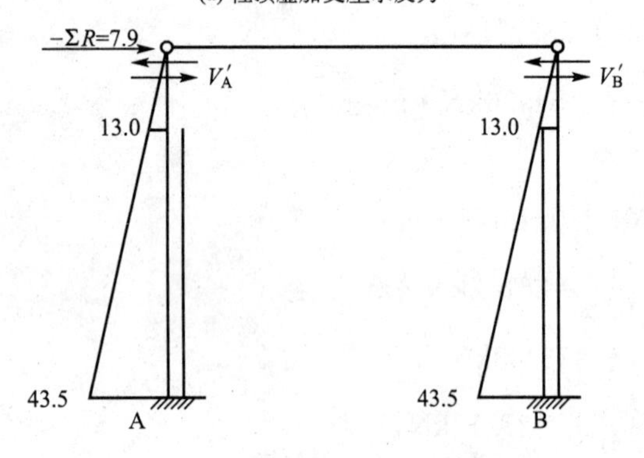

(c) 剪力分配法计算内力

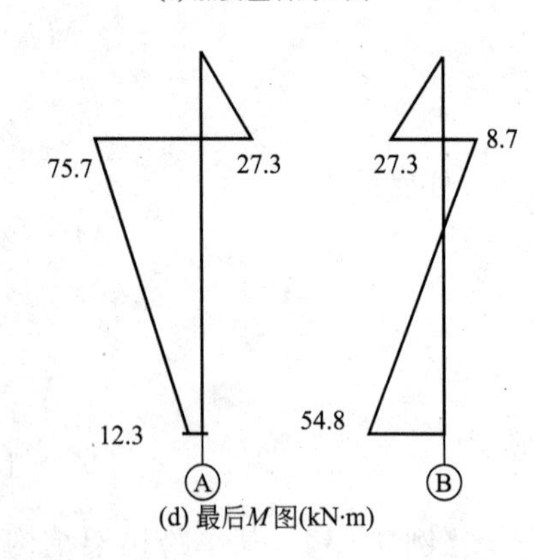

(d) 最后M图(kN·m)

图 3.32　例 3－3 计算过程图

此时 A、B 柱弯矩图如图 3.32(b)所示。

(3) 用剪力分配法计算$-\sum R$作用下的剪力［图 3.32(c)］。由于对称，因此 A、B 柱顶剪力

$$V'_A=V'_B=0.5\times7.9=3.95\text{kN}$$

此时柱底弯矩

$$M_A=M_B=3.95\times11=43.5\text{kN}\cdot\text{m}$$

(4) 合并图 3.32(b)、(c)，即为 A、B 柱最后弯矩图［图 3.32(d)］。

(5) 由内力平衡概念，A、B 柱剪力均为：

$$V_A=V_B=\frac{27.3}{3.3}=8.3\text{kN}$$

或
$$V_A=V'_A-R_A=3.95-12.2=-8.3\text{kN}$$
$$V_B=V'_B+R_B=3.95+4.3=+8.3\text{kN}$$

思考：屋面横梁受力如何？

3.3 排架内力组合

排架的荷载效应组合简称为内力组合，包括三方面内容：一是控制截面的确定，即组合是针对控制截面进行的；二是对可能同时出现的可变荷载内力与恒荷载内力进行叠加；三是根据偏心受压构件轴力和弯矩的相关性，找出最不利的内力组合来进行配筋设计。

3.3.1 控制截面

控制截面是指对排架柱的配筋起控制作用的截面。对一般单阶柱而言，上柱配筋相同，在上柱柱底Ⅰ—Ⅰ处的内力较大，可作为上柱的控制截面。对于下柱，牛腿顶面Ⅱ—Ⅱ截面和柱底Ⅲ—Ⅲ截面是下柱的控制截面。在Ⅱ—Ⅱ截面处，吊车竖向荷载产生的弯矩最大。Ⅲ—Ⅲ截面的内力也是基础设计的依据(图 3.33)。

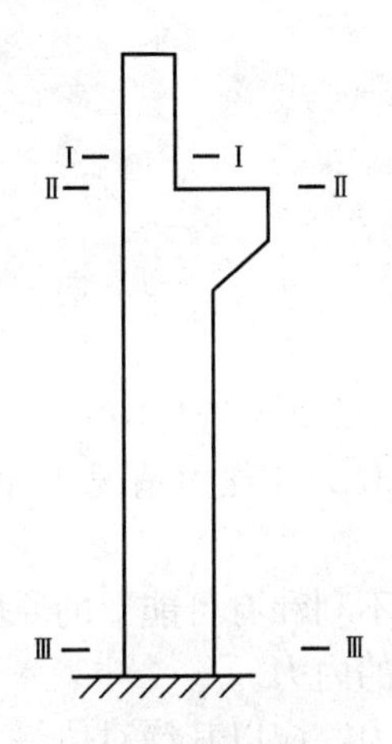

图 3.33 排架柱控制截面

3.3.2 荷载组合

在进行排架的内力分析时，只对各种荷载单独作用下的内力进行了计算，而可变荷载是不能脱离恒荷载而单独存在的。各种可变荷载同时出现的可能性和可能出现的数值大小会对控制截面内力产生影响，因此《建筑结构荷载规范》规定了荷载效应组合公式。对于承载能力极限状态，排架结构由可变荷载控制的组合式为：

$$S=\gamma_G S_{Gk}+\gamma_{Q1} S_{Q1k}$$

$$S=\gamma_G S_{Gk}+0.9\sum_{i=1}^{n}\gamma_{Qi} S_{Qik}$$

由永久荷载控制的组合为(只包括竖向荷载)：

$$S=1.35S_{Gk}+\sum_{i=1}^{n}\gamma_{Qi}\psi_{ci} S_{Qik}$$

3.3.3 内力组合

对于排架柱的每一个控制截面，考虑到轴力 N 和弯矩 M 的相关性，一般有以下 4 种内力组合。

(1) M_{max}及相应的 N、V。

(2) M_{min}及相应的 N、V。

(3) N_{max}及相应的 M、V。

(4) N_{min}及相应的 M、V。

在采用对称配筋的情况下，(1)、(2)可合并为$|M|_{max}$及相应的 N、V。由于排架上作用的荷载有恒荷载(编号①)、屋面活荷载(编号②)、吊车荷载(编号③)、风荷载(编号④)，则按照组合公式可有如下组合类型。

(1) 1.2①+1.4④。

(2) 1.35①+1.4×0.7②。

(3) 1.35①+1.4×0.7③。

(4) 1.2①+0.9×1.4(②+③+④)。

(5) 1.2①+0.9×1.4(②+③)。

(6) 1.2①+0.9×1.4(②+④)。

(7) 1.2①+0.9×1.4(③+④)。

(8) 1.35①。

上述 8 种情况、4 种内力组合，应如何选择呢?

对于有吊车的厂房，组合(1)和(2)往往由情况 4 和情况 7 决定；组合(3)由情况 5 决定；组合(4)由情况 1 决定。

在进行组合时，还应遵守“最不利和有可能”的原则，具体如下。

任一组合中都必须计入恒荷载的内力。

组合中的第一个内力为主要内力，应以其绝对值最大为目标。

吊车荷载 D_{max}和 D_{min}不会同时出现在同一柱上，两者只择其一。

有 T_{max}必有 D_{max}(D_{min})参与，T_{max}向左或向右视需要择其一。

左风、右风只能选择其一。

组合 N_{min}时，对 $N=0$ 时的风荷载也应考虑。

对排架柱截面Ⅰ—Ⅰ和Ⅱ—Ⅱ，可只考虑 N 和M，因其剪力较小；而对于截面Ⅲ—Ⅲ，应同时考虑 M、N、V 及M_k、N_k、V_k，以提供基础设计的内力。

组合可列表进行，组合时注意结构对称性的利用。

*3.3.4 关于厂房的空间作用

前面已经提及，由于屋盖体系、支撑体系、维护结构及吊车梁与排架结构的连接，厂房具有良好的整体性和空间受力性能，其中以屋盖和山墙的作用最大。

厂房的空间作用主要反映在局部荷载如吊车荷载的受力上。由于整体性，可使局部荷载得以分散，从而使直接受荷的排架负担减轻。

厂房的整体空间作用的程度与屋盖刚度、厂房长度、跨度、两端有无山墙等有关。其概念与砌体结构考虑静力计算方案时的空间作用类似。图 3.34 所示为单跨排架，若作用局部集中力 R，由于空间作用，相邻排架提供的总弹性支座反力为 R_e，则受荷排架的实际受力为 $F=R-R_e=\left(1-\frac{R_e}{R}\right)R$；取 $\mu=1-\frac{R_e}{R}$，称为厂房空间作用分配系数，则 $F=\mu R$。它表明由于空间作用使直接受荷排架受力减少的程度。单跨排架厂房空间作用分配系数 μ 值见表 3-5。显然 $\mu=1$ 时，即不考虑空间作用，此时 $R_e=0$。

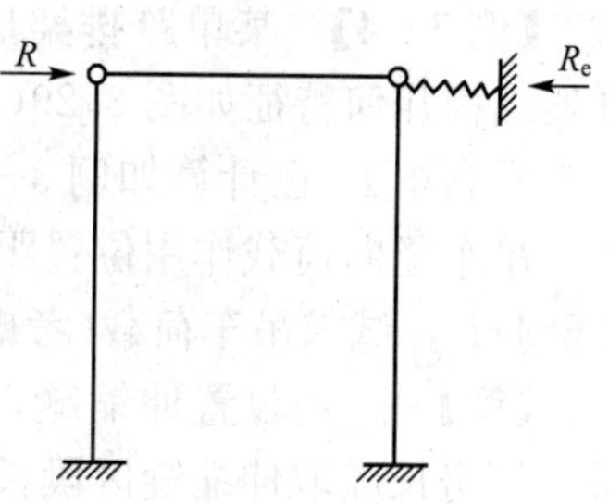

图 3.34 排架结构空间受力概念

表 3-5 单跨厂房空间作用分配系数 μ

<table>
<tr><th colspan="2" rowspan="2">厂房情况</th><th rowspan="2">吊车起重量/t</th><th colspan="4">厂房长度/m</th></tr>
<tr><th colspan="2">≤60</th><th colspan="2">>60</th></tr>
<tr><td rowspan="2">有檩屋盖</td><td>两端无山墙及一端有山墙</td><td>≤30</td><td colspan="2">0.90</td><td colspan="2">0.85</td></tr>
<tr><td>两端有山墙</td><td>≤30</td><td colspan="4">0.85</td></tr>
<tr><td rowspan="4">无檩屋盖</td><td rowspan="3">两端无山墙及一端有山墙</td><td rowspan="3">≤75</td><td colspan="4">跨度/m</td></tr>
<tr><td>12～27</td><td>>27</td><td>12～27</td><td>>27</td></tr>
<tr><td>0.90</td><td>0.85</td><td>0.85</td><td>0.80</td></tr>
<tr><td>两端有山墙</td><td>≤75</td><td colspan="4">0.80</td></tr>
</table>

在下列情况下，排架计算不考虑空间作用(即取 $\mu=1$)。

(1) 当厂房一端有山墙或两端均无山墙，且厂房长度小于 36m 时。

(2) 天窗跨度大于厂房跨度的 1/2，或者天窗布置使厂房屋盖沿纵向不连续时。

(3) 厂房柱距大于 12m 时(包括一般柱距小于 12m，但有个别柱距不等且最大柱距超过 12m 的情况)。

(4) 当屋架下弦为柔性拉杆时。

引入 μ 值后，考虑空间作用的计算与前述计算相同(图 3.35)。

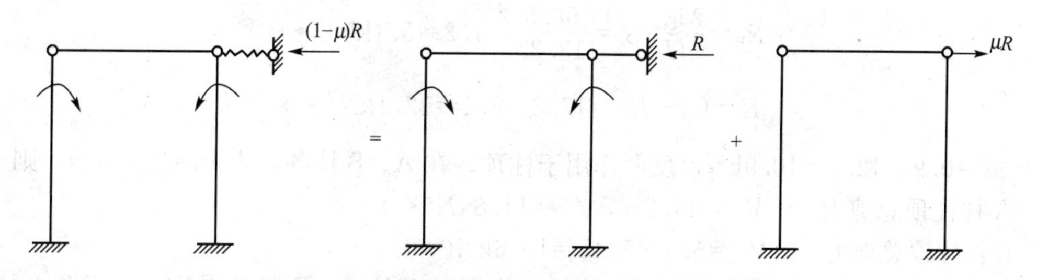

图 3.35 排架考虑空间作用的计算

考虑厂房空间作用后，排架的上柱弯矩增加、下柱弯矩降低，总用钢量有所减小。在实用计算上，对两跨及两跨以上的两端有山墙的无檩屋盖体系的等高排架，当吊车起重量在 30t 及以下时，柱顶可按不动铰支座计算。

【例 3-4】 某单跨排架厂房长度为 102m，中间设有一道伸缩缝；厂房两端有山墙，排架结构几何特征如图 3.29(例 3-2)所示。竖向吊车荷载 D_{max}、D_{min} 及水平吊车荷载(横向水平刹车力)已计算如例 3-1 所示。

吊车竖向荷载作用位置距下柱截面中心线 $e=0.35$m，横向水平刹车力距柱顶距离 $y=0.684H_2$，试求吊车荷载(考虑厂房整体空间工作)作用下的排架内力。

【解】 厂房设置伸缩缝，考虑空间作用分配系数时，属于一端有山墙的无檩屋盖体系，厂房长度取伸缩缝区段长度(54m)，由表 3-5 可查得 $\mu=0.90$。

1. 在吊车竖向荷载作用下

当 D_{max} 作用于 A 柱时，相应 D_{min} 作用于 B 柱，可按图 3.36(a)的计算简图计算。$M_{Dmax}=543.1\times0.35=190$kN·m；$M_{Dmin}=161.3\times0.35=56.5$kN·m。下柱轴力分别为 $N_A=D_{max}$ 和 $N_B=D_{min}$。

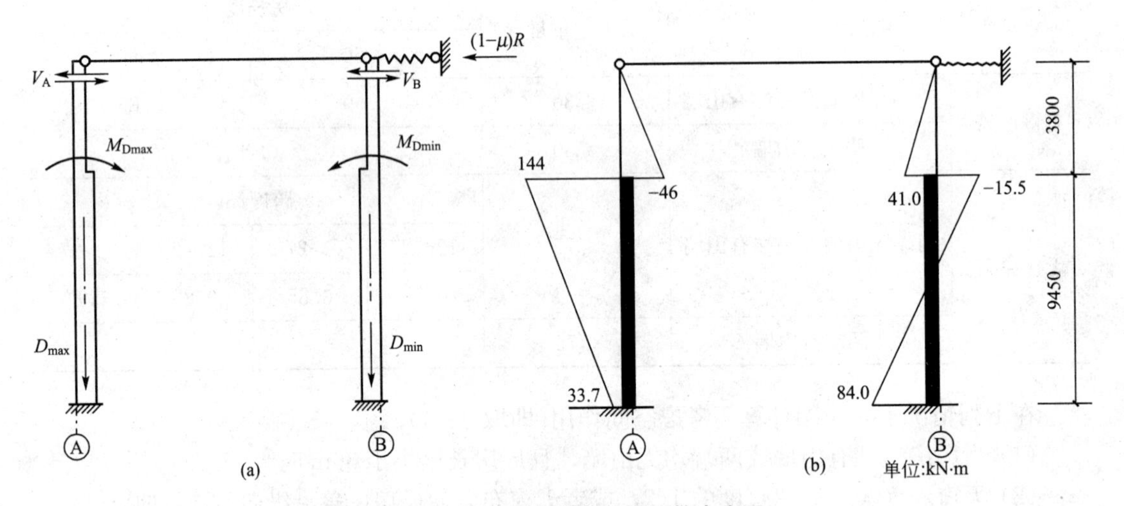

图 3.36 吊车垂直荷载作用下的内力图

由附表 14-3 图可查得：$\beta_2=1.2$，则在柱顶设置不动铰时：

$$R_A=\frac{M_{Dmax}}{H_2}\beta_2=\frac{190}{13.25}\times1.2=17.2\text{kN}(\leftarrow)$$

$$R_B=\frac{M_{Dmin}}{H_2}\beta_2=\frac{56.5}{13.25}\times1.2=5.1\text{kN}(\rightarrow)$$

$$R=R_A-R_B=17.2-5.1=12.1\text{kN}(\leftarrow)$$

$\mu R=0.9\times12.1=10.9$kN，反向作用于柱顶，在 A、B 柱各产生 $V_1=5.45$kN，则

A 柱柱顶总剪力 $V_A=17.2-5.45=11.8\text{kN}(\leftarrow)$

B 柱柱顶总剪力 $V_B=5.1+5.45=10.6\text{kN}(\rightarrow)$

可得出弯矩图如图 3.36(b)所示，在 D_{min} 作用于 A 柱时，因结构对称，只须将 A 柱和 B 柱内力调换，内力变号即可。

2. 在吊车水平荷载作用下

T_{max} 从左向右作用在排架上的内力，可按图 3.37 的简图计算。显然

$$V_{TA}=V_{TB}=-(1-\mu)R_T=-(1-\mu)T_{max}\beta_T$$

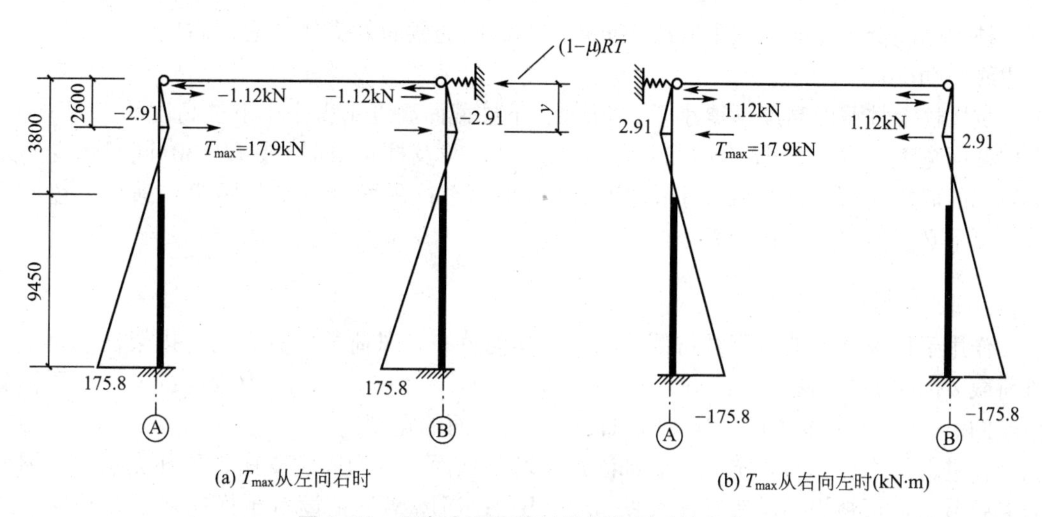

图 3.37 吊车水平荷载对排架作用时的内力

β_T 由附表 14.4 图和附表 14.5 图采用线性插值法求出(因为 $0.6H_1<y=0.684H_1<0.7H_1$)。当 $y=0.6H_1$ 时，由 n、λ 可得 $\beta_T=0.67$；当 $y=0.7H_1$ 时，由 n、λ 可得 $\beta_T=0.62$；则当 $y=0.684H_1$ 时，可得 $\beta_T=0.628$。故

$$V_{TA}=V_{TB}=-(1-\mu)T_{max}\beta_T=-(1-0.9)\times17.9\times0.628=-1.12\text{kN}(\leftarrow)$$

T_{max}从右向左时的内力图如图 3.37(b)所示，与图 3.37(a)相反。

3.3.5 山墙抗风柱的设计计算

抗风柱承受山墙传来的风荷载，它的外边缘位置与单层厂房横向封闭轴线相重合，离屋架中心线 500mm。为了避免抗风柱与端屋架相碰，应将抗风柱的上部截面高度适当减小，形成变截面单阶柱(图 3.38)。

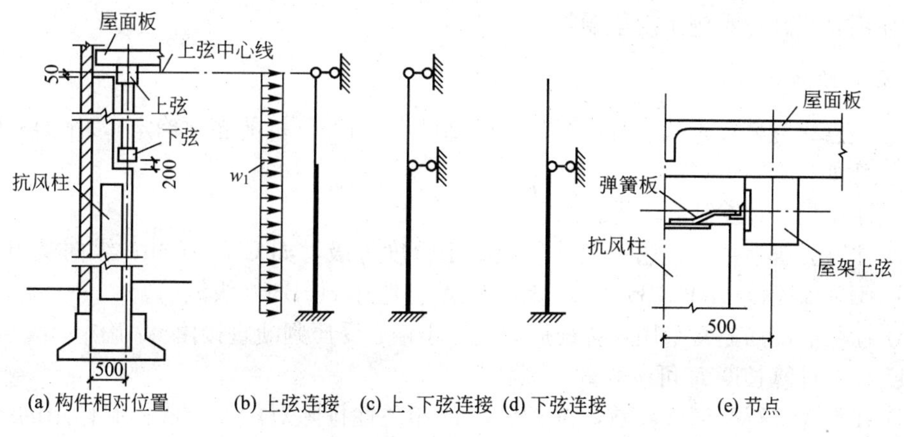

图 3.38 抗风柱计算简图

1. 抗风柱的尺寸要求

柱顶标高低于屋架上弦中心线 50mm，上下柱变截面处交接位置标高应低于屋架下弦下边缘 200mm。

抗风柱上柱截面高度不得小于 300mm，下柱截面高度不得小于下柱高度的 1/25；上、下柱截面宽度不得小于 $H_b/40$(抗风柱仅承受风荷载及柱自重时)或 $H_b/30$(同时承受连系梁传来的墙重时)，其中 H_b 为抗风柱从基础顶面至柱平面外支点的距离。满足上述要求时，可不必进行水平位移验算。

2. 内力计算

作用于抗风柱上的风荷载可假定沿竖向均匀分布，风荷载计算方法与排架柱顶以下的风荷载 w_1 的计算方法相同：$w_1=\mu_s\mu_z w_0 B$，其中：$\mu_s=+0.8$，μ_c 取为与抗风柱柱顶标高相应的值，w_0 为基本风压，B 为抗风面受风荷载面的宽度。

在进行内力计算时，抗风柱底部固定于基础顶面，视为固定支座，顶部支承于端屋架的上弦节点，可视为不动铰支座［图 3.38(b)］；当屋架下弦设置了横向水平支撑时，也可将抗风柱与屋架下弦连接，作为抗风柱的不动铰支座［图 3.38(c)或(d)］。

当山墙重量由基础梁承受时，抗风柱可视为只受风荷载的竖向受弯构件，柱自重可忽略。当山墙自重由连系梁承受时，抗风柱还承受由连系梁传来的墙体自重，应按偏心受压构件(压弯构件)计算。

3.4 排架柱设计

单层厂房排架柱属于偏心受压构件，其设计主要内容包括柱截面配筋设计及柱上牛腿设计。

3.4.1 柱截面配筋设计

由于排架柱是预制构件，在施工、安装阶段与使用阶段的受力情况不同，柱的配筋设计包括使用阶段计算和施工阶段验算。

1. 使用阶段计算

在已经选定柱截面形式、柱截面尺寸的基础上(内力分析前必须确定)，排架柱的配筋计算应注意如下要点。

(1) 计算是针对控制截面进行的。

(2) 柱以受压为主，宜选择较高的混凝土强度等级，如 C25～C40；纵向受力钢筋可选择 HRB400 级钢筋或 HRB500 级钢筋；箍筋可选择 HPB300 级钢筋。

(3) 柱截面配筋通常采用对称配筋，大、小偏心受压判断直接由 N_b 确定。

(4) 柱的计算长度 l_0 可按表 3-6 确定。

(5) 在具体进行配筋计算前，按 N、M 的相关性排除对配筋不起控制作用的组合(即无论大、小偏心，N 相近时取 M 大者配筋；而当 M 相近时，小偏心受压取 N 大者、大偏心受压取 N 小者配筋)。

表 3-6 采用刚性屋盖的单层工业厂房排架柱、露天吊车柱和栈桥柱的计算长度 l_0

项次	柱的类型		排架方向	垂直排架方向	
				有柱间支撑	无柱间支撑
1	无吊车厂房柱	单跨	$1.5H$	$1.0H$	$1.2H$
		两跨及多跨	$1.25H$	$1.0H$	$1.2H$
2	有吊车厂房柱	上　柱	$2.0H_u$	$1.25H_u$	$1.5H_u$
		下　柱	$1.0H_l$	$0.8H_l$	$1.0H_l$
3	露天吊车和栈桥柱		$2.0H_l$	$1.0H_l$	—

注：① H——从基础顶面算起的柱全高；

H_l——从基础顶面至装配式吊车梁底面或现浇式吊车梁顶面的柱下部高度；

H_u——从装配式吊车梁底面或从现浇式吊车梁顶面算起的柱上部高度。

② 表中有吊车厂房排架柱的计算长度，当计算中不考虑吊车荷载时，可按无吊车厂房的计算长度采用；但上柱的计算长度仍按有吊车厂房采用。

③ 表中有吊车厂房排架柱，在排架方向上柱的计算长度，仅适用于 $H_u/H_l \geqslant 0.3$ 的情况，当 $H_u/H_l < 0.3$ 时，宜采用 $2.5H_u$。

2. 施工阶段验算

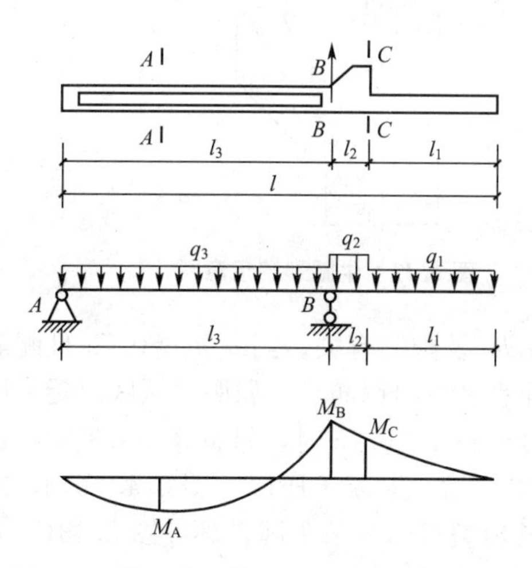

图 3.39 柱吊装验算时的计算简图及弯矩图

施工阶段验算主要是吊装验算。

此时，荷载取柱自重标准值，并乘以动力系数 1.5。吊点一般设在牛腿下边缘处，其计算简图为一端外伸的简支梁(图 3.39)。吊装方式有翻身吊和平吊两种方式，如图 3.39 所示的吊装方式为翻身吊，其截面受力方向与使用时的方向一致，一般不必进行验算即可满足承载力要求和裂缝宽度要求，应强调采用该吊装方式并在施工图中注明。当采用平吊方式时，截面的受力方向是柱的平面外方向，此时截面验算应按 $b=2h_f$、$h=b_f$ 的矩形截面，受力钢筋为翼缘最外侧钢筋进行，由于这种受力方式对构件不利，必须进行承载力和裂缝宽度验算。

3.4.2 牛腿设计

牛腿主要承受集中荷载。当集中荷载至柱边缘距离 a 较大，$a/h_0 \geqslant 1$ 时称为长牛腿(图 3.40)，可按悬臂梁进行设计；当 $a/h_0 < 1$ 时，称为短牛腿(以下简称为牛腿)，属于变截面的悬臂深梁，其受力性能不同于长牛腿，应按本节方法进行设计。

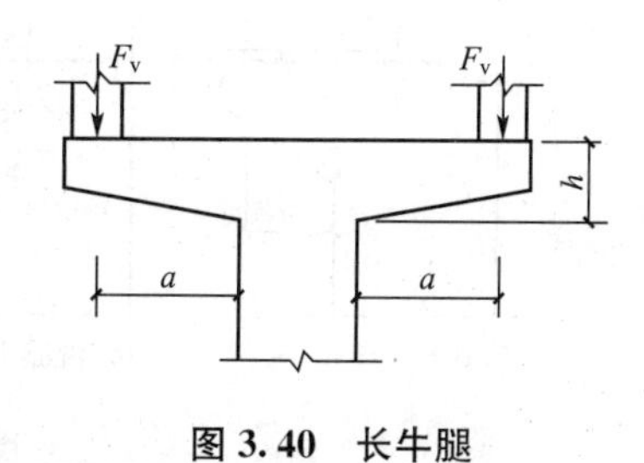

图 3.40 长牛腿

1. 牛腿的受力

(1) 当荷载较小、受拉混凝土主拉应力未达到混凝土抗拉强度时，牛腿的受力处于弹性阶段，其主拉应力迹线和主压应力迹线如图 3.41 所示。可以看出：上部主拉应力迹线基本与牛腿上边缘平行；牛腿斜边附近主压应力迹线大致与连线 ab 平行；中下部主拉应力迹线向下倾斜；在上柱根部与牛腿交界处存在应力集中现象。

(2) 裂缝的出现和开展——牛腿的试验表明，在破坏荷载的 20%～40%时，首先出现垂直裂缝①(图 3.42)，但开展很小，对牛腿受力性能影响不大。大约在破坏荷载 40%～60%时，在加载垫板内侧出现斜裂缝②。该裂缝出现后，牛腿在外荷载的作用下的受力犹如一个三角桁架：牛腿顶部钢筋是水平拉杆，裂缝外侧混凝土如一斜压杆。牛腿的破坏可能是混凝土的斜向压坏，也可能是水平拉杆的屈服导致牛腿下边缘根部的受压混凝土压碎，还可能出现剪切破坏和局部受压破坏。在接近破坏时，垫板外侧突然出现斜裂缝③，该裂缝的出现是牛腿即将破坏的预兆。

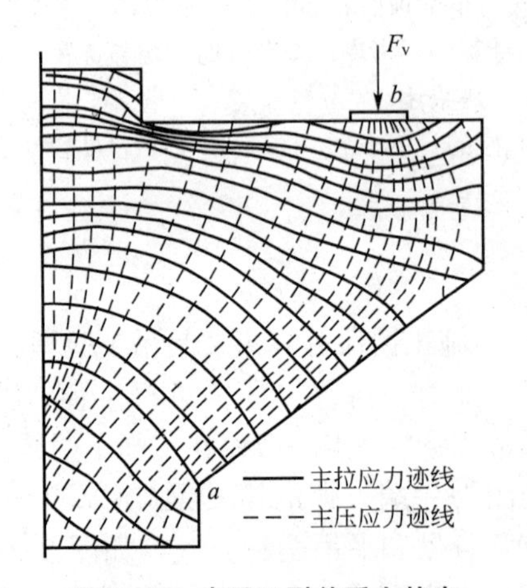

图 3.41　牛腿开裂前受力状态

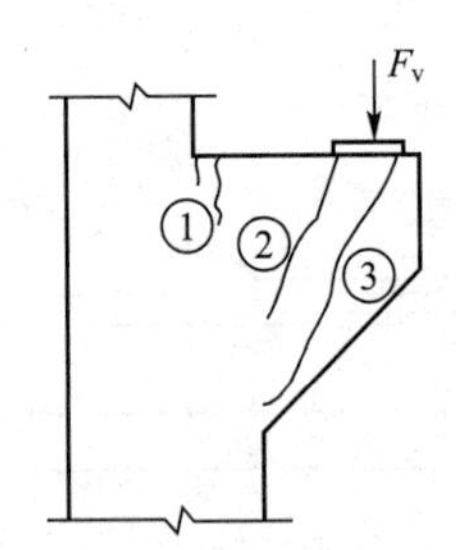

图 3.42　牛腿裂缝示意

(3) 牛腿的破坏形态——牛腿的破坏形态与 a/h_0 及配筋有关。当 $a/h_0>0.75$ 且配筋率较低时，随裂缝②的出现和荷载增加，牛腿顶面水平纵向钢筋受拉屈服、压区混凝土压碎，这种破坏称为弯压破坏［图 3.43(a)］。当 $0.1<a/h_0\leqslant0.75$ 时，斜裂缝②出现后，在其外侧出现大量短而细的平行斜裂缝。这些裂缝贯通后，混凝土压碎［图 3.43(b)］，或者不出现短小裂缝，而是在加载板下突然出现通长斜裂缝而导致牛腿破坏［图 3.43(c)］，

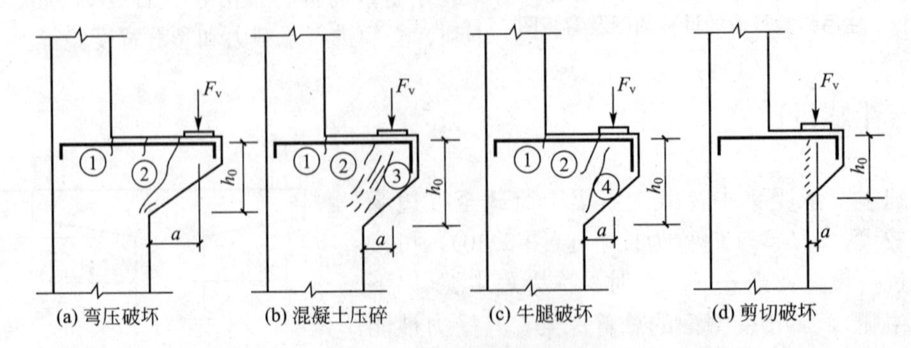

图 3.43　牛腿的破坏形态

上述破坏称为斜压破坏。而当 $a/h_0 \leqslant 0.1$ 时，在加载点至牛腿根部间出现一系列短的斜裂缝，沿此裂缝将牛腿从柱上切下，称为剪切破坏［图 3.43(d)］。

此外，当加载垫板过小时，还可能发生局部受压破坏。

2. 牛腿的设计计算

牛腿的设计计算，就是针对上述破坏形态进行的。对于弯压破坏，可进行牛腿正截面承载力计算，配置一定的牛腿受拉钢筋；对于斜压破坏，可用保证牛腿截面尺寸来防止；而剪切破坏(也称纯剪破坏)的承载力很高，不必进行计算，可用构造配筋方法防止；而只要垫板尺寸不是太小，就可防止局部受压破坏发生，可通过验算来保证垫板尺寸。

1）牛腿几何尺寸的确定(图 3.44)

牛腿的宽度 b 与柱等宽。

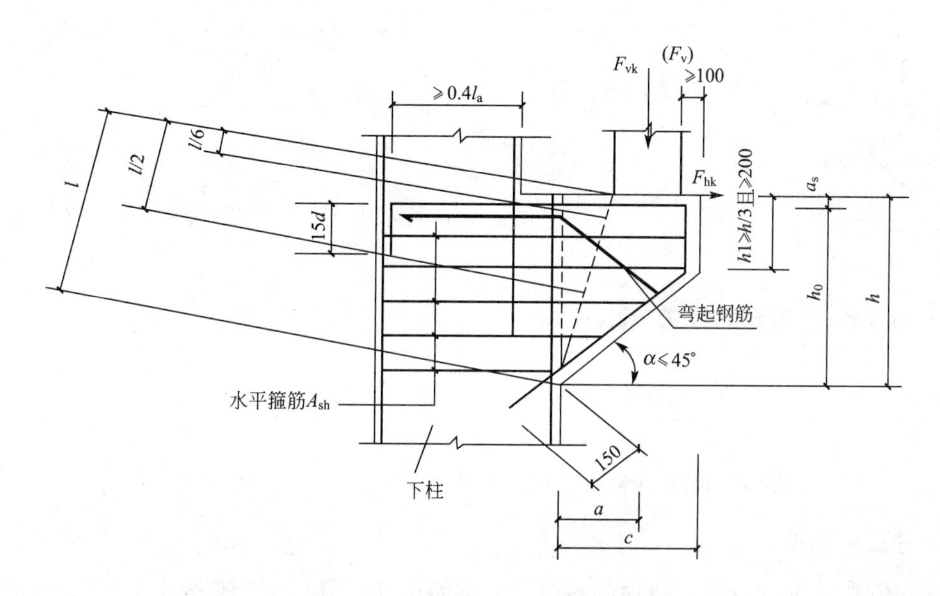

图 3.44 牛腿的尺寸和钢筋配置

牛腿的顶面长度取决于吊车梁中线位置、吊车梁支承宽度及吊车梁外边缘至牛腿边缘距离(≥100mm)。通常，吊车梁中线至柱定位轴线(边柱为柱外边缘、中柱为柱中线位置)距离为 750mm，吊车梁支承宽度可由标准图集查得。

牛腿外边缘高度 $h_1 \geqslant 200\text{mm}$ 且 $\geqslant \dfrac{h}{3}$，一般取 $h_1 = 200 \sim 300\text{mm}$。

牛腿下边缘倾角 $\alpha \leqslant 45°$。

按照上述条件可初步选定牛腿总高度 h，然后根据斜截面抗裂条件进行验算(防止裂缝②出现)：

$$F_{vk} \leqslant \beta\left(1-0.5\frac{F_{hk}}{F_{vk}}\right)\frac{f_{tk}bh_0}{0.5+\dfrac{a}{h_0}} \tag{3.8}$$

式中：F_{vk}——作用于牛腿顶部按荷载效应标准组合计算的竖向力值，$F_{vk}=D_{kmax}+G_{3k}$，G_{3k}为吊车梁及轨道的自重标准值；

F_{hk}——作用于牛腿顶部按荷载效应标准组合计算的水平拉力值；

β——裂缝控制系数：对支承吊车梁的牛腿取0.65，对其他牛腿取0.80；

a——竖向力的作用点至下柱边缘的水平距离，此时应考虑安装偏差20mm，当考虑20mm安装偏差后的竖向力作用点仍位于下柱截面以内时，取$a=0$；

b——牛腿宽度；

h_0——牛腿与下柱交接处的垂直截面有效高度：$h_0=h_1-a_s+c\tan\alpha$，当$\alpha>45°$时，取$\alpha=45°$，c为下柱边缘到牛腿外边缘的水平长度。

2）牛腿的正截面承载力计算

牛腿发生弯压破坏前的受力情况类似于三角桁架：水平拉杆为纵向受拉钢筋，斜压杆为竖向力作用点至牛腿根部混凝土(图3.45)。则由$\sum M_A=0$，有

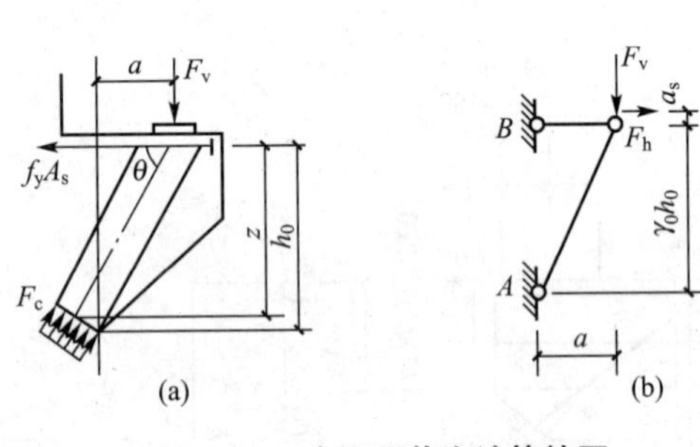

图3.45　牛腿承载力计算简图

$$F_va+F_h(a_s+\gamma_0h_0)=f_yA_s\gamma_0h_0$$

因此
$$A_s\geqslant\frac{F_va}{f_y\gamma_0h_0}+\frac{F_h(a_s+\gamma_0h_0)}{f_y\gamma_0h_0}$$

取$\gamma_0=0.85$，$\dfrac{\gamma_0h_0+a_s}{\gamma_0h_0}=1.2$，可得

$$A_s\geqslant\frac{F_va}{0.85f_yh_0}+1.2\frac{F_h}{f_y}\tag{3.9}$$

此处，当$a<0.3h_0$时，取$a=0.3h_0$。

式中：F_v——作用在牛腿顶部的竖向力设计值；

F_h——作用在牛腿顶部的水平拉力设计值。

3. 牛腿的构造要求

(1) 由式(3.9)计算的牛腿顶部纵向受力钢筋，宜采用HRB400级或HRB500级钢筋。全部纵向受力钢筋及弯起钢筋宜沿牛腿外边缘向下伸入柱内150mm截断(图3.44)。纵向受力钢筋及弯起钢筋伸入上柱的锚固长度，当采用直线锚固时不小于l_a；当上柱尺寸不足时，水平锚固长度应不小于$0.4l_a$，向下弯折$15d$。

(2) 承受竖向力所需的纵向受力钢筋的配筋率$\rho(=A_s/bh_0)$不应小于0.2%及$0.45f_t/f_y$，也不宜大于0.6%，钢筋数量不宜少于4根，直径不宜小于12mm。

(3) 牛腿应设置水平箍筋，其直径宜为6～12mm，间距宜为100～150mm。且在上部$\geqslant h_0/3$范围内的水平箍筋总截面面积不宜小于承受竖向力的受拉钢筋截面面积的1/2。

(4) 当牛腿的剪跨比$a/h_0\geqslant0.3$时，宜设置弯起钢筋。弯起钢筋宜采用HRB335级或HRB400级钢筋，并宜使其与集中荷载作用点到牛腿斜边下端点连线的交点位于牛腿上部$l/6$至$l/2$之间的范围内，l为连线的长度(图3.44)。其截面面积不宜小于承受竖向力的受拉钢筋截面面积的1/2，根数不宜少于2根，直径不宜小于12mm。纵向受拉钢筋不得兼作弯起钢筋。

(5) 当牛腿设于上柱柱顶时，宜将牛腿对边的柱外侧纵向钢筋沿柱顶水平弯入牛腿，作为牛腿纵向受拉钢筋使用。

3.5 柱下单独基础设计

3.5.1 基本规定

1. 地基基础的设计等级

根据建筑物规模和功能特征、地基复杂程度以及由于地基问题可能造成建筑物破坏或影响正常使用的程度，地基基础设计分为甲级、乙级和丙级 3 个设计等级，其建筑和地基类型分述如下。

1）甲级

包括：①30 层以上的高层建筑；②重要的工业与民用建筑物；③体型复杂、层数相差超过 10 层的高低层连成一体建筑物；④大面积的多层地下建筑物(如地下车库、商场、运动场等)；⑤对地基变形有特殊要求的建筑物、场地和地基条件复杂的一般建筑物、复杂地质条件下的坡上建筑物(包括高边坡)；⑥对原有工程影响较大的新建建筑物；⑦位于复杂地质条件及软土地区的两层及两层以上地下室的基坑工程。

2）乙级

指除甲级、丙级以外的工业与民用建筑物。

3）丙级

指场地和地基条件简单、荷载分布均匀的 7 层及 7 层以下民用建筑及一般工业建筑物、次要的轻型建筑物。

2. 地基基础的设计规定

1）承载力计算

所有建筑物的地基都应满足承载力计算的相关规定。

2）地基变形验算

设计等级为甲级、乙级的建筑物，均应按地基变形设计。

一般的设计等级为丙级建筑物，可不作地基变形计算，详见表 3－7。表中 f_{ak} 为地基承载力特征值。

丙级建筑物遇有下列情况之一，仍应作变形验算：①$f_{ak}<130$kPa 且体型复杂的建筑；②软弱地基上的建筑物存在偏心荷载时；③相邻建筑距离过近，可能发生倾斜时；④在基础上及其附近有地面堆载或相邻基础荷载差异较大可能引起地基产生过大的不均匀沉降时；⑤地基内有厚度较大或厚薄不均的填土，其自重固结未完成时。

3）稳定性验算

对经常受水平荷载作用的高层建筑、高耸结构和挡土墙等，以及建造在斜坡上或边坡附近的建筑物和构筑物，应验算其稳定性。对基坑工程也应进行稳定性验算。

4）抗浮验算

当地下水埋藏较浅，建筑地下室或地下构筑物存在上浮问题时，尚应进行抗浮验算。

表 3-7 可不作地基变形计算的丙级建筑物

地基主要受力层情况	f_{ak}/kPa			$60 \leqslant f_{ak} < 80$	$80 \leqslant f_{ak} < 100$	$100 \leqslant f_{ak} < 130$	$130 \leqslant f_{ak} < 160$	$160 \leqslant f_{ak} < 200$	$200 \leqslant f_{ak} < 300$
	各土层坡度/%			≤5	≤5	≤10	≤10	≤10	≤10
建筑类型	框架结构层数			≤5	≤5	≤5	≤6	≤6	≤7
	单层排架结构(6m柱距)	单跨	吊车起重量/t	5～10	10～15	15～20	20～30	30～50	50～100
			厂房跨度/m	≤12	≤18	≤24	≤30	≤30	≤30
		多跨	吊车起重量/t	3～5	5～10	10～15	15～20	20～30	30～75
			厂房跨度/m	≤12	≤18	≤24	≤30	≤30	≤30

3. 岩土工程勘探

地基基础设计前必须进行岩土工程勘探，并提供岩土工程勘察报告。地基开挖后应进行施工验槽；如地基条件与原勘察报告不符，则应进行施工勘察。

4. 地基基础设计的荷载效应组合

1）确定基础底面积时

按地基承载力确定基础底面积及埋深(或按单桩承载力确定桩数)时，传至基础(或承台)底面上的荷载效应按正常使用极限状态下荷载效应的标准组合 S_k。相应的抗力应采用地基承载力特征值(或单桩承载力特征值)。

2）计算地基变形时

传至基础底面上的荷载效应采用正常使用极限状态下荷载效应的准永久组合 S_{Qk}，且不应计入风荷载和地震作用。

3）确定基础高度、基础内力和配筋时

上部结构传来的荷载效应组合和相应的基底反力，应按承载能力极限状态下荷载效应的基本组合，采用相应分项系数。

基础设计安全等级、结构设计使用年限、结构重要性系数等，均与上部结构相同，但 γ_0 不应小于 1.0。

3.5.2 地基计算

地基计算包括基础埋置深度的确定、承载力计算、变形计算、稳定性计算等，本节只介绍基础埋置深度和承载力计算。

1. 基础埋置深度

基础的埋置深度应按以下条件综合考虑后确定。

1）建筑物的用途，有无地下室、设备基础和地下设施，基础的形式和构造

建筑物的用途不同，作用在地基上的荷载大小和性质也不相同，因此，对地基土的承

载力和变形要求有很大差别。有地下室时，基础取决于地下室的做法和地下室的高度。设备基础和地下设施与基础的相对关系影响基础的深度。基础的形式、高度等也是影响基础埋深的因素(基础一般不露出地面)。

2）工程地质和水文地质条件

这是决定基础埋深的关键因素之一，应进行多方面比较后才确定。

(1) 尽量浅埋。在满足地基稳定和变形要求的前提下，基础应尽量浅埋。当上层地基的承载力大于下层土时，宜利用上层土作持力层，但基础埋深不宜小于0.5m(岩石地基除外)。

(2) 宜埋置在地下水位之上。当必须埋在地下水位以下时，应采取措施使地基土在施工时不受扰动。

(3) 满足稳定要求或抗滑要求。位于土质地基上的高层建筑，基础埋深应满足稳定要求；位于岩石地基上的高层建筑，基础埋深应满足抗滑移要求。

3）与原有相邻建筑的关系

当存在相邻建筑物时，新建建筑物的基础埋深不宜大于原有建筑基础。当埋深大于原有建筑基础时，两基础间应保持一定净距 l (图3.46)，其数值取相邻两基础底面高差 Z 的1～2倍(根据土质情况和荷载大小确定)。

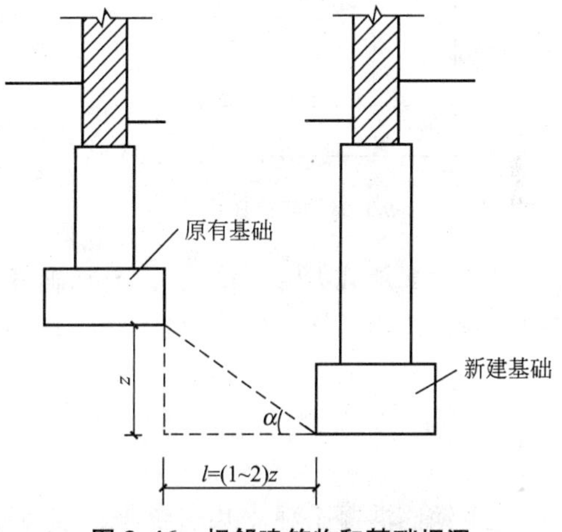

图3.46 相邻建筑物和基础埋深

4）考虑地基土冻胀和融陷的影响

对于埋置在非冻胀土中的基础，其埋深可不考虑冻深的影响。对于埋置在弱冻胀、冻胀和强冻胀土中的基础，应按计算确定基底下允许残留冻土层的厚度。

5）高层建筑基础

高层建筑筏形基础和箱形基础的埋置深度应满足地基承载力、变形和稳定性的要求。在抗震设防区，除岩石地基外，天然地基上的箱形和筏形基础的埋置深度不宜小于建筑物高度的$\frac{1}{15}$(桩箱或桩筏基础的埋置深度不宜小于建筑物高度的$\frac{1}{18}$～$\frac{1}{20}$，此深度不包括桩长)。位于岩石地基上的高层建筑，其基础埋深应满足抗滑要求。

2. 地基承载力计算

1）基础底面的压力要求

(1) 轴心荷载作用时：

$$P_k \leqslant f_a \tag{3.10a}$$

式中：f_a——修正后的地基承载力特征值；

P_k——相应于荷载效应标准组合时基础底面处的平均压力值：

$$P_k = \frac{F_k + G_k}{A} \tag{3.10b}$$

式中：F_k——相应于荷载效应标准组合时，上部结构传至基础顶面的竖向力值；

G_k——基础自重和基础上的土重，可取为20kN/m^3；

A——基础底面面积。

(2) 偏心荷载作用时，除满足式(3.10)的要求外，还应满足

$$P_{kmax} \leqslant 1.2 f_a \tag{3.11a}$$

式中：P_{kmax}——相应于荷载效应标准组合时，基础底面边缘的最大压力值。

$$P_{kmax} = \frac{F_k + G_k}{A} + \frac{M_{kd}}{W} \tag{3.11b}$$

式中：W——基础底面的抵抗矩；

M_{kd}——相应于荷载效应标准组合时，作用于基础底面的力矩值。

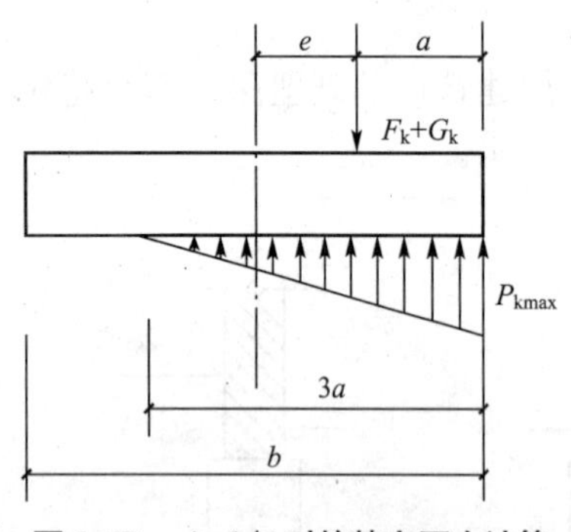

图 3.47　$e > b/6$ 时的基底压力计算

当偏心距 $e > b/6$ 时(图 3.47)，P_{kmax}应按下式计算：

$$P_{kmax} = \frac{2(F_k + G_k)}{3la} \tag{3.12}$$

式中：l——垂直于力矩作用方向的基础底面边长；

b——力矩作用方向的基础底面边长；

a——合力作用点至基础底面最大压应力边缘的距离。

2) 关于地基承载力特征值

在岩土工程勘察报告中，将根据钻探取样、室内土工试验、触探，并结合其他原位测试方法进行地基评价，提供地基承载力特征值 f_{ak}；当基础宽度大于 3m 或埋置深度大于 0.5m 时，还应按规定进行修正(略)，修正后的地基承载力特征值为 f_a，$f_a \geqslant f_{ak}$。

3.5.3　独立基础设计的一般要求

柱下钢筋混凝土独立基础属于扩展基础，常用于多层框架和单层工业厂房柱。设计时，需确定基础底面积、基础高度及基础配筋，并应注意如下问题。

1. 材料选择

1) 混凝土

混凝土强度等级不应低于 C20；基础垫层采用厚度为 70～100mm 的 C10 混凝土；预制柱与杯口之间的缝隙用不低于 C20 的细石混凝土充填密实。

2) 钢筋

基础钢筋一般采用 HPB300 级或 HRB400 级钢筋；基础与上部结构连接的插筋应与上部结构的钢筋规格完全一致。

2. 混凝土保护层

当有混凝土垫层时，底板钢筋的混凝土保护层厚度≥40mm；无混凝土垫层时，底板钢筋的混凝土保护层厚度≥70mm。

3. 基础或基础梁的顶面标高

在任何情况下，基础或基础梁的顶面标高不得高于室内设计地坪(内柱)或室外设计地面(外柱)，一般应低于设计地面 50～100mm。

4. 基础的形状和尺寸

1）底板

基础底板尺寸为100mm的倍数。

轴心受压基础底板一般采用正方形；偏心受压基础的底板为矩形，其长边和短边之比一般为1.5～2.0，最大不超过3。

2）基础高度

当基础高度$h \leqslant 500$mm时，可采用锥形基础［图3.48(a)］；当基础高度$h \geqslant 600$mm时，宜采用阶梯形基础［图3.48(b)］；每阶高度宜为300～500mm，阶高和水平宽度(阶宽)均采用100mm的倍数，且最下一个阶宽$b_1 \geqslant 1.75h_1$，其余阶宽不大于相应阶高。

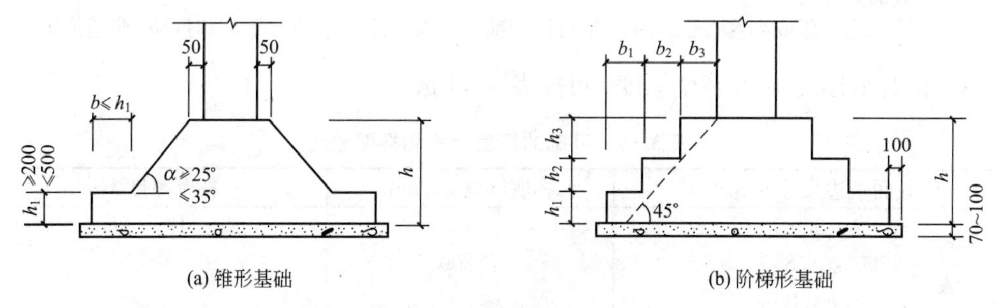

图3.48 柱下独立基础的形状和尺寸

基础高度按抗冲切承载力计算确定，且现浇柱基础有效高度h_0还应满足柱纵向受力钢筋在基础内的锚固要求(轴心受压柱取$h_0 \geqslant 0.7l_a$，偏心受压柱取$h_0 \geqslant l_a$，有抗震要求时取$h_0 \geqslant l_{aE}$)。

3）杯口深度和杯底、杯壁厚度

单层厂房预制柱下基础做成杯形形状，尚应满足如下要求。

(1) 杯口构造。当预制柱的截面为矩形及I形时，柱基础采用单杯口形式；当为双肢柱时，可采取双杯口，也可采用单杯口形式。杯口的构造如图3.49所示。

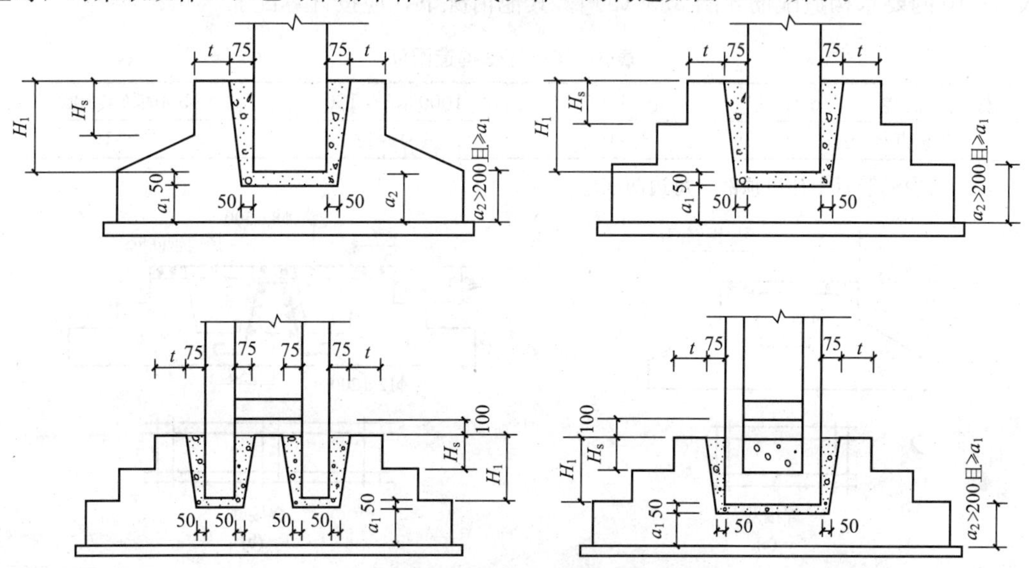

图3.49 预制柱基础的杯口构造

预制柱插入基础杯口应有足够的深度，使柱可靠地嵌固在基础中；插入深度 h_1；可按表 3－8 选用。此外，h_1 还应满足柱纵向受力钢筋锚固长度 l_a 的要求和柱吊装时稳定性的要求．即应使 h_1 大于等于 0.05 倍柱长(指吊装时的柱长)。

表 3－8　柱的插入深度 h_1　　mm

矩形或Ⅰ形柱				单肢管柱	双肢柱
$h<500$	$500\leqslant h<800$	$800\leqslant h\leqslant 1000$	$h>1000$		
$h\sim 1.2h$	h	$0.9h$ $\geqslant 800$	$0.8h$ $\geqslant 1000$	$1.5d$ $\geqslant 500$	$(1/3\sim 2/3)h_a$ $(1.5\sim 1.8)h_b$

注：① h 为柱截面长边尺寸；d 为管柱的外直径；h_a 为双肢柱整个截面长边尺寸；h_b 为双肢柱整个截面短边尺寸；

② 柱轴心受压或小偏心受压时，h_1 可适当减小；偏心距大于 $2h$(或 $2d$)时，h_1 应适当加大。

基础的杯底厚度 a_1 和杯壁厚度 t 可按表 3－9 选用。

表 3－9　基础的杯底厚度和杯壁厚度

柱截面长边尺寸 h/mm	杯底厚度 a_1/mm	杯壁厚度 t/mm
$h<500$	$\geqslant 150$	150～200
$500\leqslant h<800$	$\geqslant 200$	$\geqslant 200$
$800\leqslant h<1000$	$\geqslant 200$	$\geqslant 300$
$1000\leqslant h<1500$	$\geqslant 250$	$\geqslant 350$
$1500\leqslant h<2000$	$\geqslant 300$	$\geqslant 400$

注：① 双肢柱的杯底厚度值，可适当加大；

② 当有基础梁时，基础梁下的杯壁厚度，应满足其支承宽度的要求；

③ 柱子插入杯口部分的表面应凿毛，柱子与杯口之间的空隙，应用比基础混凝土强度等级高一级的细石混凝土充填密实当达到材料设计强度的 70%以上时，方能进行上部吊装。

(2) 杯壁的配筋构造。当柱为轴心或小偏心受压且 $t/h_2\geqslant 0.65$ 时，或大偏心受压且 $t/h_2\geqslant 0.75$ 时，杯壁可不配筋；当柱为轴心或小偏心受压且 $0.5<t/h_2<0.65$ 时，杯壁可按表 3－10 的要求构造配筋［图 3.50(a)］；其他情况下，应按计算配筋。

表 3－10　杯壁构造配筋

柱截面长边尺寸/mm	$h<1000$	$1000\leqslant h<1500$	$1500\leqslant h<2000$
钢筋直径/mm	8～10	10～12	12～16

注：表中钢筋置于杯口顶部，每边两根。

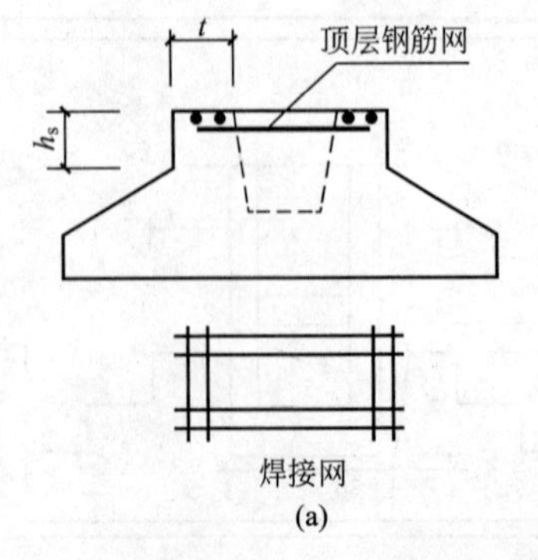

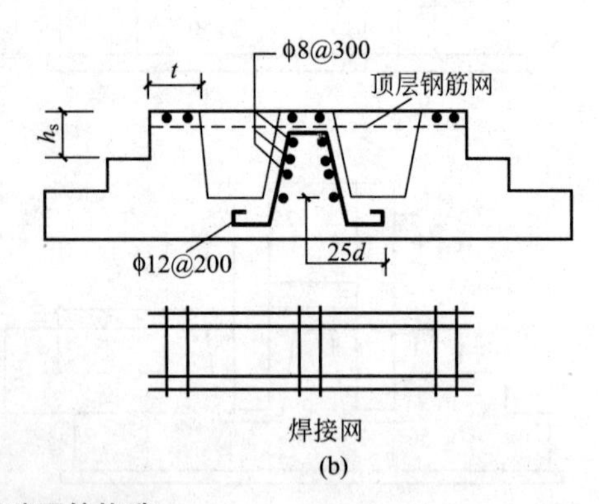

图 3.50　杯壁配筋构造

当双杯口基础的中间隔板宽度小于400mm时，应在隔板内配置Φ 12@200的纵向钢筋和Φ 8@300的横向钢筋，如图3.50(b)所示。

3.5.4 基础底板尺寸的确定

对于不需要作变形验算的丙级建筑物，可按基础底面的压力要求，分别由式(3.10)～式(3.12)确定基础底面尺寸。

1. 轴心受压基础

上部荷载和基础自重作用于基础截面形心上(图3.51)，则由式(3.10)可得：

$$A \geqslant \frac{F_k}{f_a - 20d} \tag{3.13}$$

式中：d——基础埋置深度，m；

A——基础底面面积，m^2。

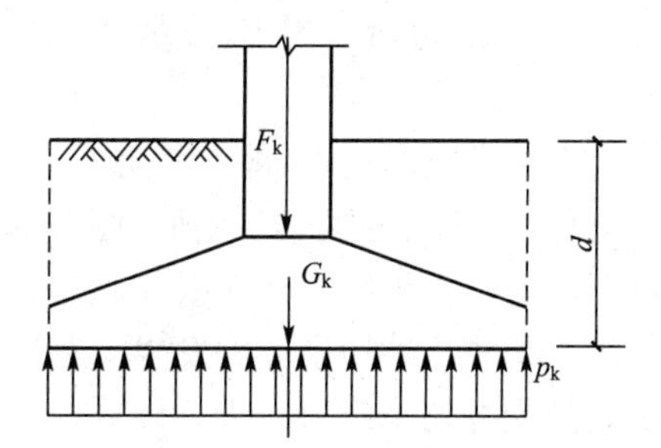

图3.51 轴心受压基底压力

当为方形基础时，$a=b=\sqrt{A}$；当为矩形基础时，若柱的长边为a_c，短边为b_c时，则可取：

$$a=\sqrt{\frac{a_c-b_c}{2}+A}+\sqrt{\frac{a_c-b_c}{2}}$$

$$b=\sqrt{\frac{a_c-b_c}{2}+A}-\sqrt{\frac{a_c-b_c}{2}}$$

式中：a、b——基础长边、短边尺寸。

2. 偏心受压基础

上部结构传至基础顶面的荷载效应标准组合值为N_k、M_k和V_k，则基础底面的压力状态分别如图3.52(a)、(b)、(c)所示。N_{bot}为上述荷载及G_k在基底合成的偏心压力，偏心距e为：

$$e=\frac{M_k+V_kh}{N_k+G_k} \tag{3.14}$$

式中：h——基础高度。

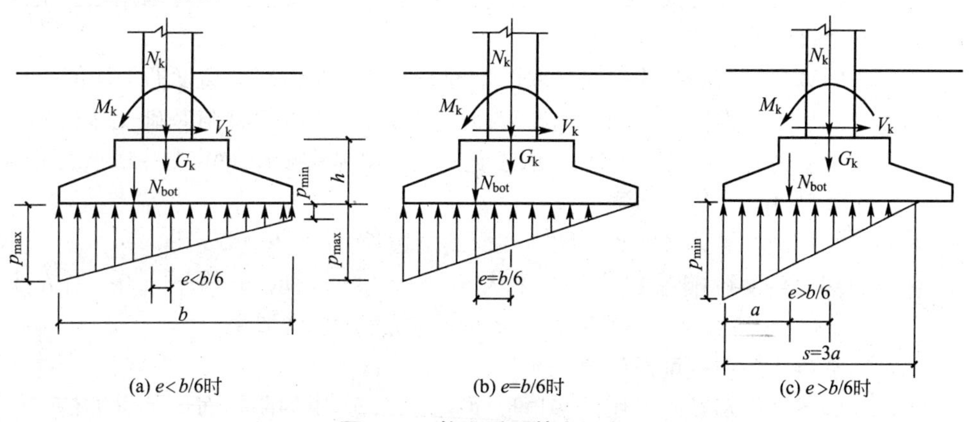

图3.52 偏心受压基底压力

对于有吊车的厂房，不应出现如图 3.52(c)所示的情况，即应满足 $e<b/6$；对于无吊车厂房，也不应使基础脱离土层太多，应满足 $e<b/4$。

按式(3.10)～式(3.12)确定基础底面尺寸时，一般采用试算法：假定基础长边(一般为力矩作用方向)和短边之比为 1.5～2.0，将竖向力值扩大 1.2～1.4 倍，先按轴心受压式(3.13)求出 A 并算出两方向边长(模数化)，再用式(3.11)或式(3.12)计算 p_{max}，满足式(3.11a)的要求。

3.5.5 基础的抗冲切承载力

在基底土净反力(即不考虑 G_k 的作用)作用下，基础可能发生冲切破坏；破坏面为大致沿柱边 45°方向的锥形斜面(图 3.53)。破坏的原因是由于混凝土斜截面上的主拉应力超过混凝土抗拉强度，从而引起斜拉破坏。

为了防止冲切破坏的发生，对矩形截面柱的阶形基础，在柱与基础交接处以及基础变阶处的受冲切承载力应进行计算，并满足如下要求(图 3.54)。

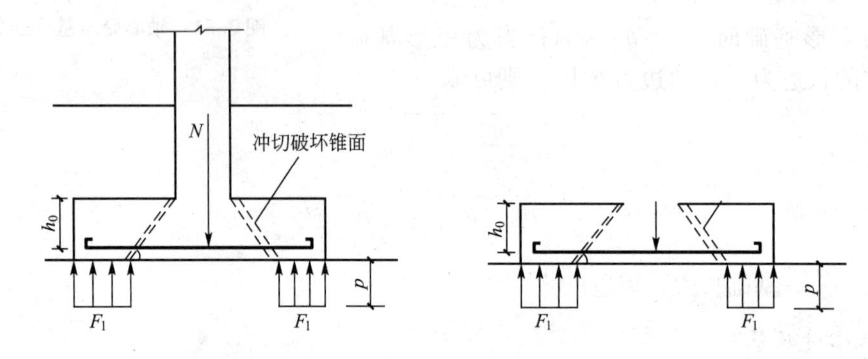

图 3.53 基础的冲切破坏 1

$$F_l \leqslant 0.7\beta_h f_t b_m h_0 \tag{3.15}$$

其中

$$F_l = p_s A_l$$

$$b_m = (b_t + b_b)/2$$

式中：p_s——按荷载效应基本组合计算并考虑结构重要性系数的基础底面地基反力设计值(可扣除基础自重及其上的土重)，当基础偏心受力时，可取用最大的地基反力设计值；

h_0——验算冲切面的有效高度，取两个配筋方向的截面有效高度的平均值；

b_t——冲切破坏锥体最不利一侧斜截面的上边长：当计算柱与基础交接处的受冲切承载力时［图 3.54(a)］，取柱宽；当计算基础变阶处的受冲切承载力时［图 3.54(b)］，取上阶宽；

b_b——冲切破坏锥体最不利一侧斜截面的下边长，$b_b = b_t + 2h_0$；

β_h——截面高度影响系数，当 h 不大于 800mm 时，取 β_h 等于 1.0；当 h 不小于 2000mm 时，取 β_h 等于 0.9，其间按线性内插法取用；

f_t——混凝土抗拉强度设计值；

A_l——考虑冲切荷载时取用的多边形面积(图 3.54 中的阴影面积 $ABCDEF$)。

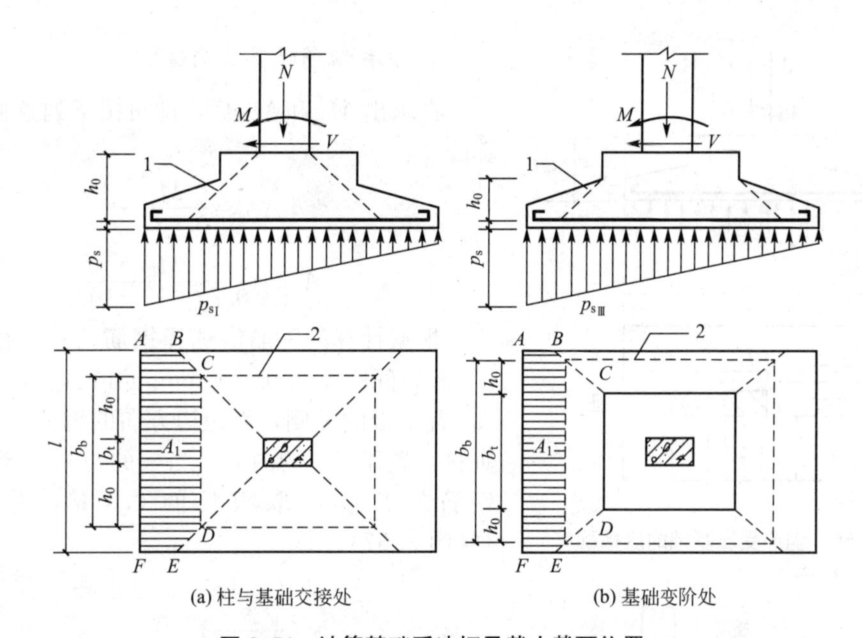

图 3.54 计算基础受冲切承载力截面位置

1—冲切破坏锥体最不利一侧的斜截面；2—冲切破坏锥体底面线

3.5.6 基础底板配筋

1. 轴心受压基础的底板弯矩

在柱传下的轴向力设计值 N 的作用下，基底反力设计值 $p_s = N/(ab)$（图 3.55），则在基础根部（或变阶处）的Ⅰ—Ⅰ、Ⅱ—Ⅱ截面，其弯矩 $M_{\rm I}$ 及 $M_{\rm II}$ 为：

$$M_{\rm I} = \frac{p_s}{24}(a-h_c)^2(2b+b_c) \qquad (3.16a)$$

$$M_{\rm II} = \frac{p_s}{24}(b-b_c)^2(2a+h_c) \qquad (3.16b)$$

式中：a、b——基础底板的长边和短边尺寸；

h_c、b_c——相应的柱截面尺寸或变阶处截面尺寸。

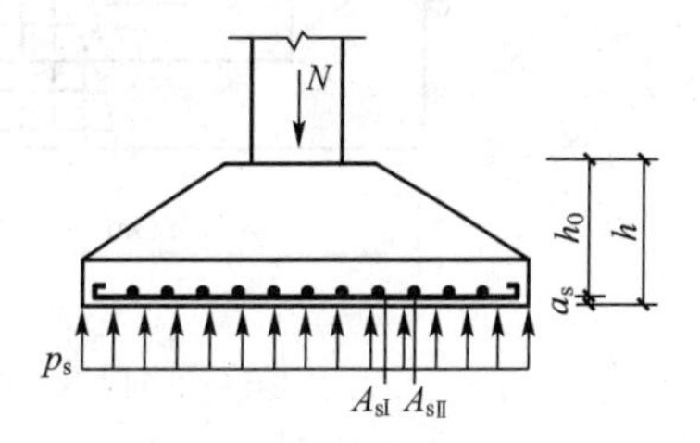

2. 偏心受压基础的底板弯矩

地基反力设计值 p_s 不是均匀分布的，在利用底板弯矩式(3.16)时，需将 p_s 作适当修改（图 3.56）：在求 $M_{\rm I}$ 时，取 p_s 为基础根部及边缘应力平均值，求 $M_{\rm II}$ 时，取基底土反力平均值。

求 $M_{\rm I}$ 时：

$$p_s = \frac{p_{s\max} + p_{s\rm I}}{2}$$

求 $M_{\rm II}$ 时：

$$p_s = \frac{p_{s\max} + p_{s\min}}{2}$$

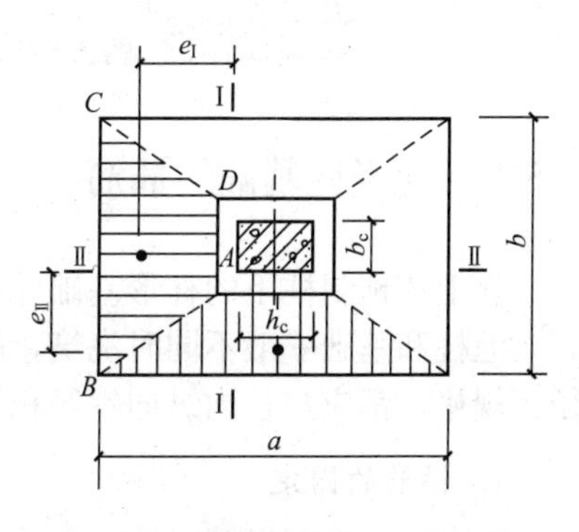

图 3.55 轴心受压基础底板配筋

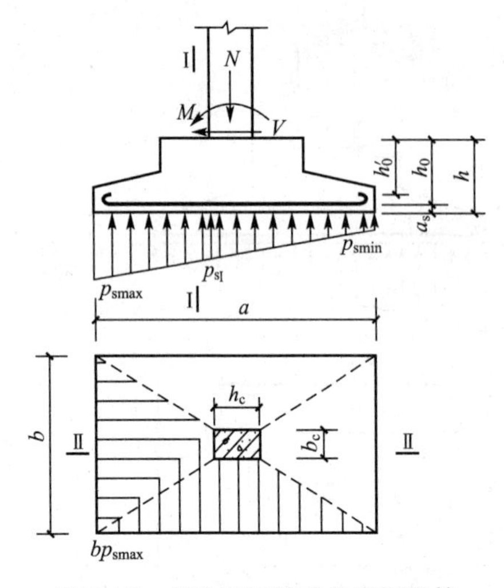

图 3.56 偏心受压基础的底板配筋

3. 底板配筋计算及构造

在求出 M_{I} 和 M_{II} 后，即可按下列近似公式计算配筋：

$$A_{s\mathrm{I}}=\frac{M_{\mathrm{I}}}{0.9f_yh_0} \tag{3.17}$$

$$A_{s\mathrm{II}}=\frac{M_{\mathrm{II}}}{0.9f_y(h_0-10)} \tag{3.18}$$

根据计算的配筋量选择钢筋，其直径不小于10mm，间距不大于200mm。沿长边方向的钢筋 $A_{s\mathrm{I}}$ 置于板的外侧，沿短边方向的钢筋 $A_{s\mathrm{II}}$ 与 $A_{s\mathrm{I}}$ 垂直，置于 $A_{s\mathrm{I}}$ 的内侧。当板的边长大于3m时，钢筋的长度可取板长的0.9倍，并交错排列(图3.57)。

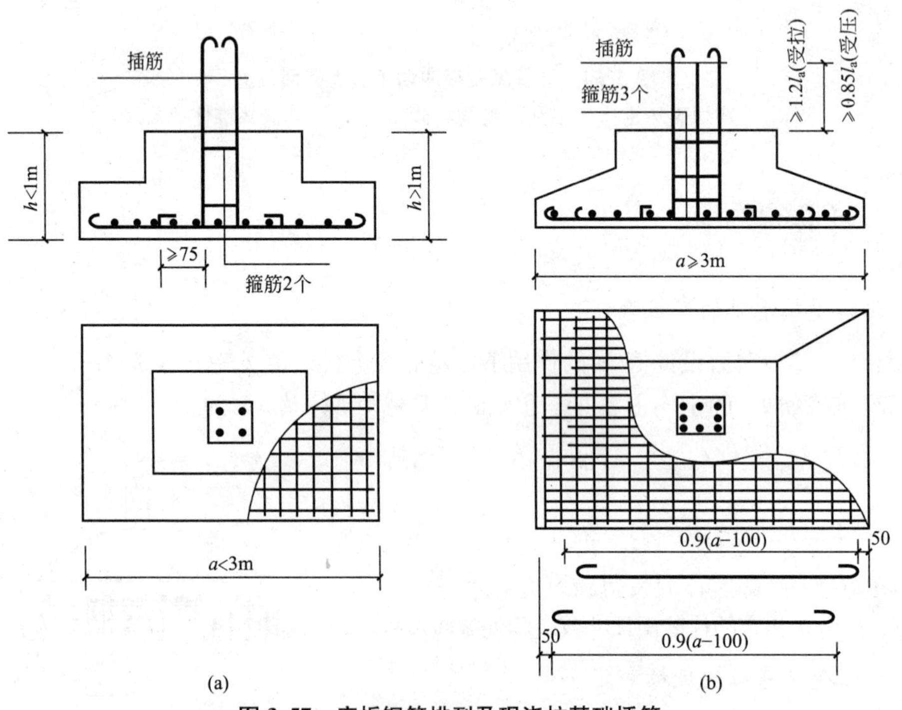

图 3.57 底板钢筋排列及现浇柱基础插筋

3.5.7 现浇柱基础的插筋

除上述预制柱下的杯形基础外，现浇柱下独立基础的基础设计内容相同。

但柱和基础一般不同时浇筑，故应从基础内伸出插筋与柱钢筋连接。插筋的数量、直径、规格，都应与柱内纵向钢筋相同。

1. 插筋的固定

在基础内，插筋与适当的箍筋(一般为2～3个)组成钢筋骨架，竖立于底板的钢筋网上(图 3.57)。当基础高度较小时，全部插筋均伸至底板钢筋网上；当基础高度较大时，可仅将四角的插筋伸至底板钢筋网上，其余插筋可按受拉锚固长度 l_a 锚固在基础内。

2. 基础中的插筋搭接位置

插筋与柱钢筋连接方式优先采用等强度对焊连接。当钢筋直径较小时，也可采用搭接。其位置应考虑施工方便，由地面与基础顶面的距离 H_1 决定。

当 $H_1<1.5$m 时，搭接位置可在基础顶面处，施工缝设在基础顶面［图 3.58(a)］；当 $1.5\text{m}\leqslant H_1\leqslant 3\text{m}$ 时，搭接位置可在地面标高以下 150mm 处，施工缝亦在该处设置［图 3.58(b)］；当 $H_1>3$m 时，搭接位置分别在基础顶面处及地面标高以下 150mm 处［图 3.58(c)］。

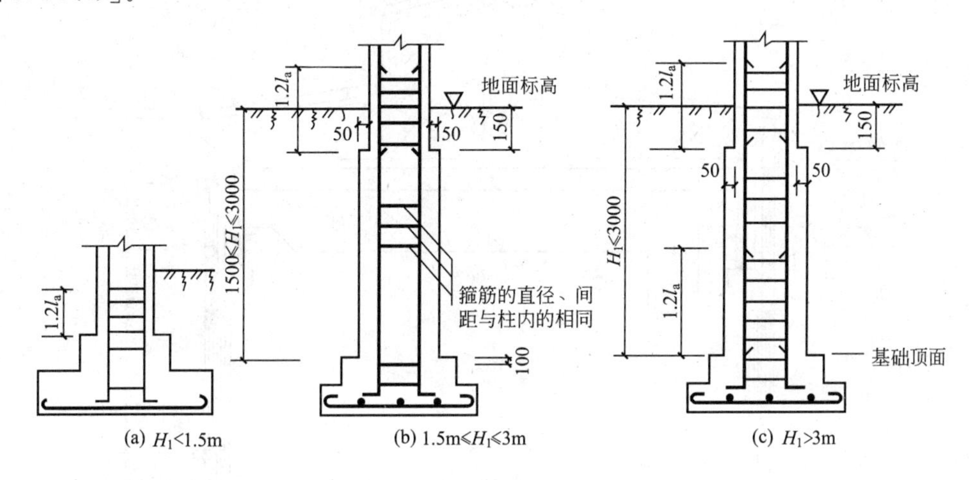

图 3.58 基础插筋的搭接位置

在插筋搭接范围内，纵向钢筋搭接长度取 $1.2l_a$(轴心受压时取 $0.85l_a$)；箍筋间距 s 不大于 100mm 且不大于 $5d$(d 为纵向受力钢筋的最小直径)。

3. 同一平面内的钢筋搭接根数

对轴心受压柱或偏心距 $e_0<0.225h$ 的小偏心受压柱，或每侧受力钢筋不多于 3 根的一般偏心受压柱，所有纵向钢筋可在同一平面内搭接。当 $e_0\geqslant 0.225h$ 时，若柱截面一侧受力钢筋为 4～8 根，应在两个平面搭接；多于 8 根时，应在 3 个平面搭接。搭接长度各为 $1.2l_a$。同一平面指一个搭接长度范围的平面。

3.5.8 双杯口基础

用于伸缩缝处的排架基础，需采用双杯口基础(图 3.58)

一般可采用“扩大面积法”直接确定尺寸，做法是：将垂直于平面排架方向的基础边长 b 增加 1000mm 排架方向的基础边长 a 不变，其余做法均与单柱基础相同。根据荷载统计，这样的做法偏于安全。

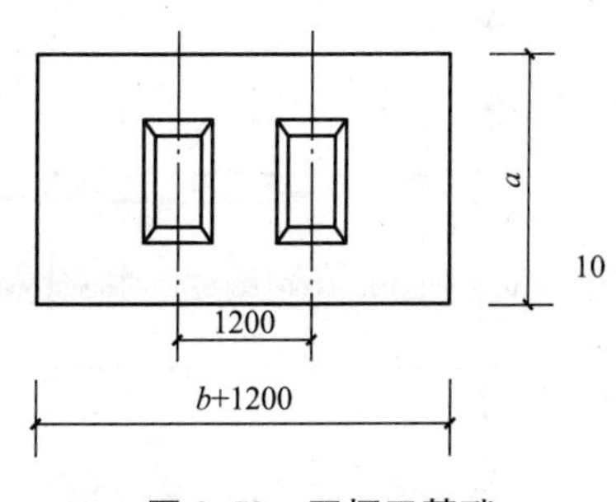

图 3.59 双杯口基础

3.6 设计案例

3.6.1 设计资料

某炼钢厂金工车间，总长 108m，跨度 24m，柱距 6m，中间设伸缩缝一道；车间内设有两台 20t/5t A5 级吊车，轨顶设计标高 10.0m，其平面、剖面如图 3.60 所示。

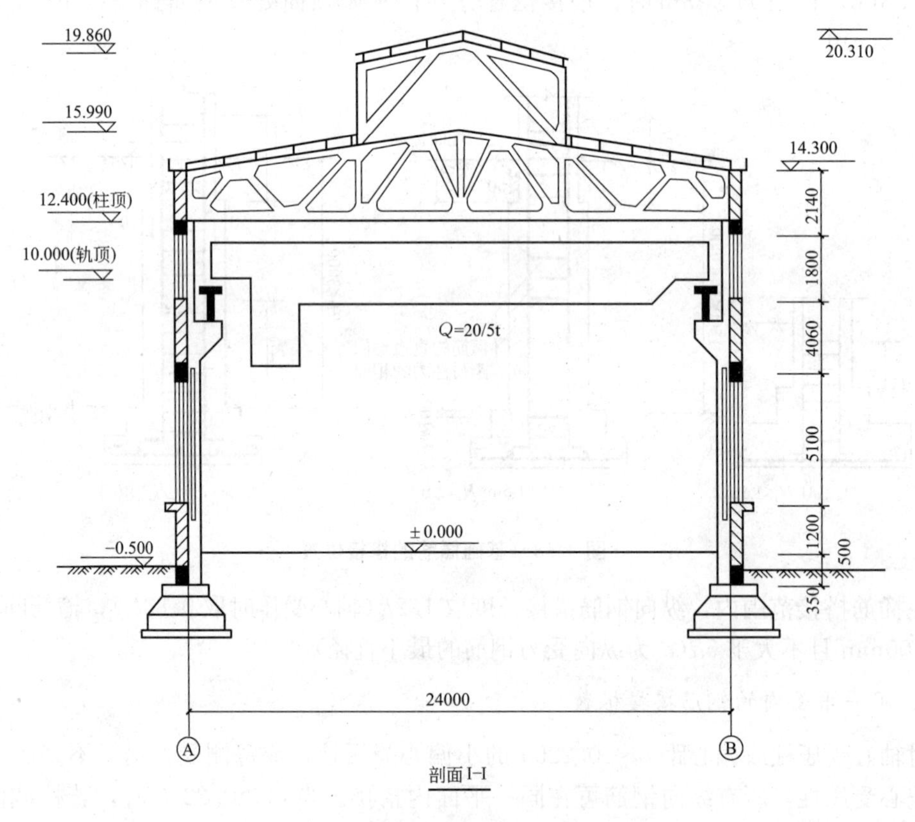

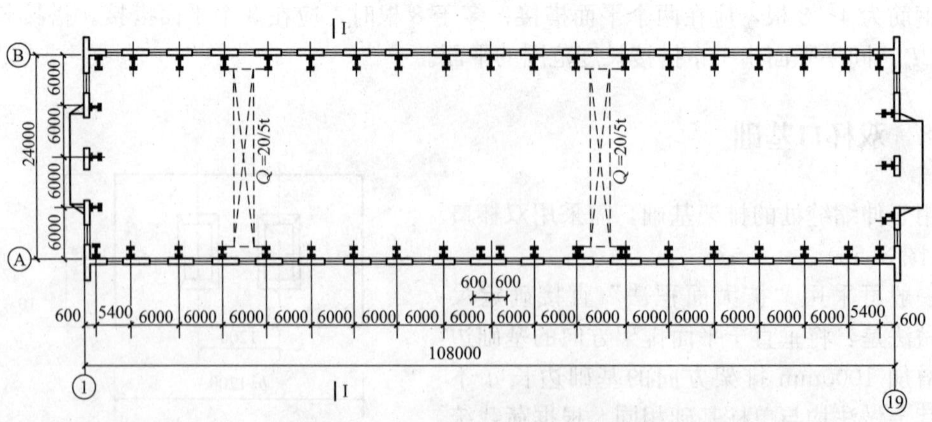

图 3.60　金工车间平面和剖面示意图

1. 工程地质条件

车间所在地点为××市郊区，地面下0.8m内为填土，填土下5.5m厚为粉质粘土，地基承载力特征值 $f_{ak}=225kN/m^2$，地下水位为－4.6m，无腐蚀性；基本风压 $w_0=0.3kN/m^2$，基本雪压 $s_0=0.25kN/m^2$。

2. 车间标准构件选用

(1) 预应力混凝土大型屋面板，板重(含灌缝混凝土)标准值：$1.4kN/m^2$，选用92G410(一)图集。

(2) 天沟板，选用92G410(三)图集JGB 77—1，板重标准值 $2.02kN/m^2$。

(3) 天窗架，选用94G316图集GJ9—03，自重标准值2×36kN/榀；天窗端壁选用94G316中DB 9—3，自重标准值2×57kN/榀(含自重、侧板、窗档、钢窗、支撑、天窗、开窗机等)。

(4) 屋架采用95G415(三)中预应力混凝土折线形屋架，自重标准值106kN/榀。

(5) 吊车梁选用95G425图集中先张法预应力混凝土吊车梁YXDL6～8，梁高1200mm，自重标准值44.2kN/根，轨道及零件重1kN/m，轨道及垫层高200mm。

3. 排架柱及基础材料选用

(1) 排架柱，采用C30混凝土($f_c=14.3N/mm^2$，$f_{tk}=2.01N/mm^2$)；纵向钢筋HRB335级($f=300N/mm^2$，$E_s=2\times10^5N/mm^2$)，箍筋采用HPB235级钢。

(2) 基础，采用C20混凝土($f_c=9.6N/mm^2$)，钢筋为HRB335级钢筋。

3.6.2 排架结构计算

1. 确定计算简图

1) 柱高度确定

上柱高 H_1＝柱顶标高－轨顶标高＋轨道构造高＋吊车梁高

$=12.4-10.0+0.2+1.2=3.8m$

柱全高 H_2＝柱顶标高－基础顶高$=12.4-(-0.3)-(-0.55)=13.25m$

下柱高$=13.25-3.8=9.45m$

$\lambda=H_1/H_2=3.8/13.25=0.29$

2) 柱截面尺寸确定

参考表3-2，选用上柱截面为矩形截面，$b\times h=400mm\times400mm$；下柱截面为I形截面，$b_f\times h\times h_f=400mm\times800mm\times150mm$，$b=100mm$(图3.61)。经验算，符合表3-1的截面限值要求。

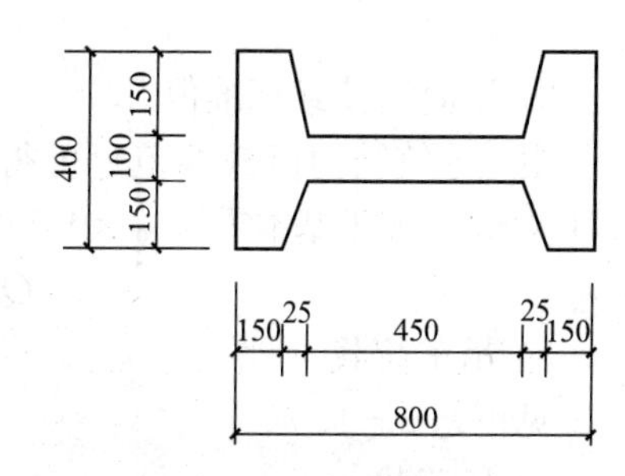

图3.61 下柱截面尺寸

上柱惯性矩 $I_1=\frac{1}{12}\times400\times400^3=2.133\times10^9mm^4$

下柱惯性矩(平面内)

$$I_2=\frac{1}{12}\times400\times800^3-\frac{1}{12}\times300\times450^3-300\times25\times\left(225+\frac{25}{3}\right)^2=1.438\times10^{10}mm^4$$

$$n=\frac{I_1}{I_2}=\frac{2.133\times10^9}{1.438\times10^{10}}=0.15$$

2. 荷载计算

1）恒荷载标准值

（1）屋盖。

大型屋面板	1.4kN/m^2
水泥砂浆找平	$20\times0.02=0.4\text{kN/m}^2$
一毡二油隔气层	0.05kN/m^2
100mm 厚水泥珍珠岩保温层	$4\times0.1=0.4\text{kN/m}^2$
20mm 厚水泥砂浆找平	$20\times0.02=0.4\text{kN/m}^2$
二毡三油防水层	0.35kN/m^2
	$\sum g_k=3.0\text{kN/m}^2$
天沟板	$2.02\times6=12.12\text{kN}$
天窗端壁	57kN
屋架	106kN

则作用于横向平面排架一端柱顶的屋盖自重标准值为：

$$G_{1k}=3.0\times6\times\frac{24}{2}+12.12+57+\frac{106}{2}=338.12\text{kN}$$

偏离上柱截面形心位置　$e_1=\frac{400}{2}-150=50\text{mm}$

（2）柱自重。

上柱　$G_{2k}=25\times0.4\times0.4\times3.8=15.2\text{kN}$

偏离下柱形心　$e_2=\frac{800}{2}-\frac{400}{2}=200\text{mm}$

下柱 G_{3k} 按Ⅰ形截面算出并考虑有部分矩形截面和牛腿局部自重，因此在Ⅰ形基础上乘以 1.1 增大系数，可得：

$$G_{3k}=25\times9.45\times\left(0.15\times0.4\times2+0.45\times0.1+2\times\frac{0.1+0.4}{2}\times0.025\right)\times1.1=46.1\text{kN}$$

（3）吊车梁及轨道自重。

$$G_{4k}=44.2+6=50.2\text{kN}$$

2）屋面活荷载标准值

由《建筑结构荷载规范》可得，对非上人的钢筋混凝土屋面，可取活荷载标准值为 0.5kN/m^2，大于基本雪压 $s_0=0.25\text{kN/m}^2$，因此屋面活荷载在每侧柱顶产生的压力标准值为：

$$Q_{1k}=0.5\times6\times12=36\text{kN}$$

3）吊车荷载

见例题 3－1。

4）风荷载

风荷载的计算见例题 3－2。其中，

集中于柱顶的风荷载标准值　$F_{wk}=\frac{21.4}{1.4}=15.3\text{kN}$

柱顶以下风荷载标准值 $q_{1k}=1.29\text{kN/m}$

$q_{2k}=0.8\text{kN/m}$

3. 排架内力计算

1）恒荷载作用下内力

根据结构受力情形，对屋面恒荷载G_{1k}，柱自重G_{2k}、G_{3k}及吊车梁与轨道自重G_{4k}的作用分别采用如下计算简图(图 3.62)。

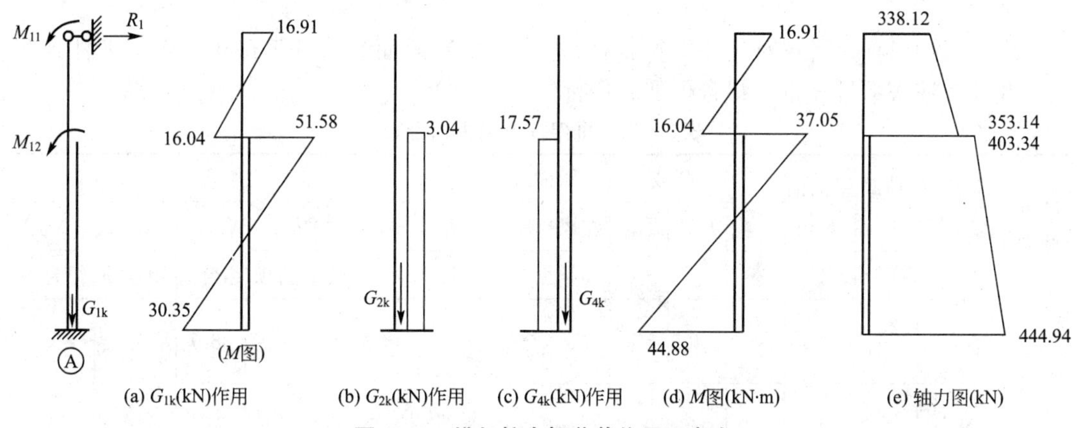

图 3.62 排架柱在恒荷载作用下内力

(1) 在G_{1k}作用下，由于结构对称性，柱顶无侧移，将荷载分别向上柱形心和下柱形心简化，得柱轴力 $N_{1k}=G_{1k}=338.12\text{kN}$，且

$$M_{11}=G_{1k}e_1=338.12\times0.05=16.91\text{kN}\cdot\text{m}$$

$$M_{12}=G_{1k}e_2=338.12\times0.20=67.62\text{kN}\cdot\text{m}$$

由 $n=0.15$，$\lambda=0.290$，查附表 20.2 图，得 $\beta_1=1.95$，在M_{11}作用下

$$R_{11}=\frac{M}{H_2}\beta_1=1.95\times\frac{16.91}{13.25}=2.49\text{kN}(\rightarrow)$$

查附表 20.3 图，得 $\beta_2=1.21$，在M_{12}作用下

$$R_{12}=\frac{M}{H_2}\beta_2=1.21\times\frac{67.62}{13.25}=6.18\text{kN}(\rightarrow)$$

故 $R_1=R_{11}+R_{12}=2.49+6.18=8.67\text{kN}(\rightarrow)$

(2) 在G_{2k}作用下，还未形成排架，则 $N_{2k}=G_{2k}$

$$M_{22}=G_{2k}e_2=15.2\times0.2=3.04\text{kN}\cdot\text{m}$$

(3) 在G_{3k}作用下，仅产生下柱轴心压力 $N_{3k}=G_{3k}=46.1\text{kN}$。

(4) 在G_{4k}作用下，轨道中心至下柱中心线距离为 $e_4=0.75-0.4=0.35\text{m}$，则

$$M_{44}=G_{4k}e_4=50.2\times0.35=17.57\text{kN}\cdot\text{m}$$

叠加(1)、(2)、(3)、(4)的弯矩图，可得 $G_1\sim G_4$ 恒荷载作用下的弯矩图(图 3.62)，相应的轴力图如图 3.62 所示。

2）屋面活荷载作用下内力

计算简图与屋面恒荷载G_{1k}的相同，内力图可由G_{1k}按比例求得：

$\dfrac{Q_{1k}}{G_{1k}}=\dfrac{36}{338.12}=0.106$，弯矩图可按图 3.62(a)乘以 0.106 得出。

$$N_{Q1k}=36\text{kN},\ N_{Q1}=1.4\times36=50.4\text{kN}$$

由于单层厂房屋面为非上人屋面，屋面活荷载内力很小。

3）风荷载作用下内力

其计算过程及结果已示于例 3-2。

4）吊车荷载作用下内力

考虑空间作用的计算过程及结果已示于例 3-4。

4. 内力组合

由于结构对称，可仅对 A 柱（或 B 柱）进行。控制截面为上柱下部Ⅰ—Ⅰ、下柱顶部Ⅱ—Ⅱ及下柱底部Ⅲ—Ⅲ，组合可列表进行（表 3-11）。

表 3-11　排架柱 A 内力组合表

<table>
<tr><th rowspan="3">控制截面</th><th rowspan="3">项目
内力值</th><th rowspan="2">恒荷载 S_{Gk}</th><th rowspan="2">屋面活荷载</th><th colspan="3">吊车荷载</th><th colspan="2">风荷载</th><th colspan="6">内力组合</th></tr>
<tr><th>D_{max}</th><th>D_{min}</th><th>T_{max}</th><th>左风</th><th>右风</th><th colspan="2">N_{max}→M、V</th><th colspan="2">N_{min}→M、N</th><th colspan="2">$|M|_{max}$→N、V</th></tr>
<tr><th>①</th><th>②</th><th>③</th><th>④</th><th>⑤</th><th>⑥</th><th>⑦</th><th>组合项</th><th>组合值</th><th>组合项</th><th>组合值</th><th>组合项</th><th>组合值</th></tr>
<tr><td rowspan="2">Ⅰ-Ⅰ</td><td>M</td><td>1.2×16.04</td><td>2.4</td><td>−46.0</td><td>−41.0</td><td>±17.2</td><td>47.88</td><td>−54.56</td><td rowspan="2">①+0.9(②+③+⑤)</td><td>−84.6</td><td rowspan="2">①+0.9(③+⑤+⑦)</td><td>86.7</td><td rowspan="2">①+0.9(③+⑤+⑦)</td><td>86.7</td></tr>
<tr><td>N</td><td>1.2×353.14</td><td>50.4</td><td>0.0</td><td>0.0</td><td>0.0</td><td>0.0</td><td>0.0</td><td>469.1</td><td>423.8</td><td>423.8</td></tr>
<tr><td rowspan="2">Ⅱ-Ⅱ</td><td>M</td><td>−1.2×37.05</td><td>−7.7</td><td>144.0</td><td>15.5</td><td>±17.2</td><td>47.88</td><td>−54.56</td><td rowspan="2">①+0.9(②+③+⑤)+⑥</td><td>126.8</td><td rowspan="2">①+⑦</td><td>−99.02</td><td rowspan="2">①+0.9(③+⑤+⑥)</td><td>143.7</td></tr>
<tr><td>N</td><td>1.2×403.34</td><td>50.4</td><td>543.1</td><td>161.3</td><td>0.0</td><td>0.0</td><td>0.0</td><td>1018.2</td><td>484.0</td><td>972.8</td></tr>
<tr><td rowspan="3">Ⅲ-Ⅲ</td><td>M</td><td>1.2×44.88</td><td>4.5</td><td>33.7</td><td>−84.0</td><td>±175.8</td><td>280.16</td><td>−261.2</td><td rowspan="3">①+0.9(②+③+⑤)+⑥</td><td>498.6</td><td rowspan="3">①+⑥</td><td>334.0</td><td rowspan="3">①+0.9(②+③+⑤+⑥)</td><td>498.6</td></tr>
<tr><td>N</td><td>1.2×444.94</td><td>50.4</td><td>543.1</td><td>161.3</td><td>0.0</td><td>0.0</td><td>0.0</td><td>1068.1</td><td>533.9</td><td>1068.1</td></tr>
<tr><td>V</td><td>1.2×8.67</td><td>1.3</td><td>−11.8</td><td>10.6</td><td>±16.8</td><td>33.03</td><td>−27.13</td><td>37.2</td><td>43.4</td><td>67.04</td></tr>
</table>

注：① 本表单位：M，kN·m；N，kN；V，kN；

② 弯矩，剪力的正负号：使杆端顺时针转动为正，逆时针转动为负；

③ 括号内数字为荷载效应标准组合。

3.6.3　排架柱配筋计算

1. 柱截面配筋

1）上柱截面配筋

（1）对矩形截面：

$$N_b=\xi_b f_c b h_0=0.55\times14.3\times400\times360=1132.6\text{kN}$$

由表 3-11 组合表，共有 2 组内力设计值，分别为：

① $N=469.1\text{kN}$，$M=35.5\text{kN}\cdot\text{m}$。

② $N=423.8\text{kN}$，$M=86.7\text{kN}\cdot\text{m}$；均为大偏心受压，由第②组内力起控制作用。

2）由表 3-6 知，$l_0=2H_u=2\times3.8=7.6\text{m}$，$l_0/h=\dfrac{7.6}{0.4}=19$，$h_0=400-40=360\text{mm}$

$$e_0=\frac{M}{N}=\frac{86700}{423.8}=205\text{mm},\ e_a=20\text{mm},\ e_i=225\text{mm}$$

$\zeta_c=\dfrac{0.5f_cA}{N}=\dfrac{0.5\times14.3\times400^2}{423800}=2.7>1.0$，取 $\zeta_c=1.0$

$$\eta_s=1+\frac{1}{1500\dfrac{e_i}{h_0}}\left(\frac{l_0}{h}\right)^2\zeta_c$$

$$=1+\frac{1}{1500\times\dfrac{225}{360}}\times19^2\times1.0=1.385$$

$e=\eta_se_i+\dfrac{h}{2}-a_s=1.385\times225+200-40=472\text{mm}$

(3) $\xi=\dfrac{N}{f_cbh_0}=\dfrac{423800}{14.3\times400\times360}=0.206<\dfrac{2a'_s}{h_0}=\dfrac{80}{360}=0.222$

$e'=\eta_se_i-\dfrac{h}{2}+a'_s=1.385\times225-200+40=152\text{mm}$

$A'_s=A_s=\dfrac{Ne'}{f_y(h_0-a'_s)}=\dfrac{423800\times152}{300\times(360-40)}=671\text{mm}^2$

选 3Φ18，$A'_s=A_s=764\text{mm}^2$

2）下柱截面配筋

(1) 工形截面(图 3.61)取 $h_f=h'_f=162\text{mm}$；$h_0=h-a_s=800-40=760\text{mm}$；$N_b=\xi_bf_cbh_0+f_c(b'_f-b)h'_f=0.55\times14.3\times100\times760+14.3\times(400-100)\times162=1292.7\text{kN}$。大于下柱各组之 N 设计值，故Ⅱ—Ⅱ及Ⅲ—Ⅲ截面的 6 组内力组合值(N，M)：1018.2，93.7；1018.2，246.5；484.0，99.02；533.9，334.0；972.8，143.7；1068.1，448.6 中，对配筋起控制作用的内力值为：①$N=533.9\text{kN}$，$M=334.0\text{kN}\cdot\text{m}$ 或②$N=1068.1\ \text{kN}$，$M=498.6\text{kN}\cdot\text{m}$。

(2) 由表 3-6 知，下柱 $l_0=1.0H_l=9.45\text{m}$，$\dfrac{l_0}{h}=\dfrac{9.45}{0.8}=11.81$，$\xi_2=1.0$，$h_0=760\text{mm}$，$e_a=\dfrac{800}{30}=26.7\text{mm}$

$$A=800\times400-300\times(800-2\times172)=183200\text{mm}^2$$

以下分别对①和②组内力进行计算(②组结果见括号内数字)。

$$\zeta_c=\frac{0.5f_cA}{N}$$

$$=\frac{0.5\times14.3\times183200}{533900}=2.45(1.22)>1.0，取\ \zeta_c=1.0$$

$$\eta_s=1+\frac{1}{1500\dfrac{e_i}{h_0}}\left(\frac{l_0}{h}\right)^2\zeta_c$$

$$=1+\frac{1}{1500\times\frac{663}{760}}\times 11.81^2\times 1.0=1.1(1.13)$$

$$e=\eta_s e_i+\frac{h}{2}-a_s=1.1\times 663+400-40=1089\text{mm}(918\text{mm})$$

(3) 假定受压区在翼缘内，则

$$\xi=\frac{N}{f_c b'_f h_0}=\frac{533900}{14.3\times 400\times 760}=0.123(0.246)<\frac{h'_f}{h_0}=\frac{162}{760}=0.213\text{，与假定符合(进入腹板)。}$$

$$>\frac{2a'_s}{h_0}=\frac{40\times 2}{760}=0.105\text{，}\xi\text{可用。}$$

$$\left[\xi=\frac{N-f_c(b'_f-b)h'_f}{f_c b h_0}=0.343\right]$$

$$A_s=A'_s=\frac{Ne-\xi(1-0.5\xi)f_c b'_f h_0^2}{f_y(h_0-a'_s)}=$$

$$\frac{533900\times 1099-0.123\times(1-0.5\times 0.123)\times 14.3\times 400\times 760^2}{300\times(760-40)}=926\text{mm}^2$$

$$\left[A_s=A'_s=\frac{Ne-\xi(1-0.5\xi)f_c b h_0^2-f_c(b'_f-b)h'_f(h_0-\frac{h'_f}{2})}{f'_y(h_0-a'_s)}=1268\text{mm}^2\right]$$

选 4Φ20($A_s=1256\text{mm}^2$)

3) 平面外验算

上柱：

$l_0=1.5\times 3.8=5.7\text{m}$，$l_0/b=5.7/0.4=14.25$，由附表 21，有 $\varphi=0.914$

$$A'_s=764\times 2=1528\text{mm}^2\text{，}1528/A=0.96\%<3\%$$

$N_u=0.9\varphi(f_c A+f_y A'_s)=0.9\times 0.914\times(14.3\times 400^2+300\times 1528)=2259\text{kN}$
$>N_{max}=469.1\text{kN}$

下柱：

$$l_0=1.0\times 9.45=9.45\text{m}$$

$$I\approx\frac{1}{12}\times 162\times 400^2\times 2+\frac{1}{12}\times 475\times 100^3=1.767\times 10^9\text{mm}^4$$

$$i=\sqrt{\frac{I}{A}}=98.23\text{；}\frac{l_0}{i}=\frac{9450}{98.23}=96.2\text{，则 }\varphi=0.565$$

$$A'_s=2\times 1018=2036\text{mm}^2\text{，}A'_s/A=1.11\%$$

$$N_u=0.94\varphi(f_c A+f'_y A'_s)=0.9\times 0.565\times(14.3\times 183200+300\times 2036)$$

$$=1642.7\text{kN}$$

$$>N=1068.1\text{kN}$$

4) 裂缝宽度验算

对截面Ⅲ-Ⅲ，决定配筋的组合：$N=533.9\text{kN}$、$M=334\text{kN}\cdot\text{m}$，其偏心距 $e_0>0.55h_0$，应进行裂缝宽度验算。

(1) 荷载效应准永久组合值。

$M_q=M_{GK}+\psi_q M_{QK}=44.88+0.5\times 280.16=184.96\text{kN}\cdot\text{m}$

$N_q=\psi_q N_K=0.5\times 444.94=222.47\text{kN}$

(2) $e_0=\frac{M_q}{N_q}=\frac{184960}{222.47}=831\text{mm}$

$\rho_{te}=\frac{A_s}{A_{te}}=\frac{1018}{0.5\times183200}=0.0111$

$$\eta_s=1+\frac{1}{4000\frac{e_0}{h_0}}\left(\frac{l_0}{h}\right)^2$$

$$=1+\frac{1}{4000\times\frac{831}{760}}\times11.81^2=1.03$$

$e=\eta_s e_0+\frac{h}{2}-a_s=1.03\times831+400-40=1216\text{mm}$

$\gamma'_f=\frac{(b'_f-b)h'_f}{bh_0}=\frac{300\times162}{100\times760}=0.639$；

$$z=\left[0.87-0.12\times(1-\gamma'_f)\left(\frac{h_0}{e}\right)^2\right]h_0$$

$$=[0.87-0.2\times(1-0.639)\times(760/1216)^2]\times760=648\text{mm}$$

$\sigma_{sq}=\frac{N_q(e-z)}{A_s z}=\frac{222470\times(1216-648)}{1018\times648}=191.6\text{N/mm}^2$

$$\varphi=1.1-0.65\frac{f_{tk}}{\rho_{te}\sigma_{sq}}$$

$$=1.1-0.65\frac{2.01}{0.0111\times191.6}=0.486$$

(3) $\omega_{max}=\alpha_{cr}\varphi\frac{\sigma_{sq}}{E_s}\left(1.9c+0.08\frac{d_{eq}}{\rho_{te}}\right)$

$$=2.1\times0.486\times\frac{191.6}{2.0\times10^5}\left(1.9\times30+0.08\frac{18}{0.0111}\right)$$

$$=0.18\text{mm}<\omega_{lim}=0.3\text{mm}$$

故满足要求。

2. 柱牛腿设计

1) 牛腿几何尺寸确定

牛腿宽度 $b=400\text{mm}$；牛腿顶面长度＝轨道中心线至柱外边缘距离(750mm)－上柱宽(400mm)＋0.5 吊车梁底宽的(340mm/2)＋吊车梁外侧至牛腿外边缘距离 C_1(130mm)＝650mm；牛腿外边缘 h_1 取为 300mm，下边缘倾角取为 $\alpha=45°$，其几何尺寸如图 3.63 所示。

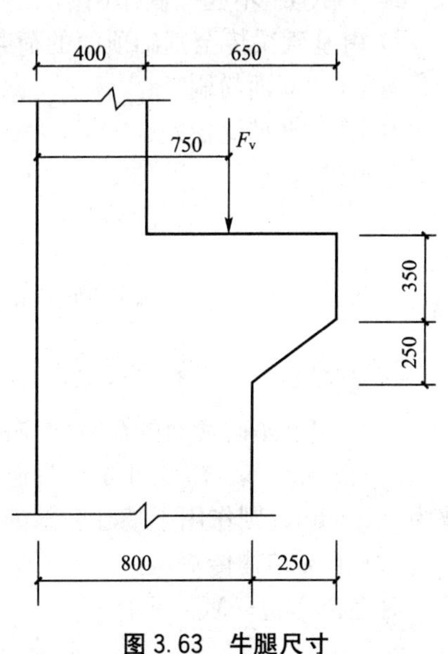

图 3.63 牛腿尺寸

2) 牛腿的抗裂验算

由例 3-1 知：

$F_{yk}=D_{kmax}+G_{4k}=\frac{543.1}{1.4}+50.2=438.1\text{kN}$

$F_{hk}=T_{kmax}=\frac{18.6}{1.4}=13.3\text{kN}$

由式(3.8)，取$a=0$，

$$\beta\left(1-0.5\frac{F_{hk}}{F_{vk}}\right)\frac{f_{tk}bh_0}{0.5+\frac{a}{h_0}}=0.65\times\left(1-0.5\times\frac{13.3}{438.1}\right)\times\frac{2.01\times400\times510}{0.5}=525kN$$

$>F_{vk}=438.1kN$，满足要求。

3）正截面承载力计算

$F_v=543.1+1.2\times50.2=603.3kN$，$F_h=18.6kN$

$a=350mm>0.3h_0=0.3\times510=153mm$

则由式(3.9)得：

$$A_s\geqslant\frac{F_va}{0.85f_yh_0}+1.2\frac{F_h}{f_y}$$

$$=\frac{603300\times153}{0.85\times300\times510}+1.2\times\frac{18600}{300}=784mm^2$$，选4Φ16($A_s=804mm^2$)

3. 吊装验算

采用翻身吊，吊点在牛腿与下柱交接处，可不进行验算。

3.6.4 基础设计

1. 荷载计算

1）排架柱传至基础顶面的荷载(内力)值

由表3-11知，共有3组内力值。

(1) $N=1068.1kN$，$M=246.5kN\cdot m$，$V=37.2kN$。

(2) $N=533.9kN$，$M=344kN\cdot m$，$V=43.4kN$。

(3) $N=1068.1kN$，$M=448.6kN\cdot m$，$V=67.04kN$。

其中第①组不起控制作用。

2）由基础梁传至基础顶面的荷载值

墙重(含双面粉刷)	$[(14.3+0.5)\times6-(5.1+1.8)\times4]\times5.24=320.69kN$
窗重(钢框玻璃窗)	$(5.1+1.8)\times4\times0.45=12.42kN$
基础梁自重	$0.25\times0.35\times6\times25=13.13kN$
	$G_{5k}=346.24kN$

$$距基底中心线距离=\frac{0.24}{2}+0.4=0.52m$$

2. 基础底面尺寸的确定

1）作用于基础底面的荷载效应标准组合值

由表3-8、表3-9可知，假定基础高度$h=800+50+250=1100mm$，基础底部标高取为$-1.60m$，则作用于基础底部的内力标准值(图3.64)。

(1) 上部结构传下。

对组合$N_{min}\rightarrow M$、N有：

$$M_k=245kN\cdot m，N_k=444.9kN$$

$V_k=32.3kN \to M_{kv}=32.3\times1.1$

$=35.5kN\cdot m$

对组合$|M|_{max}\to N$、V有：

$M_k=352kN\cdot m$，$N_k=858.1kN$

$V_k=47.2kN$

$\to M_{kv}=47.2\times1.1=51.9kN\cdot m$

(2) 基础自重。

$G_k=20\times1.6A=32A(kN)$

(3) 基础梁传下。

$G_{5k}=346.2kN$

$-M_{k5}=346，2\times0.52=180kN\cdot m$

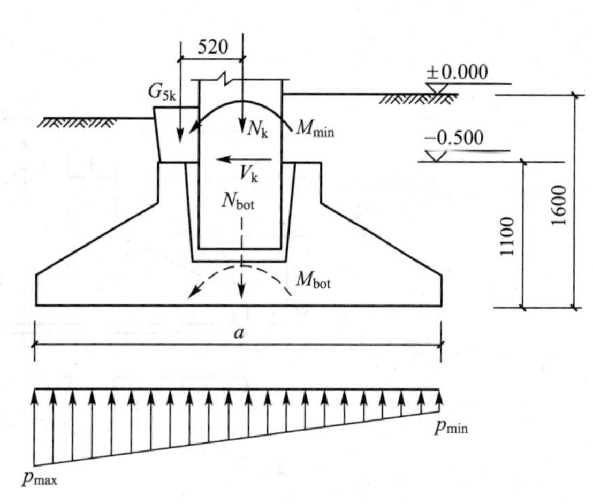

图 3.64 基础底部荷载效应标准组合

综合(1)、(2)、(3)，可得两组内力标准值分别是：

$$M_{bot1}=245+35.5-180=100.5kN\cdot m$$

$$N_{bot1}=444.9+32A+346.2=791.1+32A$$

$$M_{bot2}=352+51.9-180=223.9kN\cdot m$$

$$N_{bot2}=858.1+32A+346.2=1204.3+32A$$

2) 选择第二组内力，按轴心受压估算

$\frac{(1204.3+32A)\times(1.2\sim1.4)}{A}\leqslant f_{ak}=225kPa/m^2$，可得 $A=(7.95-9.62)m^2$。

取 $a/b=1.5$，可分别解出 a、b 值：$a=3.45\sim3.80m$，$b=2.3\sim2.5$ m，实际选择 $a=3.8m$，$b=2.4m$，则 $A=9.1\ 2m^2$，此时

$$e_0=\frac{M_{bot}}{N_{bot}}=\frac{223.9}{1204.3+32\times9.12}=0.05m<\frac{a}{6}=\frac{3.8}{6}=0.63mm$$

3) 验算

对第一组内力：

$$p_{max}=\frac{N_{bot}}{A}+\frac{M_{bot}}{W}=\frac{791.1}{32\times9.12}+\frac{0.05}{\frac{1}{6}\times2.4\times3.8^2}=136.1kPa<1.2f_{ak}，满足要求。$$

对第二组内力：

$$p_{max}=\frac{1204.3}{32\times9.12}+\frac{223.9}{\frac{1}{6}\times2.4\times3.8^2}=203kPa<1.2f_{ak}=270kPa，满足要求。$$

该车间属于可不作变形验算的丙类建筑物，故选定其基础底面尺寸为 $b\times a=2400mm\times3800mm$。

3. 抗冲切验算

按照构造要求，选择杯形基础尺寸如图 3.65 所示。上阶底面落在 45°冲切面之内，因此该基础只需进行变阶处的抗冲切承载力计算。

1) 地基净反力计算

此时应采用荷载效应基本组合，且基础梁传下的恒荷载产生的弯矩对结构有利，该项 γ_G 可取 1.0。

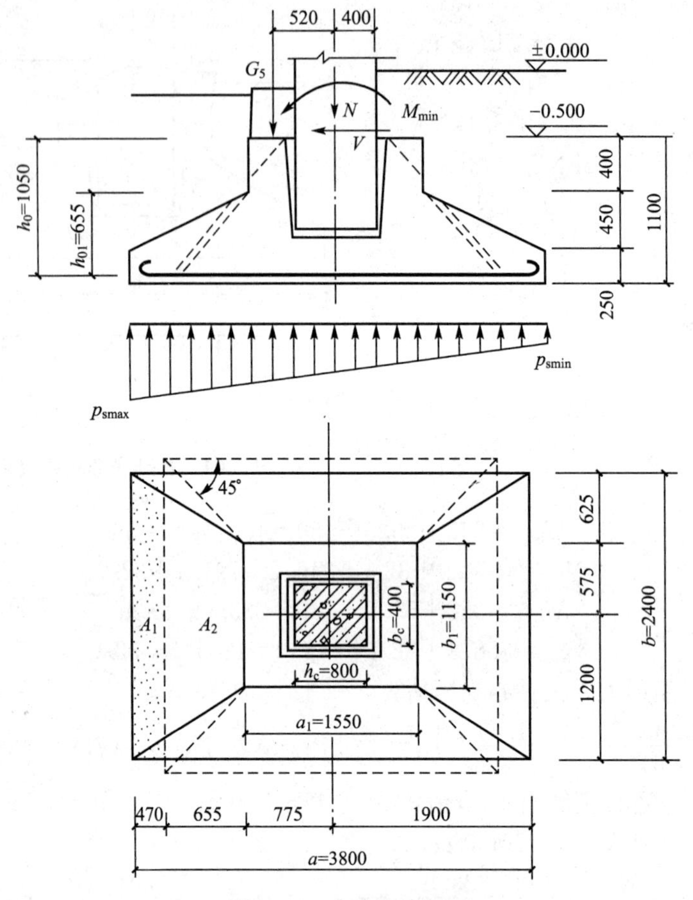

图 3.65　冲切计算简图

选择内力组合值 $N=1068.1\text{kN}$，$M=448.6\text{kN}\cdot\text{m}$，$V=67.04\text{kN}$，则

$$\frac{p_{smax}}{p_{smin}}=\frac{1068.1+1.2\times 346.24}{2.4\times 3.8}\pm\frac{448.6+67.04\times 1.1-180}{\frac{1}{6}\times 2.4\times 3.8^2}$$

$$=162.67\pm 59.26=\frac{221.93\text{kPa}}{103.41\text{kPa}}$$

2）冲切计算

(1) 基础底面宽度 $b=2.4\text{m}<$ 冲切锥体底边宽 $\left(\frac{b_1}{2}+h_{01}\right)\times 2=2.46\text{m}$，因此：

$$A_l=\left(\frac{a}{2}-\frac{a_1}{2}-h_{01}\right)b=\left(\frac{3.8-1.55}{2}-0.655\right)\times 2.4=1.128\text{m}^2$$

$$F_l=p_{smax}A_l=221.93\times 1.128=250.3\text{kN}$$

(2) 变阶处抗冲切力。

$$b_m=\frac{b_1+b_b}{2}=\frac{1.15+2.4}{2}=1.775\text{m}$$

$[F_l]=0.7\beta_h f_t b_m h_{01}=0.7\times 1.0\times 1.1\times 1.775\times 0.655\times 10^3=895\text{kN}>F_l$，满足要求。

4. 底板配筋计算

1）长边配筋计算

在柱边及变阶处，由 $p_{smax}=221.93\text{kPa}$ 和 $p_{smin}=103.41\text{kPa}$ 得：

柱边处 $$p_{n1}=221.93+(103.41-221.93)\times\frac{1.5}{3.8}=175.1\text{kPa}$$

变阶处 $$p_{n1}=221.93+(103.41-221.93)\times\frac{1.125}{3.8}=186.8\text{kPa}$$

按柱边计算时

$$M_{\text{I}}=\frac{1}{48}(p_{smax}+p_{n1})(a-h_c)^2(2b+b_c)$$

$$=\frac{1}{48}\times(221.93+175.1)\times(3.8-0.8)^2\times(2\times2.4+0.4)=387.1\text{kN}\cdot\text{m}$$

$$A_{s\text{I}}=\frac{M_{\text{I}}}{0.9f_yh_0}=\frac{387.1\times10^6}{0.9\times300\times1055}=1359\text{mm}^2$$

按变阶处计算时，$M_{\text{I}}=\frac{1}{48}\times(221.93+186.8)\times(3.8-1.55)^2\times(2\times2.4+1.15)$

$$=256.5\text{kN}\cdot\text{m}$$

$$A_{s\text{I}}=\frac{256.5\times10^6}{0.9\times300\times655}=1450\text{mm}^2$$，选 13Φ12(@160)，$A_s=1470\text{mm}^2$

2）短边配筋计算

$$p_n=\frac{p_{smax}+p_{smin}}{2}=162.67\text{kPa}$$

M_{II} 同样考虑柱边截面和变阶处截面。

在柱边处

$$M_{\text{II}}=\frac{p_n}{24}(b-b_c)^2(2a+h_c)=\frac{162.67}{24}\times(2.4-0.4)^2\times(2\times3.8+0.8)=222.74\text{kN}\cdot\text{m}$$

$$A_{s\text{II}}=\frac{M_{\text{II}}}{0.9f_y(h_0-10)}=\frac{222.74\times10^6}{0.9\times300\times(1055-10)}=789\text{mm}^2$$

在变阶处

$$M_{\text{II}}=\frac{162.67}{24}\times(2.4-1.15)^2\times(2\times3.8+1.55)=49.61\text{kN}\cdot\text{m}$$

$$A_{s\text{II}}=\frac{M_{\text{II}}}{0.9f_y(h_{01}-10)}=\frac{49.61\times10^6}{0.9\times300\times(655-10)}=285\text{mm}^2$$

选 20Φ10(@200)，$A_s=1570\text{mm}^2$，满足要求。

3.6.5 结构施工图

单层厂房排架结构施工图主要有：基础平面布置图及基础详图；柱平面布置(含柱间支撑)、吊车梁平面布置图；屋盖系统(屋架支撑、天窗架、屋面板等)平面布置图；排架柱、抗风柱配筋图及模板图等。结构说明可分散在有关图纸内，亦可设置首页作总说明。限于篇幅，本书仅画出排架柱之一(中间柱)的模板图和配筋图及基础图(图 3.66)。

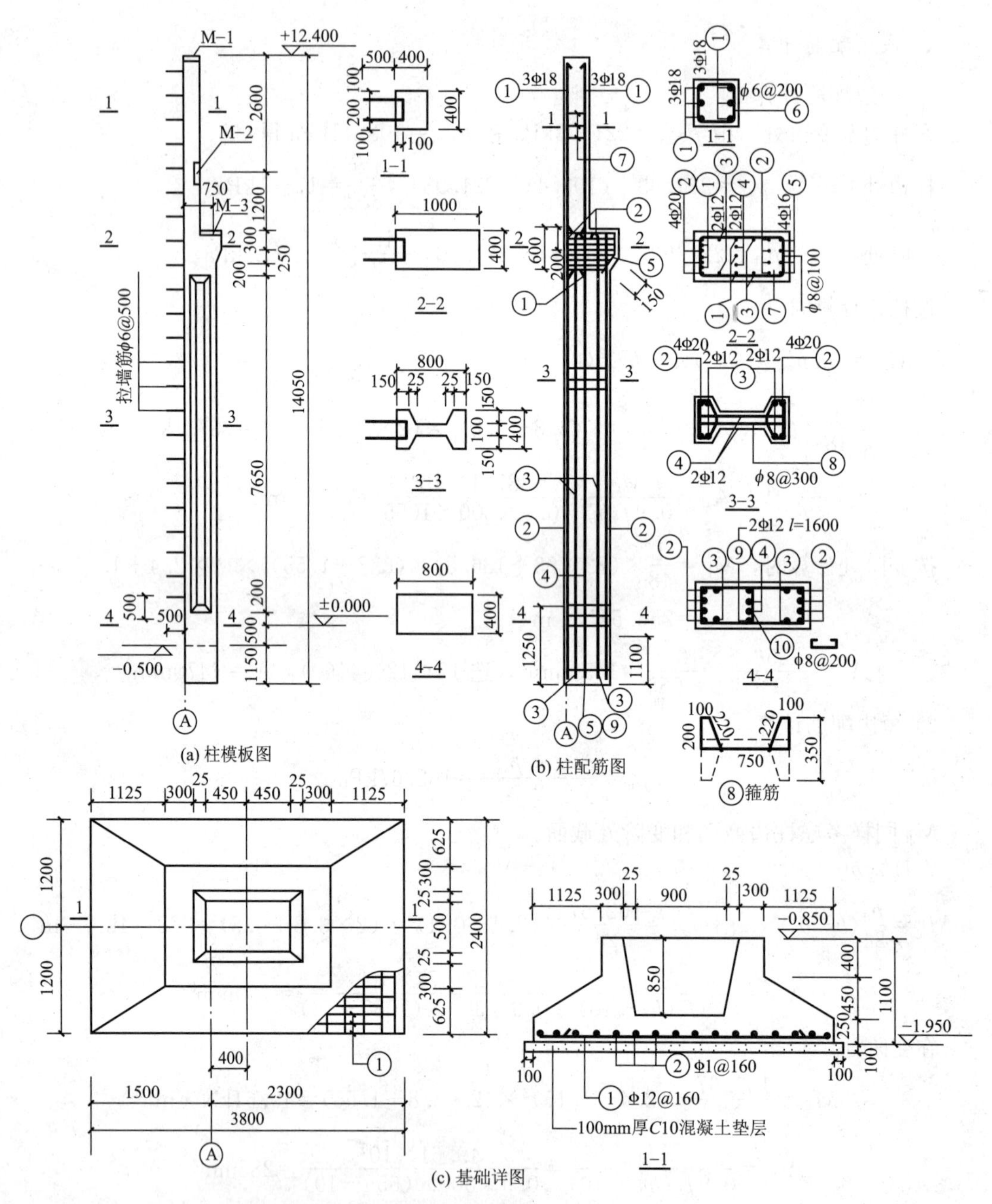

图 3.66　排架柱和基础的模板图和配筋图

本章小结

（1）排架结构是单层厂房常用的结构形式，由屋盖结构、横向平面排架、纵向平面排架和围护结构组成。厂房的主要结构构件都是预制构件(采用国家标准图集制作)，结构布置时，应注意保证结构的整体性，尤其应重视支撑系统的布置。

(2) 单层厂房排架等结构的计算一般可只按横向平面排架进行。对于等高排架，可采用剪力分配法进行计算。

(3) 计算出各种荷载作用下的排架内力后，要对排架柱的控制截面进行荷载效应组合，并可按简化的组合公式进行。在配筋计算时，还应考虑轴力和弯矩的相关性，采用不同的内力组合求出 N 和 M。

(4) 排架柱的设计内容包括在使用阶段排架平面内(偏心受压)、排架平面外(轴心受压)各控制截面的配筋计算，施工阶段的吊装验算以及牛腿的计算和构造，并绘制柱(包括牛腿)的模板图与配筋图。

(5) 柱下单独基础的底面尺寸、基础高度(包括变阶处的高度)以及基底沿长边和短边两个方向的配筋应分别满足地基土承载力、基础抗冲切以及抗弯承载力的要求。此外，还应遵守有关构造要求。

思考题

1. 单层厂房结构布置的内容和要求是什么？结构布置的目的是什么？

2. 单层厂房中有哪些支撑？它们的作用是什么？

3. 根据厂房的空间作用和受荷特点在内力计算时可能遇到哪几种排架计算简图？它们分别在什么情况下采用？

4. 荷载组合的原则是什么？荷载组合中为什么要引入荷载组合值系数？对一般排架结构荷载效应基本组合的简化规则是什么？

5. 什么是单层厂房的整体空间作用？哪些荷载作用下厂房的整体空间作用最明显？单层厂房整体空间作用的程度和哪些因素有关？

6. 排架柱的截面尺寸和配筋是怎样确定的？

7. 牛腿有哪两种类型？牛腿的尺寸和配筋如何确定？

8. 柱下单独基础的底面尺寸、基础高度(包括变阶处的高度)以及基底配筋是根据什么条件确定的？为什么在确定基底尺寸时要采用全部土壤反力？而在确定基础高度和基底配筋时又采用土壤净反力(可不考虑基础及其台阶上回填土自重)？

习题

一、计算题

1. 某单跨厂房柱距为6m，内设两台软钩桥式吊车，起重量 Q=30/5t，若水平制动力按一台考虑，求柱承受的吊车最大垂直荷载和水平荷载的设计值。吊车数据如下。

起重量 /t	跨度 /m	最大轮压 /kN	卷扬机小车重 /kN	吊车总重 /kN	轮距 /mm	吊车宽 /mm
30/5	22.5	297	107.6	370	5000	6260

2. 已知单层厂房柱距为6m，基本风压 $w_0=0.35\text{kN/m}^2$，其体型系数和外形系数尺寸如图3.67所示，求作用在排架上的风荷载。

3. 如图3.68所示的两跨排架，在A柱牛腿顶面处作用的力矩 $M_{max}=211.1\text{kN}\cdot\text{m}$，在B柱牛腿顶面处作用的力矩 $M_{min}=134.5\text{kN}\cdot\text{m}$，$I_1=2.13\times10^9\text{mm}^4$，$I_2=14.52\times10^9\text{mm}^4$，$I_3=5.21\times10^9\text{mm}^4$，$I_4=17.76\times10^9\text{mm}^4$，上柱高 $H_u=3.8\text{m}$，全柱高 $H=12.9\text{m}$，求排架内力。

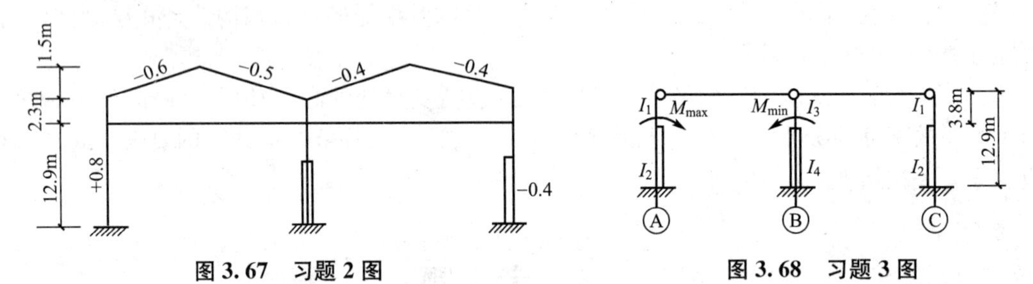

图3.67　习题2图　　　　图3.68　习题3图

4. 某单层厂房柱(截面400mm×800mm)下单独基础，杯口顶面承受荷载的设计值为 $F_k=625.7\text{kN}$，$M_{ktop}=271\text{kN}\cdot\text{m}$，$V_{ktop}=20.5\text{kN}$，地基承载力特征值 $f_a=180\text{kN/m}^2$，基底埋深 $d=1.55\text{m}$，混凝土强度等级为C20. HRB335级钢筋，垫层厚100mm，要求设计该基础(基础及其台阶上回填土平均重度为 20kN/m^3)。

5. 某柱截面为350mm×400mm，采用C30混凝土，HRB400级钢筋，对称配筋，该柱可能承受下列两组荷载，若 $\eta=1$，试问应以哪一组荷载引起的内力设计值进行配筋计算？$A_s=A'_s=?$

第一组　$N=695\text{kN}$，$M=182\text{kN}\cdot\text{m}$；

第二组　$N=400\text{kN}$，$M=175\text{kN}\cdot\text{m}$。

单层厂房课程设计任务书和指导书

设计任务书

一、题目

单层工业厂房排架结构设计(设计号：W____Z____D____H____)。

二、设计资料

某单层工业厂房××车间，根据工艺要求采用单跨布置(附属用房另建，本设计不考虑)。车间总长132m、柱距6m、跨度24m，不设天窗，吊车设置见设计号。外围墙体为240mm砖墙，用MU10烧结多孔砖、M5混合砂浆砌筑。纵向墙上每柱间设置上、下两层窗户：上层窗口尺寸(宽×高)=4000mm×1800mm，窗洞顶标高取为柱顶以下250mm处；下层窗口尺寸(宽×高)=4000mm×4800mm，窗台标高为1.000m处。两山墙处设置

6m 柱距的钢筋混凝土抗风柱，每山墙处有两处钢木大门，洞口尺寸(宽×高)＝3600mm×4200mm(集中设在中间抗风柱两侧对称设置)。

该车间所在场地由地质勘察报告提供的资料为：厂区地势平坦，地面(标高为－0.300m)以下0.8～1.2m为填土层，再往下约为0.4m厚的耕植土，再往下为粉质粘土层，厚度超过6m，其地基承载力特征值 $f_{ak}=200kN/m^2$，可作为持力层；再往下为碎石层。地下水位约为－7.0m，无侵蚀性；该地区为非地震区。

场区气象资料有关参数(如基本风压、地面粗糙度等)按表3-12设计号中数据取用；基本雪压 $s_0=0.3kN/m^2$。

三、设计内容

(1) 按指导教师给定的设计号(表3-12)进行设计；吊车参数由表3-13取用。

(2) 进行1榀横向平面排架结构的设计计算及抗风柱计算，编制设计计算书。

(3) 按标准图集选择屋面结构构件、吊车梁、基础梁、柱间支撑等。

(4) 用2号图纸2张或1号图纸1张，绘制屋盖结构、柱及柱间支撑、吊车梁、基础及基础梁的结构平面布置图；绘制排架及基础的配筋图和模板图(用铅笔图完成)。

表3-12 设计基本参数

分类编号	1	2	3	4	5	6	7	8
基本风压 w_0 /(kN/m²)	0.3	0.35	0.40	0.45	0.50	0.55	0.60	0.65
地面粗糙度 Z	A	A	B	B	C	C	D	D
吊车组合 D	①+②	④+④	①+③	③+③	②+③	②+②	①+①	②+④
柱顶标高 H/m	+12.4	+12.2	+12.0	+11.8	+11.6	+11.4	+11.2	+11.0

注：① 设计号由上述四项组合而成，例如，当设计号为W2Z1D3H4时，所取数据 $w_0=0.35kN/m^2$，地面粗糙度为A类，吊车为1台5t吊车和1台1 5/3t吊车，柱顶标高为+11.8m；
② 室内地坪设计标高为±0.000，室外地坪设计标高为－0.300m；
③ 厂区无积灰荷载，屋面检修活荷载标准值为0.5kN/m²，雪荷载标准值为0.3kN/m²。

四、设计要求

(1) 计算书应书写清楚，字体端正，主要计算步骤、计算公式、计算简图均应列入，并尽量利用表格编制计算过程。

(2) 图纸应整洁，线条及字体应规范，并在规定时间内完成。

设计指导书

一、目的要求

本课程设计是钢筋混凝土结构课的重要实践环节之一。通过本课程设计，使学生对单层工业厂房排架结构的组成、受力特点、荷载计算、排架内力分析、荷载组合及内力组合、排架柱、抗风柱的配筋设计、柱下独立基础设计计算等有较全面、清楚的了解和掌握，为从事实际工程设计打下基础。

二、厂房中标准构件及自重(参考)

(1) 预应力混凝土大型屋面板，选用 92G410(一)，板高 240mm，板重标准值(含灌缝)为 1.4N/m^2。

(2) 预应力混凝土折线形屋架，选用 95G415(二)，屋架高度 1.8m(檐口处)，屋面坡度为 1∶15，自重标准值 106 kN/榀。

(3) 先张法预应力混凝土吊车梁，选用 95G425，自重标准值为 44.2kN/根，轨道及零配件自重 1kN/m(不同规格的吊车梁有不同自重，如无实际资料，可均按上述取值)。

三、24m 跨中级中级工作制桥式吊车主要参数(表 3-13)

表 3-13　24m 跨中级中级工作制桥式吊车主要参数

序号	起重量/t	轮压值/kN		小车重 g_k/kN	吊车总重/kN	吊车最大宽 B	大车轮距 K	上柱柱高/吊车梁高/m
		p_{kmax}	p_{kmin}					
①	5	90	41	19.9	212	4660	3550	3.6/1.0
②	10	133	37	39.0	240	5290	4050	3.6/1.0
③	15/3	176	55	73.2	312	5500	4400	3.6/1.0
④	20/5	202	60	77.2	324	5600	4400	3.8/1.2

四、屋面做法(参考)

自上而下：二毡三油防水层为 0.35kN/m^2；20mm 厚水泥砂浆找平层为 20kN/m^3；100mm 厚水泥珍珠岩制品保温层为 4kN/m^3；一毡二油隔气层为 0.05kN/m^2；20mm 厚水泥砂浆找平层为 20kN/m^3；屋面基层(大型屋面板)。

五、排架柱及基础材料选用(参考)

1. 排架柱

混凝土：C30～C40；

纵向受力钢筋：HRB400 级或 HRB500 级；箍筋：HPB300 级。

2. 基础

混凝土：C20～C25；钢筋：HRB335级或HPB300级。

六、主要设计计算步骤

1. 确定结构计算简图

(1) 确定基础顶面高度、上柱高度、下柱高度及柱全高。

(2) 选择柱截面形式及柱截面尺寸，计算惯性矩，画出计算简图。

2. 荷载计算

(1) 恒荷载：按屋面、柱、吊车梁顺序进行；求出屋面恒荷载在柱顶集中压力值及作用位置(距上柱外边缘150mm)。

(2) 屋面活荷载：求出屋面活荷载在柱顶集中压力值及作用位置。

(3) 吊车荷载：作影响线，求D_{max}及D_{min}，求T_k及T_{max}。

(4) 风荷载计算：柱顶以下为均布荷载、柱顶以上简化为柱顶集中荷载。

3. 内力计算

注意排架结构的对称性及荷载作用特点，求出各控制截面内力标准值。

(1) 恒荷载作用下：柱自重及吊车梁自重产生内力在排架形式前，可直接求出；屋面恒荷载在柱顶集中压力值分别向上柱及下柱截面形心简化，轴力可直接求出。

(2) 屋面活荷载作用下：可利用屋面恒荷载作用的结果。

(3) 吊车荷载作用下：①D_{max}作用在A柱；②D_{max}作用在B柱，注意利用①的结果；③T_{max}作用下，注意有两个方向。

(4) 风荷载作用下：注意有两个方向。

4. 荷载效应组合

利用简化公式，针对各控制截面，列出框架柱的内力组合表。

5. 排架柱及抗风柱配筋设计

采用对称配筋，注意N和M的相关性，注意施工阶段验算，进行牛腿设计。

6. 基础设计

(1) 荷载计算：分别求出排架柱传至基础顶面处的内力组合(利用组合表结果)以及墙体通过基础梁传至基础顶面自重。

(2) 确定基础底面尺寸。

(3) 确定基础高度：先按构造要求初选基础高度，再按抗冲切承载力验算。

(4) 确定底板配筋。

七、绘制施工图

(1) 利用对称性，绘制基础平面、柱平面及支撑、屋盖平面及支撑布置。

(2) 绘制排架柱及抗风柱配筋图及模板图。

八、时间安排

(1) 设计计算：1 周。
(2) 绘制施工图：1 周。

第4章 多层钢筋混凝土框架结构

教学目标

本章介绍多层钢筋混凝土现浇框架的设计计算方法。通过本章的学习，要求达到以下目标。

(1) 掌握框架结构的布置，梁、柱截面尺寸的选择，框架结构的荷载计算。

(2) 熟悉框架内力的计算方法(包括竖向荷载作用下的分层法、水平荷载作用下的 D 值法)。

(3) 理解框架梁、柱的内力组合原则和方法。

(4) 掌握框架梁柱配筋计算，能运用有关构造要求绘制框架配筋图。

教学要求

知识要点	能力要求	相关知识
框架的计算简图	(1) 了解框架结构的组成和布置原则 (2) 掌握梁柱截面尺寸的确定方法 (3) 掌握框架受荷的计算方法	(1) 受弯构件 (2) 偏心受压构件 (3) 恒载、活载、风载 (4) 地震作用
竖向荷载作用下的内力近似计算	(1) 了解分层法的计算假定 (2) 掌握分层法的计算步骤和方法 (3) 掌握恒载、活载下的结构内力计算	(1) 力矩分配法 (2) 对称荷载与对称结构
水平荷载作用下的内力近似计算	(1) 掌握 D 值法的主要计算步骤 (2) 掌握风载、地震作用下的结构内力计算	(1) 反弯点 (2) 框架侧移刚度
作用效应组合	(1) 掌握梁、柱最不利内力组合类型 (2) 理解弯矩对柱承载力的影响	(1) 控制截面 (2) 最不利内力
框架的配筋计算	(1) 熟悉框架梁、柱的配筋计算方法 (2) 理解框架施工图的绘制方法 (3) 掌握节点配筋构造	(1) 建筑 CAD (2) 建筑抗震设计

基本概念

框架结构、横向承重、纵向承重、整体肋形梁、分层法、D 值法、重力荷载代表值、荷载效应组合、框架柱内力组合、框架柱弯矩增大系数、箍筋加密区

引言

钢筋混凝土框架结构是多层和高层建筑的主要结构形式之一。它是由钢筋混凝土柱、梁和板组成的承重结构体系(图 4.1)，广泛用于工业厂房、办公楼、教学楼、商场、酒店等建筑。

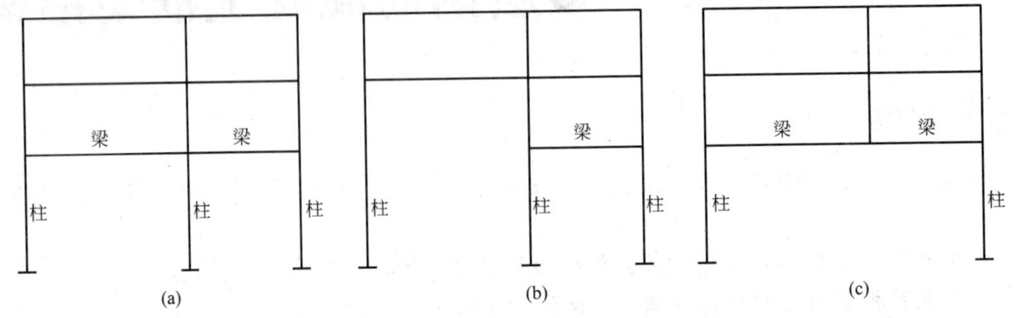

图 4.1　框架体系

图 4.2 是武汉理工大学光纤传感技术研究中心国家工程实验楼，是由一栋 12 层主楼、3 层裙房、1 层地下室组成的框架结构。一至三层层高为 5.4m，四至十一层层高为 3.6m，十二层为 4.2m，室内外高差 0.600m。该楼集办公、试验、科研、教学、会议交流等用途于一身。

图 4.2　光纤楼外貌

4.1 框架结构布置

4.1.1　框架结构的组成和特点

框架结构由梁、柱和楼(屋)盖组成。在竖向荷载和水平荷载作用下，框架梁的主要内力为弯矩和剪力，其轴力很小，常可忽略不计；框架柱的主要内力为轴力、弯矩和剪力。设计时需要考虑的框架变形主要指结构的水平位移—侧移。框架的侧移主要由水平荷载(作用)引起，若其值太大会影响房屋的正常使用。

4.1.2　框架结构布置的一般原则

在进行框架结构房屋的竖向承重结构布置时，除需满足建筑的使用要求外，还需注意如下几点：①结构的受力要明确；②结构布置要尽可能对称；③非承重隔墙宜采用轻质材料，以减轻房屋自重；④构件类型、尺寸的规格要尽量减少，以利于生产的工业化。

按照承重方式的不同，框架结构可以分为横向承重、纵向承重以及纵横双向承重3种方案(图4.3)。

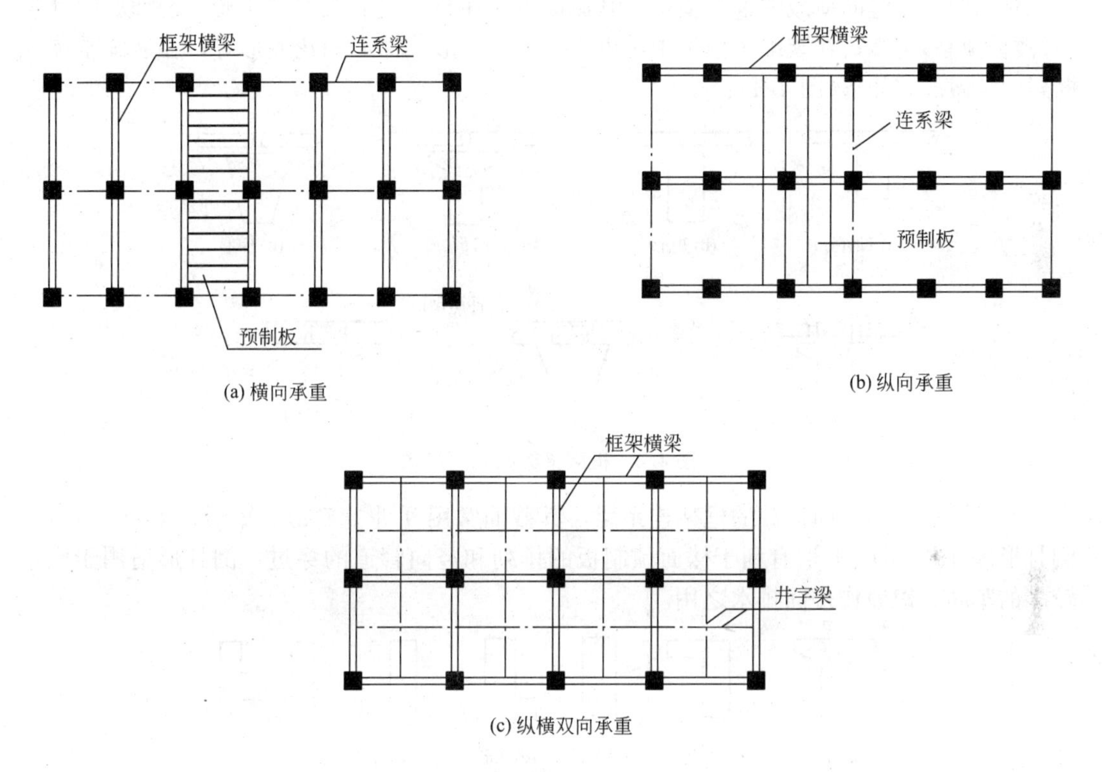

图4.3　框架结构的布置

框架结构一般采用横向承重方式。此时，框架承受竖向荷载和平行于房屋横向的水平风荷载或水平地震作用，在房屋纵向设置连系梁与横向框架相连。这些纵向连系梁实际上也与柱形成了纵向框架，承受平行于房屋纵向的水平风荷载或水平地震作用。当横向框架的跨数较多或房屋长宽比较大时(如多于7跨或房屋长宽比不小于2)，房屋的纵向刚度将远较横向刚度大，在非抗震设计时，可忽略纵向水平风荷载产生的框架内力。

当采用纵向框架承重时，房屋的横向刚度较弱，因此纵向承重方案应用较少。在柱网为正方形或接近正方形、或楼面活荷载较大等情况下，往往采用纵横双向承重的布置方案。此时常采用现浇双向板楼盖或者井式楼盖。

4.2 框架的计算简图

4.2.1 构件截面选择

1. 框架梁的截面

1）截面形式

对主要承受竖向荷载的框架横梁，其截面形式在整体式框架中以 T 形(楼板现浇)和矩形(楼板预制)为多；在装配式框架中可做成矩形、T 形、梯形和花篮形等；在装配整体式框架中常做成花篮形(图 4.4)。

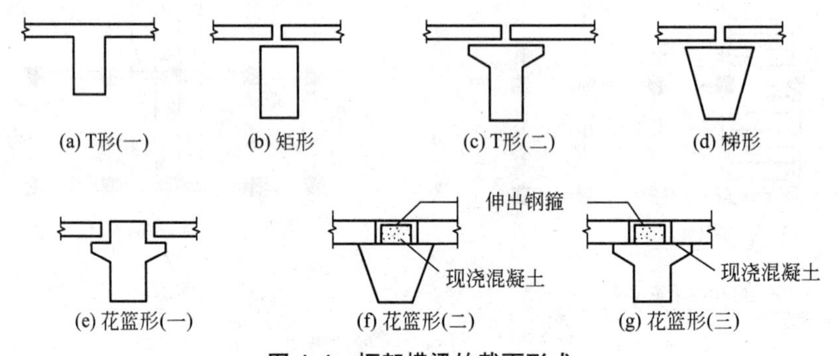

图 4.4 框架横梁的截面形式

对不承受楼面竖向荷载的框架连系梁，其截面常用 T 形、Γ 形、矩形、⊥ 形、L 形、倒Ⅱ形等(图 4.5)。Γ 形有利于楼面预制板的排列和竖向管道的穿过，倒Ⅱ形适用于废水较多的车间，以兼作楼面排水之用。

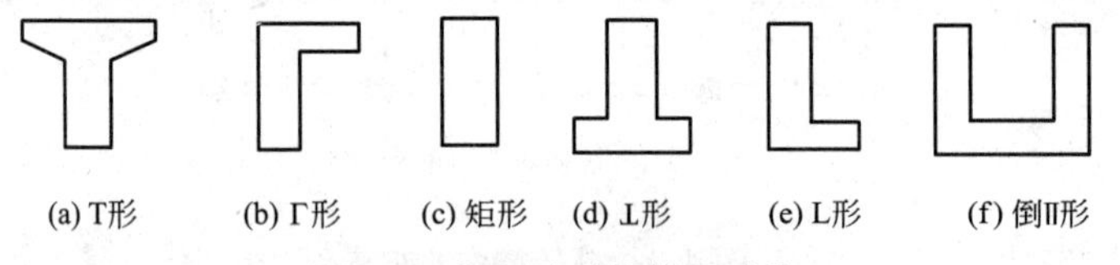

图 4.5 框架连系梁截面形状

2）截面尺寸

设计钢筋混凝土梁的一般步骤是：先由高跨比 h/l_0 确定梁高 h，再由高宽比 h/b 确定梁的宽度 b。除满足一般要求外，框架梁的截面高度 h 一般为$(1/12\sim1/8)l_0$，截面宽度 b 一般不小于 250mm。次梁截面高度 h 一般为$(1/15\sim1/10)l_0$，截面宽度 b 一般不小于 200mm。

(1) 梁高跨比的下限值见表 4-1。

表 4-1 高跨比下限值

支承情形	简支	一端连续	两端连续	悬臂
独立梁及整体肋形梁的主梁	1/12	1/3.5	1/15	1/6
整体肋形梁的次梁	1/16	1/8.5	1/20	1/8

(2) 梁截面高宽比：对矩形截面，一般为2～3.5；对T形截面，一般为2.5～4。

(3) 主、次梁的截面关系：按设计要求确定，主梁比次梁至少高50mm或100mm。

2. 框架柱的截面

1) 截面形状

框架柱的截面一般为矩形或正方形，根据建筑要求也可采用圆形或正多边形。

2) 截面尺寸

柱截面的宽度和高度一般不小于1/15～1/20的层高，且截面宽度不宜小于350mm，也不宜小于梁宽+100mm；柱截面高不宜小于400mm，并可按下述方法进行初步估算。

(1) 轴心受压验算。对承受以轴力为主的框架柱，可按轴心受压验算。考虑到弯矩的影响，适当将轴向力乘以1.2～1.4的增大系数。

(2) 风荷载引起的弯矩。当风荷载的影响较大时，由风荷载引起的弯矩可粗略地按下式估算：

$$M=\frac{h}{2n}\sum F \tag{4.1}$$

式中：$\sum F$——风荷载设计值的总和；

n——同一层中柱子根数；

h——柱子高度(层高)。

然后将M与$1.2N$(N为轴向力设计值)一起作用(当为大偏心受压时，宜取$0.8N$)，按偏心受压构件验算。上述的轴向力N也可按竖向恒荷载标准值为$10\sim12\text{kN/m}^2$进行估算。

(3) 考虑纵向钢筋的锚固要求的框架边柱。考虑框架梁的纵向钢筋的锚固要求(纵向钢筋伸入边柱节点的水平长度不小于$0.4l_a$，其中l_a为受拉钢筋锚固长度)，因此框架边柱的截面高度h不宜小于$0.4l_a+80\text{mm}$。

4.2.2 框架结构的计算简图

1. 梁的跨度和柱高

框架梁的跨度取柱轴线间的距离。在一般情况下，等截面柱柱轴线取截面形心位置；当上下柱截面尺寸不同时，则取上层柱形心线作为柱轴线。

当框架梁各跨跨度不等但相差不超过10%时，可当做具有平均跨度的等跨框架；当屋面框架梁为斜形或折线形时，若其倾斜度不超过1/8，则仍可当做水平梁计算。

计算简图中的柱高，对框架底层柱可取为基础顶面至二层楼板顶面(对预制楼板则取至板底)之间的高度，对其他层取层高。

2. 构件的截面特性

由于框架结构楼板一般为现浇，因此其参与框架梁的工作。此外，在使用阶段框架梁又有可能带裂缝工作，因而很难精确地确定梁截面的抗弯刚度。为了简化计算，作如下规定：①在计算框架的水平位移时，对整个框架的各个构件引入一个统一的刚度折减系数β_c，以$\beta_c E_c I$作为该构件的抗弯刚度，在风荷载作用下，现浇框架的β_c取0.85，装配式框

架的 β_c 取 0.7～0.8；②对于现浇楼盖结构的中部框架梁，其惯性矩 I 可用 $2I_0$；对现浇楼盖结构的边框架梁，其惯性矩 I 可采用 $1.5I_0$，其中 I_0 为矩形截面梁的惯性矩；③对于装配式楼盖，梁截面惯性矩按梁本身截面计算；④对于做整浇层的装配整体式楼盖，中间框架梁可按 1.5 倍梁的惯性矩取用，边框架梁可按 1.2 倍梁惯性矩取用，但若楼板开洞过多，仍宜按梁本身的惯性矩取用。

3. 计算单元

在框架竖向承重结构的布置方案中，一般情况下横向框架和纵向框架都是均匀布置的，各自刚度基本相同。而作用于房屋上的荷载，如恒荷载、雪荷载、风荷载等，一般也都是均匀分布的。因此在荷载作用下，各榀框架将产生大致相同的位移，相互之间不会产生大的约束力，因此无论是横向布置或纵向布置，都可单独取用一榀框架作为计算单元(图 4.6)。在纵横向混合布置时，则可根据结构的不同特点进行分析，并对荷载进行适当简化，采用平面结构的分析方法，分别对横向和纵向框架进行计算。

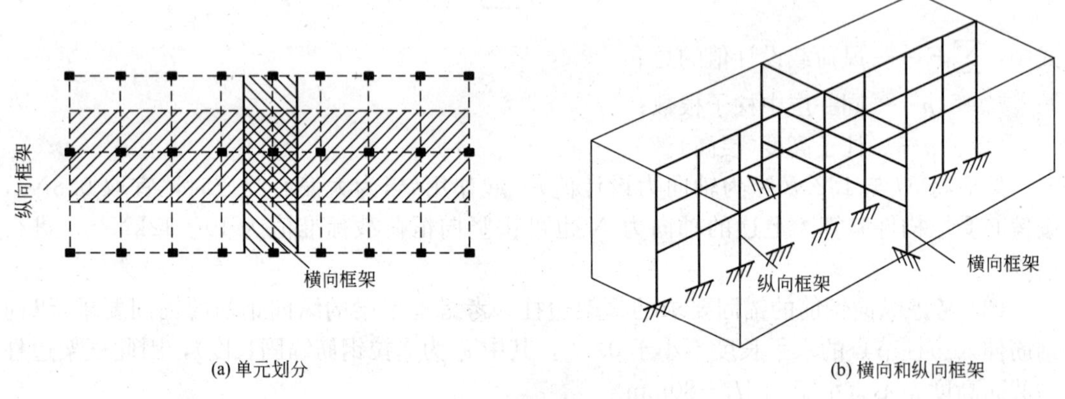

图 4.6　框架的计算单元

按照上述计算简图算出的柱内力是简图轴线上的内力。在选择截面尺寸或配筋时，还应将算得的内力转化为截面形心处的内力。

4.2.3　计算实例

计算实例以 4.8 节的多层钢筋混凝土框架结构设计资料为依据，顺序计算(以下各节相同)。

1. 材料选择

(1) 混凝土的强度等级：对梁、板、柱、基础等，均选用 C25 混凝土。

(2) 钢筋：对框架梁、柱等主要构件的受力钢筋，选用 HRB400；对构造钢筋、箍筋、板的配筋，均选用 HPB300。

2. 构件截面尺寸

1) 梁

主梁(与柱相连)：宽 250mm，最小高度 400mm。次梁(支撑在主梁上)：宽 200mm，最小高度300mm。梁高的选择见表4－2。

表4－2 梁截面高度选择 mm

跨度	2400	3600	7200
主梁高	400	400	700
次梁高	—	300	600

2）柱

以9号轴线上的框架计算为例。依据设计任务书中的地质柱状图，持力层选在第二层粘土层，基础顶面在最深的第二层粘土层上(表4－3)。综合考虑后，基础顶面至0.000的高度选为2.2m。

表4－3 底层柱高的确定

孔号	K1	K2	K3	K4	K5	K6
持力层至0.000的高度	1.55	1.55	2.15	1.95	1.45	1.95

取底层柱为方形截面，按轴心受压柱计算，并由轴压比等于0.8控制，则

$$\frac{N}{f_c A}=0.8 \tag{4.2}$$

且

$$N=1.2\times n\times A_h\times 11 \tag{4.3}$$

式中：n——结构层数；

A_h——柱的受荷面积。

按式(4.2)和(4.3)计算的柱截面尺寸见表4－4。外柱A、D取$b=h=500$mm；内柱B、C取$b=h=600$mm。

表4－4 柱截面尺寸计算

柱号	层数	每层受荷面积 /m^2	$N_{设}$ /kN	f_c /(N/mm^2)	A /mm^2	$b=h$/mm
A	6	25.92	2052.864	11.9	215637	464
B	6	33.48	2651.616	11.9	278531	528

3）楼板

除卫生间的板厚取为80mm(因跨度小)外，其他均取为100mm。

4）墙体

除卫生间的隔墙取150厚加气混凝土块外，其他墙体均采用250厚加气混凝土块。

3. 计算简图

9轴框架结构计算简图如图4.7所示。梁为中间框架梁，取惯性矩为$2I_0$，则该框架梁、柱的截面特征具体值见表4－5。

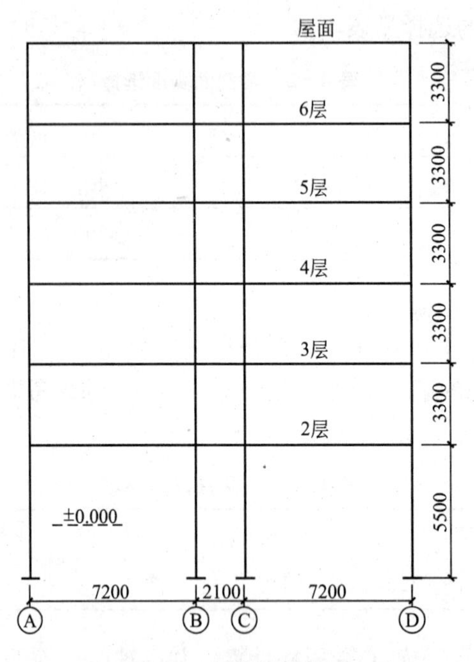

图 4.7　结构计算简图

表 4-5　构件截面特性计算

构件	B /m	H /m	A /m²	I /m⁴	I₀ /m⁴	E /(kN/m²)	EA /kN	EI /(kN·m²)	*L* /m	*i* /(kN·m)
底层柱	0.50	0.50	0.250	0.005	0.005	2.80×10^7	7.00×10^6	1.46×10^5	5.5	2.65×10^4
	0.60	0.60	0.360	0.011	0.011	2.80×10^7	1.01×10^7	3.02×10^5	5.5	5.50×10^4
标准层柱	0.50	0.50	0.250	0.005	0.005	2.80×10^7	7.00×10^6	1.46×10^5	3.3	4.42×10^4
	0.60	0.60	0.360	0.011	0.011	2.80×10^7	1.01×10^7	3.02×10^5	3.3	9.16×10^4
中框梁	0.25	0.40	0.100	0.001	0.003	2.80×10^7	2.80×10^6	7.47×10^4	2.1	3.56×10^4
	0.25	0.70	0.175	0.007	0.014	2.80×10^7	4.90×10^6	4.00×10^5	7.2	5.56×10^4

4.3 荷载与水平地震作用计算

作用在框架结构上的荷载有永久荷载(恒荷载)、可变荷载以及偶然作用。永久荷载主要是结构构件及装修层的自重，可直接按设计的截面尺寸和装修做法，取用相应材料的重力密度乘以相应体积或面积求得。可变荷载主要是楼面活荷载、屋面的活荷载(含雪荷载、积灰荷载及其组合)以及风荷载。民用建筑的楼面及屋面活荷载标准值可由《建筑结构荷载规范》GB 50009—2001 查得(《混凝土结构设计原理》摘录了其中部分荷载)。偶然作用一般指有抗震设防要求的地震作用。以下仅就活荷载的折减、风荷载和地震作用的计算进行说明。

4.3.1 楼面活荷载的折减

1. 墙、柱、基础

对住宅、宿舍、旅馆、办公楼、医院病房等多层建筑(这些房屋的楼面活荷载标准值均为 $2kN/m^2$)，在墙、柱、基础设计时，作用于楼面上的使用活荷载标准值可乘以表 4-6 所列折减系数。这是因为实际使用时，各楼层活荷载不会同时满载作用。

表 4-6 楼面活荷载折减系数

墙、柱、基础计算截面以上的楼层数	1	2～3	4～5	6～8	9～20	>20
计算截面以上各楼层活荷载总和的折减系数	1.00(0.90)	0.85	0.70	0.65	0.60	0.55

注：当楼面梁的从属面积超过 $25m^2$ 时，采用括号内的系数。

2. 楼面梁

楼面梁设计时，对住宅、宿舍、旅馆、办公楼、医院病房等多层建筑的楼面梁从属面积超过 $25m^2$，或当活荷载标准值大于 $2.0kN/m^2$ 且楼面梁从属面积超过 $50m^2$ 时，活荷载值可乘以 0.9 的折减系数。楼面梁的从属面积按梁两侧各延伸 1/ 2 梁间距的范围内的实际面积确定。

4.3.2 风荷载

作用于框架结构建筑物表面上的风荷载标准值，计算方法与单层厂房排架结构的相同，即

$$w_k = \beta_z \mu_s \mu_z w_0 \tag{4.4}$$

式中：β_z——z 高度处的风振系数，β_z取 1.0 (房屋高度小于 30m 或房屋高宽比 $H/B<1.5$ 时)；

μ_s——风载体型系数。对于框架结构房屋，μ_s一般取 + 0.8 (迎风面)和 − 0.5 (背风面)；

μ_z——风压高度变化系数，查附表 13(不能直接查到时，用内插法处理)；

w_0——基本风压，由建筑所在地确定。

作用于框架结构上的风荷载可简化为作用于楼盖和屋盖处的水平集中荷载(图 4.8)。因此在利用式(4.4)计算时，μ_s可合并(即集中荷载平移)为 1.3 ，w_k 应乘计算单元宽度及相应高度范围，这个范围可取各楼层的中-中位置(图中虚线划分)，而 μ_z 可由相应范围的高点处取用。

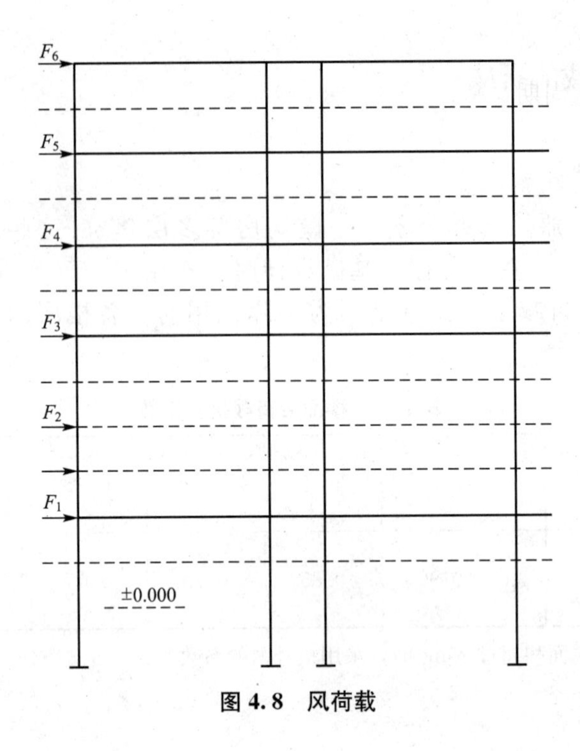

图 4.8　风荷载

4.3.3　水平地震作用

1. 计算原则

1）截面抗震验算范围

抗震设防烈度为 6 度及 6 度以上地区，应进行抗震设计。6 度时的建筑(建造于 IV 类场地上较高的高层建筑除外)应允许不进行截面抗震验算(但应符合有关措施要求)；对 7 度和 7 度以上的建筑结构，以及 6 度时建造于Ⅳ类场地上较高的高层建筑，应进行多遇地震作用下的截面抗震验算。

2）抗震等级

一般多层现浇钢筋混凝土房屋属于丙类建筑，其抗震等级见表 4 - 7。

表 4 - 7　丙类建筑现浇框架结构的抗震等级

烈度	6 度		7 度		8 度		9 度
房屋高度/m	≤24	>24	≤24	>24	≤24	>24	≤24
普通框架	四	三	三	二	二	一	一
大跨度框架	三		二		一		一

3）水平地震作用计算方法

对于高度不超过 40m，以剪切变形为主且质量和刚度沿高度分布均匀的结构，可采用底部剪力法进行水平地震作用计算。

2. 计算内容

1) 确定结构自振周期 T_1

采用底部剪力法进行水平地震作用时，可参照以下经验公式中的一个确定结构自振周期 T_1。

对民用框架房屋

$$T_1=0.33+0.00069\frac{H^2}{\sqrt[3]{B}} \tag{4.5}$$

式中：H——房屋主体结构的高度，m；

B——房屋振动方向的长度，m。

对 $H<24$m 且填充墙较多的办公楼、招待所等规则框架结构

$$T_1=0.22+0.035\frac{H}{\sqrt[3]{B}} \tag{4.6}$$

也可采用多层框架结构的实测统计式计算

$$T_1=0.085n \tag{4.7}$$

式中：n——房屋层数。

2) 确定场地的特征周期 T_g

根据场地类别和设计地震分组，确定场地的特征周期 T_g。

3) 求地震影响系数 α

根据 T_g 和 T_1，由地震影响系数曲线求出地震影响系数 α。

4) 求重力荷载代表值

重力荷载代表值包括全部恒荷载标准值和部分活荷载标准值。按整个房屋分层计算，并按框架榀数分配。

5) 计算水平地震作用标准值

利用底部剪力法求出框架各层的水平地震作用标准值。

4.3.4 计算实例

1. 恒荷载标准值

1) 板的计算(表 4-8)

表 4-8 板的恒荷载标准值计算表

性质功能	具体做法/(kN/m²)	荷载标准值/(kN/m²)
办公、会议、资料、文印、职工活动室、计算机房	地板搁栅(0.2) 硬木地板(0.2) 100 厚混凝土板(25×0.1) 15 厚混合水泥砂浆打底(17×0.015) 隔音纸板吊顶(0.18)	3.34

（续）

性质功能	具体做法/(kN/m²)	荷载标准值/(kN/m²)
展厅、休息室	水磨石地面(0.65) 100厚混凝土板(25×0.1) 15厚混合水泥砂浆打底(17×0.015) 隔音纸板吊顶(0.18)	3.59
卫生间	小瓷砖地面(0.55) 20厚水泥面层(25×0.02) 80厚混凝土板(25×0.1) 15厚混合水泥沙浆打底(17×0.017) 吊顶(0.20)	4.01
屋面	油毡防水层(三毡四油上铺石子0.4) 15厚水泥砂浆找平层(0.015×20) 40厚水泥石灰焦渣砂浆0.3%找坡层(0.04×14) 80厚矿渣水泥(0.08×14.5) 120厚混凝土板(25×0.12) 15厚混合砂浆打底(17×0.015) 隔音纸板吊顶(0.18)	5.86

2）梁的计算(表4-9)

表4-9 梁恒荷载标准值计算表

梁截面尺寸		截面面积	标准值/(kN/m)	
b/m	H/m	A/m²	板厚100mm	板厚120mm
0.25	0.7	0.175	4.74	4.73
0.25	0.4	0.1	2.72	2.71
0.2	0.6	0.12	3.31	3.30
0.2	0.3	0.06	1.65	1.64

注：标准值按公式$25\times A+17\times[b+2\times(h-板厚)]\times0.015$计算。

3）墙体恒荷载标准值计算(表4-10)

表4-10 墙恒荷载标准值计算表

墙厚	具体做法/(kN/m²)	取值/(kN/m²)
250	外侧：水刷石(0.5) 250厚加气混凝土块(0.25×7.5) 内侧：石灰粗砂(0.34)	2.72
250	两侧：石灰粗砂(0.34×2) 200厚加气混凝土块(0.25×7.5)	2.56
150 (卫生间)	两侧：水泥砂浆(0.36×2) 150厚加气混凝土块(7.5×0.15)	1.85

注：转化为梁上线荷载时，其计算公式为面荷载×(层高－梁高)。

2. 框架上的恒荷载计算

荷载传递图如图 4.9 所示。轴线 A～D 梁上恒荷载标准值计算见表 4-11，轴线 A～D 柱上恒荷载标准值计算见表 4-12。轴线 BC 上的板梁荷载比轴线 AD 上的荷载多 BC 轴线间的板荷载。(编者注：对本图，由于板的两向跨长恰好为 2∶1，板上荷载的划分可按单向板的荷载传递原则确定，不必按 45°线划成梯形和三角形，计算可简单些，且误差不大，下同)

计算时假定：①传给柱上的荷载按集中荷载考虑，不考虑偏心；②柱的自重按每层传给下层。

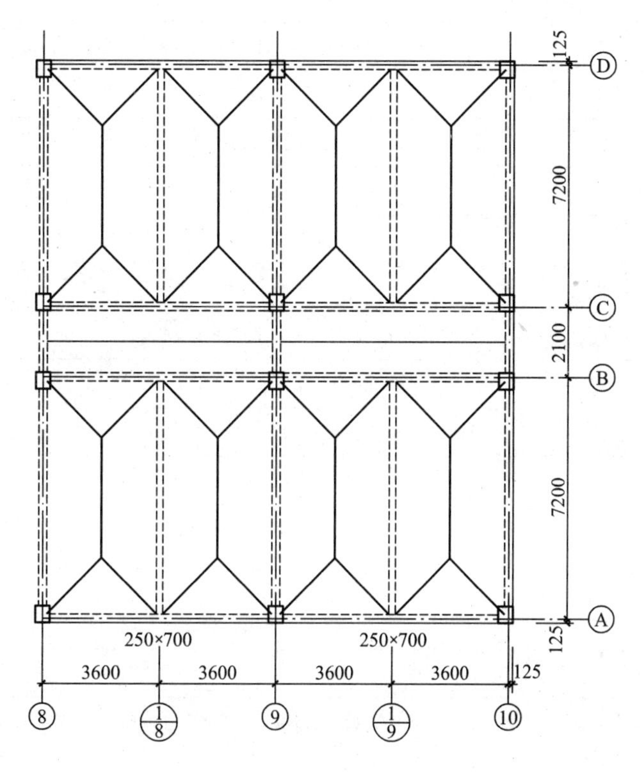

图 4.9 荷载传递图

表 4-11 轴线 A～D 梁上恒荷载标准值计算

层号	传荷构件		AB/CD 跨/(kN/m)	BC 跨/(kN/m)	备注
2～6	墙		6.66	0.00	均布荷载
	板	左	6.01	0.00	梯形荷载
		右	6.01	0.00	
	梁		4.74	2.72	均布荷载
屋面	墙		0.00	0.00	均布荷载
	板	左	10.55	0.00	梯形荷载
		右	10.55	0.00	
	梁		4.73	2.71	均布荷载

表 4-12　轴线 A～D 柱上恒荷载标准值计算

层号	柱号	传荷构件	计算过程	取值/kN
2～6	A/D	板	[0.5×(3.6+7.2)×1.8+3.6×1.8] ×3.34	54.11
		梁	0.5×3.31×7.2+4.74×7.2	46.04
		墙	2.72×7.2×(3.3−0.7)	50.92
		柱	25×0.5×0.5×3.3	20.63
		小计		171.70
屋面	A/D	板	[0.5×(3.6+7.2)×1.8+3.6×1.8] ×5.86	94.93
		梁	0.5×3.31×7.2+4.74×7.2	46.04
		墙	2.72×7.2×1.2	23.50
		柱	0	0.00
		小计		164.48
1	A/D	板	0	0.00
		梁	0.5×3.31×7.2+4.74×7.2	46.04
		墙	2.72×7.2×(5.5−0.7)+0.5×2.56×7.2×(5.5−0.6)	139.16
		柱	25×0.5×0.5×5.5	34.38
		小计		219.58
2～6	B/C	板/梁	A/D+3.34×7.2×2.1×0.5	125.40
		墙	2.56×7.2×(3.3−0.7)	47.92
		柱	25×0.6×0.6×3.3	29.70
		小计		203.03
屋面	B/C	板/梁	A/D+5.86×7.2×2.1×0.5	185.28
		墙	0	47.92
		柱	0	29.70
		小计		262.90
1	B/C	板/梁	A/D	46.04
		墙	2.56×7.2×(5.5−0.7)+0.5×2.56×7.2×(5.5−0.6)	133.63
		柱	25×0.6×0.6×5.5	49.50
		小计		229.18

3. 框架上恒荷载计算简图

框架上的恒荷载计算简图如图 4.10 所示。

4. 楼屋面活载、雪载标准值

1）楼屋面活荷载标准值计算(表 4-13)

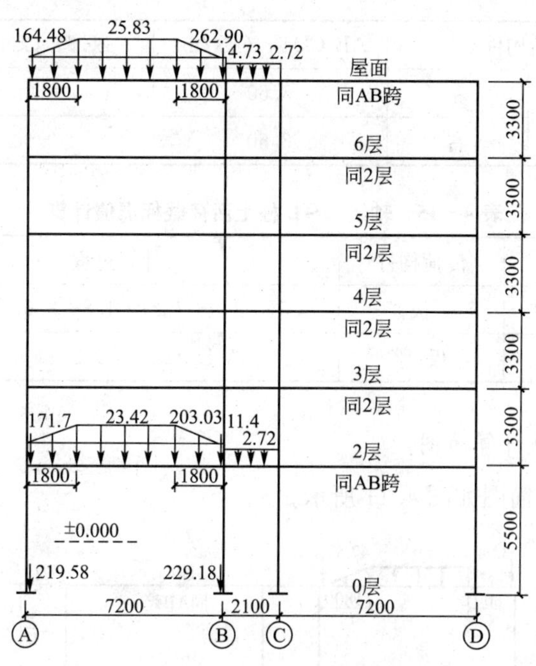

图 4.10　框架上的恒载计算简图

表 4－13　楼屋面活荷载标准值

类型	性质	取值/(kN/m²)
楼面	展厅	3.5
	会议、卫生间、楼梯、职工活动、机房	2.0
楼面	档案室	2.5
屋面	上人	2.0

2）雪荷载标准值计算

假定建设地点在南方某地，按 50 年一遇，取 $s_0=0.5\text{kN/m}^2$。

$$S_k=\mu_r s_0=1.0\times0.5=0.5\text{kN/m}^2$$

由于是上人屋面，屋面活荷载标准值大于雪荷载标准值，因此组合时不考虑雪荷载。

5. 框架上的活载标准值

假定与计算恒荷载时的相同。

轴线 A～D 梁上活荷载标准值计算见表 4－14，轴线 A～D 柱上活荷载标准值计算见表 4－15。

表 4－14　轴线 A～D 梁上活荷载标准值计算

层号	传荷构件		AB/CD 跨/(kN/m)	BC 跨/(kN/m)	备注
2～6	板	左	3.60	0.00	梯形荷载
		右	3.60	0.00	

（续）

层号	传荷构件		AB/CD跨/(kN/m)	BC跨/(kN/m)	备注
屋面	板	左	3.60	0.00	梯形荷载
		右	3.60	0.00	

表 4-15　轴线 A～D 柱上活荷载标准值计算

层号	柱号	传荷构件	计算过程	取值/kN
2～屋面	A/D	板	[0.5×(3.6+7.2)×1.8+3.6×1.8] ×2	32.40
2～屋面	B/C	板/梁	A/D+2×7.2×2.1×0.5	47.52

6. 框架上的活荷载计算简图

框架上的活荷计算简图如图 4.11 所示。

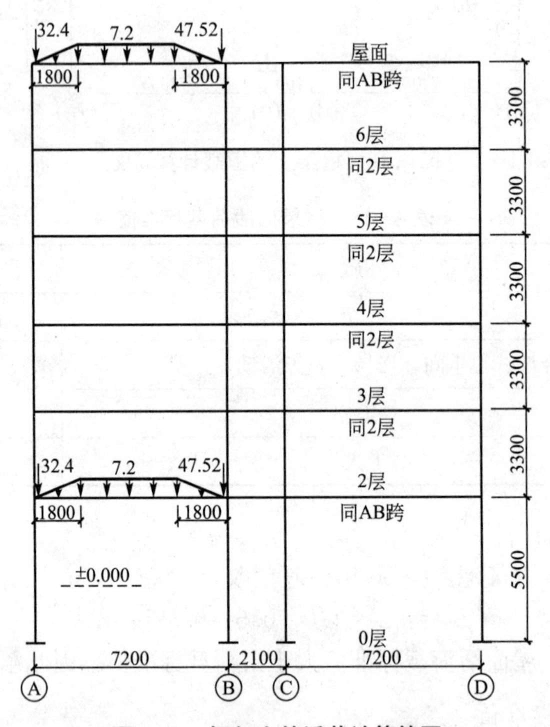

图 4.11　框架上的活载计算简图

7. 风荷载标准值

$$\omega_k=\beta_z\mu_s\mu_z\omega_0,\quad \omega_0=0.35,\quad \mu_s=0.8+0.5=1.3,\quad \beta_z=1.0$$

μ_z的取值见表 4-16，采用插值法计算。

假设建设地在有密集建筑群的城市市区，则取地面粗糙程度属于 C 类。

现浇混凝土框架，每榀横向框架的侧移刚度相同，故每榀框架受到的风荷载相同。则受荷宽度 B 为 50.65/9=5.628m(楼梯间两半个近似看成一榀)。受荷高度 H 应取上下楼层的一半。则集中于各楼层的风荷载的标准值 F_k 见表 4-17。

表 4-16 μ_z 的取值

离地面高/m	5	10	15	20	30		备注
μ_z	0.74	0.74	0.74	0.84	1		查规范
离地面高/m	3.75	7.05	10.35	13.65	16.95	20.25	备注
μ_z	0.74	0.74	0.74	0.74	0.78	0.84	内插法

表 4-17 风荷载的标准值 F_k

楼层	β_z	μ_s	μ_z	ω_0	B	H	F_k
2	1	1.3	0.74	0.35	5.628	3.525	6.68
3	1	1.3	0.74	0.35	5.628	3.3	6.25
4	1	1.3	0.74	0.35	5.628	3.3	6.25
5	1	1.3	0.74	0.35	5.628	3.3	6.25
6	1	1.3	0.78	0.35	5.628	3.3	6.59
屋面	1	1.3	0.84	0.35	5.628	1.65	3.55

8. 框架上的风荷载计算简图

框架上的风载计算简图如图 4.12 所示。

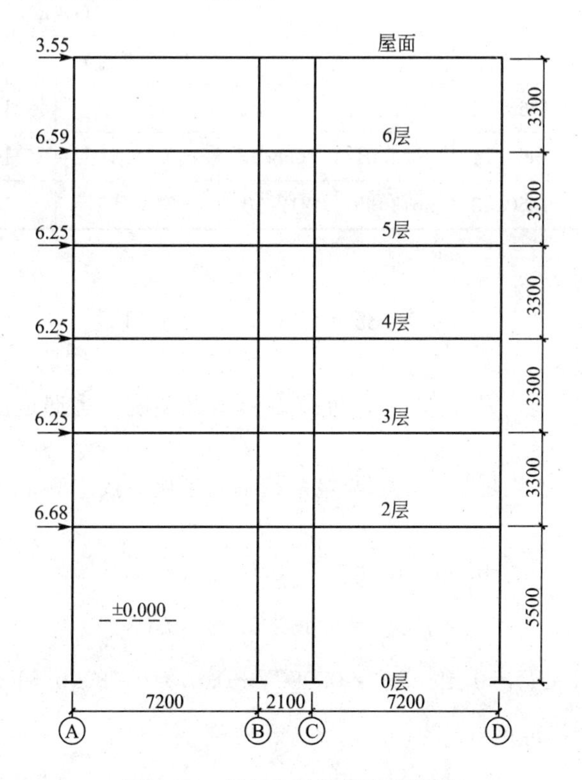

图 4.12 框架上的风载计算简图

9. 地震作用

建筑物高 20.25m<40m，框架的抗震等级为四级；场地的特征周期 $T_g=0.35s$(由设计资料)；采用底部剪力法计算。

1) 重力荷载代表值计算

(1) 恒荷载标准值 G_k 计算见表 4-18。

为了简化计算，采用以下假定：①每层按一块大板(50.65m×16.75m)计算，楼面板荷载值 3.34kN/m^2，屋面板荷载值 5.86kN/m^2(表 4-8)；②梁均按 250×750 截面的荷载取值，楼面 4.74kN/m，屋面 4.73kN/m，梁长只算框架梁长，不算次梁，梁长=4×50.65+8×16.75+2×7.2(楼梯间)=351m；③墙体均按 2.72kN/m^2 计算，不扣除门窗、柱、梁高，只算框架梁上的墙体。墙长=4×50.65+2×16.75+12×7.2+2×7.2(楼梯间)=336.9m，底层墙高=(2.2+3.3)/2+3.3/2=4.4m，标准层墙高 3.3m，顶层墙高=1.2+3.3/2=2.85m；④不算柱自重。

(2) 活荷载标准值 Q_k 计算见表 4-18。

每层按一块大板(50.65m×16.75m)计算，楼面板 2.0kN/m^2 荷载值，屋面板荷载值 2.0kN/m^2(表 4-11)。

雪荷载 0.5kN/m^2，组合系数 0.5，按实际情况计算的楼面活荷载，不计屋面活荷载。

折减系数 Ψ 取 0.5。

表 4-18　重力荷载代表值 G_E 计算

楼层	G_k/kN			ΨQ_k/kN	G_E/kN		$\sum G$/kN
	板	梁	墙		房屋(9 榀)	每榀框架	
2 层	2833.61	1663.74	4032.02	1696.78	10226.15	1136.24	6283.81
3~6 层	2833.61	1663.74	3024.01	1696.78	9218.14	1024.24	
屋面	4971.55	1660.23	2611.65	212.10	9455.53	1050.61	

2) 结构自振周期 T_1

$$T_1=0.085n=0.085\times 6=0.51s$$

3) 地震影响系数 α

查表可知：Ⅱ类场地，$T_g=0.35s$；抗震设防烈度 7 度，多遇地震，$\alpha_{max}=0.08$(查规范)。

$T_g=T$。地震影响系数曲线的阻尼调整系数中阻尼比应按 1.0 采用。

阻尼调整系数　$\eta_2=1+\dfrac{0.05-\zeta}{0.08+1.6\zeta}=1+\dfrac{0.05-1}{0.08+1.6}=0.43$

$$\alpha=\eta_2\alpha_{max}=0.43\times 0.08=0.034$$

$$T_1=0.51s>1.4T_g=0.49s\quad \delta_n=0.08T_1+0.07=0.08\times 0.51+0.07=0.11$$

4) 水平地震作用标准值计算

由 $F_i=\dfrac{G_iH_i}{\sum G_iH_i}(1-\delta_n)F_{EK}$

$$F_{EK}=\alpha G_{eq}=\alpha\times 0.85\sum G_i=0.034\times 0.85\times 6283.81=181.60\text{kN}$$

$$\Delta F_n=\delta_n F_{EK}=0.11\times 181.60=19.78\text{kN}$$

式中：H_i——各楼层至基础顶面高度；

F_i——整个楼层的作用力。具体计算见表4-19。

表4-19 水平地震作用力计算

层号	G_i/kN	H_i/m	$G_i\times H_i$	$\sum G_i\times H_i$	$F_{EK}(1-\delta_n)$	F_i/kN
2	1136.24	5.5	6249.32	85695.94	161.62	11.79
3	1024.24	8.8	9013.31			17.00
4	1024.24	12.1	12393.30			23.37
5	1024.24	15.4	15773.30			29.75
6	1024.24	18.7	19153.29			36.12
屋面	1050.61	22	23113.42			58.28

10. 框架上的地震作用计算简图

框架上的地震作用计算简图如图4.13所示。

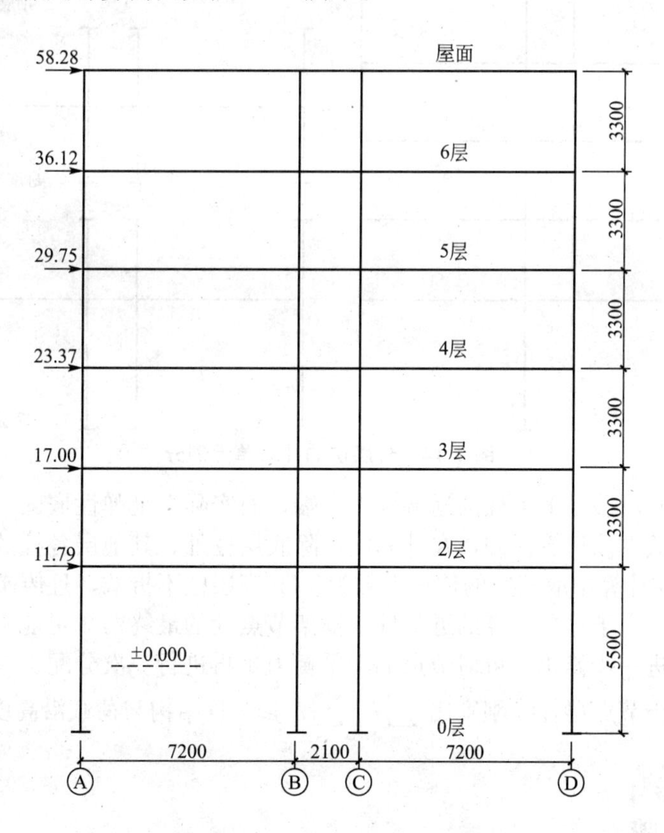

图4.13 框架上的地震作用计算简图

4.4 竖向荷载作用下的内力近似计算

多层框架结构竖向荷载作用下的内力计算方法有分层法、力矩分配法、迭代法等，一般采用分层法。

4.4.1 分层法的计算假定

分层法实际上是简化的力矩分配法。采用分层法计算时，作下列假定：①在竖向荷载作用下，多层多跨框架的侧移很小，可忽略不计；②每层梁上的荷载对其他各层梁内力的影响很小，可忽略不计。

根据以上假定，可将框架的各层梁及其上、下柱作为独立的计算单元分层进行计算(图 4.14)。分层计算所得的梁内弯矩即为梁在该荷载下的弯矩，而每一柱的柱端弯矩则取上下两层计算所得弯矩之和。

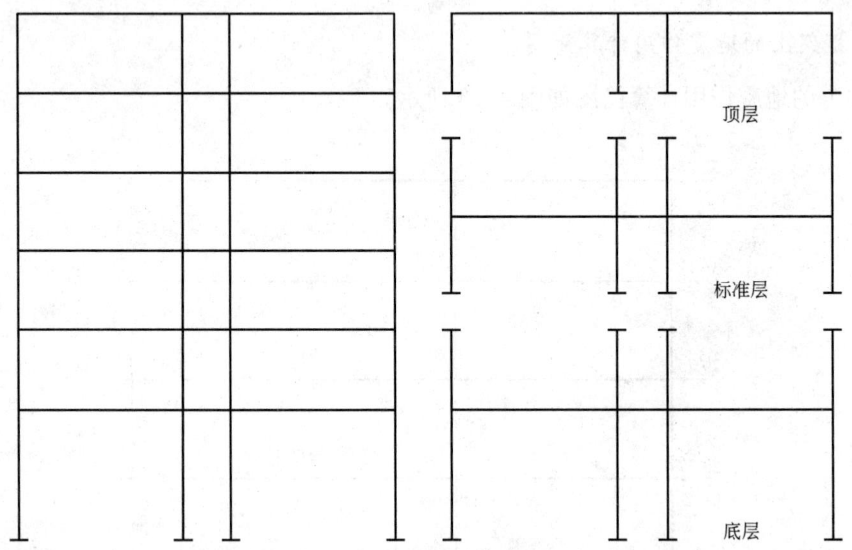

图 4.14　分层法的计算单元划分

在分层计算时，假定上下柱的远端为固定端，而实际上是弹性嵌固(有转角)，计算有一定误差。为了减少该计算误差，在计算前，除底层柱外、其他层各柱的线刚度均乘以折减系数 0.9，并在计算中取相应的传递系数为 1/3(底层柱不折减，且传递系数为 1/2)，每个节点分配两次。由于分层计算的近似性，框架节点处的最终弯矩可能不平衡，但通常不会很大。如果需进一步修正，可对节点的不平衡力矩再进行一次分配。

分层法适用于节点梁柱线刚度比 $\sum i_b/\sum i_c \geqslant 3$ 且结构与荷载沿高度比较均匀的多层的框架的计算。

4.4.2 计算步骤

用分层法计算竖向荷载作用下框架内力时，其步骤如下：①画出框架计算简图(标明荷载、轴线尺寸、节点编号等)；②按规定计算梁、柱的线刚度及相对刚度；③除底层柱外，其他各层柱的线刚度(或相对线刚度)应乘以折减系数0.9；④计算各节点处的弯矩分配系数，并用弯矩分配法从上至下分层计算各个计算单元(每层横梁及相应的上下柱组成一个计算单元)的杆端弯矩，计算可从不平衡弯矩较大的节点开始，一般每节点分配1～2次即可；⑤叠加有关杆端弯矩，得出最后弯矩图(如节点弯矩不平衡值较大，可在节点重新分配一次，但不进行传递)；⑥按静力平衡条件求出框架的其他内力图(轴力及剪力图)。

4.4.3 计算实例

1. 恒荷载作用下

1) 计算简图

由对称性取一半结构计算(图4.15)，注意此时BE的线刚度为BC的2倍。

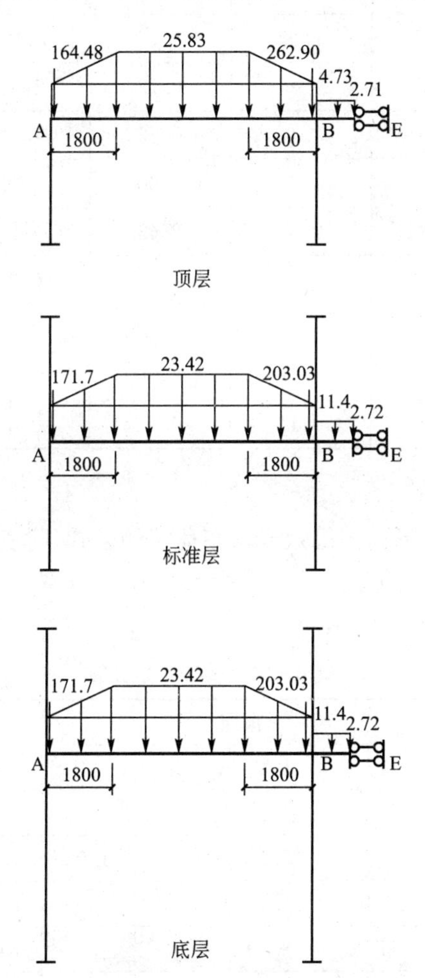

图4.15 计算简图

2) 梁柱分配系数计算

假定AB梁的线刚度为1，计算结果见表4-20。

表 4-20　梁柱分配系数计算

层号		顶层		标准层		底层	
节点		A	B	A	B	A	B
i 计算×10^4	左梁		5.56		5.56		5.56
	上柱			3.98	8.24	3.98	8.24
	下柱	3.98	8.24	3.98	8.24	4.42	9.16
	右梁	5.56	7.12	5.56	7.12	5.56	7.12
s 计算×10^4	左梁		22.24		22.24		22.24
	上柱			15.92	32.96	15.92	32.96
	下柱	15.91	32.98	15.91	32.98	17.68	36.64
	右梁	22.24	7.12	22.24	7.12	5.56	7.12
s 相对	左梁		1.00		1.00		1.00
	上柱			0.72	1.48	2.86	1.48
	下柱	0.72	1.48	0.72	1.48	3.18	1.65
	右梁	1.00	0.32	1.00	0.32	1.00	0.32
$\sum i$		1.72	2.80	2.43	4.28	7.04	4.45
μ	左梁		0.36		0.23		0.22
	上柱			0.29	0.35	0.41	0.33
	下柱	0.42	0.53	0.29	0.35	0.45	0.37
	右梁	0.58	0.11	0.41	0.07	0.14	0.07

3）固端弯矩计算

求固端弯矩时，利用梯形荷载等效成均布荷载的公式(附表 15)：

$$q_{\text{等效}}=(1-2\alpha^2+\alpha^3)q；\alpha=a/l \tag{4.8}$$

计算结果见表 4-21。

表 4-21　固端弯矩计算

楼层		顶层				标准层/底层			
		AB	BA	BE	EB	AB	BA	BE	EB
梯形荷载参数	a/m	1.8	1.8			1.8	1.8		
	l/m	7.2	7.2	1.05	1.05	7.2	7.2	1.05	1.05
	q/(kN/m)	21.10	21.10			12.02	12.02		
等效均布荷载/(kN/m)		18.79	18.79			10.71	10.71		
原梁上均布荷载值/(kN/m)		4.73	4.73	2.71	2.71	11.40	11.40	2.72	2.72
$\sum$ 均布荷载/(kN/m)		23.52	23.52	2.71	2.71	22.11	22.11	2.72	2.72
固端弯矩/kN·m		−101.62	101.62	−1.00	−0.50	−95.49	95.49	−1.00	−0.50

4）力矩分配过程

力矩分配如表图 4.16 所示（注：表图是指以列表形式表示的计算过程图形，下同）。

	A			B			E
下柱	右梁		左梁	下柱	右梁		
0.42	0.58		0.36	0.53	0.11		
	−101.62		101.62		−1		−0.5
	−18.11	1/2←	−36.22	−53.33	−11.07	→1/2	−5.53
50.29	69.44	→1/2	34.72				
	−6.25	1/2←	−12.50	−18.40	−3.82	→1/2	−1.91
2.62	3.62						
52.91	−52.91		87.62	−71.73	−15.89		−7.94
↓1/3				↓1/3			
17.64				−23.91			

（1）顶层力矩分配

10.53					−13.63				
↑1/3					↑1/3				
		A				B			E
上柱	下柱	右梁		左梁	上柱	下柱	右梁		
0.29	0.29	0.42		0.23	0.35	0.35	0.07		
		−95.49		95.49			−1		−0.5
		−10.87	1/2←	−21.73	−33.07	−33.07	−6.61	→1/2	−3.31
30.84	30.84	44.67	→1/2	22.33					
		−2.57	1/2←	−5.14	−7.82	−7.82	−1.56	→1/2	−0.78
0.74	0.74	1.08							
31.59	31.59	−63.18		90.96	−40.89	−40.89	−9.18		−4.59
	↓1/3					↓1/3			
	10.53					−13.63			

（2）3～6 层力矩分配

10.15					−12.73				
↑1/3					↑1/3				
		A				B			E
上柱	下柱	右梁		左梁	上柱	下柱	右梁		
0.28	0.32	0.4		0.23	0.33	0.37	0.07		
		−95.49		95.49			−1		−0.5
		−10.87	1/2←	−21.73	−31.18	−34.96	−6.61	→1/2	−3.31
29.78	34.03	42.54	→1/2	21.27					
		−2.45	1/2←	−4.89	−7.02	−7.87	−1.49	→1/2	−0.74
0.68	0.78	0.98							
30.46	34.82	−65.28		90.14	−38.20	−42.83	−9.10		−4.55
	↓1/2					↓1/2			
	17.41					−21.42			

（3）2 层力矩分配

图 4.16　力矩分配过程

	下柱	右梁		左梁	下柱	右梁	
	0.42	0.58		0.36	0.53	0.11	
	52.91	−52.91		87.62	−71.73	−15.89	−7.94
下柱传	10.53			−13.63			
	−4.42	−6.11	只分配不传递	4.91	7.22	1.50	
	59.02	−59.02		78.90	−64.51	−14.39	−7.94

(4) 顶层不平衡力矩分配

A				B				E
上柱	下柱	右梁		左梁	上柱	下柱	右梁	
0.29	0.29	0.42		0.23	0.35	0.35	0.07	
31.59	31.59	−63.18		90.96	−40.89	−40.89	−9.18	−4.59
17.64			上柱传		−23.91			
	10.53		下柱传			−13.63		
−8.17	−8.17	−11.83		8.63	13.14	13.14	2.63	
41.06	33.95	−75.01		99.59	−51.66	−41.38	−6.55	−4.59

(5) 6 层不平衡力矩分配

A				B				E
上柱	下柱	右梁		左梁	上柱	下柱	右梁	
0.29	0.29	0.42		0.23	0.35	0.35	0.07	
31.59	31.59	−63.18		90.96	−40.89	−40.89	−9.18	−4.59
10.53			上柱传		−13.63			
	10.53		下柱传			−13.63		
−6.11	−6.11	−8.84		6.27	9.54	9.54	1.91	
36.01	36.01	−72.02		97.22	−44.98	−44.98	−7.27	−4.59

(6) 5、4 层不平衡力矩分配

A				B				E
上柱	下柱	右梁		左梁	上柱	下柱	右梁	
0.29	0.29	0.42		0.23	0.35	0.35	0.07	
31.59	31.59	−63.18		90.96	−40.89	40.89	−9.18	−4.59
10.53			上柱传		−13.63			
	10.15		下柱传			−12.73		
−6.00	−6.00	−8.69		6.06	9.23	9.23	1.85	
36.12	35.74	−71.86		97.02	−45.29	−44.40	−7.33	−4.59

(7) 3 层不平衡力矩分配

A				B				E
上柱	下柱	右梁		左梁	上柱	下柱	右梁	
0.28	0.32	0.4		0.23	0.33	0.37	0.07	
30.46	34.82	−65.28		90.14	−38.20	−42.83	−9.10	−4.55
10.53			上柱传		−13.63			
−2.95	−3.37	−4.21		3.13	4.50	5.04	0.95	
38.05	31.45	−69.49		93.27	−47.33	−37.79	−8.15	−4.55

(8) 2 层不平衡力矩分配

图 4.16(续)

梁柱剪力和 AB 跨跨中弯矩(近似为最大值)计算简图如图 4.17 所示，计算见表 4-22。

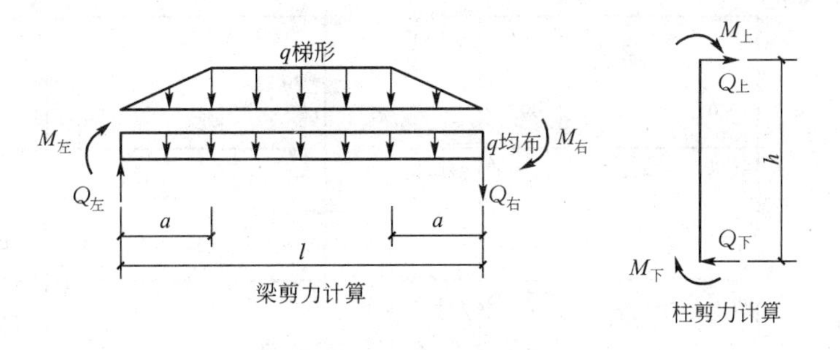

图 4.17 梁柱剪力计算简图

表 4-22 梁柱剪力计算

楼层		顶层		6 层		5/4 层		3 层		2 层	
		AB 梁	BE	AB 梁	BE	AB 梁	BE	AB 梁	BE	AB 梁	BE
q 梯形	a/m	1.8		1.8		1.8		1.8		1.8	
	l/m	7.2	1.05	7.2	1.05	7.2	1.05	7.2	1.05	7.2	1.05
	q/(kN/m)	21.10		12.02		12.02		21.10		12.02	
q 均布 /(kN/m)		4.73	2.71	10.71	2.72	10.71	2.72	4.73	2.71	10.71	2.72
$M_左$		−59.02	−14.39	−75.01	−6.55	−72.02	−7.27	−71.86	−7.33	−69.49	−8.15
$M_右$		78.90	−7.94	99.59	−4.59	97.22	−4.59	97.02	−4.59	93.27	−4.55
$Q_左$		71.24	22.69	67.58	12.04	67.49	12.72	70.50	12.78	67.69	13.52
$Q_右$		−76.76		−74.41		−74.49		−77.49		−74.30	
$M_{跨中}$		75.63		46.98		49.66		60.15		52.90	
楼层		顶层~6 层		6 层~5 层		5 层~3 层		3 层~2 层		2 层~1 层	
		A 柱	B 柱	A 柱	B 柱	A 柱	B 柱	A 柱	B 柱	A 柱	B 柱
$M_上$		59.02	−64.51	33.95	−41.38	36.01	−44.98	35.74	−44.40	31.45	−37.79
$M_下$		41.06	−51.66	36.01	−44.98	36.12	−45.29	38.05	−47.33	17.41	−21.42
柱高 H		3.30	3.30	3.30	3.30	3.30	3.30	3.30	3.30	5.50	5.50
$Q_上=Q_下$		−30.33	35.20	−21.20	26.17	−21.86	27.35	−22.36	27.80	−8.88	10.77

5) 内力图(图 4.18)

2. 活荷载作用下

1) 活荷载的不利布置

布置的方式有满布荷载法、分跨满布法和逐层逐跨布置法。

当活荷载与恒荷载的比值不大于 1 时，可不考虑活荷载的最不利布置而采用满布荷载法。这样求得的内力在支座处与按最不利荷载布置法求得的内力极为相似，可直接进行内

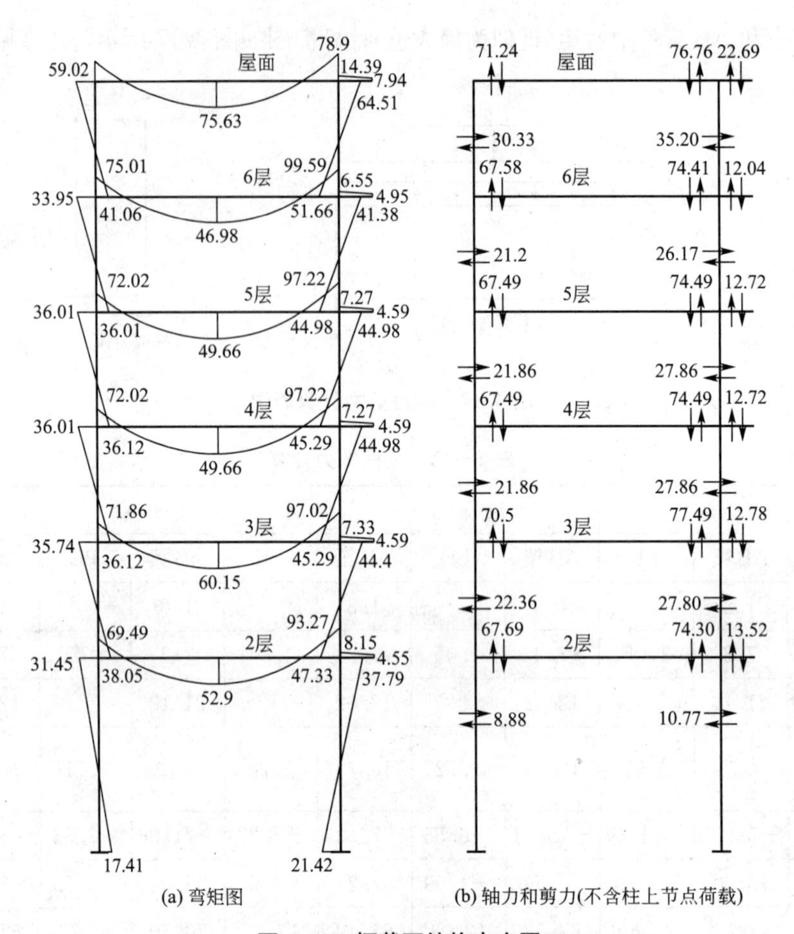

图 4.18　恒载下结构内力图

力组合。但求得的梁跨中弯矩比最不利荷载位置法的计算结果要小，因此对跨中弯矩应乘以 1.1(q=2.0kN/m^2)的增大系数。

2) 计算简图简化方法和梁柱分配系数计算同恒载的计算

3) 固端弯矩计算

计算方法同恒载，计算结果见表 4-23。

表 4-23　固端弯矩计算

楼层		各层	
		AB	BA
梯形荷载参数	a/m	1.8	1.8
	l/m	7.2	7.2
	q/(kN/m)	7.20	7.20
等效均布荷载/(kN/m)		6.41	6.41
固端弯矩/kN·m		−27.70	−27.70

4）力矩分配过程(表图 4.19)

A 下柱	A 右梁		B 左梁	B 下柱	B 右梁		E
0.42	0.58		0.36	0.53	0.11		
	−27.7		27.7				
	−4.99	1/2←	−9.97	−14.68	−3.05	→1/2	−1.52
13.73	18.96	→1/2	9.48				
	−1.71	1/2←	−3.41	−5.02	−1.04	→1/2	−0.52
0.72	0.99						
14.44	−14.44		23.79	−19.70	−4.09		−2.04
↓1/3				↓1/3			
4.81				−6.57			

(1) 顶层力矩分配

A 上柱	A 下柱	A 右梁		B 左梁	B 上柱	B 下柱	B 右梁		E
3.06					−3.99				
↑1/3					↑1/3				
0.29	0.29	0.42		0.23	0.35	0.35	0.07		
		−27.7		27.7					
		−3.19	1/2←	−6.37	−9.70	−9.70	−1.94	→1/2	−0.97
8.96	8.96	12.97	→1/2	6.49					
		−0.75	1/2←	−1.49	−2.27	−2.27	−0.45	→1/2	−0.23
0.22	0.22	0.31							
9.17	9.17	−18.35		26.32	−11.97	−11.97	−2.39		−1.20
	↓1/3					↓1/3			
	3.06					−3.99			

(2) 3～6 层力矩分配

A 上柱	A 下柱	A 右梁		B 左梁	B 上柱	B 下柱	B 右梁		E
2.95					−3.73				
↑1/3					↑1/3				
0.28	0.32	0.4		0.23	0.33	0.37	0.07		
		−27.7		27.7					
		−3.19	1/2←	−6.37	−9.14	−10.25	−1.94	→1/2	−0.97
8.65	9.88	12.35	→1/2	6.18					
		−0.71	1/2←	−1.42	−2.04	−2.29	−0.43	→1/2	−0.22
0.20	0.23	0.28							
8.85	10.11	−18.96		26.09	−11.18	−12.53	−2.37		−1.19
	↓1/2					↓1/2			
	5.06					−6.27			

(3) 2 层力矩分配

	A 下柱	A 右梁		B 左梁	B 下柱	B 右梁	E
	0.42	0.58		0.36	0.53	0.11	
	14.44	−14.44		23.79	−19.70	−4.09	−2.04
下柱传	3.06			−3.99			
	−1.28	−1.77	只分配不传递	1.44	2.11	0.44	
	16.22	−16.22		21.24	−17.59	−3.65	−2.04

(4) 顶层不平衡力矩分配

图 4.19 力矩分配过程

A 上柱	A 下柱	A 右梁		B 左梁	B 上柱	B 下柱	B 右梁	E
0.29	0.29	0.42		0.23	0.35	0.35	0.07	
9.17	9.17	−18.35		26.32	−11.97	−11.97	−2.39	−1.20
4.81			上柱传		−6.57			
	3.06		下柱传			−3.99		
−2.28	−2.28	−3.31		2.43	3.69	3.69	0.74	
11.70	9.95	−21.65		28.75	−14.84	−12.26	−1.65	−1.20

(5) 6层不平衡力矩分配

A 上柱	A 下柱	A 右梁		B 左梁	B 上柱	B 下柱	B 右梁	E
0.29	0.29	0.42		0.23	0.35	0.35	0.07	
9.17	9.17	− 18.35		26.32	− 11.97	− 11.97	− 2.39	− 1.20
3.06			上柱传		− 3.99			
	3.06		下柱传			− 3.99		
− 1.77	− 1.77	− 2.57		1.83	2.79	2.79	0.56	
10.46	10.46	− 20.91		28.16	− 13.16	− 13.16	− 1.83	− 1.20

(6) 5、4层不平衡力矩分配

A 上柱	A 下柱	A 右梁		B 左梁	B 上柱	B 下柱	B 右梁	E
0.29	0.29	0.42		0.23	0.35	0.35	0.07	
9.17	9.17	−18.35		26.32	−11.97	−11.97	−2.39	−1.20
3.06			上柱传		−3.99			
	2.95		下柱传			−3.73		
−1.74	−1.74	−2.52		1.77	2.70	2.70	0.54	
10.49	10.38	−20.87		28.10	−13.25	−12.99	−1.85	−1.20

(7) 3层不平衡力矩分配

A 上柱	A 下柱	A 右梁		B 左梁	B 上柱	B 下柱	B 右梁	E
0.28	0.32	0.4		0.23	0.33	0.37	0.07	
8.85	10.11	−18.96		26.09	−11.18	−12.53	−2.37	−1.19
3.06			上柱传		−3.99			
−0.86	−0.98	−1.22		0.92	1.32	1.48	0.28	
11.05	9.13	−20.18		27.00	−13.85	−11.06	−2.09	−1.19

(8) 2层不平衡力矩分配

图4.19(续)

注意计算出来的跨中弯矩应乘以1.1的放大系数。

表4-24　活荷载作用下的梁柱剪力计算

楼层		顶层		6层		5/4层		3层		2层	
		AB梁	BE	AB梁	BE	AB梁	BE	AB梁	BE	AB梁	BE
q梯形	a/m	1.8		1.8		1.8		1.8		1.8	
	l/m	7.2	1.05	7.2	1.05	7.2	1.05	7.2	1.05	7.2	1.05
	q/(kN/m)	7.2		7.2		7.2		7.2		7.2	
$M_{左}$		−16.22	−3.65	−21.65	−1.65	−20.91	−1.83	−20.87	−1.85	−20.18	−2.09

(续)

楼层	顶层		6层		5/4层		3层		2层	
	AB梁	BE	AB梁	BE	AB梁	BE	AB梁	BE	AB梁	BE
$M_{右}$	21.24	−2.04	28.75	−1.20	28.16	−1.20	28.10	−1.20	27.00	−1.19
$Q_{左}$	18.74	5.42	18.45	2.71	18.43	2.89	18.44	2.90	18.49	3.12
$Q_{右}$	−20.14		−20.43		−20.45		−20.44		−20.39	
$M_{跨中}$	22.17		15.05		15.78		15.83		16.82	
楼层	顶层～6层		6层～5层		5层～3层		3层～2层		2层～1层	
	A柱	B柱	A柱	B柱	A柱	B柱	A柱	B柱	A柱	B柱
$M_{上}$	16.22	−17.59	9.95	−12.26	10.46	−13.16	10.38	−12.99	9.13	−11.06
$M_{下}$	11.70	−14.84	10.46	−13.16	10.49	−13.25	11.05	−13.85	5.06	−6.27
柱高 H	3.30	3.30	3.30	3.30	3.30	3.30	3.30	3.30	5.50	5.50
$Q_{上}=-Q_{下}$	−8.46	9.83	−6.18	7.70	−6.35	8.00	−6.49	8.13	−2.58	3.15

5）内力图(图 4.20)

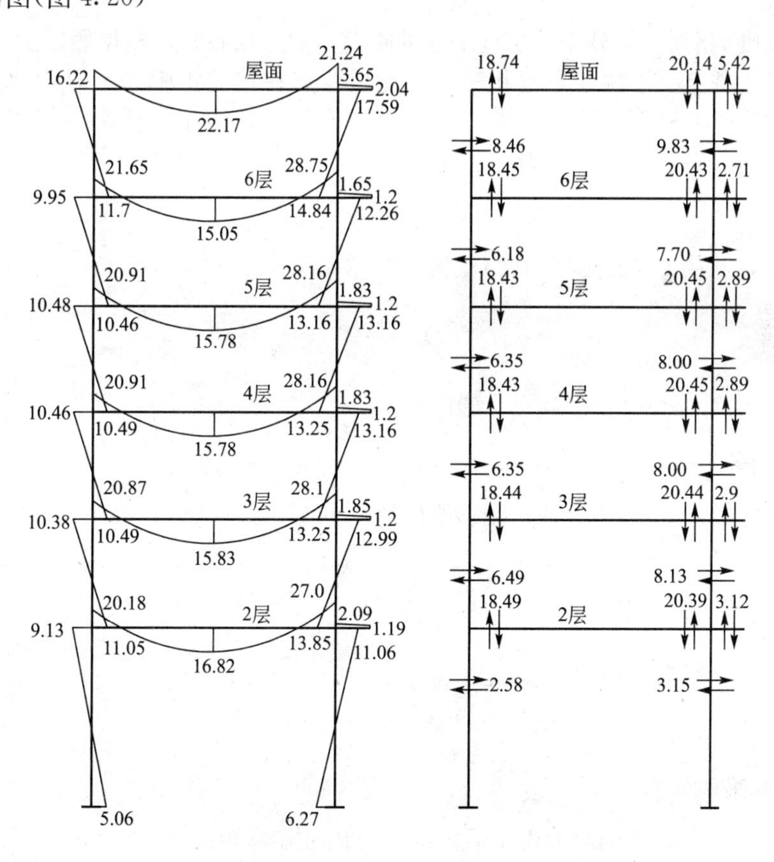

(a)弯矩图　　(b)轴力和剪力(不含柱上节点荷载)

图 4.20　活载下结构内力图

4.5 水平作用下的内力和侧移近似计算

风荷载、水平地震作用下的框架内力计算一般采用 D 值法。对于低层框架(如 2～4 层)，如果梁柱线刚度比≥3 时，则可用直接反弯点法进行计算。

4.5.1 反弯点法

反弯点法适用于各层结构比较均匀(各层层高变化不大、梁的线刚度变化不大)、节点梁柱线刚度比 $\sum i_b/\sum i_c \geqslant 3$ 的多层框架。其基本假定是：①在确定各柱的反弯点位置时，假定除底层柱以外的其余各层柱受力后上、下两端的转角相等；②进行各柱间的剪力分配时，假定梁与柱的线刚度之比为无限大；③梁端弯矩可由节点平衡条件(中间节点还需考虑梁的变形协调条件)求出。

按照上述假定，即可确定反弯点高度、侧移刚度、反弯点处剪力以及杆端弯矩。

1. 反弯点高度

反弯点高度$\bar{y}$指反弯点处至该层柱下端的距离。对上层各柱，根据假定①，各柱的上、下端转角相等，柱上、下端弯矩也相等，因此反弯点在柱的正中央，即$\bar{y}=h/2$；对底层柱，当柱脚固定时，柱下端转角为零，上端弯矩比下端弯矩小，反弯点偏离柱中央而上移，根据分析可取$\bar{y}= 2h_1/3$(h_1 为底层柱高)。

2. 侧移刚度

按照假定，某层 i 柱的侧移刚度 D_i 为

$$D_i=\frac{12i_c}{h_i^2} \tag{4.9}$$

式中：h_i、i_c——第 i 层某柱的柱高、线刚度。

3. 剪力分配

同层第 i 柱剪力 V_i 按该层各柱侧移刚度比例分配

$$V_i=\frac{D_i}{\sum D_i}\sum F \tag{4.10}$$

式中：$\sum D_i$——该层各柱侧移刚度总和；

$\sum F$——计算层以上所有水平荷载总和。

4. 柱端和梁端弯矩

柱反弯点位置及该点的剪力确定后，即可求出柱端弯矩：

$$\left.\begin{aligned} M_{i下}&=V_i\overline{y_i} \\ M_{i上}&=V_i(h_i-\overline{y_i}) \end{aligned}\right\} \tag{4.11}$$

式中：$M_{i下}$、$M_{i上}$——分别为柱下端弯矩和上端弯矩。

梁端弯矩可根据节点平衡及梁线刚度比例求出：

中柱处：$M_{b左j}=\dfrac{i_b^{左}}{i_b^{左}+i_b^{右}}(M_{c下j+1}+M_{c上j})$　$M_{b右j}=\dfrac{i_b^{右}}{i_b^{左}+i_b^{右}}(M_{c下j+1}+M_{c上j})$　(4.12)

边柱处：$M_{b总j}=M_{c下j+1}+M_{c上j}$　(4.13)

4.5.2 *D*值法

反弯点法使框架结构在水平荷载(作用)下的内力计算大为简化，但也有一定误差。尤其是梁柱线刚度较接近、特别是梁线刚度小于柱线刚度时。而且，框架柱的侧移刚度不仅与柱的线刚度和层高有关，还与梁的线刚度等因素有关。同时，柱的反弯点位置也与梁柱线刚度比、上下层横梁的线刚度比及上下层层高的变化等有关。在分析上述影响的基础上，对柱的侧移刚度和反弯点高度的计算方法做了改进，称为改进反弯点法或 *D* 值法(因为修正后的柱侧移刚度用 *D* 表示)。

1. 修正后的柱侧移刚度 *D*

对某 *k* 层 *j* 柱，有

$$D_{jk}=\alpha_c\frac{12i_c}{h_j^2}\tag{4.14}$$

式中：α_c——节点转动影响系数，对底层：$\alpha_c=\dfrac{0.5+\bar{k}}{2+\bar{k}}$；其他层 $\alpha_c=\dfrac{\bar{k}}{2+\bar{k}}$；　(4.15)

其中底层：$\bar{k}=\dfrac{\sum i_b}{i_c}$；其他层 $\bar{k}=\dfrac{\sum i_b}{2i_c}$。　(4.16)

2. 求柱的剪力

在求得各柱 *D* 值后，剪力的分配与反弯点法相同。当同层各柱的 *h* 相同时，在计算剪力时可以用 $D_i'=\alpha_c i_c$求柱剪力

$$V_i=\frac{D'_i}{\sum D'_i}\sum F\tag{4.17}$$

3. 求柱反弯点高度 *y*(由柱下端算起)

$$y=(\gamma_0+\gamma_1+\gamma_2+\gamma_3)h\tag{4.18}$$

式中：γ_0——标准反弯点高度比，考虑梁柱线刚度比及层数、层次对反弯点高度的影响，查附表 16；

γ_1——考虑上下横梁线刚度比对反弯点高度的影响，查附表 17；

γ_2——考虑相邻上层层高对本层反弯点高度的影响，顶层取 $\gamma_2=0$，查附表 18；

γ_3——考虑相邻下层层高对本层反弯点高度的影响，底层取 $\gamma_3=0$，查附表 18。

4. 由剪力和柱反弯点高度 *y* 绘制弯矩图

同反弯点法。

5. 根据节点内力平衡求梁端弯矩

6. 由平衡条件绘制轴力、剪力图

4.5.3 计算实例

1. 风荷载作用下

1) 柱剪力标准值计算(表 4-25)

表 4-25 梁柱剪力计算

层数	$\sum F$	柱号	$\sum i_b \times 10^4$	$i_c \times 10^4$	k	α	D_i'	$\sum D'$	V_i
6	6.68	A6	11.12	3.98	1.40	0.41	1.64	10.44	1.05
		B6	25.36	8.24	1.54	0.43	3.58		2.29
5	12.93	A5	11.12	3.98	1.40	0.41	1.64	10.44	2.03
		B5	25.36	8.24	1.54	0.43	3.58		4.44
4	19.18	A4	11.12	3.98	1.40	0.41	1.64	10.44	3.01
		B4	25.36	8.24	1.54	0.43	3.58		6.58
3	25.43	A3	11.12	3.98	1.40	0.41	1.64	10.44	3.99
		B3	25.36	8.24	1.54	0.43	3.58		8.73
2	32.02	A2	11.12	3.98	1.40	0.41	1.64	10.44	5.02
		B2	25.36	8.24	1.54	0.43	3.58		10.99
1	35.57	A1	5.56	4.42	1.26	0.54	2.38	14.97	5.67
		B1	12.68	9.16	1.38	0.56	5.10		12.12

2) 柱反弯点高度和柱端弯矩计算(表 4-26)

表 4-26 柱反弯点高度和柱端弯矩计算

层数	第 6 层(m=6, n=6, h=3.3m)									V_i	$M_下$	$M_上$
柱号	k	γ_0	α_1	γ_1	α_2	γ_2	α_3	γ_3	y/m	kN	kN·m	kN·m
A6	1.40	0.37	1	0	—	—	1	0	1.22	1.05	1.28	2.18
B6	1.54	0.38	1	0	—	—	1	0	1.25	2.29	2.88	4.69
层数	第 5 层(m=6, n=5, h=3.3m)											
A5	1.40	0.45	1	0	1	0	1	0	1.49	2.03	3.01	3.68
B5	1.54	0.45	1	0	1	0	1	0	1.49	4.44	6.59	8.05
层数	第 4 层(m=6, n=4, h=3.3m)											
A4	1.40	0.47	1	0	1	0	1	0	1.55	3.01	4.66	5.26
B4	1.54	0.48	1	0	1	0	1	0	1.58	6.58	10.43	11.30

（续）

层数	第 3 层(m=6，n=3，h=3.3m)										
A3	1.40	0.5	1	0	1	0	1	0	1.65	3.99	6.58	6.58
B3	1.54	0.5	1	0	1	0	1	0	1.65	8.73	14.40	14.40
层数	第 2 层(m=6，n=2，h=3.3m)										
A2	1.40	0.5	1	0	1	0	1.67	0	1.65	5.02	8.28	8.28
B2	1.54	0.5	1	0	1	0	1.67	0	1.65	10.99	18.13	18.13
层数	第 1 层(m=6，n=1，h=5.5m)										
A1	1.26	0.64	—	—	0.6	0	—	—	3.52	5.67	19.95	11.22
B1	1.38	0.63	—	—	0.6	0	—	—	3.47	12.12	41.99	24.66

3）梁端弯矩和剪力计算

梁端弯矩可以通过柱弯矩图获得，梁端剪力可以通过梁上弯矩获得，具体计算见表 4－27。

表 4－27　梁端弯矩和剪力计算

位置	$M_{上柱}$	$M_{下柱}$	$i_{左梁}$	$i_{右梁}$	$M_{左梁}$	$M_{右梁}$	Q_{AB}	Q_{BE}
屋面 A		2.18				2.18	0.59	2.51
屋面 B		4.69	5.56	7.12	2.06	2.63		
6 层 A	1.28	3.68				4.96	1.35	5.85
6 层 B	2.88	8.05	5.56	7.12	4.79	6.14		
5 层 A	3.01	5.26				8.27	2.24	9.57
5 层 B	6.59	11.3	5.56	7.12	7.84	10.05		
4 层 A	4.66	6.58				11.24	3.07	13.28
4 层 B	10.43	14.4	5.56	7.12	10.89	13.94		
3 层 A	6.58	8.28				14.86	4.04	17.40
3 层 B	14.4	18.13	5.56	7.12	14.26	18.27		
2 层 A	8.28	11.22				19.5	5.31	22.88
2 层 B	18.13	24.66	5.56	7.12	18.76	24.03		

4）内力图绘制

结构内力图(左风)如图 4.21 所示。右风同左风的值相同，符号相反。

2. 水平地震作用下

1）柱剪力标准值计算(表 4－28)

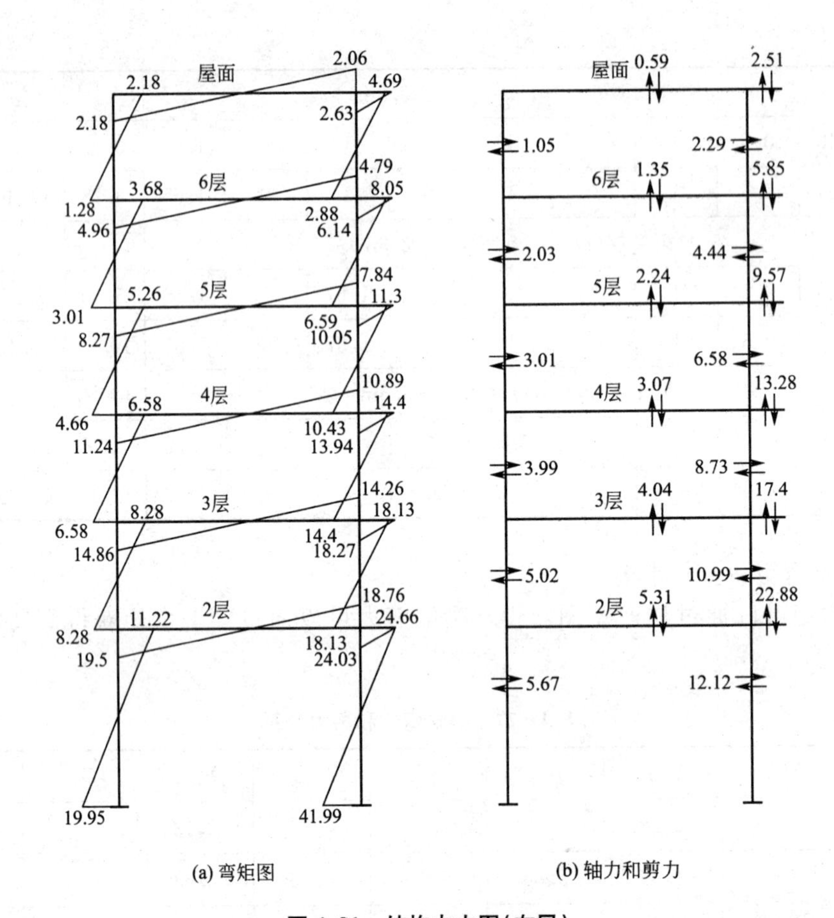

(a) 弯矩图　　(b) 轴力和剪力

图 4.21　结构内力图(左风)

表 4-28　梁柱剪力计算

层数	$\sum F$	柱号	$\sum i_b \times 10^4$	$i_c \times 10^4$	k	α	D_i'	$\sum D'$	V_i
6	58.28	A6	11.12	3.98	1.40	0.41	1.64	10.44	9.14
		B6	25.36	8.24	1.54	0.43	3.58		20.00
5	94.4	A5	11.12	3.98	1.40	0.41	1.64	10.44	14.80
		B5	25.36	8.24	1.54	0.43	3.58		32.40
4	124.15	A4	11.12	3.98	1.40	0.41	1.64	10.44	19.46
		B4	25.36	8.24	1.54	0.43	3.58		42.61
3	147.52	A3	11.12	3.98	1.40	0.41	1.64	10.44	23.13
		B3	25.36	8.24	1.54	0.43	3.58		50.63
2	164.52	A2	11.12	3.98	1.40	0.41	1.64	10.44	25.79
		B2	25.36	8.24	1.54	0.43	3.58		56.47
1	176.31	A1	5.56	4.42	1.26	0.54	2.38	14.97	28.09
		B1	12.68	9.16	1.38	0.56	5.10		60.07

2）柱反弯点高度和柱端弯矩计算（表4－29）

表4－29 柱反弯点高度和柱端弯矩计算

层数	第6层(m=6，n=6，h=3.3m)									V_i	$M_下$	$M_上$
柱号	k	γ_0	α_1	γ_1	α_2	γ_2	α_3	γ_3	y/m	kN	kN·m	kN·m
A6	1.40	0.37	1	0	—	—	1	0	1.22	9.14	11.16	19.00
B6	1.54	0.38	1	0	—	—	1	0	1.25	20.00	25.08	40.93
层数	第5层(m=6，n=5，h=3.3m)											
A5	1.40	0.45	1	0	1	0	1	0	1.49	14.80	21.98	26.86
B5	1.54	0.45	1	0	1	0	1	0	1.49	32.40	48.11	58.81
层数	第4层(m=6，n=4，h=3.3m)											
A4	1.40	0.47	1	0	1	0	1	0	1.55	19.46	30.19	34.04
B4	1.54	0.48	1	0	1	0	1	0	1.58	42.61	67.50	73.12
层数	第3层(m=6，n=3，h=3.3m)											
A3	1.40	0.5	1	0	1	0	1	0	1.65	23.13	38.16	38.16
B3	1.54	0.5	1	0	1	0	1	0	1.65	50.63	83.54	83.54
层数	第2层(m=6，n=2，h=3.3m)											
A2	1.40	0.5	1	0	1	0	1.67	0	1.65	25.79	42.56	42.56
B2	1.54	0.5	1	0	1	0	1.67	0	1.65	56.47	93.17	93.17
层数	第1层(m=6，n=1，h=5.5m)											
A1	1.26	0.64	—	—	0.6	0	—	—	3.52	28.09	98.87	55.62
B1	1.38	0.63	—	—	0.6	0	—	—	3.47	60.07	208.13	122.23

3）梁端弯矩和剪力计算

梁端弯矩可以通过柱弯矩图获得，梁端剪力可以通过梁端弯矩获得，具体计算见表4－30。

表4－30 梁端弯矩和剪力计算

位置	$M_{上柱}$	$M_{下柱}$	$i_{左梁}$	$i_{右梁}$	$M_{左梁}$	$M_{右梁}$	Q_{AB}	Q_{BE}
屋面A		19				19	5.13	21.89
屋面B		40.93	5.56	7.12	17.95	22.98		
6层A	11.16	26.86				38.02	10.39	44.86
6层B	25.08	58.81	5.56	7.12	36.78	47.11		
5层A	21.98	34.04				56.02	15.16	64.83
5层B	48.11	73.12	5.56	7.12	53.16	68.07		
4层A	30.19	38.16				68.35	18.69	80.77
4层B	67.5	83.54	5.56	7.12	66.23	84.81		

（续）

位置	$M_{上柱}$	$M_{下柱}$	$i_{左梁}$	$i_{右梁}$	$M_{左梁}$	$M_{右梁}$	Q_{AB}	Q_{BE}
3 层 A	38.16	42.56				80.72	21.97	94.50
3 层 B	83.54	93.17	5.56	7.12	77.48	99.23		
2 层 A	42.56	55.62				98.18	26.75	115.19
2 层 B	93.17	122.23	5.56	7.12	94.45	120.95		

4）内力图绘制

结构内力图(左震)如图 4.22 所示。右震同左震的值相同，符号相反。

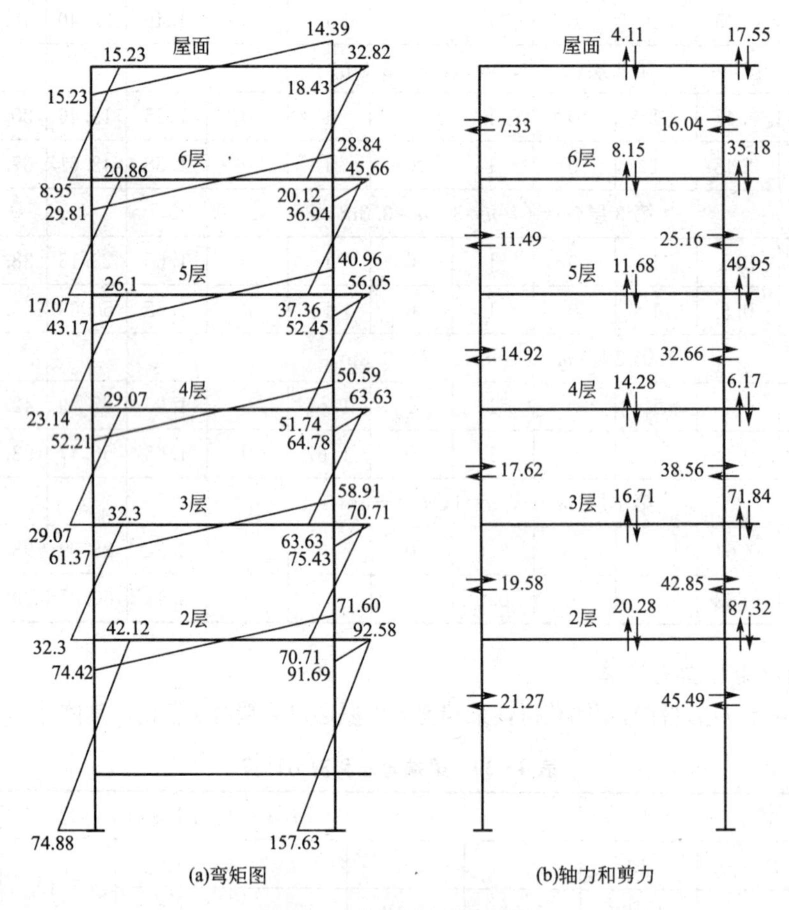

图 4.22 结构内力图(左震)

4.5.4 重力荷载代表值产生的框架内力

1. 计算方法

重力荷载代表值 G_E 已算出(表 4－14)。假定其在梁上均匀分布，按梁上作用均布线荷载计算(表 4－31)，计算方法同荷载计算，采用分层法。

表 4-31　重力荷载代表值等效梁上荷载

楼层	G_E/(kN/每榀)	梁长/m	等效线荷载/(kN /m)
2层	1136.24	16.5	68.86
3～6层	1024.24	16.5	62.08
屋面	1050.61	16.5	63.67

2. 固端弯矩计算

计算结果见表 4-32。

表 4-32　固端弯矩计算

楼层		q/(kN/m)	l/m	固端弯矩/kN·m
屋面	AB	63.67	7.20	−275.05
	BA	63.67	7.20	275.05
	BE	63.67	1.05	−23.40
	EB	63.67	1.05	−11.70
3～6层	AB	62.08	7.20	−268.19
	BA	62.08	7.20	268.19
	BE	62.08	1.05	−22.81
	EB	62.08	1.05	−11.41
2层	AB	68.86	7.20	−297.48
	BA	68.86	7.20	297.48
	BE	68.86	1.05	−25.31
	EB	68.86	1.05	−12.65

3. 力矩分配

计算过程如表图 4.23 所示。

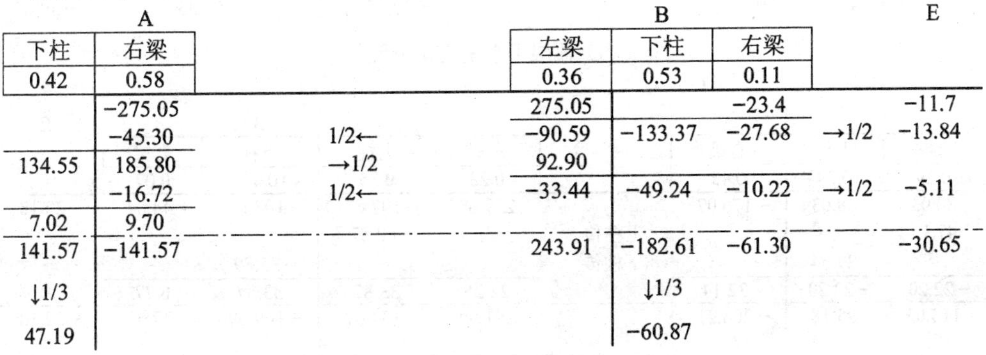

A			B				E
下柱	右梁		左梁	下柱	右梁		
0.42	0.58		0.36	0.53	0.11		
	−275.05		275.05		−23.4		−11.7
	−45.30	1/2←	−90.59	−133.37	−27.68	→1/2	−13.84
134.55	185.80	→1/2	92.90				
	−16.72	1/2←	−33.44	−49.24	−10.22	→1/2	−5.11
7.02	9.70						
141.57	−141.57		243.91	−182.61	−61.30		−30.65
↓1/3				↓1/3			
47.19				−60.87			

(1) 顶层力矩分配

图 4.23　力矩分配过程

A 上柱	A 下柱	A 右梁		B 左梁	B 上柱	B 下柱	B 右梁		E
29.34					−35.89				
↑1/3					↑1/3				
上柱	下柱	右梁		左梁	上柱	下柱	右梁		
0.29	0.29	0.42		0.23	0.35	0.35	0.07		
		−268.19		268.19			−22.81		−11.41
		−28.22	1/2←	−56.44	−85.88	−85.88	−17.18	→1/2	−8.59
85.96	85.96	124.49	→1/2	62.25					
		−7.16	1/2←	−14.32	−21.79	−21.79	−4.36	→1/2	−2.18
2.08	2.08	3.01							
88.03	88.03	−176.07		259.68	−107.67	−107.67	−44.34		−22.18
	↓1/3					↓1/3			
	29.34					−35.89			

（2）3～6 层力矩分配

A 上柱	A 下柱	A 右梁		B 左梁	B 上柱	B 下柱	B 右梁		E
31.39					−37.17				
↑1/3					↑1/3				
上柱	下柱	右梁		左梁	上柱	下柱	右梁		
0.28	0.32	0.4		0.23	0.33	0.37	0.07		
		−297.48		297.48			−25.31		−12.65
		−31.30	1/2←	−62.60	−89.82	−100.70	−19.05	→1/2	−9.53
92.06	105.21	131.51	→1/2	65.76					
		−7.56	1/2←	−15.12	−21.70	−24.33	−4.60	→1/2	−2.30
2.12	2.42	3.02							
94.18	107.63	−201.80		285.51	−111.52	−125.03	−48.96		−24.48
	↓1/2					↓1/2			
	53.81					−62.52			

（3）2 层力矩分配

	A 下柱	A 右梁		B 左梁	B 下柱	B 右梁	E
	0.42	0.58		0.36	0.53	0.11	
	141.57	−141.57		243.91	−182.61	−61.30	−30.65
下柱传	29.34			−35.89			
	−12.32	−17.02	只分配不传递	12.92	19.02	3.95	
	158.59	−158.59		220.94	−163.59	−57.35	−30.65

（4）顶层不平衡力矩分配

A 上柱	A 下柱	A 右梁		B 左梁	B 上柱	B 下柱	B 右梁	E
0.29	0.29	0.42		0.23	0.35	0.35	0.07	
88.03	88.03	−176.07		259.68	−107.67	−107.67	−44.34	−22.18
47.19			上柱传		−60.87			
	29.34		下柱传			−35.89		
−22.20	−22.20	−32.14		22.25	33.87	33.87	6.77	
113.03	95.18	−208.21		281.94	−134.67	−109.69	−37.57	−22.18

（5）6 层不平衡力矩分配

图 4.23(续)

	A				B				E
	上柱	下柱	右梁		左梁	上柱	下柱	右梁	
	0.29	0.29	0.42		0.23	0.35	0.35	0.07	
	88.03	88.03	−176.07		259.68	−107.67	−107.67	−44.34	−22.18
	29.34			上柱传		−35.89			
		29.34		下柱传			−35.89		
	−17.02	−17.02	−24.65		16.51	25.12	25.12	5.02	
	100.36	100.36	−200.72		276.19	−118.44	−118.44	−39.32	−22.18

(6) 5、4层不平衡力矩分配

	A				B				E
	上柱	下柱	右梁		左梁	上柱	下柱	右梁	
	0.29	0.29	0.42		0.23	0.35	0.35	0.07	
	88.03	88.03	−176.07		259.68	−107.67	−107.67	−44.34	−22.18
	29.34			上柱传		−35.89			
		31.39		下柱传			−37.17		
	−17.61	−17.61	−25.51		16.80	25.57	25.57	5.11	
	99.77	101.81	−201.58		276.49	−117.99	−119.27	−39.23	−22.18

(7) 3层不平衡力矩分配

	A				B				E
	上柱	下柱	右梁		左梁	上柱	下柱	右梁	
	0.28	0.32	0.4		0.23	0.33	0.37	0.07	
	94.18	107.63	−201.80		285.51	−111.52	−125.03	−48.96	−24.48
	29.34			上柱传		−35.89			
	−8.22	−9.39	−11.74		8.25	11.84	13.28	2.51	
	115.30	98.24	−213.54		293.77	−135.56	−111.75	−46.45	−24.48

(8) 2层不平衡力矩分配

图 4.23(续)

梁柱剪力和AB跨跨中弯矩(近似为最大值)计算，见表4-33。

表 4-33 梁柱剪力计算

楼层	顶层		6层		5/4层		3层		2层	
	AB梁	BE	AB梁	BE	AB梁	BE	AB梁	BE	AB梁	BE
l/m	7.2	1.05	7.2	1.05	7.2	1.05	7.2	1.05	7.2	1.05
q/(kN/m)	63.67	63.67	62.08	62.08	62.08	62.08	62.08	62.08	68.86	68.86
$M_{左}$	−158.58	−57.35	−208.21	−37.57	−200.72	−39.32	−201.58	−39.23	−213.54	−46.45
$M_{右}$	220.94	−30.65	281.94	−22.18	276.19	−22.18	276.49	−22.18	293.77	−24.48
$Q_{左}$	220.55	83.81	213.25	56.90	213.01	58.57	213.08	58.49	236.75	67.55
$Q_{右}$	−237.87		−233.73		−233.97		−233.89		−259.04	
$M_{跨中}$	222.82		157.20		163.82		163.24		192.56	

楼层	顶层~6层		6层~5层		5层~3层		3层~2层		2层~1层	
	A柱	B柱	A柱	B柱	A柱	B柱	A柱	B柱	A柱	B柱
$M_{上}$	158.59	−163.59	95.18	−109.69	100.36	−118.44	101.81	−119.27	98.24	−111.75
$M_{下}$	113.03	−134.67	100.36	−118.44	99.77	−117.99	115.30	−135.56	53.81	−62.52

（续）

楼层	顶层～6层		6层～5层		5层～3层		3层～2层		2层～1层	
	A柱	B柱	A柱	B柱	A柱	B柱	A柱	B柱	A柱	B柱
柱高 H	3.30	3.30	3.30	3.30	3.30	3.30	3.30	3.30	5.50	5.50
$Q_{上}=-Q_{下}$	−82.31	90.38	−59.25	69.13	−60.65	71.65	−65.79	77.22	−27.65	31.69

4. 内力图

内力图如图 4.24 所示。

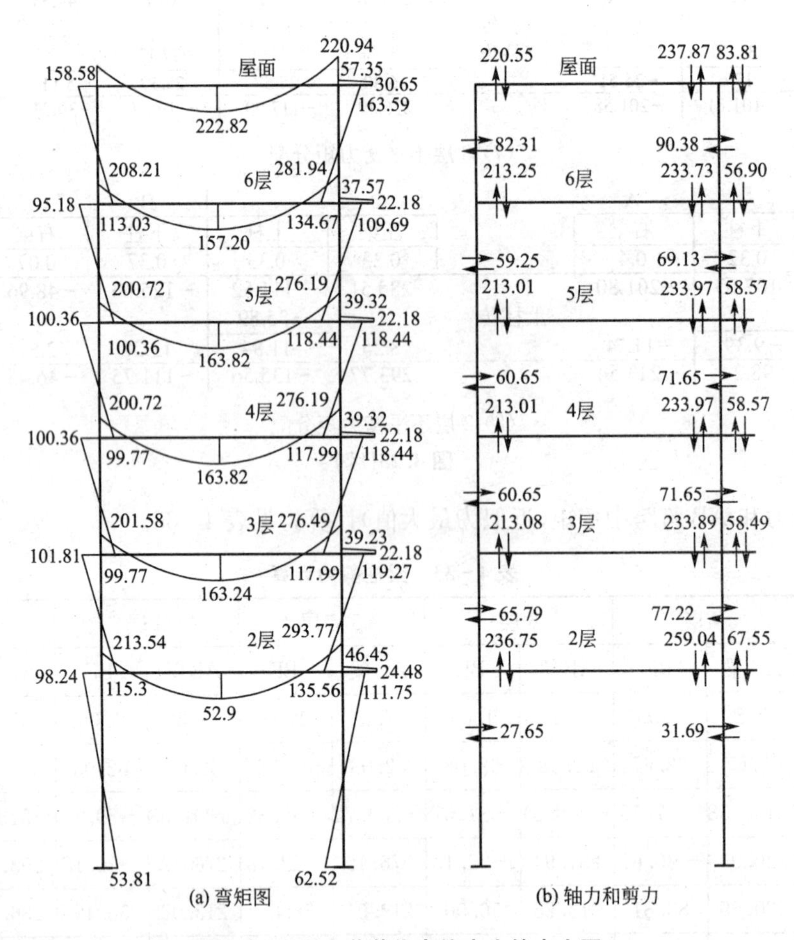

图 4.24　重力荷载代表值产生的内力图

4.5.5　水平作用下框架侧移的近似计算和验算

框架结构在水平荷载标准值作用下的侧移可以看作梁柱弯曲变形和轴向变形所引起的侧移叠加。由梁柱弯曲变形(梁和柱本身的剪切变形较小，可以忽略)所导致的层间相对侧移具有越靠下越大的特点，其侧移曲线与悬臂梁的剪切变形曲线相一致，因此称这种变形为总体剪切变形(图 4.25)。而由框架轴力引起柱的伸长和缩短所导致的框架变形，与悬臂梁的弯曲变形曲线类似，因此称其为总体弯曲变形(图 4.26)。

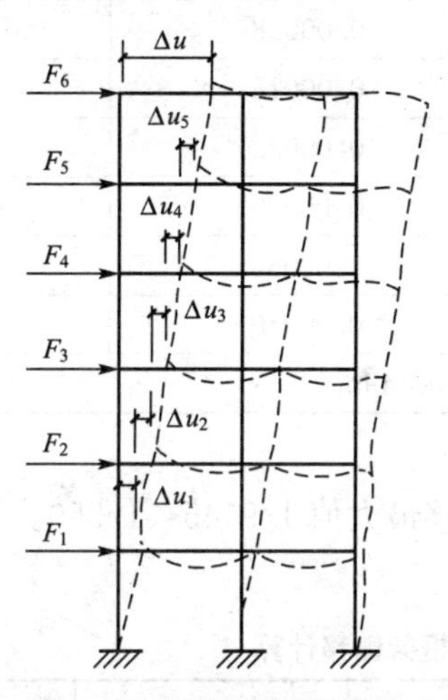

图 4.25 框架总体剪切变形

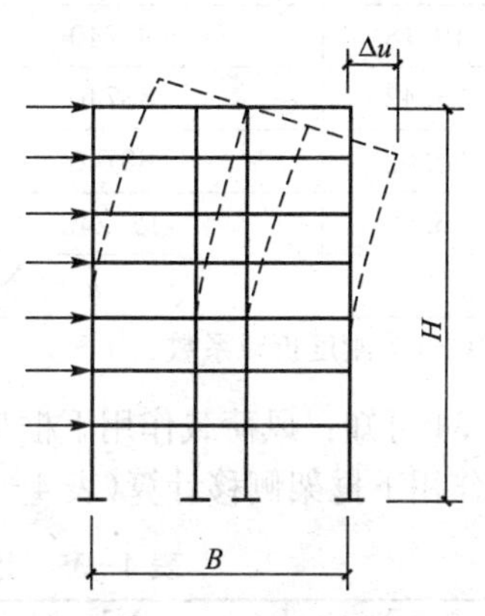

图 4.26 框架总体弯曲变形

对于一般框架结构，其侧移主要是由梁、柱的弯曲变形所引起，即主要发生总体剪切变形，在计算时考虑该项变形已足够精确。但对于房屋高度大于 50m 或者高宽比 H/B 大于 4 的框架结构，则需考虑柱轴力引起的总体弯曲变形。本节只介绍总体剪切变形的近似计算方法，在需要计算框架总体弯曲变形时，可另见参考书。

1. 用 D 值法计算框架总体剪切变形

用 D 值法计算水平荷载作用下的框架内力时，需要计算出任意柱的侧移刚度 D_{ij}，则第 j 层各柱侧移刚度之和为 $\sum_{i=1}^{n} D_{ij}$。按照侧移刚度的定义，第 j 层框架上、下节点的相对侧移 Δu_j 为：

$$\Delta u_j = \frac{\sum F}{\sum_{i=1}^{n} D_{ij}} \tag{4.19}$$

框架顶点的总侧移为各层相对侧移之和，即：

$$\Delta u = \sum_{i=1}^{m} \Delta u_j \tag{4.20}$$

式中：n——计算层的总柱数；

M——框架总层数；

$\sum F$——计算层以上水平荷载标准值之和。

2. 侧移限值

对于框架结构，层间侧移最大值不超过 1/550，一般发生在框架底层($\sum F$ 及 h 均大)或下部的薄弱层。

3. 实例计算(例同前)

1) 风荷载作用下框架侧移计算(表 4-34)

表 4-34 风荷载作用下框架侧移计算

层次	$\sum F$	$0.85\sum D$/(kN/m)	Δu_j/m	Δu_j/h
6	6.68	88740	0.00008	1/43839
5	12.93	88740	0.00015	1/22648
4	19.18	88740	0.00022	1/15268
3	25.43	88740	0.00029	1/11515
2	32.02	88740	0.00036	1/9145
1	35.57	127245	0.00040	1/13721
$u=\sum\Delta u_j=0.00149\text{m}$				

注：表中 0.85 为刚度折减系数。

由表 4-34 可知：风荷载作用下框架层间侧移最大值 1/9145<1/550。

2) 地震作用下框架侧移计算(表 4-35)

表 4-35 地震作用下框架侧移计算

层次	$\sum F$	$0.85\sum D$/(kN/m)	Δu_j/m	Δu_j/h
6	58.28	88740	0.00066	1/5025
5	94.40	88740	0.00106	1/3102
4	124.15	88740	0.00140	1/2359
3	147.52	88740	0.00166	1/1985
2	164.52	88740	0.00185	1/1780
1	176.31	88740	0.00199	1/2768
$u=\sum\Delta u_j=0.00862\text{m}$				

注：表中 0.85 为刚度折减系数。

由表 4-35 可知：地震作用下框架层间侧移最大值 1/1780<1/550。

4.6 框架的荷载效应组合

4.6.1 计算方法

框架在各组荷载作用下的内力求得后，根据最不利且可能的原则、考虑组合系数，即可求得框架梁柱各控制截面的最不利内力。

1. 控制截面

(1) 框架梁：左端支座截面、跨中截面和右端支座截面。

(2) 框架柱：柱顶截面和柱底截面。

2. 控制截面最不利内力类型

1) 框架梁

M_{max}及相应 V；M_{min}及相应 V；V_{max}及相应 M(只对支座截面)。

2）框架柱

（1）最大正弯矩 M_{max} 及相应的 N 和 V。

（2）最小负弯矩 M_{min}，及相应的 N 和 V。

（3）最大轴向力 N_{max} 及相应的 M 和 V。

（4）最小轴向力 N_{min} 及相应的 M 和 V。

框架柱通常采用对称配筋，因此前两组可合并为弯矩绝对值最大的内力组 $|M|_{max}$ 及相应的 N 和 V。

3. 荷载效应组合

1）当由可变荷载效应起控制作用时

假定下列数字①表示恒荷载标准值；②表示屋面(或楼面)活荷载标准值；③表示左风；④表示右风；⑤表示重力荷载代表值；⑥表示左水平地震作用标准值；⑦表示右水平地震作用标准值。

（1）不考虑地震作用时，对一般框架结构的承载力计算，考虑下列荷载组合：

A：1.2①+1.4②

B：1.2①+1.4③

B′：1.2①+1.4④

C：1.2①+0.9×1.4(②+③)

C′：1.2①+0.9×1.4(②+④)

（2）考虑地震作用时，60 及 60m 以下的建筑物，只需考虑重力荷载与水平地震作用的组合：

D：1.2⑤+ 1.3⑥

D′：1.2⑤+ 1.3⑦

E：1.0⑤+ 1.3⑥

E′：1.0⑤+ 1.3⑦

* 当重力荷载效应对结构承载力有利时，其分项系数取 1.0。

2）当由永久荷载效应起控制作用时

注意：当考虑以竖向的永久荷载效应控制的组合时，参与组合的可变荷载只考虑与结构自重方向一致的竖向荷载，不考虑地震作用。

对一般框架结构的承载力计算，考虑下列荷载组合：

F：1.35①+1.4×0.7②

4. 内力组合

为便于荷载效应的组合，对梁、柱内力的符号作如下统一规定。

梁中内力符号：弯矩以使梁下部受拉者为正，反之为负；剪力以绕杆端顺时针转者为正，反之为负；柱中内力符号：弯矩以使柱左边受拉者为正，反之为负；轴力以受压为正，受拉为负。

4.6.2 计算实例

计算实例与前述实例相同。

1. 框架梁内力组合

框架梁内力组合计算见表 4－36。

表 4－36　框架梁内力组合

屋面层		AB					BC		
		A		跨中	$B_{左}$		$B_{右}$		跨中
内力种类		M	V	M	M	V	M	V	M
荷载分类	①	－59.02	71.24	75.63	－78.90	－76.76	－14.39	22.69	－7.94
	②	－16.22	18.74	22.17	－21.24	－20.14	－3.65	5.42	－2.04
	③	2.18	0.59		－2.06	0.59	2.63	2.51	
	④	－2.18	－0.59		2.06	－0.59	－2.63	－2.51	
	⑤	－158.58	220.55	222.82	－220.94	－237.87	－57.35	83.81	－30.65
	⑥	－19.00	5.13		17.95	5.13	－22.98	21.98	
	⑦	19.00	－5.13		－17.95	－5.13	22.98	－21.98	
内力组合	A	－93.53	111.72	121.79	－124.42	－120.31	－22.38	34.82	－12.38
	B	－67.77	86.31	90.76	－97.56	－91.29	－13.59	30.74	－9.53
	B′	－73.88	84.66	90.76	－91.80	－92.94	－20.95	23.71	－9.53
	C	－88.51	109.84	118.69	－124.04	－116.75	－18.55	37.22	－12.10
	C′	－94.01	108.36	118.69	－118.85	－118.23	－25.18	30.89	－12.10
	D	－215.00	271.33	267.38	－241.79	－278.78	－98.69	129.15	－36.78
	D′	－165.60	257.99	267.38	－288.46	－292.11	－38.95	72.00	－36.78
	E	－183.28	227.22	222.82	－197.61	－231.20	－87.22	112.38	－30.65
	E′	－133.88	213.88	222.82	－244.28	－244.54	－27.48	55.24	－30.65
	F	－95.57	114.54	123.83	－127.33	－123.36	－23.00	35.94	－12.72
	$\gamma_0 M$	－95.57	114.54	123.83	－127.33	－123.36	－25.18	37.22	－12.72
	$\gamma_{RE} M_b$	－161.25	230.63	200.54	－216.35	－248.30	－74.02	109.77	－27.59
6 层		AB					BC		
		A		跨中	$B_{左}$		$B_{右}$		跨中
内力种类		M	V	M	M	V	M	V	M
荷载分类	①	－75.01	67.58	46.98	－99.59	－74.41	－6.55	12.04	－4.95
	②	－21.65	18.45	15.00	－28.75	－20.43	－1.65	2.71	－1.20
	③	4.96	1.35		－4.79	1.35	6.14	5.85	
	④	－4.96	－1.35		4.79	－1.35	－6.14	－5.85	
	⑤	－208.21	213.25	157.20	－281.94	－233.73	－37.57	56.90	－22.18
	⑥	38.02	10.39		36.78	10.39	47.11	44.86	
	⑦	－38.02	－10.39		－36.78	－10.39	－47.11	－44.86	

（续）

6层		AB					BC		
		A		跨中	$B_{左}$		$B_{右}$		跨中
内力种类		M	V	M	M	V	M	V	M
内力组合	A	−120.32	106.93	77.38	−159.76	−117.89	−10.17	18.24	−7.62
	B	−83.07	82.99	56.38	−126.21	−87.40	0.74	22.64	−5.94
	B′	−96.96	79.21	56.38	−112.80	−91.18	−16.46	6.26	−5.94
	C	−111.04	106.04	75.28	−161.77	−113.33	−2.20	25.23	−7.45
	C′	−123.54	102.64	75.28	−149.70	−116.73	−17.68	10.49	−7.45
	D	−200.43	269.41	188.64	−290.51	−266.97	16.16	126.60	−26.62
	D′	−299.28	242.39	188.64	−386.14	−293.98	−106.33	9.96	−26.62
	E	−158.78	226.76	157.20	−234.13	−220.22	23.67	115.22	−22.18
	E′	−257.64	199.74	157.20	−329.75	−247.24	−98.81	−1.42	−22.18
	F	−122.48	109.31	78.12	−162.62	−120.47	−10.46	18.91	−7.86
	$\gamma_0 M$	−123.54	109.31	78.12	−162.62	−120.47	−17.68	25.23	−7.86
	$\gamma_{RE} M_b$	−224.46	229.00	141.48	−289.61	−249.89	−79.75	107.61	−19.96

5层		AB					BC		
		A		跨中	$B_{左}$		$B_{右}$		跨中
内力种类		M	V	M	M	V	M	V	M
荷载分类	①	−72.02	67.49	49.60	−97.27	−74.49	−7.27	12.72	−4.59
	②	−20.91	18.43	15.78	−28.16	−20.45	−1.83	2.89	−1.20
	③	8.27	2.24		−7.84	2.24	10.05	9.57	
	④	−8.27	−2.24		7.84	−2.24	−10.05	−9.57	
	⑤	−200.72	213.01	163.82	−276.19	−233.97	−39.32	58.57	−22.18
	⑥	56.02	15.16		−53.16	15.16	−68.07	64.83	
	⑦	−56.02	−15.16		53.16	−15.16	68.07	−64.83	
内力组合	A	−115.70	106.79	81.61	−156.15	−118.02	−11.29	19.31	−7.19
	B	−74.85	84.12	59.52	−127.70	−86.25	5.35	28.66	−5.51
	B′	−98.00	77.85	59.52	−105.75	−92.52	−22.79	1.87	−5.51
	C	−102.35	107.03	79.40	−162.08	−112.33	1.63	30.96	−7.02
	C′	−123.19	101.39	79.40	−142.33	−117.98	−23.69	6.85	−7.02
	D	−168.04	275.32	196.58	−400.54	−261.06	−135.68	154.56	−26.62
	D′	−313.69	235.90	196.58	−262.32	−300.47	41.31	−14.00	−26.62
	E	−127.89	232.72	163.82	−345.30	−214.26	−127.81	142.85	−22.18
	E′	−273.55	193.30	163.82	−207.08	−253.68	49.17	−25.71	−22.18
	F	−117.72	109.17	82.42	−158.91	−120.60	−11.61	20.00	−7.37
	$\gamma_0 M$	−123.19	109.17	82.42	−162.08	−120.60	−23.69	30.96	−7.37
	$\gamma_{RE} M_b$	−235.27	234.02	147.44	−300.40	−255.40	−101.76	131.38	−19.96

（续）

4层		AB					BC		
		A		跨中	$B_{左}$		$B_{右}$		跨中
内力种类		M	V	M	M	V	M	V	M
荷载分类	①	−72.02	67.49	49.60	−97.27	−74.49	−7.27	12.72	−4.59
	②	−20.91	18.43	15.78	−28.16	−20.45	−1.83	2.89	−1.20
	③	11.24	3.07		−10.89	3.07	13.94	13.28	
	④	−11.24	−3.07		10.89	−3.07	−13.94	−13.28	
	⑤	−200.72	213.01	163.82	−276.19	−233.97	−39.32	58.57	−22.18
	⑥	68.35	18.69		−66.23	18.69	84.81	80.77	
	⑦	−68.35	−18.69		66.23	−18.69	−84.81	−80.77	
内力组合	A	−115.70	106.79	81.61	−156.15	−118.02	−11.29	19.31	−7.19
	B	−70.69	85.29	59.52	−131.97	−85.09	10.79	33.86	−5.51
	B′	−102.16	76.69	59.52	−101.48	−93.69	−28.24	−3.33	−5.51
	C	−98.61	108.08	79.40	−165.93	−111.29	6.53	35.64	−7.02
	C′	−126.93	100.34	79.40	−138.48	−119.02	−28.59	2.17	−7.02
	D	−152.01	279.91	196.58	−417.53	−256.47	63.07	175.29	−26.62
	D′	−329.72	231.32	196.58	−245.33	−305.06	−157.44	−34.72	−26.62
	E	−111.87	237.31	163.82	−362.29	−209.67	70.93	163.57	−22.18
	E′	−289.58	188.71	163.82	−190.09	−258.27	−149.57	−46.43	−22.18
	F	−117.72	109.17	82.42	−158.91	−120.60	−11.61	20.00	−7.37
	$\gamma_0 M$	−126.93	109.17	82.42	−165.93	−120.60	−28.59	35.64	−7.37
	$\gamma_{RE} M_b$	−247.29	237.92	147.44	−313.15	−259.30	−118.08	148.99	−19.96
3层		AB					BC		
		A		跨中	$B_{左}$		$B_{右}$		跨中
内力种类		M	V	M	M	V	M	V	M
荷载分类	①	−71.86	70.50	60.15	−97.02	−77.49	−7.33	12.78	−4.59
	②	−20.87	18.44	15.83	−28.10	−20.44	−1.85	2.90	−1.20
	③	14.86	4.04		−14.26	4.04	18.27	17.40	
	④	−14.86	−4.04		14.26	−4.04	−18.27	−17.40	
	⑤	−201.58	213.08	163.24	−276.49	−233.89	−39.23	58.49	−22.18
	⑥	80.72	21.97		−77.48	21.97	99.23	94.50	
	⑦	−80.72	−21.97		77.48	−21.97	−99.23	−94.50	
内力组合	A	−115.45	110.42	94.34	−155.76	−121.60	−11.39	19.40	−7.19
	B	−65.43	90.26	72.18	−136.39	−87.33	16.78	39.70	−5.51
	B′	−107.04	78.94	72.18	−96.46	−98.64	−34.37	−9.02	−5.51
	C	−93.80	112.92	92.13	−169.80	−113.65	11.89	40.91	−7.02
	C′	−131.25	102.74	92.13	−133.86	−123.83	−34.15	−2.93	−7.02
	D	−136.96	284.26	195.89	−432.51	−252.11	81.92	193.04	−26.62

(续)

3层		AB					BC		
		A		跨中	$B_{\text{左}}$		$B_{\text{右}}$		跨中
内力种类		M	V	M	M	V	M	V	M
内力组合	D′	−346.83	227.14	195.89	−231.06	−309.23	−176.08	−52.66	−26.62
	E	−96.64	241.64	163.24	−377.21	−205.33	89.77	181.34	−22.18
	E′	−306.52	184.52	163.24	−175.77	−262.45	−168.23	−64.36	−22.18
	F	−117.46	113.25	96.72	−158.52	−124.64	−11.71	20.10	−7.37
	$\gamma_0 M$	−131.25	113.25	96.72	−169.80	−124.64	−34.37	40.91	−7.37
	$\gamma_{RE} M_b$	−260.12	241.62	146.92	−324.38	−262.84	−132.06	164.08	−19.96
2层		AB					BC		
		A		跨中	$B_{\text{左}}$		$B_{\text{右}}$		跨中
内力种类		M	V	M	M	V	M	V	M
荷载分类	①	−69.49	67.69	52.90	−93.27	−74.30	−8.15	13.52	−4.55
	②	−20.18	18.49	16.82	−27.00	−20.39	−2.09	3.12	−1.19
	③	19.50	5.31		−18.76	5.31	24.03	22.88	
	④	−19.50	−5.31		18.76	−5.31	−24.03	−22.88	
	⑤	−213.54	236.75	52.90	−293.77	−259.04	−46.45	67.55	−24.48
	⑥	98.08	26.75		−94.45	26.75	120.95	115.19	
	⑦	−98.08	−26.75		94.45	−26.75	−120.95	−115.19	
内力组合	A	−111.64	107.11	87.03	−149.72	−117.71	−12.71	20.59	−7.13
	B	−56.09	88.66	63.48	−138.19	−81.73	23.86	48.26	−5.46
	B′	−110.69	73.79	63.48	−85.66	−96.59	−43.42	−15.81	−5.46
	C	−84.24	111.22	84.67	−169.58	−108.16	17.86	48.98	−6.96
	C′	−133.38	97.83	84.67	−122.31	−121.54	−42.69	−8.67	−6.96
	D	−128.74	318.88	63.48	−475.31	−276.07	101.50	230.81	−29.38
	D′	−383.75	249.33	63.48	−229.74	−345.62	−212.98	−68.69	−29.38
	E	−86.04	271.53	52.90	−416.56	−224.27	110.79	217.30	−24.48
	E′	−341.04	201.98	52.90	−170.99	−293.82	−203.69	−82.20	−24.48
	F	−113.59	109.50	87.90	−152.37	−120.29	−13.05	21.31	−7.31
	$\gamma_0 M$	−133.38	111.22	87.90	−169.58	−121.54	−43.42	48.98	−7.31
	$\gamma_{RE} M_b$	−287.81	271.04	47.61	−356.48	−293.78	−159.73	196.19	−22.03
标准层 M设		−287.81	271.04	147.44	−356.48	−293.78	−159.73	196.19	−22.03

2. 框架柱内力组合

框架柱内力组合计算见表 4－37。

表 4-37 框架柱内力组合

屋面层～6层			A柱					B柱				
			上端		下端		层间	上端		下端		层间
内力种类			M	N	M	N	V	M	N	M	N	V
荷载分类		①	59.02	235.72	−41.06	256.35	30.33	−64.51	362.35	51.66	392.05	35.20
		②	16.22	51.14	−11.70	51.14	8.46	−17.59	73.08	14.84	73.08	9.83
		③	−2.18	−0.59	1.28	−0.59	1.05	−4.69	−1.92	2.88	−1.92	2.29
		④	2.18	0.59	−1.28	0.59	−1.05	4.69	1.92	−2.88	1.92	−2.29
		⑤	158.58	220.55	−113.03	220.55	82.31	−163.59	321.68	134.67	321.68	90.38
		⑥	−19.00	−5.13	11.16	−5.13	9.14	−40.93	−16.85	25.08	−16.85	20.00
		⑦	19.00	5.13	−11.16	5.13	−9.14	40.93	16.85	−25.08	16.85	−20.00
组合值	A	$M_{max}/N_{max}/N_{min}$	93.53	354.46	−65.65	379.21	48.24	−102.04	537.13	82.77	572.77	56.00
	B	$M_{max}/N_{max}/N_{min}$	67.77	282.04	−47.48	306.79	37.87	−83.98	432.13	66.02	467.77	45.45
	B′	$M_{max}/N_{max}/N_{min}$	73.88	283.69	−51.06	308.44	34.93	−70.85	437.51	57.96	473.15	39.03
	C	$M_{max}/N_{max}/N_{min}$	88.51	346.56	−62.40	371.31	48.38	−105.48	524.48	84.32	560.12	57.51
	C′	$M_{max}/N_{max}/N_{min}$	94.01	348.04	−65.63	372.79	45.73	−93.67	529.32	77.06	564.96	51.74
	D	$M_{max}/N_{max}/N_{min}$	165.60	257.99	−121.13	257.99	110.65	−249.52	364.11	194.21	364.11	134.46
	D′	$M_{max}/N_{max}/N_{min}$	215.00	271.33	−150.14	271.33	86.89	−143.10	407.92	129.00	407.92	82.46
	F	$M_{max}/N_{max}/N_{min}$	100.11	382.66	−70.17	410.50	51.61	−109.25	581.25	88.44	621.35	59.91
M_{max}			215.00	271.33	−150.14	271.33		−249.52	−364.11	194.21	364.11	
N_{max}			100.11	382.66	70.17	410.50		−109.25	581.25	88.44	621.35	
N_{min}			165.60	257.99	−121.13	257.99		−249.52	364.11	194.21	364.11	
$\gamma_{RE}M_{max}$			172.00	217.06	−120.12	217.06		−199.61	−291.29	155.37	291.29	

（续）

屋面层～6层		A柱					B柱				
		上端		下端		层间	上端		下端		层间
内力种类		M	N	M	N	V	M	N	M	N	V
$\gamma_{RE}N_{max}$		80.09	306.13	56.14	328.40		−87.40	465.00	70.75	497.08	
$\gamma_{RE}N_{min}$		132.48	206.39	−96.90	206.39		−199.62	291.29	155.37	291.29	
$\gamma_{RE}V_{min}$						94.06					114.29
6层～5层		A柱					B柱				
		上端		下端		层间	上端		下端		层间
内力种类		M	N	M	N	V	M	N	M	N	V
荷载分类	①	33.95	488.41	−36.01	509.04	21.20	−41.38	741.40	44.98	771.10	26.17
	②	9.95	101.99	−10.46	101.99	6.18	−12.26	143.74	13.16	143.74	7.70
	③	−3.68	−1.94	3.01	−1.94	2.03	−8.05	−6.42	6.59	−6.42	4.44
	④	3.68	1.94	−3.01	1.94	−2.03	8.05	6.42	−6.59	6.42	−4.44
	⑤	95.18	433.80	−100.36	433.80	59.25	−109.69	612.31	118.44	612.31	69.13
	⑥	−26.86	−15.52	21.98	−15.52	14.80	−58.81	−50.78	48.11	−50.78	32.40
	⑦	26.86	15.52	−21.98	15.52	−14.80	58.81	50.78	−48.11	50.78	−32.40
组合值 A	$M_{max}/N_{max}/N_{min}$	54.67	728.88	−57.86	753.63	34.09	−66.82	1090.92	72.40	1126.56	42.18
B	$M_{max}/N_{max}/N_{min}$	35.59	583.38	−39.00	608.13	28.28	−60.93	880.69	63.20	916.33	37.62
B′	$M_{max}/N_{max}/N_{min}$	45.89	588.81	−47.43	613.56	22.60	−38.39	898.67	44.75	934.31	25.19
C	$M_{max}/N_{max}/N_{min}$	48.64	712.16	−52.60	736.91	35.78	−75.25	1062.70	78.86	1098.34	46.70
C′	$M_{max}/N_{max}/N_{min}$	57.91	717.04	−60.18	741.79	30.67	−54.96	1078.88	62.25	1114.52	35.51
D	$M_{max}/N_{max}/N_{min}$	79.30	500.38	−91.86	500.38	90.34	−208.08	668.76	204.67	668.76	125.08
D′	$M_{max}/N_{max}/N_{min}$	149.13	540.74	−149.01	540.74	51.86	−55.18	800.79	79.59	800.79	40.84
F	$M_{max}/N_{max}/N_{min}$	58.37	787.86	−61.79	815.70	36.41	−71.31	1182.00	77.30	1222.10	45.03

（续）

6层～5层	A柱				B柱					
	上端		下端		层间	上端		下端		层间
内力种类	M	N	M	N	V	M	N	M	N	V
M_{max}	149.13	540.74	−149.01	540.74		−208.08	668.76	204.67	668.76	
N_{max}	58.37	787.86	−61.79	815.70		−71.31	1182.00	77.3	1222.10	
N_{min}	79.30	500.38	−91.86	500.38		−208.08	668.76	204.67	668.76	
$\gamma_{RE}M_{max}$	119.31	432.59	−119.20	432.59		−166.46	535.01	163.74	535.01	
$\gamma_{RE}N_{max}$	46.70	630.29	−49.43	652.56		−57.05	945.60	61.84	977.68	
$\gamma_{RE}N_{min}$	63.44	400.31	−73.49	400.31		−166.46	535.01	163.74	535.01	
$\gamma_{RE}V_{min}$					76.79					106.31

5层～4层		A柱					B柱				
		上端		下端		层间	上端		下端		层间
内力种类		M	N	M	N	V	M	N	M	N	V
荷载分类	①	36.01	741.01	−36.12	761.64	21.86	−44.98	1121.21	45.29	1150.91	27.86
	②	10.46	152.82	−10.49	152.82	6.35	−13.16	214.60	13.25	214.60	8.00
	③	−5.26	−4.18	4.66	−4.18	3.01	−11.30	−13.75	10.43	−13.75	6.58
	④	5.26	4.18	−4.66	4.18	−3.01	11.30	13.75	−10.43	13.75	−6.58
	⑤	100.36	646.81	−99.77	646.81	60.65	−118.44	902.94	117.99	902.94	71.65
	⑥	−34.04	−30.68	30.19	−30.68	19.46	−73.12	−100.45	67.50	−100.45	42.61
	⑦	34.04	30.68	−30.19	30.68	−19.46	73.12	100.45	−67.50	100.45	−42.61

（续）

5层～4层			A柱					B柱				
			上端		下端		层间	上端		下端		层间
内力种类			M	N	M	N	V	M	N	M	N	V
组合值	A	$M_{max}/N_{max}/N_{min}$	57.86	1103.16	−58.03	1127.91	35.12	−72.40	1645.89	72.90	1681.53	44.63
	B	$M_{max}/N_{max}/N_{min}$	35.85	883.36	−36.82	908.11	30.45	−69.80	1326.20	68.95	1361.84	42.64
	B′	$M_{max}/N_{max}/N_{min}$	50.58	895.06	−49.87	919.81	22.02	−38.16	1364.70	39.75	1400.34	24.22
	C	$M_{max}/N_{max}/N_{min}$	49.76	1076.50	−50.69	1101.25	38.03	−84.80	1598.52	84.18	1634.16	51.80
	C′	$M_{max}/N_{max}/N_{min}$	63.02	1087.03	−62.43	1111.78	30.44	−56.32	1633.17	57.90	1668.81	35.22
	D	$M_{max}/N_{max}/N_{min}$	76.18	736.29	−80.48	736.29	98.08	−237.18	952.94	229.34	952.94	141.37
	D′	$M_{max}/N_{max}/N_{min}$	164.68	816.06	−158.97	816.06	47.48	−47.07	1214.11	53.84	1214.11	30.59
	F	$M_{max}/N_{max}/N_{min}$	61.79	1192.92	−61.98	1220.76	37.51	−77.30	1784.03	77.84	1824.12	47.69
M_{max}			164.68	816.06	−158.97	816.06		−237.18	952.94	229.34	952.94	
N_{max}			61.79	1192.92	−61.98	1220.76		−77.3	1784.03	77.84	1824.12	
N_{min}			76.18	736.29	−80.48	736.29		−237.18	952.94	229.34	952.94	
$\gamma_{RE}M_{max}$			131.75	652.85	−127.18	652.85		−189.75	762.35	183.47	762.35	
$\gamma_{RE}N_{max}$			49.43	954.33	−49.58	976.61		−61.84	1427.22	62.27	1459.30	
$\gamma_{RE}N_{min}$			60.94	589.03	−64.38	589.03		−189.74	762.35	183.47	762.35	
$\gamma_{RE}V_{min}$							83.37					120.17

（续）

4层～3层			A柱					B柱				
			上端		下端		层间	上端		下端		层间
内力种类			M	N	M	N	V	M	N	M	N	V
荷载分类		①	36.01	993.61	−36.12	1014.24	21.86	−44.98	1501.02	45.29	1530.72	27.86
		②	10.46	203.65	−10.49	203.65	6.35	−13.16	285.46	13.25	285.46	8.00
		③	−6.58	−7.25	6.58	−7.25	3.99	−14.40	−23.96	14.40	−23.96	8.73
		④	6.58	7.25	−6.58	7.25	−3.99	14.40	23.96	−14.40	23.96	−8.73
		⑤	100.36	859.82	−99.77	859.82	60.65	−118.44	1193.57	117.99	1193.57	71.65
		⑥	−38.16	−49.37	38.16	−49.37	23.13	−83.54	−162.53	83.54	−162.53	50.63
		⑦	38.16	49.37	−38.16	49.37	−23.13	83.54	162.53	−83.54	162.53	−50.63
组合值	A	$M_{max}/N_{max}/N_{min}$	57.86	1477.44	−58.03	1502.19	35.12	−72.40	2200.87	72.90	2236.51	44.63
	B	$M_{max}/N_{max}/N_{min}$	34.00	1182.18	−34.13	1206.93	31.82	−74.14	1767.68	74.51	1803.32	45.65
	B′	$M_{max}/N_{max}/N_{min}$	52.42	1202.48	−52.56	1227.23	20.65	−33.82	1834.77	34.19	1870.41	21.21
	C	$M_{max}/N_{max}/N_{min}$	48.10	1439.80	−48.27	1464.55	39.26	−88.70	2130.71	89.19	2166.35	54.51
	C′	$M_{max}/N_{max}/N_{min}$	64.68	1458.07	−64.85	1482.82	29.21	−52.41	2191.09	52.90	2226.73	32.51
	D	$M_{max}/N_{max}/N_{min}$	70.82	967.60	−70.12	967.60	102.85	−250.73	1221.00	250.19	1221.00	151.80
	D′	$M_{max}/N_{max}/N_{min}$	170.04	1095.97	−169.33	1095.97	42.71	−33.53	1643.57	32.99	1643.57	20.16
	F	$M_{max}/N_{max}/N_{min}$	61.79	1597.97	−61.98	1625.82	37.51	−77.30	2386.06	77.84	2426.15	47.69
M_{max}			170.04	1095.97	−169.33	1095.97		−250.73	1221	250.19	1221	
N_{max}			61.79	1597.97	−61.98	1625.82		−77.3	2386.06	77.84	2426.15	
N_{min}			70.82	967.60	−70.12	967.60		−250.73	1221.00	250.19	1221.00	
$\gamma_{RE}M_{max}$			136.03	876.78	−135.47	876.78		−200.58	976.80	200.15	976.80	

（续）

4层～3层			A柱					B柱				
			上端		下端		层间	上端		下端		层间
内力种类			M	N	M	N	V	M	N	M	N	V
$\gamma_{RE}N_{max}$			49.43	1278.38	−49.58	1300.65		−61.84	1908.85	62.27	1940.92	
$\gamma_{RE}N_{min}$			56.66	774.08	−56.10	774.08		−200.58	976.80	200.15	976.80	
$\gamma_{RE}V_{min}$							87.42					129.03
3层～2层			A柱					B柱				
			上端		下端		层间	上端		下端		层间
内力种类			M	N	M	N	V	M	N	M	N	V
荷载分类		①	35.74	1249.22	−38.05	1269.85	22.36	−44.40	1883.89	47.33	1913.59	27.80
		②	10.38	254.49	−11.05	254.49	6.49	−12.99	356.32	13.85	356.32	8.13
		③	−8.28	−11.29	8.28	−11.29	5.02	−18.13	−37.32	18.13	−37.32	10.99
		④	8.28	11.29	−8.28	11.29	−5.02	18.13	37.32	−18.13	37.32	−10.99
		⑤	101.81	1072.83	−115.30	1072.83	65.79	−119.27	1484.20	135.56	1484.20	77.22
		⑥	−42.56	−71.34	42.56	−71.34	25.79	−93.17	−235.06	93.17	−235.06	56.47
		⑦	42.56	71.34	−42.56	71.34	−25.79	93.17	235.06	−93.17	235.06	−56.47
组合值	A	$M_{max}/N_{max}/N_{min}$	57.42	1855.35	−61.13	1880.10	35.92	−71.47	2759.52	76.19	2795.16	44.74
	B	$M_{max}/N_{max}/N_{min}$	31.30	1483.26	−34.07	1508.01	33.86	−78.66	2208.42	82.18	2244.06	48.75
	B′	$M_{max}/N_{max}/N_{min}$	54.48	1514.87	−57.25	1539.62	19.80	−27.90	2312.92	31.41	2348.56	17.97
	C	$M_{max}/N_{max}/N_{min}$	45.53	1805.50	−49.15	1830.25	41.33	−92.49	2662.61	97.09	2698.25	57.45
	C′	$M_{max}/N_{max}/N_{min}$	66.40	1833.95	−70.02	1858.70	28.68	−46.80	2756.65	51.40	2792.29	29.76
	D	$M_{max}/N_{max}/N_{min}$	66.84	1194.65	−83.03	1194.65	112.48	−264.25	1475.46	283.79	1475.46	166.08
	D′	$M_{max}/N_{max}/N_{min}$	177.50	1380.14	−193.69	1380.14	45.42	−22.00	2086.62	41.55	2086.62	19.25
	F	$M_{max}/N_{max}/N_{min}$	61.33	2007.10	−65.29	2034.95	38.36	−76.31	2992.21	81.35	3032.31	47.77

(续)

3层～2层		A柱					B柱				
		上端		下端		层间	上端		下端		层间
内力种类		M	N	M	N	V	M	N	M	N	V
M_{max}		177.50	1380.14	−193.69	1380.14		−264.25	1475.46	283.79	1475.46	
N_{max}		61.33	2007.10	−65.29	2034.95		−76.31	2992.21	81.35	3032.31	
N_{min}		66.84	1194.65	−83.03	1194.65		−264.25	1475.46	283.79	1475.46	
$\gamma_{RE}M_{max}$		142.00	1104.11	−154.95	1104.11		−211.40	1180.37	227.03	1180.37	
$\gamma_{RE}N_{max}$		49.06	1605.68	−52.23	1627.96		−61.05	2393.77	65.08	2425.85	
$\gamma_{RE}N_{min}$		53.47	955.72	−66.42	955.72		−211.40	1180.37	227.03	1180.37	
$\gamma_{RE}V_{min}$						95.60					141.16
2层～1层		A柱					B柱				
		上端		下端		层间	上端		下端		层间
内力种类		M	N	M	N	V	M	N	M	N	V
荷载分类	①	31.45	1509.24	−17.41	1529.87	8.88	−37.39	2204.44	21.42	2234.14	10.77
	②	9.13	305.38	−5.05	305.38	2.58	−11.06	427.35	6.27	427.35	3.15
	③	−11.22	−16.60	19.95	−16.60	5.67	−24.66	−54.89	41.99	−54.89	12.12
	④	11.22	16.60	−19.95	16.60	−5.67	24.66	54.89	−41.99	54.89	−12.12
	⑤	98.24	1309.58	−53.81	1309.58	27.65	−111.75	1810.79	62.52	1810.79	31.69
	⑥	−55.62	−98.09	98.87	−98.09	28.09	−122.23	−323.50	208.13	−323.50	60.07
	⑦	55.62	98.09	−98.87	98.09	−28.09	122.23	323.50	−208.13	323.50	−60.07

（续）

2层～1层			A柱					B柱				
			上端		下端		层间	上端		下端		层间
内力种类			M	N	M	N	V	M	N	M	N	V
组合值	A	$M_{max}/N_{max}/N_{min}$	50.52	2238.62	−27.96	2263.37	14.27	−60.35	3243.62	34.48	3279.26	17.33
	B	$M_{max}/N_{max}/N_{min}$	22.03	1787.85	7.04	1812.60	18.59	−79.39	2568.48	84.49	2604.12	29.89
	B′	$M_{max}/N_{max}/N_{min}$	53.45	1834.33	−48.82	1859.08	2.72	−10.34	2722.17	−33.08	2757.81	−4.04
	C	$M_{max}/N_{max}/N_{min}$	35.11	2174.95	−2.12	2199.70	21.05	−89.88	3114.63	86.51	3150.27	32.16
	C′	$M_{max}/N_{max}/N_{min}$	63.38	2216.78	−52.39	2241.53	6.76	−27.73	3252.95	−19.30	3288.59	1.62
	D	$M_{max}/N_{max}/N_{min}$	45.58	1443.98	63.96	1443.98	69.70	−293.00	1752.40	345.59	1752.40	116.12
	D′	$M_{max}/N_{max}/N_{min}$	190.19	1699.01	−193.10	1699.01	−3.34	24.80	2593.50	−195.55	2593.50	−40.06
	F	$M_{max}/N_{max}/N_{min}$	53.96	2422.25	−29.87	2450.10	15.24	−64.41	3514.46	36.82	3554.55	18.51
M_{max}			190.19	1699.01	−193.10	1699.01		−293.00	1752.4	345.59	1752.4	
N_{max}			53.96	2422.25	−29.87	2450.10		−64.41	3514.46	36.82	3554.55	
N_{min}			45.58	1443.98	63.96	1443.98		−293.00	1752.40	345.59	1752.40	
$\gamma_{RE}M_{max}$			152.16	1359.21	−154.48	1359.21		−234.40	1401.92	276.47	1401.92	
$\gamma_{RE}N_{max}$			43.17	1937.80	−23.90	1960.08		−51.53	2811.56	29.46	2843.64	
$\gamma_{RE}N_{min}$			36.46	1155.18	51.17	1155.18		−234.40	1401.92	276.47	1401.92	
$\gamma_{RE}V_{min}$							59.24					98.70

4.7 框架的配筋计算

对于非抗震设计，承载力计算公式为 $\gamma_0 S \leqslant R$。对于抗震设计，承载力计算公式为 $\gamma_{RE} S_E \leqslant R$，其中 γ_{RE}为承载力抗震调整系数(对钢筋混凝土梁受弯时及轴压比小于 0.15 的柱受偏压时，取 0.75；对轴压比不小于 0.15 的柱受偏压时，取 0.8。对各类构件受剪时，取 0.85)。

4.7.1 框架梁配筋计算

1. 纵向钢筋的计算

计算支座负弯矩钢筋时，采用矩形截面；计算跨中正弯矩钢筋时，采用 T 型截面，翼缘宽度 b_f'按规范中规定取值，见表 4-38。

表 4-38 T 形、I 形及倒 L 形截面受弯构件翼缘计算宽度 b_f'

情况			T 形、I 形截面		倒 L 形截面
			肋形梁、肋形板	独立梁	肋形梁、肋形板
1	按计算跨度 l_0 考虑		$l_o/3$	$l_o/3$	$l_o/6$
2	按梁(纵肋)净距 S_n 考虑		$b+s_n$	—	$b+s_n/2$
3	按翼缘高度 h_f'考虑	$h_f'/h_0 \geqslant 0.1$	—	$b+12h_f'$	—
		$0.1 > h_f'/h_0 \geqslant 0.05$	$b+12h_f'$	$b+6h_f'$	$b+5h_f'$
		$h_f'/h_0 < 0.05$	$b+12h_f'$	b	$b+5h_f'$

本设计的框架梁属于肋形梁，且满足 $h_f'/h_0 \geqslant 0.1$，则 b_f'取 $l_o/3$ 及 $b+s_n$ 中的较小值，本例中取为 $l_o/3$。

对 AB、CD 跨，有 $b_f'=7200/3=2400$，经计算，$\alpha_1 f_c b_f' h_f'(h_0-0.5\times h_f')=1742.16\text{kN}\cdot\text{m}$，属于一类 T 形截面。AB、CD 跨采用相同配筋。

对 BC 跨，$b_f'=2100/3=700$，经计算，$\alpha_1 f_c b_f' h_f'(h_0-0.5\times h_f')=258.23\text{kN}\cdot\text{m}$，也属于一类 T 形截面。

取 $h_0=h-40$(一排纵向钢筋)，$h_0=h-70$(两排纵向钢筋)。利用受弯构件计算公式计算，且应满足最小配筋率要求：①支座截面，取 0.25%及 $55f_t/f_y$%的较大值，可得支座处为 0.25%；②跨中截面，取 0.25%及 $55f_t/f_y$%的较大值，可得跨中最小配筋率为 0.25%。

M 的设计值计算见表 4-36。计算结果见表 4-39，标准层(2～6 层)取最大值设计。

表 4-39 框架梁纵向钢筋配筋计算

屋面层	AB			BC	
	A	跨中	B左	B右	跨中
$M_{设计值}$/kN·m	−161.25	200.54	−216.35	−74.02	−27.59
b 或 b_f'/mm	250	2400	250	250	700
h/mm	700	700	700	400	400
h_0/mm	660	660	660	360	360
f_c/N·mm^2	11.9	11.9	11.9	11.9	11.9
f_y/N·mm^2	360	360	360	360	360
α_s	0.124	0.016	0.167	0.192	0.026
ε	0.133	0.016	0.184	0.215	0.026
A_s 计算	727	851	1003	640	216
实配	2 根 22	3 根 20	3 根 22	3 根 22	3 根 16
A_s	760	942	1140	1140	603
ρ/%	0.46	0.06	0.69	1.27	0.24
标准层(2～6)	AB			BC	
	A	跨中	B左	B右	跨中
$M_{设计值}$/kN·m	−287.81	147.44	−356.48	−159.73	−22.03
b 或 b_f'/mm	250	2400	250	250	700
h/mm	700	700	700	400	400
h_0/mm	640	665	640	340	365
f_c/N·mm^2	11.9	11.9	11.9	11.9	11.9
f_y/N·mm^2	360	360	360	360	360
α_s	0.236	0.012	0.293	0.464	0.020
ε	0.274	0.012	0.356	0.733	0.020
A_s 计算	1447	620	1882	2061	169
实配	4 根 22	3 根 18	6 根 22	6 根 22	3 根 16
A_s	1520	762	2281	2281	603
ρ/%	0.95	0.05	1.43	2.68	0.24

2. 箍筋的计算

对于四级抗震等级，受弯构件的最小截面尺寸应满足如下要求(跨高比大于 2.5)：

$$\gamma_{RE}V_b \leqslant 0.20\beta_c f_c b h_0 \tag{4.21}$$

若满足下列情况则可按构造配筋：

$$\gamma_{RE}V \leqslant 0.7 f_t b h_0 \tag{4.22}$$

若无法按构造配筋则箍筋按下列公式计算：

$$\frac{A_{sv}}{s} = \frac{\gamma_{RE}V_b - 0.42 f_t b h_0}{f_{yv} h_0} \tag{4.23}$$

最小配筋率应满足下式要求：

$$\rho_{sv} = \frac{A_{sv}}{bs} > 0.26\frac{f_t}{f_{yv}} \tag{4.24}$$

V 的设计值计算见表 4 - 36。计算结果见表 4 - 40。

表 4 - 40　框架梁箍筋配筋计算

层号	屋面			标准层(2～6 层)		
跨名	AB		BC	AB		BC
截面	左支座	右支座	左支座	左支座	右支座	左支座
V_{max}/kN	230.63	−248.30	109.77	271.04	−293.78	196.19
b/mm	250	250	250	250	250	250
h/mm	700	700	400	700	700	400
h_0/mm	660	660	360	660	660	360
f_c/N・mm^2	11.9	11.9	11.9	11.9	11.9	11.9
f_t/N・mm^2	1.27	1.27	1.27	1.27	1.27	1.27
f_y/N・mm^2	270	270	270	270	270	270
$0.2f_c bh_0$/kN	392.70	392.70	214.20	392.70	392.70	214.20
$0.42f_t bh_0$/kN	88.01	116.37	91.34	88.01	116.37	91.34
V_{cs}/kN	142.62	131.93	18.43	183.03	177.41	104.85
nA_{sv_1}/s	0.80	0.74	0.19	1.03	1.00	1.08
A_{sv1}(n=2，s=200)	80	74	19	103	100	108
选直径	12	12	8	12	12	12
ρ_{sv}/%	0.45	0.45	0.20	0.45	0.45	0.45
ρ_{svmin}/%	0.12	0.12	0.12	0.12	0.12	0.12

4.7.2 框架柱配筋计算

1. 纵向钢筋的计算

本设计中框架柱采用对称配筋。按《规范》的规定，首先应考虑挠曲的二阶效应。只有当同一主轴方向的杆端弯矩比 M_1/M_2 不大于 0.9、且设计轴压比(N/f_cA)不大于 0.9 时，若构件的长细比 l_0/i 满足式(4.22)的要求，可不考虑该方向构件自身挠曲产生的附加弯矩影响。对现浇混凝土框架柱，底层 $l_0=1.0H$，其余各层 $l_0=1.25H$，H 为计算简图中的柱高(对底层取基础顶面至一层楼盖顶面距离，其余各层取层高)。

$$\frac{l_0}{i}\leqslant 34-12\frac{M_1}{M_2} \tag{4.25}$$

否则应按截面的两个主轴方向分别考虑轴向压力在挠曲杆件中产生的附加弯矩影响。考虑轴向压力在挠曲杆件中产生的二阶效应后控制截面弯矩设计值 M，应按下列公式计算：

$$M=C_m\eta_{ns}M_2 \tag{4.26a}$$

$$C_m=0.7+0.3\frac{M_1}{M_2} \tag{4.26b}$$

$$\eta_{ns}=1+\frac{1}{1300\left(\frac{M_2}{N}+e_a\right)/h_0}\left(\frac{l_0}{h}\right)^2\zeta_c \tag{4.26c}$$

式中：h——偏心方向截面的最大尺寸，$e_a=20\text{mm}(h\leqslant 600\text{mm}$ 时)或 $h/30(h>600\text{mm}$ 时)。

$\zeta_c=0.5f_c\text{A/N}$(当计算值大于 1.0 时取 1.0)。求得 M 后，则可求出 $e_0=M/N$，$e_i=e_0+e_a$，则轴压力至远侧纵筋合力点距离 $e=e_i+0.5h-a_s$。

完成上述计算后，则可判别偏心受压类型，然后按相应偏心受压公式求出配筋，并应满足最小配筋率要求。

纵向受力钢筋最小配筋率，对四级抗震框架的框架中柱、边柱取 0.6%，对框架角柱取 0.7%。

框架柱上、下两端箍筋应加密，四级抗震框架，箍筋最大间距取纵向钢筋直径的 8 倍和 150mm(柱根处 100mm)中的较小值。箍筋最小直径为 6mm (柱根为 8mm)。

本例配筋采用 1～3 层相同(以 1 层柱的内力设计值计算)，4～6 层相同(以 4 层柱的内力设计值计算)。配筋计算结果见表 4-41。

2. 箍筋的计算

柱端剪力需乘以柱剪力增大系数 $\eta=1.1$。

为了防止斜压破坏，截面尺寸应满足规定条件，再按偏心受压受剪公式进行计算，计算结果见表 4-42。

在柱箍筋加密区外，箍筋的体积配筋率不宜小于加密区配筋率的一半；对三、四级抗震等级，箍筋间距不应大于 $15d$，此处，d 为纵向钢筋直径。

表 4－41　框架柱纵筋配筋计算

层号	1～3层						4～屋面层					
轴名	A			B			A			B		
组合	$\lvert M\rvert_{max}$	N_{max}	N_{min}	$\lvert M\rvert_{max}$	N_{max}	N_{min}	$\lvert M\rvert_{max}$	N_{max}	N_{min}	$\lvert M\rvert_{max}$	N_{max}	N_{min}
M_1/kN·m	142.00	23.90	56.10	234.40	29.46	200.15	120.12	49.43	96.90	155.37	61.84	155.37
M_2/kN·m	154.95	43.17	56.66	276.47	51.53	200.58	172.00	49.58	132.48	199.61	62.27	199.62
M_1/M_2	0.92	0.55	0.99	0.85	0.57	1.00	0.70	1.00	0.73	0.78	0.99	0.78
N/kN	1104.11	1960.08	774.08	1401.92	2843.64	976.80	217.06	976.61	206.39	291.29	1459.30	291.29
b/mm	500	500	500	600	600	600	500	500	500	600	600	600
h/mm	500	500	500	600	600	600	500	500	500	600	600	600
f_c/N·mm^2	11.9	11.9	11.9	11.9	11.9	11.9	11.9	11.9	11.9	11.9	11.9	11.9
N/f_cA	0.37	0.66	0.26	0.33	0.66	0.23	0.07	0.33	0.07	0.07	0.34	0.07
l_o/m	5.5	5.5	5.5	5.5	5.5	5.5	4.13	4.13	4.13	4.13	4.13	4.13
i/mm	144.34	144.34	144.34	173.21	173.21	173.21	144.34	144.34	144.34	173.21	173.21	173.21
l_o/i	38.11	38.11	38.11	19.05	19.05	19.05	38.11	38.11	38.11	19.05	19.05	19.05
$34-12M_1/M_2$	23.00	27.36	22.12	23.83	27.14	22.03	25.62	22.04	25.22	24.66	22.08	24.66
e_a/mm	20	20	20	20	20	20	20	20	20	20	20	20
ζ_c	1.00	0.76	1.00	1.00	—	1.00	1.00	1.00	1.00	—	1.00	—
η_{ns}	1.267	1.773	1.459	1.060	1.00	1.058	1.053	1.605	1.065	1.00	1.208	1.00
C_m	0.97	0.87	1.00	0.95	0.87	1.00	0.91	1.00	0.92	0.93	1.00	0.93

（续）

层号	1～3层						4～屋面层					
轴名	A			B			A			B		
组合	$\lvert M\rvert_{max}$	N_{max}	N_{min}	$\lvert M\rvert_{max}$	N_{max}	N_{min}	$\lvert M\rvert_{max}$	N_{max}	N_{min}	$\lvert M\rvert_{max}$	N_{max}	N_{min}
$\eta_{ns}C_m$	1.24	1.54	1.46	1.01	1.00	1.06	1.00	1.60	1.00	1.00	1.21	1.00
M/kN·m	191.40	66.30	82.44	279.68	51.53	212.04	172.00	79.50	132.48	199.61	75.06	199.62
e_i/mm	193.36	53.82	126.51	219.50	38.12	237.08	812.41	101.41	661.89	705.26	71.44	705.30
ξ	0.403	0.716	0.283	0.351	0.711	0.244	0.079	0.357	0.075	0.073	0.365	0.073
ξ_b	0.518	0.518	0.518	0.518	0.518	0.518	0.518	0.518	0.518	0.518	0.518	0.518
偏心类型	大	小	大	大	小	大	大	大	大	大	大	大
$2a_s/h_0$	0.17	0.17	0.17	0.14	0.14	0.14	0.17	0.17	0.17	0.14	0.14	0.14
e'/mm	—	—	—	—	—	—	602.41	—	451.89	445.26	—	445.30
e/mm	403.36	263.82	336.51	479.50	298.12	497.08	—	311.41	—	—	331.44	—
f_c/N·mm^2	11.9	11.9	11.9	11.9	11.9	11.9	11.9	11.9	11.9	11.9	11.9	11.9
f_y/N·mm^2	360	360	360	360	360	360	360	360	360	360	360	360
ξ修正	—	0.732	—	—	0.758	—	—	—	—	—	—	—
$A_s=A'_s$	264	−408	−299	132	−953	29	865	−430	617	693	−985	693
$\rho_{min}bh$	500	500	500	720	720	720	500	500	500	720	720	720
实配钢筋	3根20(942)			4根16(804)			3根20(942)			4根16(804)		
ρ/%	0.38			0.22			0.38			0.22		

表 4-42 框架柱箍筋配筋计算

层号	1~3层		4~屋面层	
柱名	A	B	A	B
$\gamma_{RE}V_{max}$/kN	95.60	141.16	94.06	120.17
$\eta_{vc}\gamma_{RE}V_{max}$/kN	105.16	155.28	103.47	132.19
N/kN	1194.65	1475.46	257.99	952.94
b/mm	500	600	500	600
h/mm	500	600	500	600
h_0/mm	460	560	460	560
f_c/N·mm^2	11.9	11.9	11.9	11.9
f_t/N·mm^2	1.27	1.27	1.27	1.27
$0.2f_cbh_0$	547.4	799.68	547.4	799.68
N的取值/kN	892.50	1285.20	257.99	952.94
λ	2.83	2.32	2.83	2.32
V_c+0.056N/kN	130.52	207.51	94.99	188.91
V_{cs}/kN	−25.36	−52.24	8.48	−56.72
实配箍筋	8@200	8@200	8@200	8@200

4.7.3 箍筋加密

对于四级抗震等级的框架结构，柱端箍筋加密方法如下。

箍筋加密区长度应取柱截面长边尺寸、柱净高的1/6和500mm中的最大值。本设计中，A、D柱 h=500mm，l_n/6=2600/6=433mm，取550mm。B、C柱取600mm。

箍筋最大间距取纵向钢筋直径的8倍和150(柱根100)中的较小值，本设计中取100。箍筋最小直径8mm。

框架梁梁端箍筋加密方法如下。

加密区长度取1.5h和500中的较大值，本设计中取1050mm(梁高700mm时)，600mm(梁高400mm时)。

箍筋最大间距取纵向钢筋直径的8倍，梁高的1/4和150中的最小值。本设计中，取100mm。箍筋最小直径8mm。

4.7.4 框架施工图

⑨轴框架施工图如图4.27所示。

框架基础设计依据建筑地质资料，考虑到《土力学与地基基础》课程中有详细的基础设计，限于篇幅，本章不再赘述。

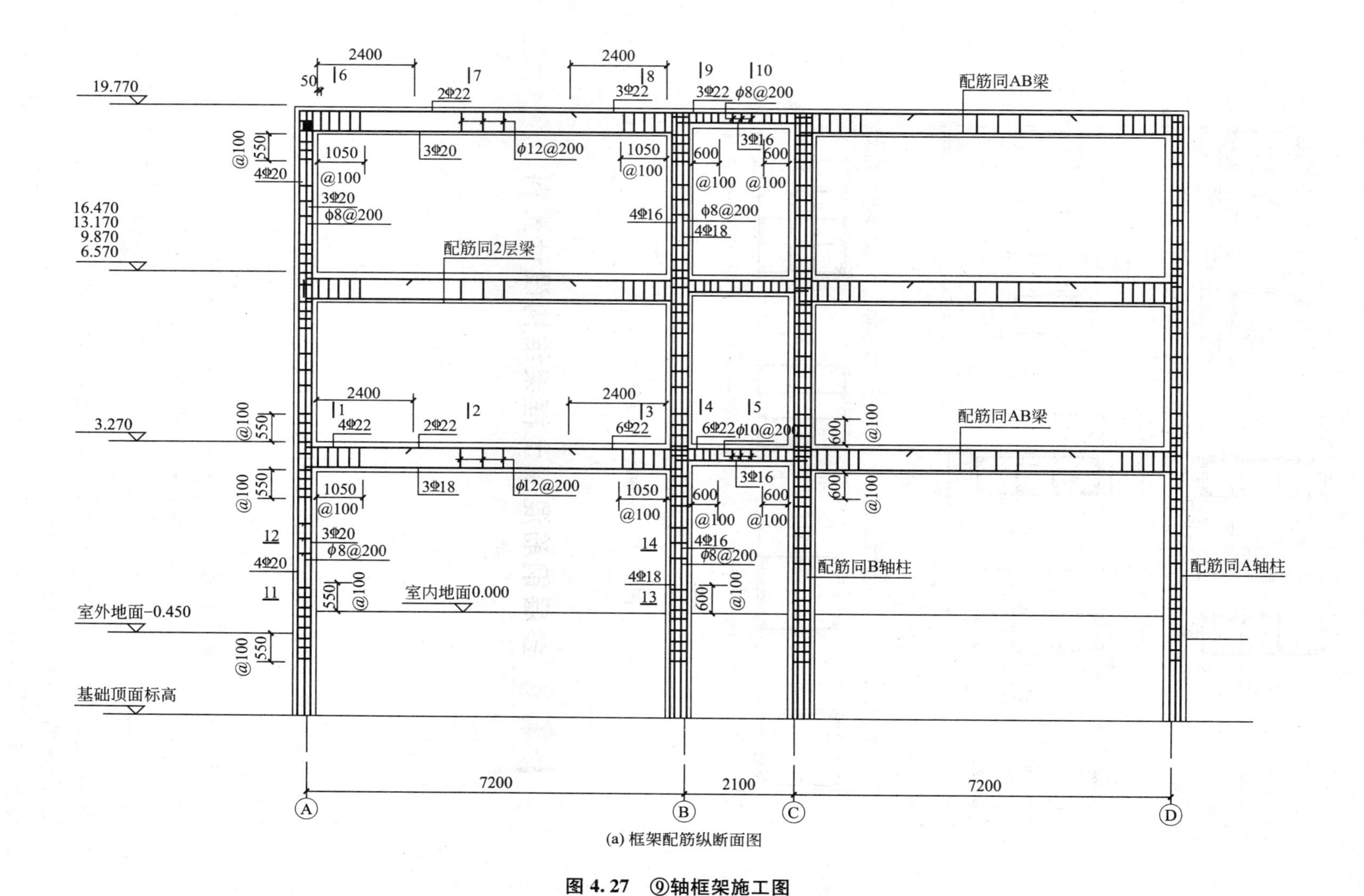

(a) 框架配筋纵断面图

图 4.27 ⑨轴框架施工图

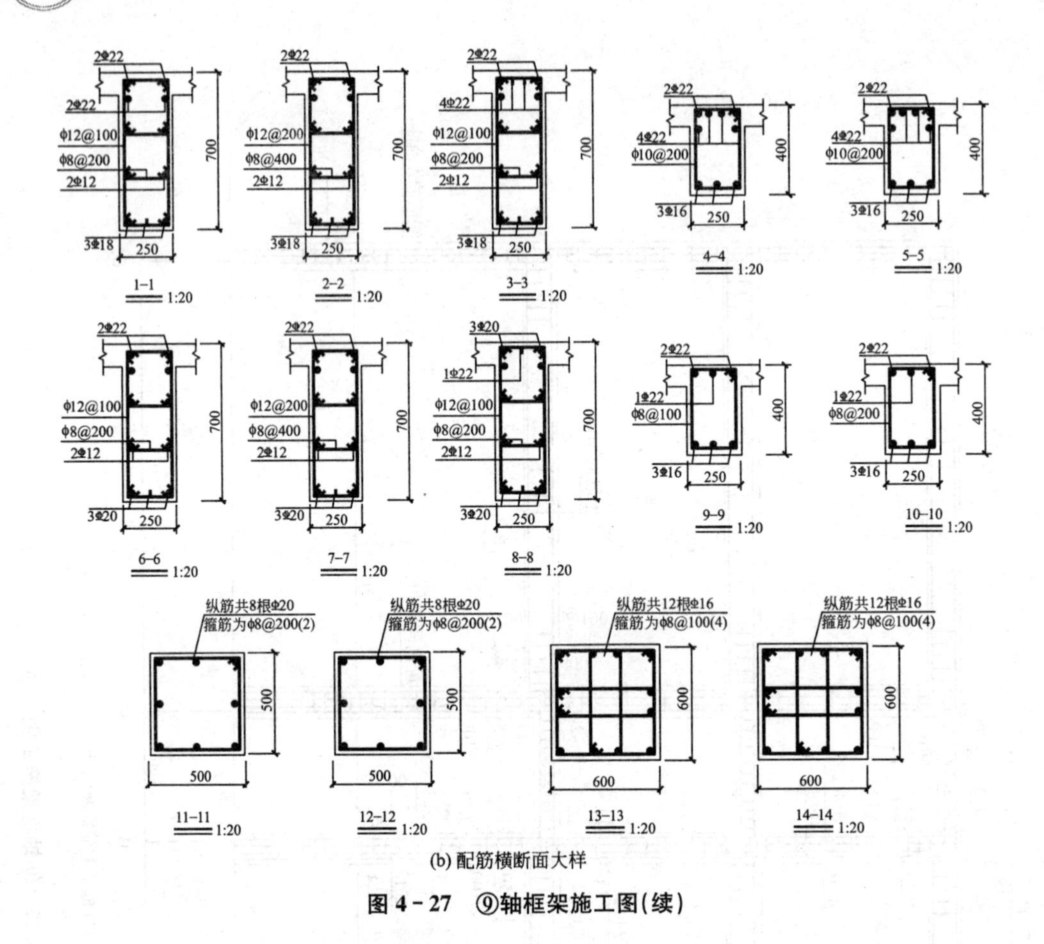

(b) 配筋横断面大样

图 4-27 ⑨轴框架施工图(续)

4.8 多层钢筋混凝土框架结构设计资料

4.8.1 设计资料

1. 建设位置

建设地点具体位置见规划部门的用地红线图(图 4.28)。

2. 设计题目

设计题目：××办公综合楼设计、××住宅设计、××宿舍设计、××商店设计、××中小学校设计、××旅馆设计等(由指导教师或学生自定)。

3. 功能要求

(1) 不同功能的建筑物应有不同的特点，依据相应的建筑规范。

(2) ±0.000 的绝对标高为 27.000m。

(3) 层数为 4～6 层。

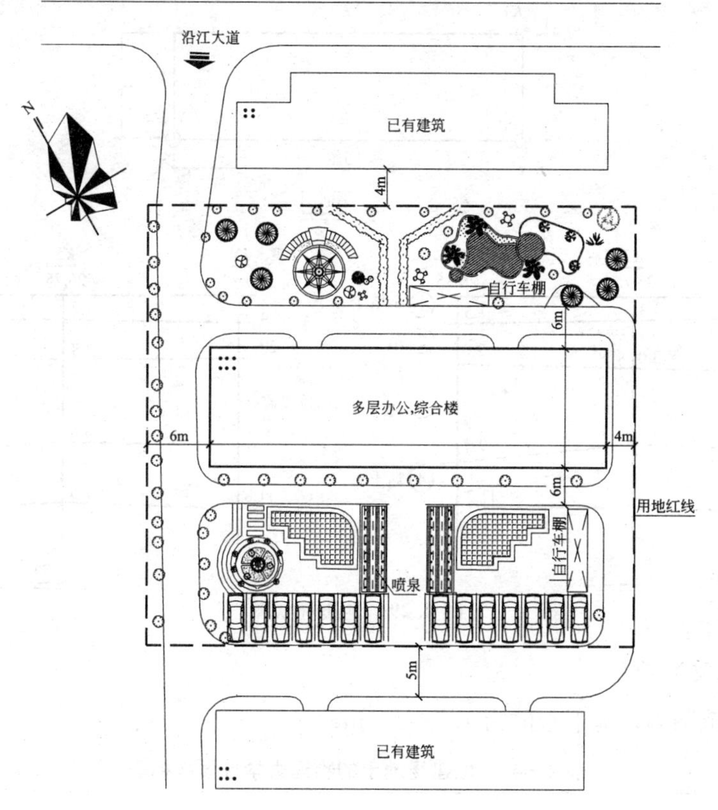

图 4.28 建设用地红线图

(4) 层高：根据建筑设计的要求设定。

(5) 建筑物的 B(长)×L(宽)＝(36～42)m×(15～18)m，根据需要设定。

4. 结构形式

现浇钢筋混凝土框架。

5. 当地气象资料

(1) 气温：极端最高温度 40℃，极端最低温度－8℃。

(2) 平均相对湿度 76％。

(3) 风向、主导风向 N、NE，五、六、七这 3 个月以南风为主，其次为北至东北风。

(4) 基本风压：由房屋所在地查规范确定。

(5) 基本雪压：由房屋所在地查规范确定。

6. 工程地质勘察资料

根据某勘测单位的勘测资料及工程地质性状不同，将场地勘察深度范围内岩土层分为四层：第 1 层为杂填土，场区内均见分布，一般厚度为 0.40～3.90m，平均厚度为 1.73m；第 2 层为粘土，压缩性中偏低，场区均见分布，厚度为 1.00～5.30m，平均厚度为 3.47m；第 3 层为粘土角砾夹碎石，压缩性低，场区内均见分布，厚度为 1.36～6.20m，平均厚度为 4.40m；第 4 层为粘土，属中偏低压缩性土层，场区均见分布，一般厚度为 2.60～4.20m，平均厚度为 2.74m。具体见地质柱状图(图 4.29)及拟建场地土的物理力学性质指标(表 4－43)。

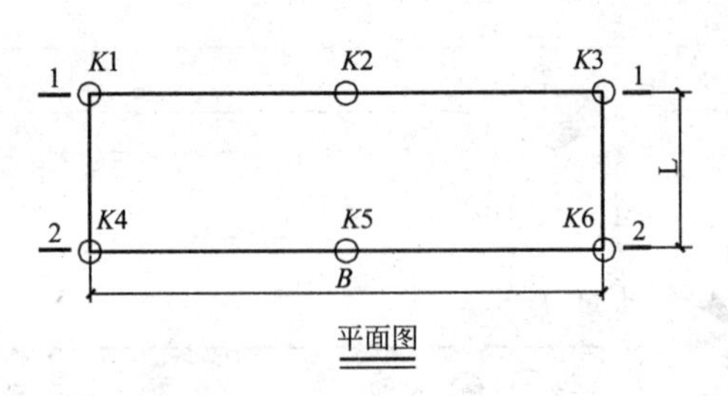

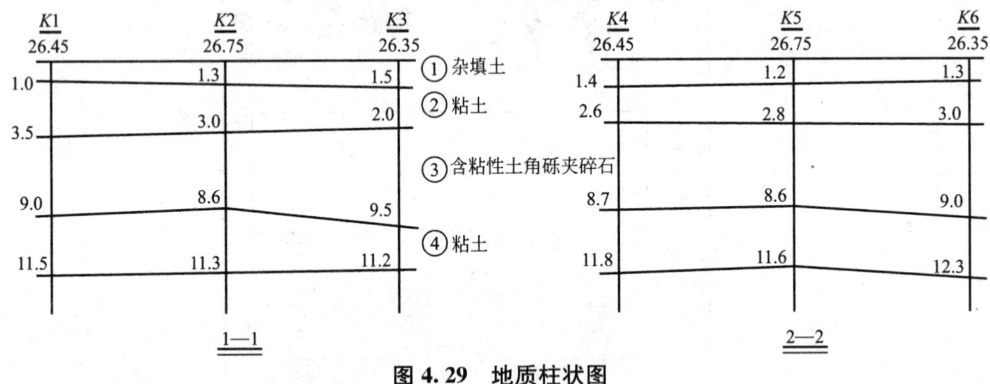

图 4.29　地质柱状图

7. 水文地质资料

拟建场地范围内，地下水的为 1.5～2.0m。

表 4-43　拟建场地土的物理力学性质指标表

土层名称	含水量	重力密度	孔隙比	塑限指数	液限指数	内摩擦角	粘聚力	压缩模量	承载力	沉管灌注桩	
										极限侧阻	极限端阻
	w/%	r/(kN/m^3)	e	I_P	I_L	度	C/kPa	E_s/MPa	f_{ak}	q_{sik}/kPa	q_{pk}/kPa
杂填土										14	
粉质粘土	29.6	18.8	0.84	12.1	0.75	20	12	7.2	300	50	
含粘土角砾夹碎石	28.3	19.5	1.0	15.6	0.65	20	16	12.6	320	60	
粘土	27	18.9	0.80	18.2	0.50	20	20	11.6	340	65	1300

8. 抗震设防资料

(1) 建筑场地类别为Ⅱ类，场地特征周期为 0.35s。

(2) 地面粗糙程度为 C 类。

(3) 抗震设防烈度为 7 度(近震)。

9. 材料供应及施工技术条件

材料供应充足，省级施工单位。

4.8.2　建筑施工图

具体的建筑施工图如图 4.30～图 4.35 所示。

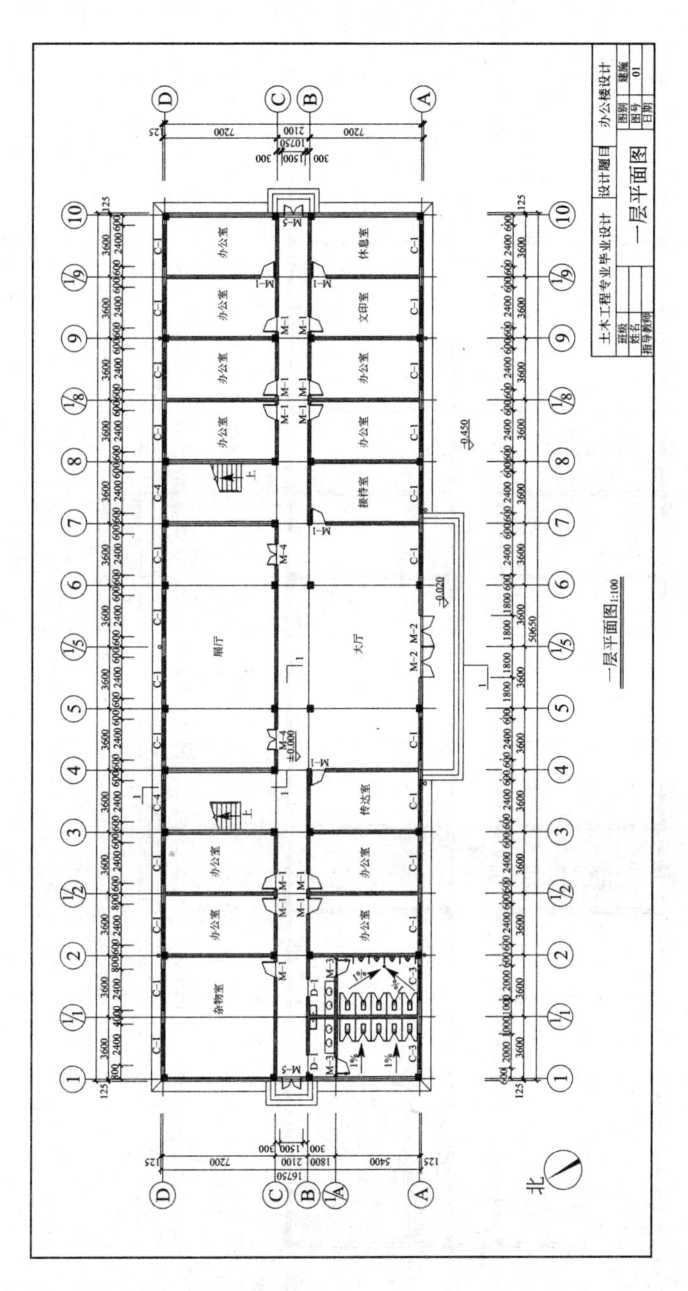
土木工程专业毕业设计
设计题目
办公楼设计
一层平面图
一层平面图 1:100
办公室
展厅
大厅
传达室
杂物室
接待室
文印室
休息室
北

图 4.30 一层平面图

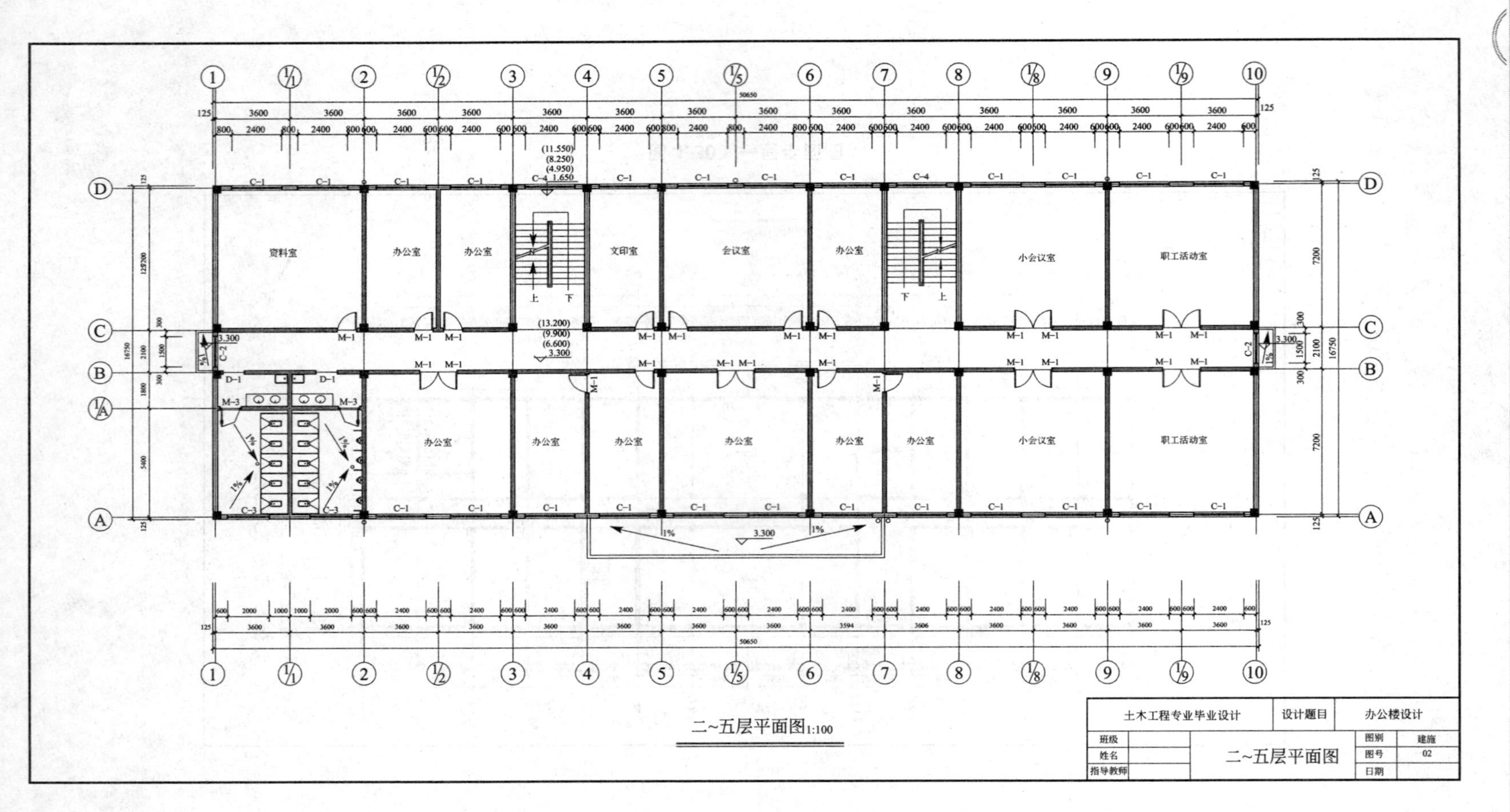

资料室
办公室
文印室
会议室
小会议室
职工活动室
二~五层平面图1:100
土木工程专业毕业设计
设计题目
办公楼设计
班级
姓名
指导教师
二~五层平面图
图别
建施
图号
02
日期

图 4.31　二～五层平面图

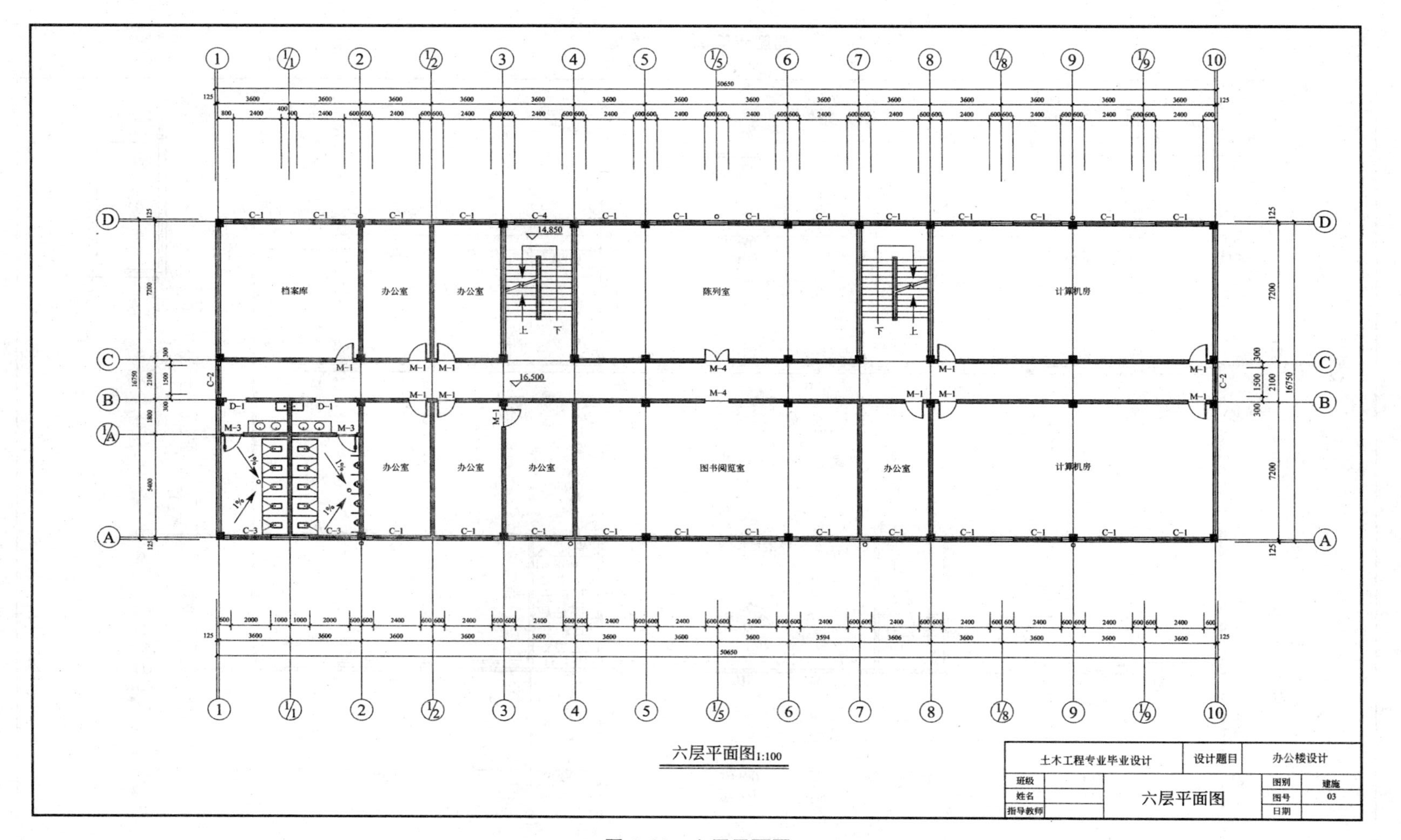
档案库
办公室
陈列室
计算机房
图书阅览室
六层平面图1:100
土木工程专业毕业设计
设计题目
办公楼设计
班级
姓名
指导教师
六层平面图
图别
建施
图号
03
日期

图 4.32 六层平面图

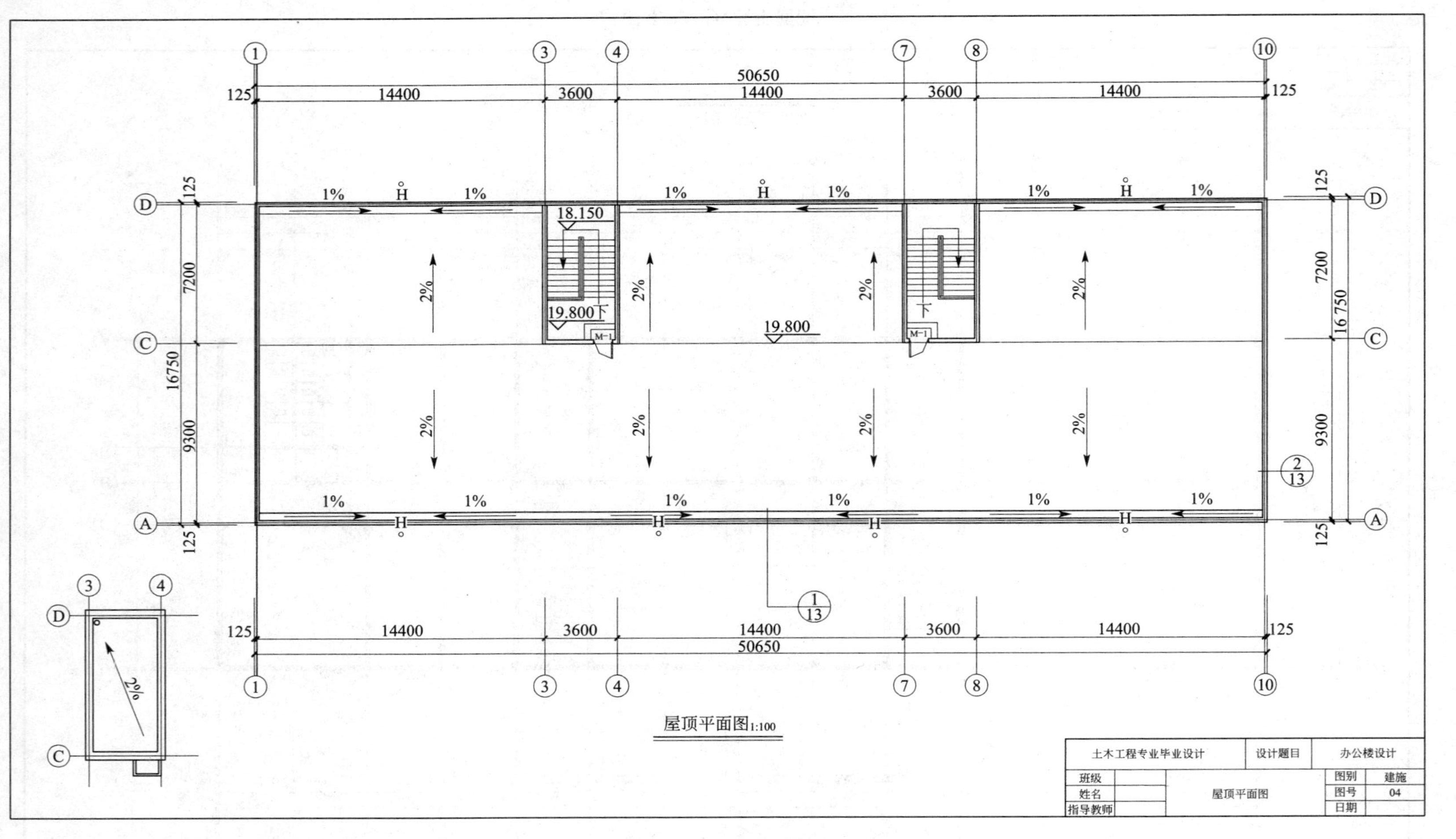

50650
14400
3600
125
7200
9300
16750
16 750
1%
2%
H
18.150
19.800
M-1
下
屋顶平面图1:100
土木工程专业毕业设计
设计题目
办公楼设计
班级
姓名
指导教师
屋顶平面图
图别
建施
图号
04
日期

图 4.33　屋顶平面图

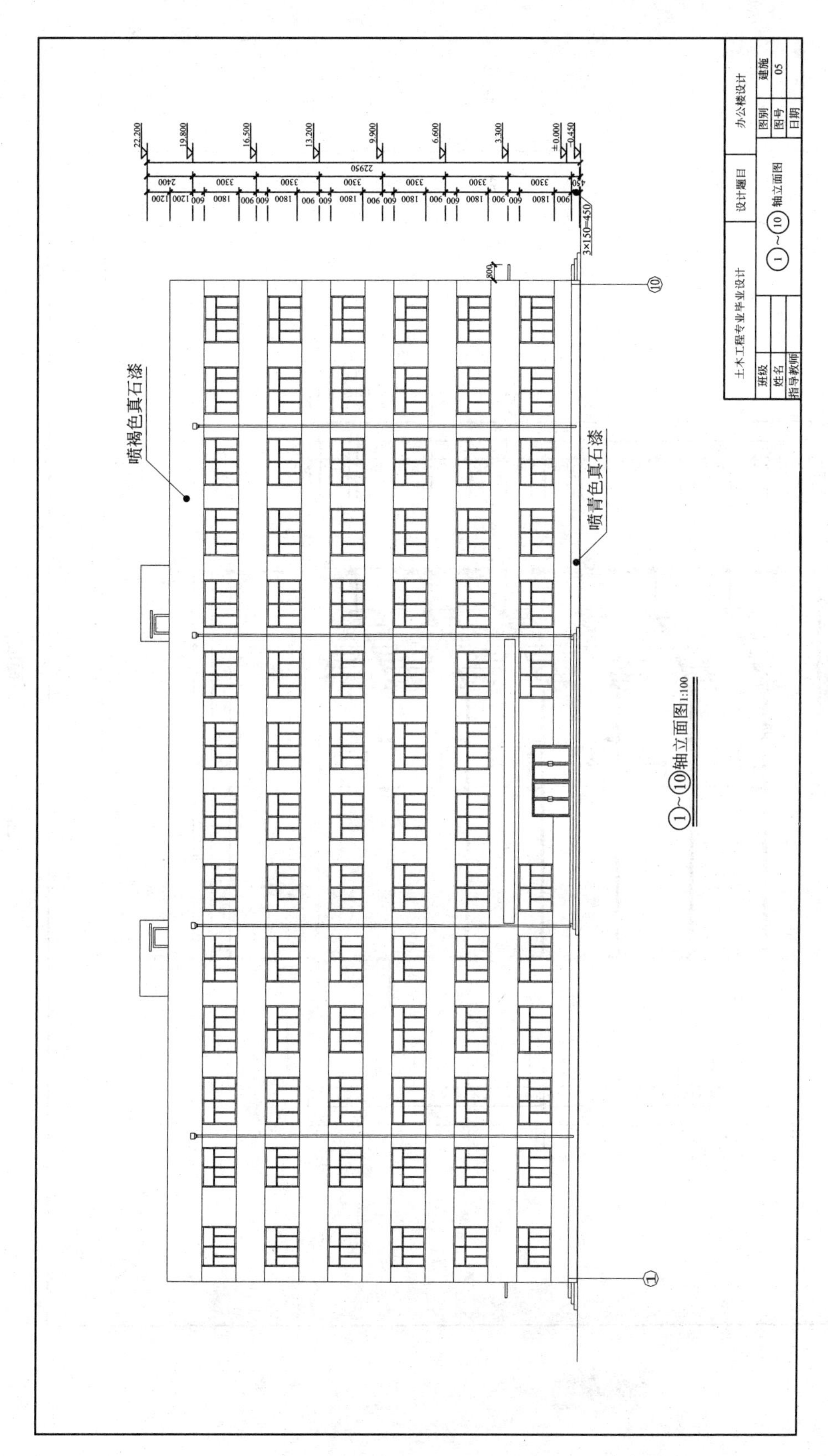
喷褐色真石漆
喷青色真石漆
①～⑩轴立面图1:100
22.200
19.800
16.500
13.200
9.900
6.600
3.300
±0.000
-0.450
22950
3×150=450
土木工程专业毕业设计
设计题目
办公楼设计
①～⑩轴立面图
图别
建施
图号
05
日期
班级
姓名
指导教师

图 4.34 ①～⑩轴主面图

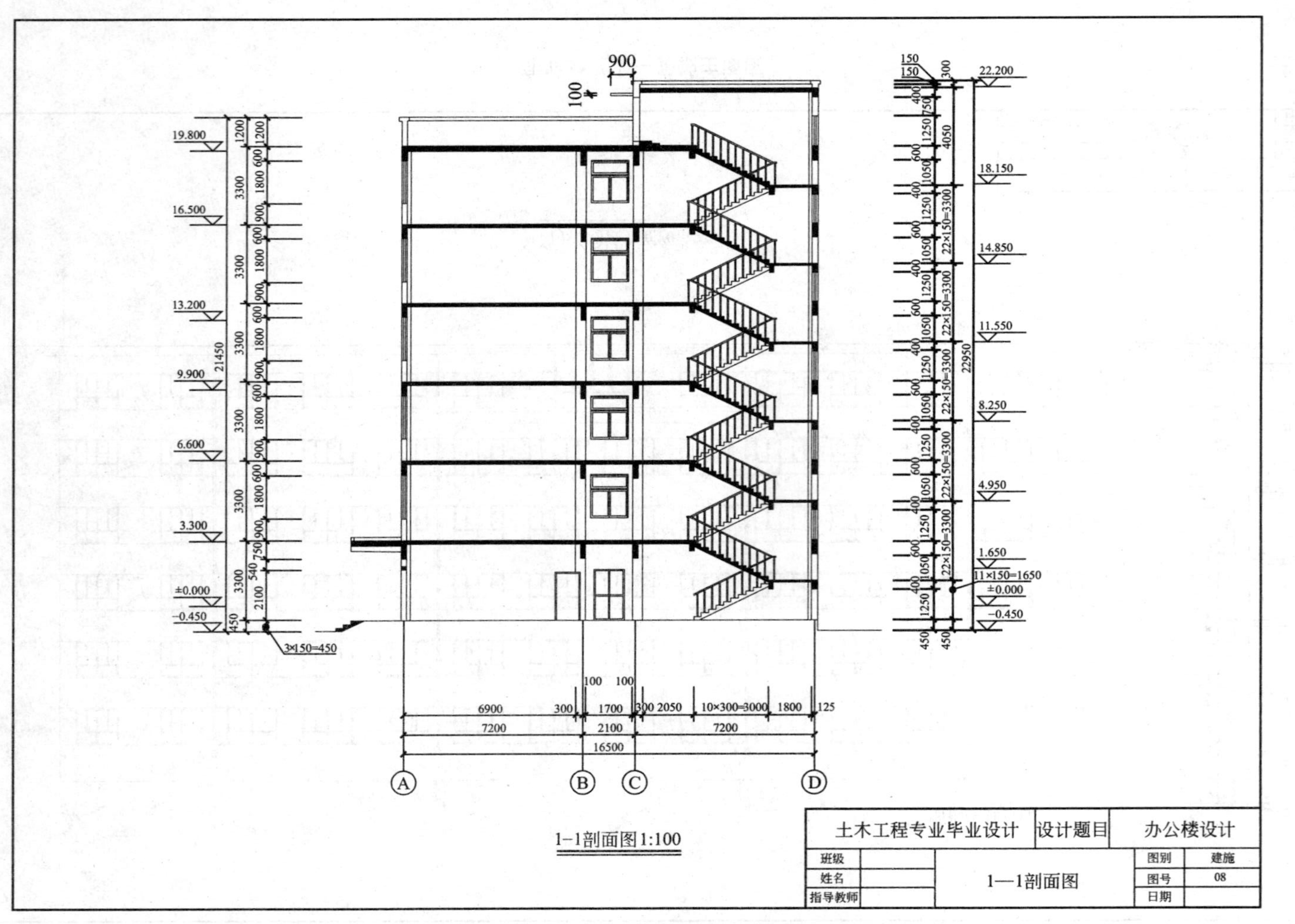
19.800
16.500
13.200
9.900
6.600
3.300
±0.000
-0.450
21450
3×150=450
22.200
18.150
14.850
11.550
8.250
4.950
1.650
11×150=1650
22950
6900
300
1700
300 2050
10×300=3000
1800
125
7200
2100
16500
A
B
C
D
1-1剖面图1:100
土木工程专业毕业设计
设计题目
办公楼设计
班级
姓名
指导教师
1—1剖面图
图别
建施
图号
08
日期

图 4.35 1—1 剖面图

本章小结

(1) 框架结构是多层和高层建筑主要采用的结构形式之一，组成框架的梁、柱是基本的结构构件。结构设计时，需首先进行结构布置和拟定梁、柱截面尺寸，确定结构计算简图，然后进行荷载计算、结构内力计算、内力组合和截面设计，并绘制结构施工图。

(2) 竖向荷载作用下的框架结构内力计算，在层数较多时宜采用分层法。在用分层法计算时，将上、下柱远端的弹性支承改为固定端，同时将除底层外的其他各层柱的线刚度乘以系数0.9，相应地柱的弯矩传递系数由1/2改为1/3，底层柱和各层梁的线刚度不变且其弯矩传递系数仍为1/2。

(3) 水平荷载作用下框架结构的内力一般采用D值法计算。D值是在考虑框架梁为有限刚度、梁柱节点有转动的前提下得到的抗侧移刚度，比较接近实际情况。

(4) 框架梁的控制截面通常取梁的两端截面和跨中截面，而框架柱的控制截面则取上、下端截面。内力组合的目的是确定框架梁、柱控制截面的最不利内力，以此作为梁、柱截面配筋的依据。

(5) 设计框架结构时，应考虑活荷载的最不利布置；当活荷载不大时，可采用满布活荷载法，并适当提高活荷载作用下梁的跨中截面弯矩；水平荷载作用下则应考虑正反两个方向的作用。

(6) 框架柱的配筋一般采用对称配筋，在选择内力组合时，特别要注意弯矩和轴力的相关性。

(7) 现浇框架梁、柱的纵向钢筋和箍筋，除应满足计算要求外，还应满足有关构造要求(有抗震设防要求时，还应满足抗震构造要求)。

思考题

1. 框架结构有什么特点？其适用条件是什么？

2. 框架结构的布置原则是什么？有哪几种布置方法？每种布置有什么特点？

3. 怎样确定框架结构的计算简图(包括初定框架梁、柱截面尺寸、截面惯性矩及框架几何尺寸)？

4. 采用分层法计算内力时要注意什么？最终弯矩如何叠加？主要计算步骤是什么？

5. D值法中D值的物理意义是什么？用D值法确定框架柱反弯点位置的主要步骤？

6. 分层法、D值法在计算中各采用了哪些假定？简述其计算框架内力的主要步骤。

7. 框架结构的内力有哪几种组合？

8. 如何计算框架梁、柱控制截面上的最不利内力？活荷载应该怎样布置？

9. 现浇框架梁、柱和节点的主要构造要求有哪些？

习　题

一、选择题

1. 框架结构在竖向荷载作用下，可近似采用分层法计算内力，其要点是假定框架(　　)。
   A. 无侧移，而荷载只对本层的梁产生内力
   B. 无侧移，而荷载只对本层的梁及上、下柱产生内力
   C. 有侧移，而荷载只对本层的梁产生内力
   D. 有侧移，而荷载只对本层的梁及上、下柱产生内力
2. 框架结构顶点总位移可由各层间位移求和。对于采用近似计算方法，由梁柱弯曲变形产生的层间位移为该层总剪力与该层(　　)。
   A. 各柱抗弯刚度之和的比值。　　B. 各梁、柱抗侧刚度之和的比值。
   C. 各柱抗侧刚度之和的比值。　　D. 各梁、柱抗弯刚度之和的比值。
3. 钢筋混凝土结构是具有明显弹塑性性质的结构，在目前，国内设计规范用(　　)。
   A. 弹塑性方法计算结构内力，按弹性极限状态进行截面设计
   B. 弹塑性方法计算结构内力，按弹塑性极限状态进行截面设计
   C. 弹性方法计算结构内力，按弹性极限状态进行截面设计
   D. 弹性方法计算结构内力，按弹塑性极限状态进行截面设计
4. 一般情况下，风荷载作用下的多层多跨框架(　　)。
   A. 迎风面一侧的框架柱产生轴向压力　　B. 背风面一侧的框架柱产生轴向拉力
   C. 框架外柱轴力小于内柱轴力　　D. 框架内柱轴力小于外柱轴力
5. 关于框架结构的弯矩调幅，下列说法中正确的是(　　)。
   A. 调幅是对水平荷载作用下的内力进行的
   B. 先与水平荷载产生的内力进行组合，再进行弯矩调幅
   C. 现浇框架梁端的调幅系数大于装配整体式框架梁端的调幅系数
   D. 调幅是对柱端弯矩进行的
6. 水平荷载作用下的多层框架结构，在其他条件不变时，某层的(　　)。
   A. 上层层高加大，则该层柱的反弯点上移
   B. 上层层高减小，则该层柱的反弯点上移
   C. 下层层高加大，则该层柱的反弯点上移
   D. 本层层高减小，则该层柱的反弯点下移
7. 在第一阶段抗震设计中，验算构件承载力时采用的荷载效应组合是(　　)。
   A. 小震作用效应和其他荷载效应的标准组合
   B. 大震作用效应和其他荷载效应的标准组合
   C. 小震作用效应和其他荷载效应的基本组合
   D. 大震作用效应和其他荷载效应的基本组合
8. 多层框架底层柱的计算长度应取(　　)。
   A. 基础顶面到二层横梁底面之间的距离

B. 基础顶面到二层楼板顶面之间的距离

C. 室外地面到二层楼板顶面之间的距离

D. 基础顶面到二层楼板底面之间的距离

9. 关于在框架梁端设置箍筋加密区的目的，下列说法中错误的是(　　)。

A. 约束混凝土　　B. 提高梁的变形能力

C. 满足抗剪承载力要求　　D. 增加梁的延性

10. 有地震作用组合时，截面承载力设计表达式为(　　)。

A. $S \leqslant R/\gamma_{RE}$　　B. $S \leqslant R$　　C. $\gamma_0 S \leqslant R$　　D. $\gamma_0 S \leqslant R/\gamma_{RE}$

二、填空题

1. 框架结构的侧移主要考虑由梁、柱的__________变形产生，一般可忽略__________变形的影响。

2. 框架结构在风荷载作用下的侧移变形曲线属于__________形。

3. 抗震设计时，竖向抗侧力构件的截面尺寸和材料强度宜自下而上逐渐__________。

4. 框架节点区的混凝土强度等级，应不__________于柱的混凝土强度等级。

5. 在风荷载作用下，迎风面一侧的框架柱将产生轴向__________力。

三、计算题

1. 图4.36所示的三层框架，横梁截面尺寸为$b \times h = 250\text{mm} \times 600\text{mm}$；各层柱的尺寸为$b \times h = 500\text{mm} \times 500\text{mm}$，混凝土强度等级为C30，用分层法计算该框架结构内力，并绘制弯矩、轴力、剪力图。

2. 图4.37所示的三层框架，横梁截面尺寸为$b \times h = 250\text{mm} \times 600\text{mm}$；各层柱的尺寸为$b \times h = 500\text{mm} \times 500\text{mm}$，混凝土强度等级为C30，用$D$值法计算该框架结构，并绘制弯矩图。

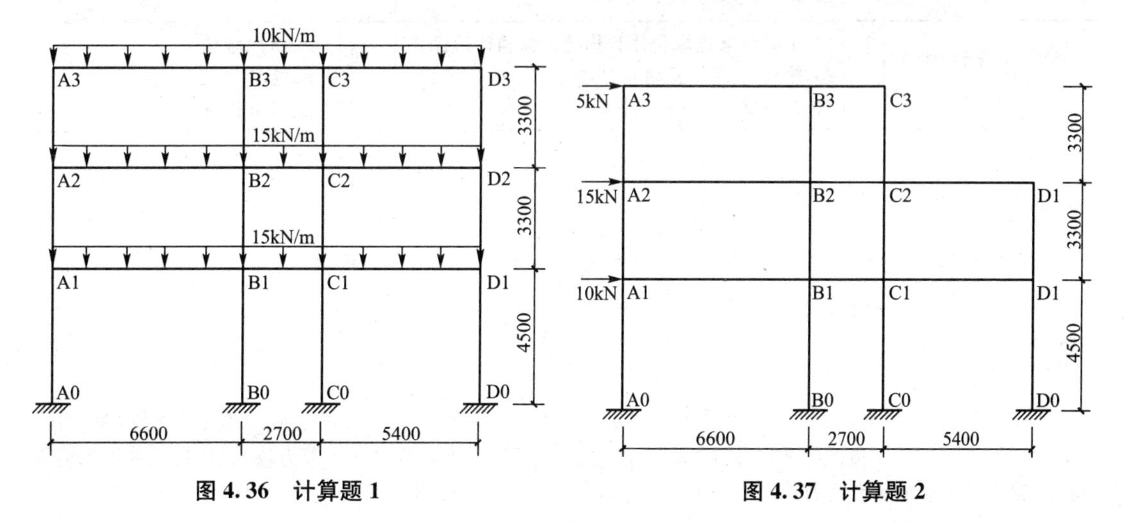

图4.36　计算题1　　　　图4.37　计算题2

第5章 剪力墙结构

教学目标

本章介绍剪力墙的受力特点和剪力墙的设计。通过本章的学习，要求达到以下目标。

(1) 掌握剪力墙的基本形式和剪力墙结构的布置。

(2) 了解剪力墙的受力特点和设计计算方法。

(3) 熟悉剪力墙的分类和构造措施。

教学要求

知识要点	能力要求	相关知识
剪力墙的分类和受力特点	(1) 掌握剪力墙的种类及判别方法 (2) 了解剪力墙的分类、各种类型剪力墙的受力特点 (3) 理解剪力墙的整体工作系数	(1) 整体剪力墙、小开口剪力墙、联肢墙、壁式框架 (2) 框架 (3) 墙肢惯性矩
剪力墙的设计	(1) 理解剪力墙计算的基本假定 (2) 掌握墙肢正截面承载力的计算方法和墙肢斜截面承载力的计算方法 (3)了解各种类型剪力墙的内力和位移计算 (4) 熟悉连梁承载力计算	(1) 受弯构件正截面承载力 (2) 受弯构件斜截面受剪承载力 (3) 偏心受压构件受压承载力
剪力墙的构造措施	(1) 了解约束边缘构件和构造边缘构件的位置 (2) 熟悉连梁配筋的构造要求 (3) 熟悉剪力墙的钢筋布置	(1) 轴压比限值 (2) 配箍特征值 (3) 底部加强部位

基本概念

剪力墙、剪力墙结构、连梁、壁式框架、侧向刚度、边缘构件

引言

剪力墙结构是由剪力墙组成的承受竖向和水平作用的结构，其基本构件包括：直接承受楼(屋)面荷载的水平构件(楼板或楼板和梁)，同时承受竖向和水平荷载作用的构件——剪力墙(抗震设计中称为抗震墙)；此外，还有墙肢之间的连接构件连梁，以及抗震墙梁端或者洞口两侧设置的边缘构件。

剪力墙结构的侧向刚度大，整体性好，其适用范围较大，从十几层到三十几层都很常见，在四、五十层及更高的建筑中也很实用。剪力墙结构的用钢量也较省，缺点是自重大。

考虑到抗震设计的规定，现浇钢筋混凝土剪力墙结构的最大适用高度见第1章中的表1-3。

5.1 结构布置

5.1.1 承重方案

1. 按剪力墙间距分类

剪力墙结构中的剪力墙间距一般为 3～8m。当剪力墙的间距为 2.7～3.9m 时，该剪力墙结构属于小间距剪力墙承重方案，当剪力墙的间距为 6～8m 时，则属于大间距剪力墙承重方案。

2. 按墙肢长度分类

剪力墙按其墙肢长度可分为：小墙肢、短肢和普通剪力墙。其中小墙肢的墙肢长度不大于 3 倍墙厚；短肢剪力墙的墙肢长度则为 5～8 倍墙厚；除上述两种情况以外的墙体则为普通剪力墙。

5.1.2 剪力墙的布置原则

剪力墙的布置位置应符合以下原则。

1. 双向布置

剪力墙结构中的全部竖向作用和水平作用都由剪力墙承受，因此一般应沿建筑物的主要轴线双向布置。特别是在抗震结构中，应避免仅单向有墙的结构布置形式，并应使两个方向抗侧刚度接近，使两个方向的自振周期相近。

对矩形、L 形、T 形平面，剪力墙应沿两个正交的主轴方向布置。

对三角形及 Y 形平面，剪力墙可沿 3 个方向布置。

对正多边形、圆形和弧形平面，剪力墙可沿径向及环向布置。

2. 对直对齐

剪力墙应尽量拉通对直，以增加抗震能力。门窗洞口上下各层对齐，形成明确的墙肢和连梁，使之受力明确。在抗震设计中，应尽量避免出现错洞剪力墙和叠合错洞墙(叠合错洞墙的特点是洞口错开距离很小，甚至叠合，不仅造成墙肢不规则，而且还在洞口之间形成薄弱部位，对抗震不利)。

3. 竖向贯通

剪力墙沿竖向应贯通建筑物全高。剪力墙沿竖向改变时，允许沿高度改变墙厚和混凝土等级，或减少部分墙肢，使抗侧刚度逐渐减小，避免各层刚度突变，造成应力集中。

4. 剪力墙开洞

较长的剪力墙宜开设洞口，将其分为均匀的若干墙段，墙段之间采用弱梁连接，每个独立墙段的总高度与其截面高度之比不应小于2；墙长较小时，受弯产生的裂缝宽度较小，墙体配筋能够充分发挥作用，因此墙肢截面高度不宜大于8m，以保证墙肢由受弯承载力控制，并可充分发挥竖向分布钢筋的作用。

剪力墙要避免洞口与墙边、洞口与洞口之间形成小墙肢。小墙肢宽度不宜小于3倍墙厚(否则应按框架柱设计)，并用暗柱加强。

5. 控制剪力墙的平面外弯矩

应采取增加与沿梁轴线方向的垂直墙肢，或增加壁柱、暗柱等方式，以减少梁端部弯矩对墙的不利影响。对截面较小的楼面梁可设计为铰接或半刚接，以减小墙肢平面外弯矩。

6. 关于短肢墙

高层建筑不应采用全部为短肢剪力墙的结构形式，短肢墙应尽可能设置翼缘。在短肢剪力墙较多时，应布置筒体(或一般剪力墙)，以形成共同抵抗水平力的剪力墙结构。

7. 楼面主梁的位置

不宜将楼面主梁直接支承在剪力墙之间的连梁上。一方面，因为主梁端部约束达不到要求，连梁没有抗扭刚度去抵抗平面外弯矩；另一方面，对连梁本身不利，连梁本身的剪切应变较大，容易出现裂缝。

8. 剪力墙的数量和间距

剪力墙的数量与结构的体型、高度等有关，过多的剪力墙会增加结构的刚度和自重，材料用量增大，造价提高，同时增加了基础设计的难度。因此剪力墙的数量应合适，满足结构设计实际需要即可。

为了保证楼(屋)盖的侧向刚度，避免水平荷载下楼盖平面内弯曲变形，应控制剪力墙的最大间距。

5.2 剪力墙结构的分类和受力特点

为了满足使用要求，常常需要在剪力墙上开门窗洞口。理论分析和试验表明，剪力墙的受力特点和变形形态主要取决于剪力墙上的开洞情况。洞口存在与否、洞口的大小和位置都将影响剪力墙的受力特性。剪力墙根据受力性能的不同分为整体剪力墙、小开口整体剪力墙、双肢剪力墙(多肢剪力墙)和壁式框架等几种类型。不同类型的剪力墙，其受力性能、计算特点和计算方法以及构造措施有所不同。

5.2.1 剪力墙的分类

1. 整体剪力墙

没有门窗洞口或者虽有开洞，但是洞口尺寸小，开洞面积不超过墙体面积的15%，将这样的墙体称为整体剪力墙［图5.1(a)］。

2. 小开口整体剪力墙

剪力墙上门窗洞口稍大，在洞口两侧的部分截面上，其正应力分布各成一条直线，而通过洞口的正应力分布不再成一条直线。除了整个墙截面产生整体弯矩外，墙肢应力中出现了局部弯矩，局部弯矩的值不超过整体弯矩的15%时，称为小开口整体剪力墙［图5.1(b)］。

3. 联肢剪力墙

剪力墙沿着竖向开有一列或者多列较大的洞口时，这时剪力墙成为由一些列连梁约束的墙肢所组成的联肢墙。当开有一列洞口时，称为双肢剪力墙，当开有 n 列洞口时称为 $n+1$ 肢剪力墙［图5.1(c)］。

4. 壁式框架

当剪力墙的洞口宽度更大且为扁平洞口时，则墙肢宽度较小、连梁的线刚度接近于墙肢的线刚度，此时剪力墙的受力性能接近于框架，这种剪力墙称为壁式框架［图5.1(d)］。

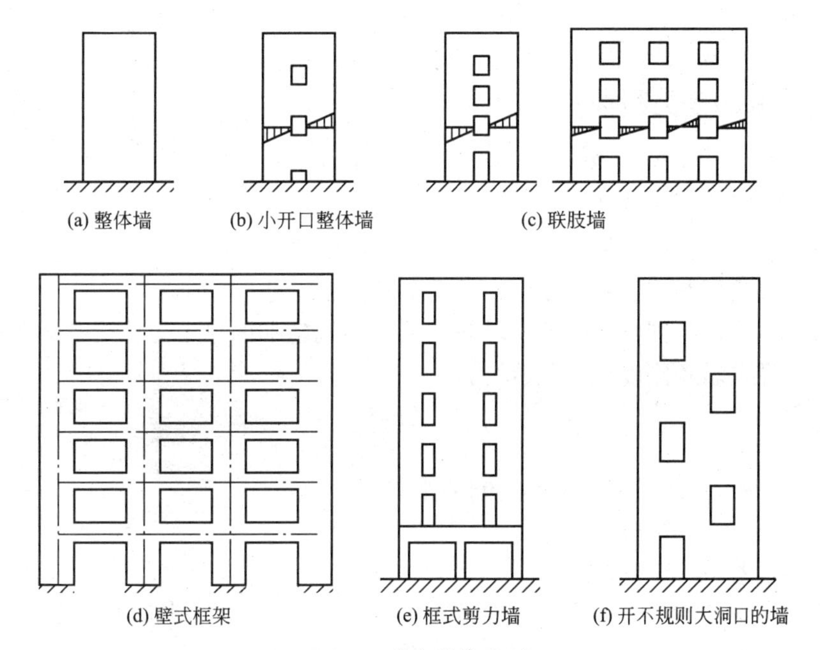

图5.1 剪力墙的类型

此外，在底部需要大空间的位置，可在底层设置框架支承上部的剪力墙［图5.1(e)］；确因开洞需要(如山墙处楼梯间)，也可设置开不规则大洞口的墙［图5.1(f)］。

5.2.2 剪力墙结构的受力特点

1. 整体剪力墙

整体剪力墙的正应力为直线分布，符合平截面假定，可忽略洞口对墙体的影响，因而截面应力可以按材料力学相关公式计算。在水平作用下，整体剪力墙如同一个巨大的悬臂梁。

2. 小开口整体剪力墙

通过洞口的正应力分布不再成一条直线，除了整个墙截面产生整体弯矩外，墙肢中出现局部弯矩。但由于洞口不是很大，局部弯矩的值不超过整体弯矩的15%时，可以认为截面变形大体上还是符合平截面假定的，且大部分楼层墙肢上没有反弯点，内力和变形仍可按材料力学进行计算，然后适当修正。

3. 双肢或多肢剪力墙

当洞口开得比较大，剪力墙截面的整体性已经破坏，截面变形不再符合平截面假定，横截面上的正应力的分布远不是直线分布规律。

4. 壁式框架

对于水平作用下的整截面墙，小开口墙以及联肢墙沿墙肢高度方向上的弯矩图都没有反弯点或仅在个别高层房屋上才局部发现反弯点，而壁式框架沿墙肢高度方向每层都有反弯点。壁式框架实质上是介于剪力墙和框架之间的一种过渡形式，水平作用下的变形已很接近剪切型。

5.2.3 剪力墙的分类判别

1. 剪力墙的整体性系数 α

整体剪力墙、小开口整体剪力墙、联肢墙以及壁式框架的受力特征是不相同的，这些特征实际反映了连梁与墙肢的刚度比，也反映了各墙肢间的整体性。

为使连梁两端产生同方向的单位转角，需在两端施加的总力矩称为连梁的转角刚度，单位高度上连梁的转角刚度 C_b 可表示为：

$$C_b=\frac{12E_cI_ba^2}{l^3h} \tag{5.1}$$

式中：a——连梁两端墙肢截面形心之间的距离；

l——连梁的计算跨度；

E_cI_b——连梁的截面等效刚度。

剪力墙的整体性以剪力墙的整体性系数 α 表示［式(5.2)］。整体性系数 α 反映连梁总转角刚度与墙肢总线刚度的相对比值，是一个无量纲系数。

对于双肢墙：

$$\alpha^2=\frac{C_bH}{\left(\frac{E_cI_1+E_cI_2}{H}\right)\times\left(\frac{I-I_1-I_2}{I}\right)} \tag{5.2}$$

式中：C_bH——沿墙高 H 所有连梁的转角刚度之和；

H——剪力墙的总高度；

I_1、I_2——第1和第2墙肢的惯性矩；

I——剪力墙对组合截面形心的惯性矩；

$(I-I_1-I_2)/I$——考虑轴向变形的刚度降低系数。

令 $I_A = I - I_1 - I_2$，将 $C_b = 12E_c I_b a^2/(l^3 h)$ 代入式 5.2，则得双肢剪力墙整体性系数 α 的公式：

$$\alpha = H\sqrt{\frac{12I_b a^2}{h(I_1+I_2)l^3}}\sqrt{\frac{I}{I_A}} \tag{5.3}$$

如果把双肢墙看成为一个高为 H、跨度为 a 的单层单跨的框架，则 α^2 的物理意义就是这个框架横梁的转角刚度与两根柱的总的线刚度之和的相对比值。按此物理意义，也可写出多肢墙整体性系数 α 的公式(略)。α 越大时，剪力墙的整体性越好。但对洞口很大的壁式框架，当连梁比墙肢线刚度大很多时，则计算的 α 值也很大。因此，壁式框架与整截面墙或整体小开口墙都有很大的 α 值，但从两者弯矩图分布来看，壁式框架与整截面墙或整体小开口墙的受力特点完全不同。所以除根据 α 值进行剪力墙分类判别外，还应判别沿高度方向墙肢弯矩图是否出现反弯点。

2. 墙肢惯性矩比

墙肢是否出现反弯点与墙肢惯性矩的比值 I_A/I、整体工作系数 α 和层数 n 等多种因素有关。I_A/I 的大小反映了剪力墙截面削弱的程度，若 I_A/I 小，说明洞口狭窄，截面削弱较少；若 I_A/I 较大，说明洞口较宽，则截面削弱较多。因此，当 I_A/I 增大到某一值时，剪力墙的墙肢将表现出框架柱的受力特点，沿高度方向上墙肢出现反弯点。因此 I_A/I 可作为剪力墙分类的第二个判别准则，并以系数 ζ(表 5-1)相联系。

表 5-1　系数 ζ 的数值

系数 α \ 层数 n	8	10	12	16	20	≥30
10	0.886	0.948	0.975	1.000	1.000	1.000
12	0.866	0.924	0.950	0.994	1.000	1.000
14	0.853	0.908	0.934	0.978	1.000	1.000
16	0.844	0.896	0.923	0.964	0.988	1.000
18	0.836	0.888	0.914	0.952	0.978	1.000
20	0.831	0.880	0.906	0.945	0.970	1.000
22	0.827	0.875	0.901	0.940	0.965	1.000
24	0.824	0.871	0.897	0.936	0.960	0.989
26	0.822	0.867	0.894	0.932	0.955	0.986
28	0.820	0.864	0.890	0.929	0.952	0.982
≥30	0.818	0.861	0.887	0.926	0.950	0.979

3. 剪力墙分类的判别

综上所述，根据剪力墙的整体工作系数 α 和系数 ζ，可对剪力墙的分类进行判别：①当剪力墙无洞口，或虽有洞口但洞口面积小于墙面总面积的 16%，且孔洞净距及洞口边至墙边距离大于孔洞长边尺寸时，可按整截面墙计算；②当 $\alpha \leqslant 1$ 时，剪力墙的整体性很差，可不考虑连梁的约束作用，各墙肢分别按独立悬臂墙进行计算；③当 $1 < \alpha < 10$ 时，应按双肢墙或多肢墙进行计算；④当 $\alpha \geqslant 10$ 且 $I_A/I \leqslant \zeta$ 时，按整体小开洞墙进行计算；⑤当$\alpha \geqslant 10$ 且 $I_A/I > \zeta$ 时，按壁式框架进行计算。

5.3 剪力墙结构的计算要点

5.3.1 计算假定

剪力墙结构是一个空间受力体系，为了简化计算，采用如下假定。

1. 关于楼板的假定

假定楼板在其自身平面内刚度很大，可视为刚度无穷大的刚性楼板；而在平面外，刚度很小，则可忽略不计。这样，楼盖在水平面内没有变形，只有刚体移动。

2. 关于剪力墙的假定

各榀剪力墙在其自身平面内的刚度很大，在其平面外的刚度很小，可忽略不计。这样，在进行剪力墙结构分析时，可将纵向剪力墙与横向剪力墙分别考虑。在横向水平分力的作用下，可只考虑横墙作用而忽略纵墙作用，反之，在纵向水平分力的作用下，可只考虑纵墙作用而忽略横墙。根据上述假定，可分别按照纵、横两个方向进行计算，从而将计算大为简化。

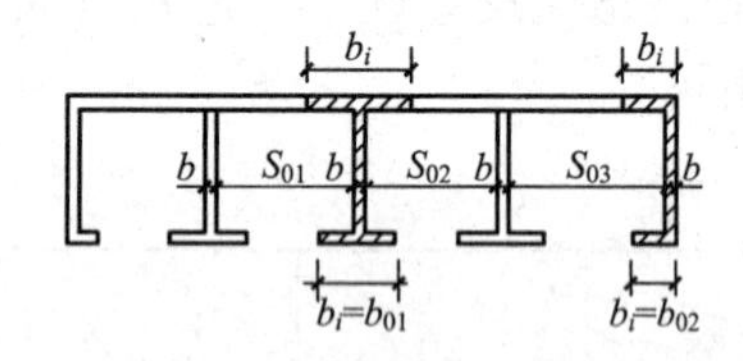

图 5.2　剪力墙有效翼缘宽度

但是，实际上由于纵墙与横墙在其交接面上位移必须连续，因此可以考虑把正交的另一方向的墙作为翼缘部分参与工作(图 5.2)。现浇剪力墙有效翼缘宽度可按表 5 - 2 中的最小值采用。

表 5 - 2　剪力墙的有效翼缘宽度

考虑方式	截面形式	
	T 形(I 形)截面	L 形截面
按剪力墙的间距 S_0 考虑	$b+\frac{S_{01}}{2}+\frac{S_{02}}{2}$	$b+\frac{S_{03}}{2}$
按翼缘厚度 h_f 考虑	$b+12h_f$	$b+6h_f$
按窗间墙宽度考虑	b_{01}	b_{02}

5.3.2 竖向荷载作用下的内力计算

竖向荷载通过楼板传递到剪力墙，除了在连梁内产生弯矩外，在墙肢中主要引起轴向力，各片墙肢所承受的竖向荷载可以按照墙肢的受荷面积计算。

当有梁支撑在剪力墙上时，传到墙肢上的集中荷载可以按照 45°角向下扩散到整个墙截面，按照分布荷载计算集中荷载对墙面的影响。当纵横墙整体连接时，一个方向墙上的荷载可以向另一个方向墙扩散，在楼板一定距离以下，可以认为竖向荷载在纵横墙内为均布分布。

5.3.3 水平荷载作用下的剪力分配

根据楼板平面内刚度无限大和不考虑结构扭转的假定，则同一层各道剪力墙的位移相同。因此剪力墙在水平荷载作用下，各层总剪力按各片剪力墙等效抗弯刚度分配，当有 m 片剪力墙时，第 j 层 i 片剪力墙分配到的剪力为：

$$V_{ij} = \frac{E_i j_{\mathrm{eq}i}}{\sum_{i=1}^{m} E_i j_{\mathrm{eq}i}} V_{\mathrm{p}j} \tag{5.4}$$

式中：$V_{\mathrm{p}j}$——水平力作用下 j 层处产生的总剪力；

$E_i j_{\mathrm{eq}i}$——第 i 片剪力墙的等效抗弯刚度。

5.3.4 不同类型剪力墙的计算要点

剪力墙结构随着类型的不同，计算方法和计算简图也不相同。

1. 整体剪力墙

整体剪力墙在水平荷载作用下，可视为一整体的悬臂弯曲杆件，根据其变形特征(截面变形后仍符合平截面假定)，采用材料力学中悬臂梁的内力和变形基本公式进行计算(图 5.3)。

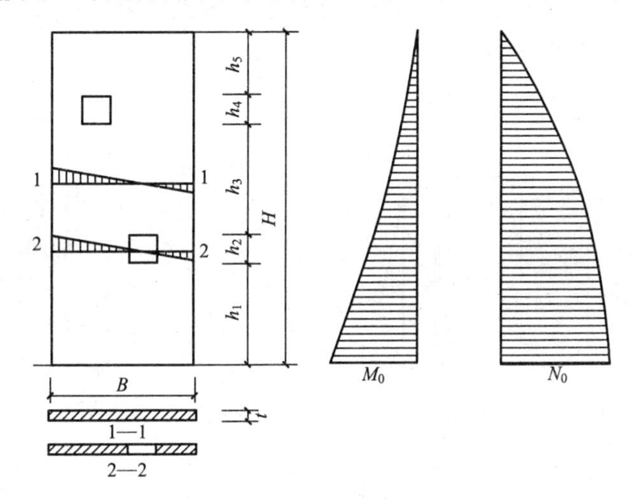

图 5.3 整体剪力墙的计算简图

1) 内力计算

整体剪力墙的内力可按上端自由、下端固定的悬臂构件，用材料力学公式计算其任意截面的弯矩和剪力。总水平荷载可以按各片剪力墙的等效抗弯刚度分配，然后进行单片剪力墙计算。

剪力墙的等效抗弯刚度(或称为等效惯性矩)就是将墙的弯曲、剪切和轴向变形后的顶点位移，按顶点位移相等的原则，折算成一个只考虑弯曲变形的等效竖向悬臂杆的刚度。

2) 位移计算

整体墙的位移同样采用材料力学的公式，但由于剪力墙的截面高度较大，因此应考虑剪切变形对位移的影响。当开洞时，还应考虑洞口对于位移增大的影响。

2. 小开口整体剪力墙

小开口整体墙在水平(荷载)作用下的受力性能接近整体剪力墙(图 5.4)，其截面在受力后基本保持平面，正应力分布图形也大体保持直线分布，各墙肢中仅有少量的局部弯矩；沿墙肢高度方向，大部分楼层中的墙肢没有反弯点。在整体上，剪力墙仍类似竖向悬臂杆件，这就为采用材料力学公式计算内力和侧移提供了前提。在此基础上再考虑局部弯曲应力的影响，进行修正，即可解决小开口整体剪力墙的内力和侧移计算。

首先，将整个小开口墙作为一个竖向悬臂杆件，按材料力学公式计算出标高 Z 处的总弯矩 M、总剪力 V 和基底剪力。其次，将总弯矩 M 分为两部分：①产生整体弯曲的总弯矩 $M'=kM$(k 可取 0.85)；②产生部分弯曲的总弯矩 M''(占总弯矩的 0.15)。在 M' 作用下，剪力墙按组合截面弯曲，正应力在整个截面高度上按直线分布［图 5.5(a)］；在局部弯矩 M'' 作用下，剪力墙按各个单独的墙肢截面弯曲，正应力仅在各墙肢截面高度上按直线分布［图 5.5(b)］。叠合上述两个图形就是 M 作用下正应力的图形［图 5.5(c)］。

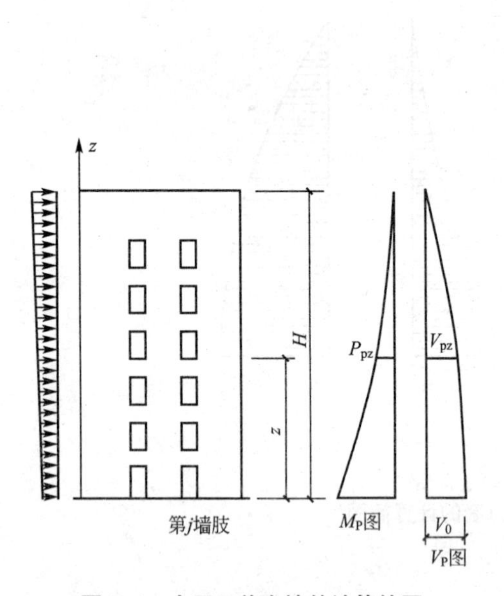

图 5.4　小开口剪力墙的计算简图

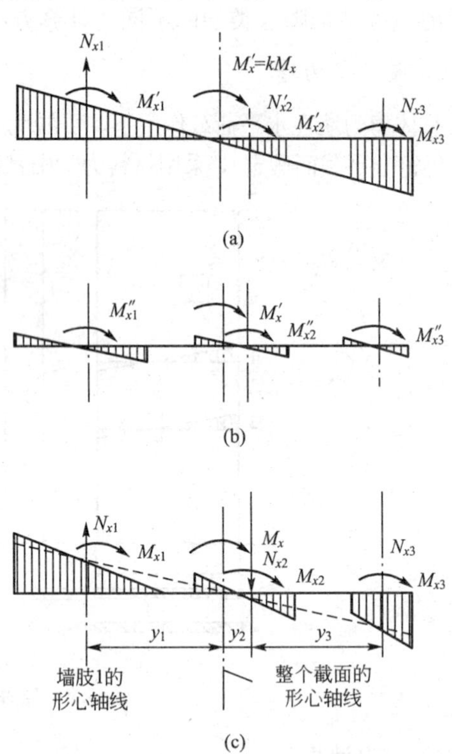

图 5.5　小开口剪力墙的正应力图

3. 联肢墙

由于门窗洞口尺寸较大，联肢墙截面上的正应力不再成直线分布，其受力和变形都发生了变化，墙肢的线刚度要比连梁的线刚度大得多，每根连梁中部有反弯点，各墙肢单独弯曲作用较显著，仅在少数层内墙肢出现反弯点，因此需采用相应方法分析。以下介绍连续连杆法的分析方法。

1）基本假定

连续连杆法的基本假定是：①将每一楼层处的连梁简化为在整个楼层高度的连续连杆；②假定两肢墙在同一标高处水平位移相等，即忽略连梁轴向变形对水平位移的影响；③假定在同一标高处，两肢墙的转角和曲率都相等；④假定各连梁的反弯点均在跨中；⑤假定层高 h、墙肢的惯性矩 I_1、I_2 及其截面面积 A_1、A_2，连梁截面惯性矩 I_b 和截面积 A_b 沿剪力墙高度方向均为常数。

2）基本思路

连续连杆法的基本思路是连梁的连续化：将每一楼层处的连梁用沿高度连续分布的栅片代替，连续栅片在层高范围内的总抗弯刚度与原结构中的连梁的抗弯刚度相等，从而使得连梁的内力可用沿着竖向分布的连续函数表示。建立相应的微分方程，然后求解后再换算成实际连梁的内力，求出墙肢的内力(图 5.6)。

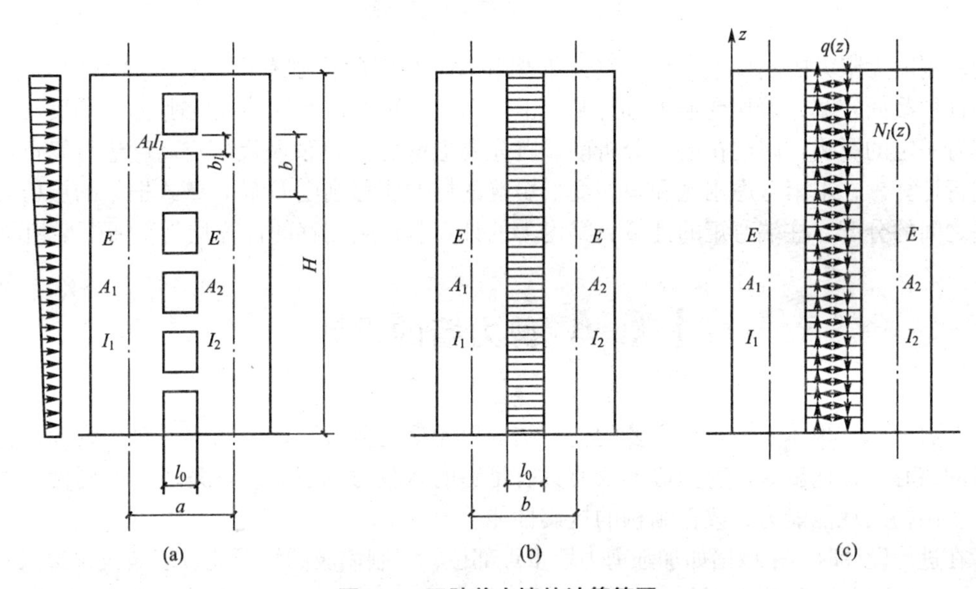

图 5.6 双肢剪力墙的计算简图

3）双肢墙内力位移分布特点

墙肢的弯矩、轴力与整体性系数 α 值有关：α 值越大，墙肢弯矩越小；墙肢轴力即为该截面以上所有连梁剪力之和，当 α 值增大时，连梁剪力加大，墙肢轴力也必然加大。

双肢墙的侧移曲线呈弯曲型。α 值越大，墙的刚度越大，侧移越小。

连梁的剪力分布特点是：剪力最大(也是弯矩最大)的连梁不在底层，它的位置及大小将随 α 值而改变。当 α 值增大时，连梁剪力加大，剪力最大的梁向下移动。

4. 壁式框架

由于洞口尺寸很大，剪力墙的受力接近于框架，截面尺寸效应不能忽略：由于壁梁和壁柱截面都较宽，在梁柱相交处形成一个结合区(不再是一个结点)，这个结合区可以视作不产生变形的刚域(即不产生弯曲变形和剪切变形的刚度无限大的区段)，因此，壁式框架的梁、柱都是带刚域的杆件。也可以说，壁式框架就是杆端带有刚域的变截面刚架(图 5.7)。

计算壁式框架时可以采用杆系计算模型，取墙肢和连梁的截面形心线为轴线，刚域的

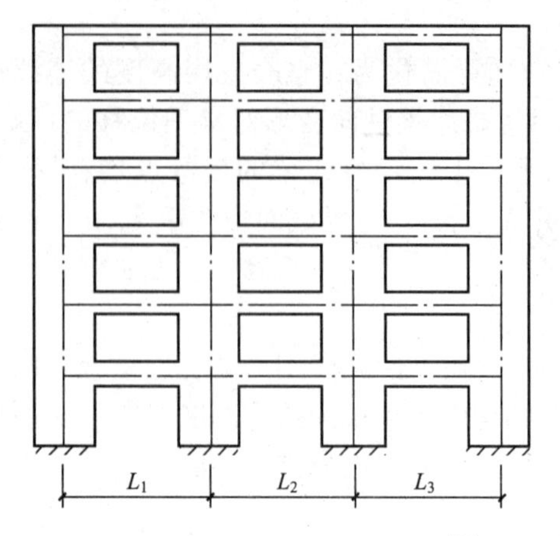

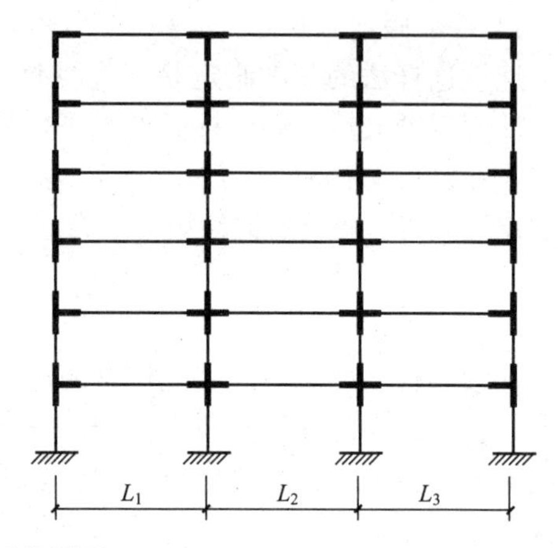

图 5.7 壁式框架计算简图

影响用刚度无限大的刚臂来考虑。壁式框架和普通框架的区别有两点：一是刚域的存在；二是杆件截面较宽，剪切变形不宜忽略。上述两点区别对框架柱的抗侧刚度 D 和反弯点高度都有一定的影响，因此在内力分析前，首先要把壁柱的 D 值及反弯点高度进行修正，然后进行计算。在求出考虑刚域和剪切变形影响的柱的侧移刚度 D 后，壁式框架的层剪力在各柱之间的分配、柱端弯矩的计算、梁内力的计算及框架侧移的计算均与普通框架相同。

5.4 剪力墙的设计

在剪力墙结构体系中，最主要的受力结构单元就是剪力墙，因此剪力墙的设计是整个设计的核心。在地震区，剪力墙不仅要具有足够的承载力，还应该具备一定的延性，以提高整个结构的耗能能力、改善结构的抗震性能。

在进行设计时，采取诸如加强剪力墙重点部位、限制墙肢的轴压比、墙肢设置边缘约束构件、控制塑性铰出现的区域，以及强墙弱梁、强剪弱弯等措施来实现剪力墙的延性设计。

5.4.1 剪力墙底部加强部位

为保证剪力墙底部出现塑性铰后具有足够大的延性，应对可能出现塑性铰的剪力墙底部予以加强，包括提高其抗剪承载力、设置约束边缘构件等，该加强部位即为底部加强部位。

底部加强部位的高度应从地下室顶板算起；加强部位的高度可取底部两层和墙体总高度的 1/10 两者中的较大值。当结构计算嵌固端位于地下一层底板或以下时，底部加强部位宜延伸到计算嵌固端。

5.4.2 剪力墙墙肢及连梁内力调整

1. 剪力墙墙肢内力调整

抗震设计时，对一、二、三、四级抗震等级的剪力墙，要不同程度地实现“强剪弱弯”的原则。底部加强部位和其他部位应区别对待。

1）弯矩设计值

一级抗震等级剪力墙各墙肢截面考虑地震组合的弯矩设计值，底部加强部位应按墙肢截面地震组合弯矩设计值采用；底部加强部位以上部位应按墙肢截面地震组合弯矩设计值乘增大系数1.2；剪力设计值也应作相应调整。

2）剪力设计值

考虑剪力墙的剪力设计值 V_w 按下列规定计算。

（1）底部加强部位。对9度设防烈度的一级抗震等级剪力墙：

$$V_w=1.1\frac{M_{wua}}{M}V \tag{5.5a}$$

其他情况下：

一级抗震等级： $$V_w=1.6V \tag{5.5b}$$

二级抗震等级： $$V_w=1.4V \tag{5.5c}$$

三级抗震等级： $$V_w=1.2V \tag{5.5d}$$

四级抗震等级： 取地震组合下的剪力设计值。

（2）其他部位按以下公式取值。

$$V_w=V \tag{5.6}$$

式中：M_{wua}——剪力墙底部按实配钢筋截面面积、材料强度标准值且考虑承载力抗震调整系数计算的正截面抗震承载力所对应的弯矩值；有翼墙时应计入墙两侧各一倍翼墙厚度范围内的纵向钢筋；

M——考虑地震组合的剪力墙底部截面的弯矩设计值；

V——考虑地震组合的剪力墙的剪力设计值。

2. 连梁内力调整

剪力墙中连梁的设计也应体现“强剪弱弯”的原则，保证塑性铰区不过早出现剪切破坏。非抗震设计以及四级剪力墙的连梁，应分别取考虑水平风荷载、水平地震作用组合的剪力设计值。

洞口连梁的剪力设计值 V_{wb} 按下列规定计算。

（1）9度设防烈度的一级抗震等级连梁：

$$V_{wb}=1.1\frac{M_{bua}^l+M_{bua}^r}{l_n}+V_{Gb} \tag{5.7a}$$

（2）其他情况

$$V_{wb}=\eta_{vb}\frac{M_b^l+M_b^r}{l_n}+V_{Gb} \tag{5.7b}$$

式中：V_{Gb}——考虑地震组合时的重力荷载代表值产生的剪力设计值，可按简支梁计算确定；

M_{bua}^l、M_{bua}^r——分别为连梁左右端截面顺时针或逆时针方向实配的受弯承载力所对应的弯矩值，应按实配钢筋面积(计入受压钢筋)和材料强度标准值并考虑承载力抗震调整系数计算；

M_b^l、M_b^r——分别为考虑地震组合的连梁左右端弯矩设计值。应分别按顺时针方向和逆

时针方向计算 M_b^l 和 M_b^r 之和，并取其较大值。对一级抗震等级，当两端弯矩均为负弯矩时，绝对值较小的弯矩值应取零；

l_n——连梁的净跨；

η_{vb}——连梁剪力增大系数，对于普通箍箍筋连梁，一级抗震等级取 1.3，二级取 1.2，三级取 1.1，配置有对角斜筋的连梁取 1.0。

5.4.3 剪力墙正截面承载力计算

墙肢正截面抗弯承载力，可以按照钢筋混凝土偏心受压构件进行计算，与柱配筋不同的是，除墙肢端部钢筋外，墙肢截面中的竖向分布钢筋也能参加受力，计算中应予考虑。但是，由于竖向分布筋都比较细，容易发生压屈现象。所以在受压区不考虑分布筋的作用，使设计偏于安全(如有可靠措施防止分布筋压屈，也可以考虑其作用)。

抗震和非抗震设计的剪力墙的墙肢偏心受力承载力的计算公式相同。但应注意的是：当考虑地震作用参加内力组合时，必须同时考虑承载力抗震调整系数 γ_{RE}，即在下文中所列承载力计算公式前应除以 γ_{RE}，对偏心受压和偏心受拉时，γ_{RE}均取 0.85。

按照平截面变形假定，在轴力及弯矩共同作用下，墙截面应变呈线性分布，由此可求得平衡配筋的名义受压区高度与横截面有效高度的比值，从而判断墙截面是属于大偏心受压还是小偏心受压状态。

1）偏心受压墙肢截面计算

对称配筋时，名义受压区高度 X_b 与截面有效高度的比值为：

$$\xi_b=\frac{\beta_1}{1+\frac{f_v}{\varepsilon_{cu}E_s}} \tag{5.8}$$

与偏心受压柱相同，如墙肢的相对受压区高度为 ξ，当 $\xi\leqslant\xi_b$ 时，为大偏心受压破坏，当 $\xi>\xi_b$ 时，为小偏心受压破坏。

(1) 大偏心受压计算。大偏心受压破坏时，远离中和轴的受拉钢筋和受压钢筋均能达到屈服强度，但竖向分布钢筋 A_{sw}部分位于受拉区，部分位于受压区，虽然远离中和轴的部分钢筋达到屈服强度，但在中和轴附近的部分钢筋则不屈服，为简化计算，根据大偏心受压破坏的特点，假定距离受压区边缘 $1.5x$(x 为矩形应力图受压区高度)范围以外的受拉分布钢筋屈服并参与计算，忽略距离受压区边缘 $1.5x$ 范围以内的竖向分布钢筋的作用；同时，由于受压的分布钢筋易压曲，故不考虑受压区竖向分布钢筋的作用。于是，极限状态时墙肢截面应力分布如图 5.8 所示，考虑墙肢截面内配筋为对称配筋，则由由静力平衡条件，得到承载力计算公式如下。

$$N\leqslant\alpha_1 f_c b_w x-f_{yw}A_{sw}\left(\frac{h_{w0}-1.5x}{h_{w0}}\right) \tag{5.9}$$

$$Ne\leqslant\alpha_1 f_c b_w x\left(h_{w0}-\frac{x}{2}\right)+A_s'f_y'(h_{w0}-a_s')-f_{yw}A_{sw}\frac{(h_{w0}-1.5x)^2}{2h_{w0}} \tag{5.10}$$

式中：e——轴向压力作用点至纵向受拉钢筋的合力点的距离，$e=e_i+\frac{h_w}{2}-a_s$；

e_i——初始偏心矩，$e_i=e_0+e_a$；

e_a——附加偏心矩，是考虑荷载作用位置偏差、截面混凝土非匀质性及施工偏差等

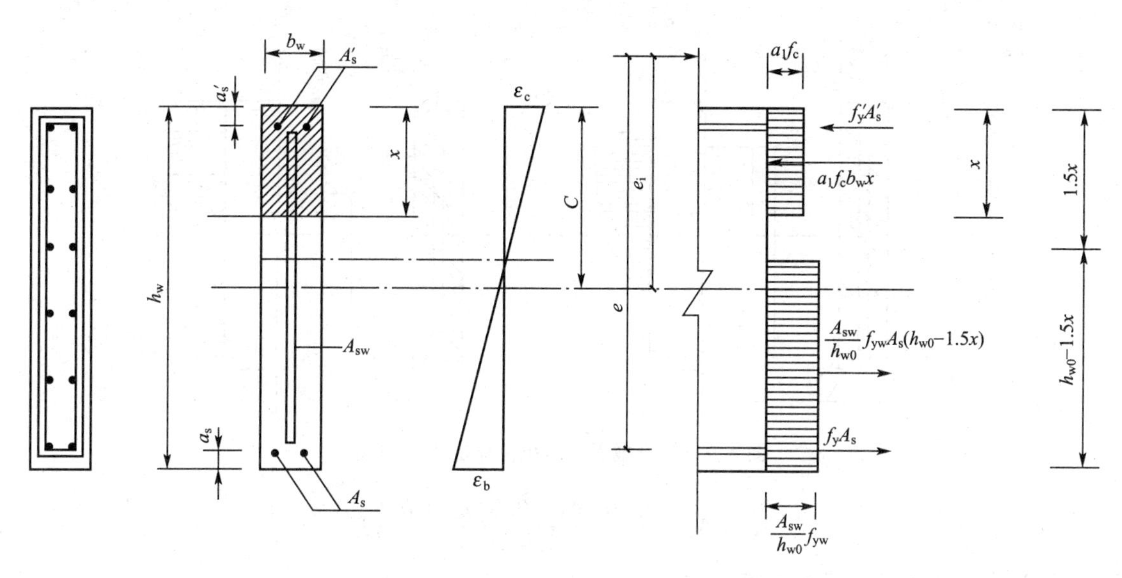

图 5.8 矩形截面墙肢大偏压应力分布

因素而引起的偏心距的增加，取 $e_a = 20\text{mm}(h_w \leqslant 600\text{mm}$ 时)或 $h/30(h_w > 600\text{mm}$ 时)，h_w 为偏心方向截面的最大尺寸。

b_w——墙肢的宽度；

h_w——墙肢的高度；

x——混凝土受压区的高度。

由式(5.9)和式(5.10)，可计算出受压区高度 x 及端部钢筋用量：

$$x = \frac{N + f_{yw} A_{sw}}{\alpha_1 f_e b_w + 1.5 f_{yw} \cdot A_{sw}/h_{w0}} \tag{5.11}$$

$$A_s = A'_s = \frac{Ne - \alpha_1 f_c b_w x\left(h_{w0} - \dfrac{x}{2}\right) + f_{yw} A_{sw} \dfrac{(h_{w0} - 1.5x)^2}{2h_{w0}}}{f'_y (h_{w0} - a'_s)} \tag{5.12}$$

在大偏受压计算过程中，混凝土受压区的高度 x 尚应符合下列要求

$$x \leqslant \xi_b h_{w0} \tag{5.13}$$

(2) 小偏心受压计算。剪力墙墙肢发生小偏心受压破坏时，截面全部受压或者大部分受压。在压应力较大一侧的混凝土压应变达到极限压应变，该侧的端部钢筋和分布钢筋均能受压屈服；另一侧端部钢筋和分布钢筋受拉或受压，但均不屈服。为简化计算，在小偏心受压时，分布钢筋的作用均不考虑，极限状态时墙肢截面应力如图 5.9 所示。由此可以得出其基本计算公式与矩形截面柱小偏压的计算公式相同

$$N \leqslant \alpha_1 f_c b_w x + f'_y A'_s - \sigma_s A_s \tag{5.14}$$

$$Ne \leqslant \alpha_1 f_c b_w x\left(h_{w0} - \frac{x}{2}\right) + A'_s f'_y (h_{w0} - a'_s) \tag{5.15}$$

对称配筋情况下，对于常用的普通热轧钢筋，ξ 值可用下述近似公式计算：

$$\xi = \frac{N - \alpha_1 \xi_b f_c b_w h_{w0}}{\dfrac{Ne - 0.43\alpha_1 f_c b_w h_{w0}^2}{(0.8 - \xi_b)(h_{w0} - a'_s)} + \alpha_1 f_c b_w h_{w0}} + \xi_b \tag{5.16}$$

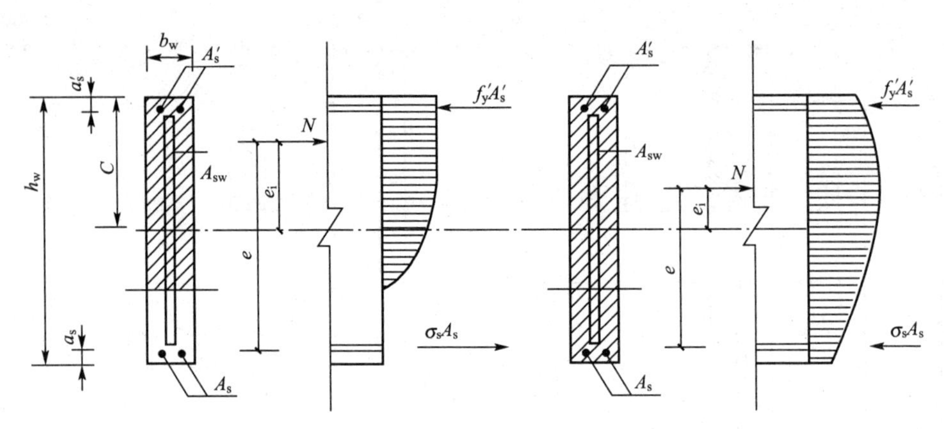

图 5.9　矩形截面墙肢小偏压应力分布图

$$A_s=A_s'=\frac{Ne-\xi(1-0.5\xi)\alpha_1 f_c b_w h_{w0}^2}{f_y'(h_{w0}-a_s')} \tag{5.17}$$

2）偏心受拉墙肢截面计算

矩形截面偏心受拉剪力墙的正截面受拉承载力可按下列公式确定：

$$N\leqslant\frac{1}{\frac{1}{N_{0u}}+\frac{e_0}{M_{wu}}} \tag{5.18}$$

N_{0u}和M_{wu}可分别按下列公式计算：

$$N_{0u}=2A_s f_y+A_{sw} f_{yw} \tag{5.19}$$

$$M_{wu}=A_s f_y(h_{w0}-a_s')+A_{sw} f_{yw}\frac{(h_{w0}-a_s')}{2} \tag{5.20}$$

式中：N_{0u}——剪力墙的轴心受拉承载力设计值；

M_{wu}——剪力墙通过轴向拉力作用点的弯矩平面计算的正截面受弯承载力设计值。

5.4.4　剪力墙斜截面抗剪承载力计算

试验表明，剪力墙斜截面受剪破坏的形态与受弯构件相似，有斜拉破坏、斜压破坏、剪压破坏 3 种形式，都属于脆性破坏。在剪力墙截面设计时，同样通过构造要求来防止发生斜拉破坏和斜压破坏，通过计算确定墙体中需要配置的水平钢筋数量，以防止剪压破坏的发生。

1. 剪力墙墙肢截面尺寸要求

为了避免剪力墙发生斜压破坏，其截面尺寸应符合下列要求。

1）无地震作用组合时

$$V_w\leqslant 0.25\beta_c f_c b_w h_{w0} \tag{5.21}$$

2）有地震作用组合

剪跨比>2.5 时

$$V_w\leqslant\frac{1}{\gamma_{RE}}(0.20\beta_c f_c b_w h_{w0}) \tag{5.22a}$$

剪跨比≤2.5时

$$V_w \leqslant \frac{1}{\gamma_{RE}}(0.15\beta_c f_c b_w h_{w0}) \tag{5.22b}$$

其中剪跨比按下式计算：

$$\lambda = M^c/(V^c h_{w0})$$

当不能满足上述要求时，应加大截面尺寸或提高混凝土等级。

2. 偏心受压剪力墙斜截面抗剪承载力计算

墙肢内轴向压力的存在，将在一定程度上提高了剪力墙的受剪承载力，由试验得到的剪力墙墙肢抗剪承载力公式如下。

1）永久、短暂设计状况

$$V_w \leqslant \frac{1}{\lambda - 0.5}\left(0.5 f_t b_w h_{w0} + 0.13N\frac{A_w}{A}\right) + f_{yh}\frac{A_{sh}}{s}h_{w0} \tag{5.23}$$

2）地震设计状况

$$V_w \leqslant \frac{1}{\gamma_{RE}}\left[\frac{1}{\lambda - 0.5}\left(0.4 f_t b_w h_{w0} + 0.1N\frac{A_w}{A}\right) + 0.8 f_{yh}\frac{A_{sh}}{s} \cdot h_{w0}\right] \tag{5.24}$$

式中：N——剪力墙截面轴向压力设计值，N大于$0.2f_c b_w h_w$时，应取$0.2f_c b_w h_w$；

λ——计算截面的剪跨比，λ小于1.5时取1.5，λ大于2.2时应取2.2，计算截面与墙底之间的距离小于$0.5h_{w0}$时，λ应按距墙底$0.5h_{w0}$处的弯矩值与剪力值计算；

A_w——T形或I形截面剪力墙腹板的面积，矩形截面时应取A；

A——剪力墙全截面面积；

s——剪力墙水平分布钢筋间距。

3. 偏心受拉剪力墙斜截面抗剪承载力计算

墙肢内轴向拉力的存在会降低剪力墙的受剪承载力，由试验得到的剪力墙墙肢抗剪承载力公式如下。

1）永久、短暂设计状况

$$V_w \leqslant \frac{1}{\lambda - 0.5}\left(0.5 f_t b_w h_{w0} - 0.13N\frac{A_w}{A}\right) + f_{yh}\frac{A_{sh}}{s}h_{w0} \tag{5.25}$$

式(5.25)右端的计算值小于$f_{yh}\frac{A_{sh}}{s}h_{w0}$时，应取等于$f_{yh}\frac{A_{sh}}{s}h_{w0}$

2）地震设计状况

$$V_w \leqslant \frac{1}{\gamma_{RE}}\left[\frac{1}{\lambda - 0.5}\left(0.4 f_t b_w h_{w0} - 0.1N\frac{A_w}{A}\right) + 0.8 f_{yh}\frac{A_{sh}}{s}h_{w0}\right] \tag{5.26}$$

式(5.26)右端方括号内的计算值小于$0.8f_{yh}\frac{A_{sh}}{s}h_{w0}$时，应取等于$0.8f_{yh}\frac{A_{sh}}{s}h_{w0}$

5.4.5 墙肢平面外承载力验算

如果墙肢为小偏心受压，还要按轴心受压构件验算其平面外的承载力，这时不考虑竖向分布钢筋的作用，而仅考虑端部钢筋 A_s'，计算公式如下：

$$N_u = 0.9\varphi(f_c b_w h_w + f_y' A_s') \tag{5.27}$$

式中：φ——剪力墙平面外稳定系数，可按柱的受压稳定系数取值。l_0/b 中的 l_0 可取层高，b 即为 b_w；

A_s'——墙肢内全部端部钢筋的截面面积。

5.4.6 施工缝的抗滑移验算

剪力墙可能在施工缝截面出现滑移破坏，因此对于抗震等级为一级的剪力墙，水平施工缝的滑移应符合：

$$V_{wj} \leqslant \frac{1}{\gamma_{RE}}(0.6 f_y A_s + 0.8N) \tag{5.28}$$

式中：V_{wj}——剪力墙水平施工缝处建立设计值；

A_s——水平施工缝处剪力墙腹板内竖向分布钢筋和边缘构建中的竖向钢筋总面积（不包括两侧翼墙），以及在墙体中有足够锚固长度的附加竖向插筋面积；

N——水平施工缝处考虑地震组合的轴向力设计值，压力取正，拉力取负。

5.4.7 连梁正截面受弯承载力计算

剪力墙洞口连梁，当采用对称配筋(图 5.10)时，其正截面受弯承载力应符合下列规定。

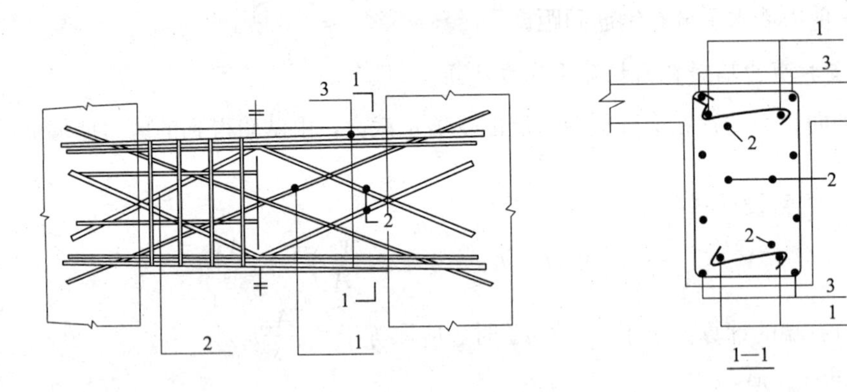

图 5.10 连梁配筋

1—对角斜筋；2—折线筋；3—纵向钢筋

$$M_b \leqslant \frac{1}{\gamma_{RE}}[f_y A_s (h_{b0} - a_s') + f_{yd} A_{sd} z_{sd} \cos\alpha] \tag{5.29}$$

式中：M_b——考虑地震组合的剪力墙连梁梁端弯矩设计值；

f_y——纵向钢筋抗拉强度设计值；

f_{yd}——对角斜筋抗拉强度设计值；

A_s——单侧受拉纵向钢筋截面面积；
A_{sd}——单向对角斜筋截面面积，无斜筋时取 0；
Z_{sd}——计算截面对角斜筋至截面受压区合力点的距离；
α——对角斜筋与梁纵轴线夹角；
h_{b0}——连梁截面有效高度。

5.4.8 连梁斜截面抗剪承载力计算

连梁斜截面抗剪承载力计算与一般梁的计算内容相同。

1. 连梁截面尺寸要求

1）永久、短暂设计状况

$$V_b \leqslant 0.25\beta_c f_c b_b h_{b0} \tag{5.30}$$

2）地震设计状况
当跨高比大于 2.5 时

$$V_b \leqslant \frac{1}{\gamma_{RE}}(0.20\beta_c f_c b_b h_{b0} \tag{5.31a}$$

跨度比不大于 2.5 时

$$V_b \leqslant \frac{1}{\gamma_{RE}}(0.15\beta_c f_c b_b h_{b0}) \tag{5.31b}$$

当不满足截面限值条件时，可采取如下的处理方法：①增加连梁截面高度 h_b；②抗震设计的剪力墙连梁，其弯矩及剪力可进行塑性调幅，以降低其剪力设计值，在内力计算前，可以折减连梁刚度；内力计算后，可对弯矩、剪力进行折减；③连梁破坏对承受竖向荷载无明显影响时，可考虑在大震作用下该连梁不参与工作，按独立墙肢进行第二次多遇地震作用下结构内力分析，墙肢按两次计算所得的较大内力进行配筋设计。

2. 连梁斜截面承载力计算

1）永久、短暂设计状况

$$V_b \leqslant 0.7 f_t b_b h_{b0} + f_{yv}\frac{A_{sv}}{s}h_{b0} \tag{5.32}$$

2）地震设计状况
当跨高比大于 2.5 时

$$V_b \leqslant \frac{1}{\gamma_{RE}}\left(0.42 f_t b_b h_{b0} + f_{yv}\frac{A_{sv}}{s}h_{b0}\right) \tag{5.33a}$$

当跨高比不大于 2.5 时

$$V_b \leqslant \frac{1}{\gamma_{RE}}\left(0.38 f_t b_b h_{b0} + 0.9 f_{yv}\frac{A_{sv}}{s}h_{b0}\right) \tag{5.33b}$$

式中：V_b——调整后的连梁截面剪力设计值；

5.5 剪力墙的构造措施

5.5.1 构造的一般规定

1. 混凝土强度等级

剪力墙的混凝土强度等级不应低于 C20，短肢剪力墙—筒体结构的混凝土强度等级不应低于 C25，但剪力墙的混凝土强度等级不宜超过 C60。

2. 剪力墙的厚度

非抗震设计时以及按三、四级抗震等级的剪力墙厚度，不应小于楼层高度或者无肢长度的 1/25 ，且不应小于 140mm。

两端有翼墙或端柱的剪力墙厚度，对一、二级抗震等级不应小于楼层高度或无肢长度的 1/20，且不应小于 160mm；一、二级抗震等级的底部加强区厚度不应小于层高或者无肢长度的 1/16，且不应小于 200mm；当底部加强部位无端柱或翼墙时，截面厚度不宜小于层高或无肢长度的 1/12。

在剪力墙井筒中，分隔电梯井或管道井的墙厚度可适当减少，但不小于 160mm(一、二级抗震)及 140mm(三、四级抗震)。

3. 边缘构件的设计

研究表明，在剪力墙的边缘构件内(暗柱、明柱、翼柱)配置横向钢筋，可约束混凝土而改善混凝土的受压性能，提高剪力墙的延性。

根据设计要求的不同，边缘构件分为两类：约束边缘构件和构造边缘构件，约束边缘构件的截面尺寸及配筋要求均比构造边缘构件要高。

两类边缘构件的设置范围是：一、二级抗震设计的剪力墙底部加强部位及其上一层的墙肢端部应设置约束边缘构件；一、二级抗震设计剪力墙的其他部位以及三、四级抗震设计和非抗震设计的剪力墙墙肢端部应设置构造边缘构件。

一、二、三级抗震等级剪力墙，在重力荷载代表值作用下，当墙肢底截面轴压比不大于表 5-3 的规定时，可按规定设置构造边缘构件。

表 5-3 剪力墙可不设约束边缘构件的最大轴压比

抗震等级	一级(9 度)	一级(6、7、8 度)	二、三级
轴压比限值	0.1	0.2	0.3

1) 构造边缘构件

剪力墙端部设置的构造边缘构件(暗柱、端柱、翼墙和转角墙)的范围，应按图 5.11 确定，构造边缘构件的纵向钢筋除应满足正截面受压(受拉)承载力的计算要求外，还应符合表 5-4 的要求。

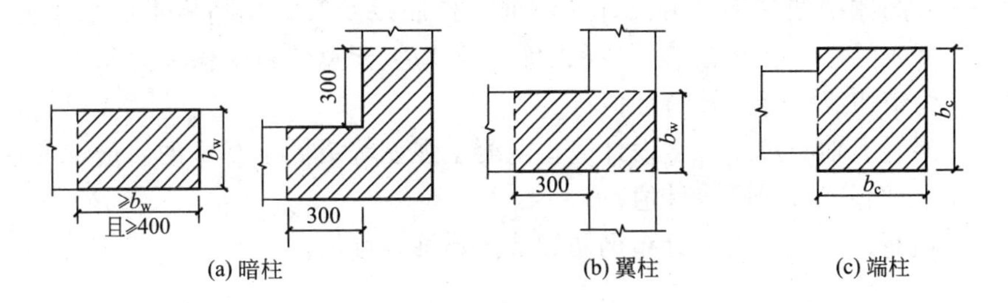

图 5.11 剪力墙的构造边缘构件范围

表 5-4 剪力墙构造边缘构件的最小配筋要求

抗震等级	底部加强部位			其他部位		
	纵向钢筋最小配筋量(取较大值)	箍筋、拉筋		纵向钢筋最小配筋量(取较大值)	箍筋、拉筋	
		最小直径/mm	最大间距/mm		最小直径/mm	最大间距/mm
一	$0.01A_c$，6ϕ16	8	100	$0.008A_c$，6ϕ14	8	150
二	$0.008A_c$，6ϕ14	8	150	$0.006A_c$，6ϕ12	8	200
三	$0.006A_c$，6ϕ12	6	150	$0.005A_c$，4ϕ12	6	200
四	$0.005A_c$，4ϕ12	6	200	$0.004A_c$，4ϕ12	6	250

注：① A_c 为图 5.11 所示的阴影面积取用；

② 对其他部位，拉筋的水平间距不应大于纵向钢筋间距的 2 倍，转角处宜设置箍筋；

③ 当端柱承受集中荷载时，应满足框架柱的配筋要求。

当端柱承受集荷载时，其竖向钢筋、箍筋直径和间距应满足框架柱的相应要求。箍筋、拉筋沿水平方向的肢距不宜大于 300mm，也不应大于竖向钢筋间距的 2 倍。

2）约束边缘构件

一、二、三级抗震等级剪力墙，在重力荷载代表值作用下，当墙肢底截面轴压比大于表 5-3 的规定时，其底部加强部位及其以上一层墙肢应按下列规定来设置约束边缘构件

约束边缘构件沿墙肢的长度 l_c 及配箍特征值 λ_v 宜满足表 5-5 的要求，箍筋的配置范围及相应的配箍特征值 λ_v 和 $2\lambda_v$ 的区域如图 5.12 所示，其体积配筋率 ρ_v 应符合下列要求：

表 5-5 约束边缘构件沿墙肢的长度 l_c 及其配箍特征值 λ_v

抗震等级(设防烈度)		一级(9 度)		一级(7、8 度)		二级、三级	
重力荷载代表值作用下的轴压比		≤0.2	>0.2	≤0.3	>0.3	≤0.4	>0.4
λ_v		0.12	0.20	0.12	0.20	0.12	0.20
l_c/mm	暗柱	$0.20h_w$	$0.25h_w$	$0.15h_w$	$0.20h_w$	$0.15h_w$	$0.20h_w$
	端柱、翼墙或转角墙	$0.15h_w$	$0.20h_w$	$0.10h_w$	$0.15h_w$	$0.10h_w$	$0.15h_w$

$$\rho_v \geqslant \lambda_v \frac{f_c}{f_{yv}} \tag{5.34}$$

式中：ρ_v——箍筋体积配箍率。可以计入箍筋、拉筋以及符合构造要求的水平分布钢筋，计入的水平分布钢筋的体积配箍率不应大于总体积配箍率的30%；

λ_v——约束边缘构件配箍特征值；

f_c——混凝土轴心抗压强度设计值，混凝土强度等级低于C35时，应取C35的混凝土轴心抗压强度设计值；

f_{yv}——箍筋、拉筋或水平分布钢筋的抗拉强度设计值。

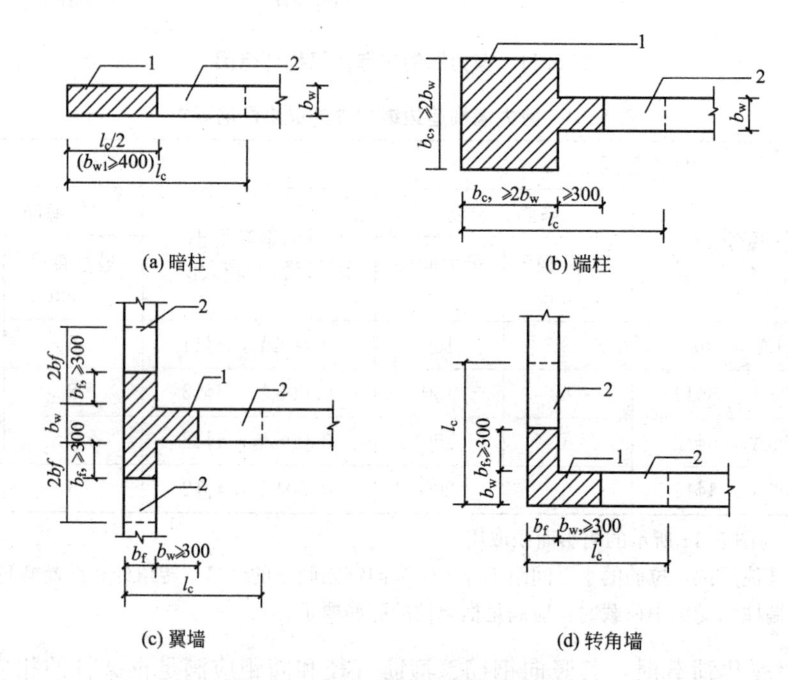

图 5.12　剪力墙的约束边缘构件

1—配筋特征值为λ_v的区域；2—配筋特征值为$\lambda_v/2$的区域

当两侧翼墙的长度小于其厚度的3倍时，可视为无翼墙剪力墙；当端柱截面边长小于墙厚2倍时，可以视为无端柱剪力墙。

约束边缘构件沿着墙肢的长度除了满足表5-5中数值以外，还不宜小于墙厚和400mm；当有端柱、翼墙或转角墙时，还不应小于翼墙厚度或端柱沿墙肢方向截面高度加300mm。

剪力墙约束边缘构件阴影部分的竖向钢筋除应满足正截面受压(受拉)承载力计算要求外，其配筋率应满足表5-6的要求。

表 5-6　约束边缘构件阴影区的配筋率

抗震等级	一级	二级	三级
最小配筋率	1.2%且不少于8ϕ16	1.0%且不少于6ϕ16	1.0%且不少于6ϕ14

约束边缘构件内箍筋或拉筋沿竖向的间距，一级不宜大于100mm，二、三级不宜大于150mm；箍筋、拉筋沿水平方向的肢距不宜大于300mm，不应大于竖向钢筋间距的2倍。

5.5.2 剪力墙的轴压比

钢筋混凝土剪力墙的高度较大，竖向荷载也较大，作用在剪力墙上的轴压力也随之加大。当偏心受压剪力墙所受轴压力较大时，压区高度增大，与偏心受压的钢筋混凝土柱类似，延性就会降低，对抗震性能不利。因此，与钢筋混凝土框架柱类似，为保证在地震作用下剪力墙具有良好的延性，就需要限制剪力墙轴压比的大小。

截面受压区高度不仅与轴压力有关，而且与截面形状有关。在相同的轴压力作用下，带翼缘的剪力墙受压区高度较小，延性相对要好些，而一字形的矩形截面最为不利。因此，对截面形状为一字形的矩形的剪力墙墙肢应从严控制其轴压比。

墙肢的轴压比是指重力荷载代表值作用下墙肢承受的轴压力设计值与墙肢的全截面面积和混凝土轴心抗压强度设计值乘积之比值。它是影响剪力墙在地震作用下塑形变形能力的重要因素，相同条件的剪力墙，轴压比低的，其延性大；轴压比高的，其延性小。因而规定了轴压比的限值(表 5-7)。

表 5-7　剪力墙墙肢轴压比限值

抗震等级	一级(9 度)	一级(6、7、8 度)	二、三级
轴压比限值	0.4	0.5	0.6

5.5.3 剪力墙的钢筋布置

1. 剪力墙钢筋布置

剪力墙水平和竖向分布钢筋的间距不宜大于 300mm，直径不宜大于墙厚的 1/10，且不应小于 8mm；竖向分布钢筋直径不宜小于 10mm。当剪力墙厚度大于 140mm 时，其竖向和水平向分布钢筋应采用双排或多排布置。双排布置钢筋间拉筋的间距不宜大于 600mm，直径不应小于 6mm。

一、二、三级抗震墙最小配筋率均不应小于 0.25%，四级和非抗震设计时分布钢筋最小配筋率不应小于 0.20%。对高度不超过 24m 的四级抗震等级剪力墙，其竖向分布筋最小配筋率应允许按 0.15%采用。

部分框支剪力墙结构的底部加强部位，剪力墙水平和竖向分布钢筋的间距不宜大于 200mm，水平和竖向分布钢筋配筋率不应小于 0.3%。

2. 剪力墙内钢筋的锚固和连接

剪力墙钢筋锚固和连接应符合下列要求：①非抗震设计时，剪力墙纵向钢筋最小锚固长度应取 l_a，抗震设计时，剪力墙纵向钢筋最小锚固长度应取 l_{aE}；②剪力墙竖向及水平分布钢筋的搭接连接，一级、二级抗震等级剪力墙的加强部位，接头位置应错开，每次连接的钢筋数量不宜超过总数量的 50%，错开净距不宜小于 500mm(图 5.13、5.14)，其他情况剪力墙的钢筋可在同一部位连接，非抗震设计时，不应小于 $1.2l_{aE}$；③暗柱及端柱内纵向钢筋链接和锚固要求宜与框架柱相同。

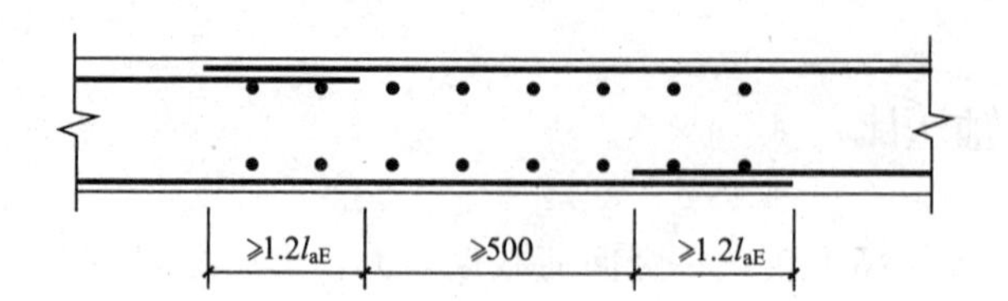

图 5.13 剪力墙分布钢筋的搭接连接

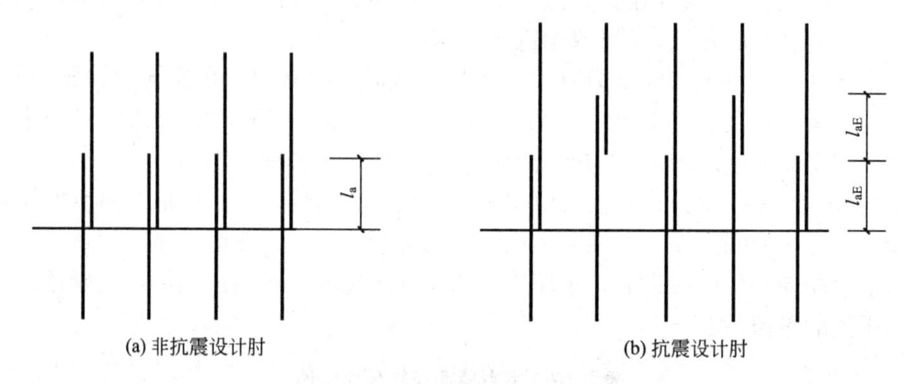

(a) 非抗震设计肘　　(b) 抗震设计肘

图 5.14 剪力墙内竖向钢筋的搭接

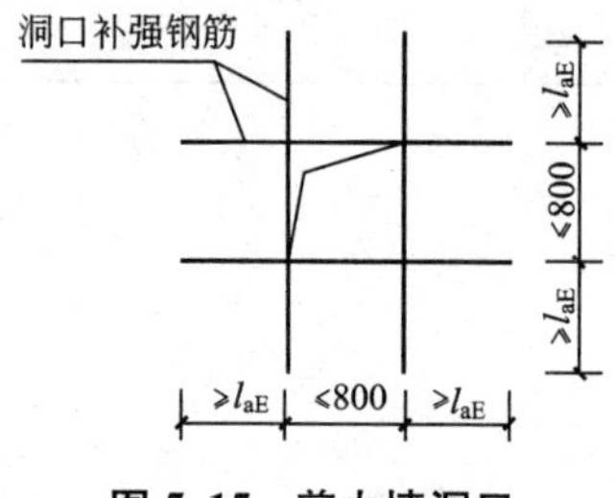

图 5.15 剪力墙洞口

3. 剪力墙洞口配筋

当剪力墙墙面开有非连续小洞口(其各边长度小于 800mm)，且整体计算中不考虑其影响时，应将洞口处被截断的分布钢筋分别集中配置在洞口上、下和左、右两边，且钢筋直径不应小于 12mm；截面面积应分别不小于被截断水平分布钢筋和竖向分布钢筋的面积(图 5.15)。

5.5.4 连梁的布置

1. 连梁纵向钢筋的配筋率

跨高比不大于 1.5 的连梁，非抗震设计时，其纵向钢筋的最小配筋率可取为 0.2%；抗震设计时，其纵向钢筋的最小配筋率要符合表 5-8 的要求。

跨高比大于 1.5 的连梁，其纵向钢筋的最小配筋率可按框架梁的要求采用。

剪力墙结构中的连梁，非抗震设计时，顶面及底面单侧纵向钢筋的最大配筋率不宜大于 2.5%；抗震设计时，则应符合表 5-9 的要求。

表 5-8 跨高比不大于 1.5 的连梁纵向钢筋的最小配筋率　%

跨高比	最小配筋率(采用较大值)
$l/h_b \leqslant 0.5$	$45f_t/f_y$，0.20
$0.5 < l/h_b \leqslant 1.5$	$50f_t/f_y$，0.25

表 5-9 连梁纵向钢筋的最大配筋率　%

跨高比	最小配筋率(采用较大值)
$l/h_b \leqslant 1.0$	0.6
$1.0 < l/h_b \leqslant 2.0$	1.2
$2.0 < l/h_b \leqslant 2.5$	1.5

2. 连梁配筋的构造要求

1）纵筋锚固要求

连梁顶面、底面纵向水平钢筋伸入墙肢的长度，抗震设计时，不应小于 l_{aE}，非抗震设计时不应小于 l_a，且均不应小于600mm(图 5.16)。

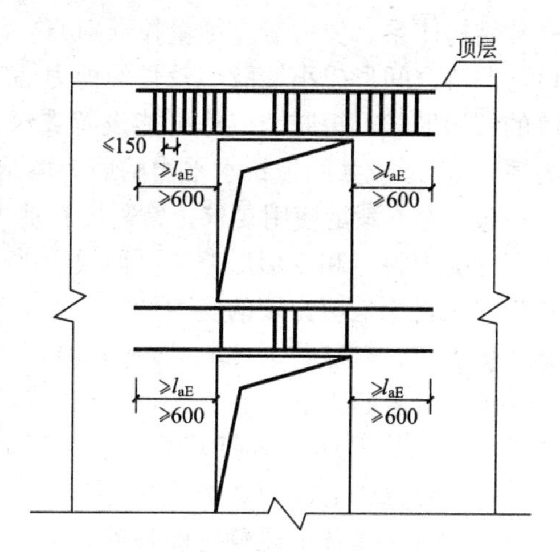

图 5.16 连梁配筋构造示意

注：非抗震设计时图中 l_{aE}取 l_a

2）箍筋要求

抗震设计时，沿连梁全长箍筋的构造与框架梁梁端箍筋加密区的箍筋构造要求相同；非抗震设计时，沿连梁全长的箍筋直径不应小于6mm，间距不应大于150mm(图 5.17)。

3）顶层要求

顶层连梁纵向水平钢筋伸入墙肢的长度范围内应配置箍筋，且箍筋间距不宜大于150mm，直径应与该连梁的箍筋直径相同(图 5.16)。

4）水平分布筋要求

连梁高度范围内的墙肢水平分布钢筋应在连梁内拉通作为连梁的腰筋。连梁截面高度大于700mm时，其两侧面腰筋的直径不应小于8mm，间距不应大于200mm；跨高比不大于2.5的连梁，其两侧腰筋的总面积配筋率不应小于0.3%。

5）连梁上开洞的要求

当连梁中有较大洞口时，应按铰接杆件设计，如图 5.17 所示。

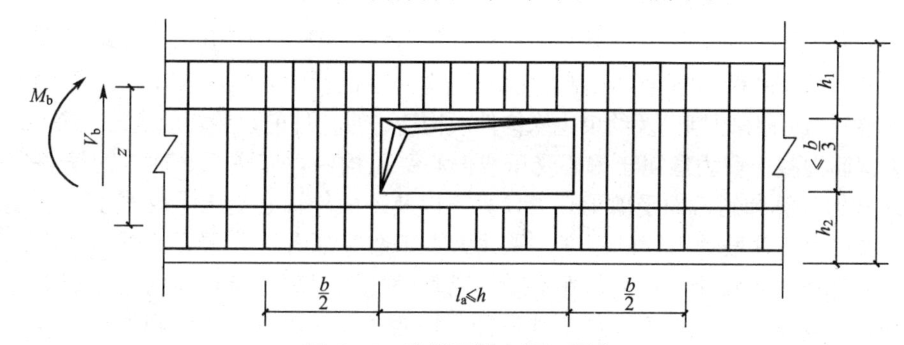

图 5.17 连梁开较大洞口要求

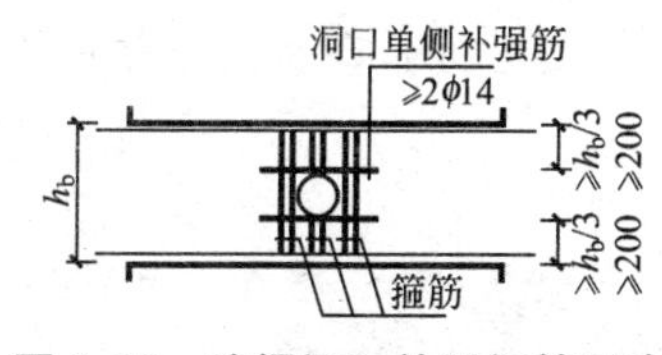

图 5.18 连梁洞口补强钢筋示意

穿过连梁的管道宜预埋套管，洞口上、下的有效高度不宜小于梁高的1/3，且不宜小于200mm，被洞口削弱的截面应进行承载力验算，洞口处宜配置补强纵向钢筋和箍筋(图 5.18)，补强纵向钢筋的直径不应小于12mm。

本章小结

(1) 剪力墙结构是利用建筑物墙体作为建筑物的竖向承载体系，并用它抵抗水平力的一种结构体系。剪力墙应尽量拉通对直，沿竖向应贯通建筑物全高，避免洞口与墙边、洞口与洞口之间形成小墙肢。较长的剪力墙宜开设洞口，高层建筑不应采用全部为短肢剪力墙的结构形式，短肢墙应尽可能设置翼缘。在短肢剪力墙较多时，应布置筒体(或一般剪力墙)，以形成共同抵抗水平力的剪力墙结构。

(2) 为了满足使用要求，常需要在剪力墙上开设门窗洞口。理论分析和试验表明，剪力墙的受力特点和变形形态主要取决于剪力墙上的开洞情况。洞口存在与否、洞口的大小和位置都将影响剪力墙的受力特性。剪力墙根据受力性能的不同分为整体剪力墙、小开口整体剪力墙、双肢剪力墙(多肢剪力墙)和壁式框架等几种类型。不同类型的剪力墙，其受力性能、计算特点和计算方法以及构造措施有所不同。根据剪力墙的整体工作系数 α 和墙肢惯性矩比值 I_A/I，对剪力墙的分类进行判别。

(3) 剪力墙结构随着类型的不同，计算方法也不相同：整体剪力墙在水平荷载作用下，可视为一整体的悬臂弯曲杆件，采用材料力学中悬臂梁的内力和变形基本公式进行计算；小开口整体墙在整体上，剪力墙仍类似于竖向悬臂杆件，在此基础上再考虑局部弯曲应力的影响，进行修正来解决小开口整体剪力墙的内力和侧移计算；联肢墙的受力和变形都发生了变化，采用连续连杆法的分析方法；壁式框架由于洞口尺寸很大，剪力墙的受力接近于框架，截面尺寸效应不能忽略，因此计算壁式框架时可以采用杆系计算模型来进行计算分析。

(4) 钢筋混凝土剪力墙的设计要求是：在正常使用荷载及风荷载、小震作用下，结构应处于弹性工作状态，裂缝跨度不能过大。在中等强度地震作用下，允许进入弹塑形状态，必须保证在非弹性变形的反复作用下，有足够的承载力、延性及良好吸收地震能量的能力。在大震作用下剪力墙应不倒塌。

(5) 剪力墙结构中，墙肢对结构的安全与否起着至关重要的作用，剪力墙墙肢的设计要注意：剪力墙截面的最小厚度的限制，“强剪弱弯”在设计中的体现(如弯矩设计值和剪力设计值的调整)，轴压比限制以及约束边缘构件或构造边缘构件的设置均应满足相关要求。

(6) 钢筋混凝土剪力墙属于偏心受压或偏心受拉构件，应进行平面内的偏心受压或偏心受拉承载力计算和斜截面受剪承载力计算，以及平面外轴心受压承载力计算。

(7) 连梁对于联肢剪力墙的刚度、承载力、延性等都有十分重要的影响。连梁设计中要注意在普通配筋连梁中，改善屈服后剪切破坏性能、提高连梁延性的主要措施是控制连梁的剪压比；保证“强墙弱梁”的延性设计，按照“强剪弱弯”的原则设计连梁。在连梁的配筋中采用好的有效的配筋方式使连梁具有足够的延性，比如交叉配筋。

(8) 剪力墙墙厚、墙肢配筋以及连梁的截面尺寸要求、连梁配筋都必须满足相应的构造要求。

思 考 题

1. 剪力墙结构的平面布置有什么要求?

2. 剪力墙结构为什么要划分为整体墙、小开口整体墙、多肢墙和带刚域框架等类别?各种计算方法的适用条件是什么?

3. 剪力墙的整体系数 α 的物理意义是什么?它对结构的变形和内力有什么影响?

4. 剪力墙结构的计算假定是什么？
5. 什么是剪力墙的等效抗弯刚度？
6. 什么是剪力墙的加强部位？其范围是如何确定的？
7. 剪力墙的哪些部位截面设计时需要考虑“强剪弱弯”？如何进行剪力设计值的调整？
8. 什么是剪力墙的边缘约束构件？什么情况下需要设置边缘约束构件？
9. 什么是剪力墙的构造边缘构件？什么情况下需要设置构造边缘构件？
10. 连梁设计时主要考虑什么因素？在设计中该如何考虑延性设计？
11. 在连梁设计中，当不满足截面限制要求时，该采取什么方法处理？
12. 连梁的配筋构造主要考虑哪些因素？什么样的配筋形式对于实现连梁的工作有利？

习　题

一、判断题

1. 剪力墙结构延性小，因此建筑高度应受到限制。(　　)

2. 高层剪力墙结构剪力墙的底部加强范围，应取为剪力墙高度的1/10，并不小于底层高度。(　　)

3. 剪力墙轴压比限值指荷载作用下的轴向压力设计值与墙肢截面面积与混凝土轴向抗压强度设计值乘积的比值。(　　)

4. 剪力墙可以在纵横两个方向任意布置。(　　)

5. 剪力墙布置时要注意单榀剪力墙的长度不宜过大，因为如果剪力墙的长度过大，会导致刚度迅速增大，使结构自振周期过短，地震作用力加大；另一方面低而宽的剪力墙墙肢容易发生脆性的剪切破坏。(　　)

6. 剪力墙洞口处的连梁，为了不使斜裂缝过早出现或混凝土过早破坏，连梁的尺寸不应太小。(　　)

7. 剪力墙的轴压比限值比柱的要求严格。(　　)

8. 剪力墙洞口处的连梁，其正截面受弯承载力按一般受弯构件的要求计算。(　　)

9. 为了避免墙肢过弱，要求墙肢截面高度与厚度之比不宜小于2。(　　)

10. 当剪力墙与平面方向的楼面梁连接时，应采取措施控制剪力墙平面外的弯矩。(　　)

二、选择题

1. 在剪力墙结构布置中，单片剪力墙的长度不宜过大，总高度与长度比不宜小于2，从结构概念角度考虑：(　　)。

A. 减小造价　　　　B. 为了避免脆性的剪切破坏

C. 施工难度大　　　　D. 施工进度延长

2. 延性结构的设计原则为(　　)。

A. 小震不坏，大震不倒

B. 强柱弱梁，强剪弱弯，强节点、强锚固

C. 进行弹性地震反应时程分析，发现承载力不足时，修改截面配筋

D. 进行弹塑形地震反应时程分析，发现薄弱层、薄弱构件时修改设计

3. 高层剪力墙结构剪力墙的底部加强区范围，下列哪一项符合规定(　　)?

A. 剪力墙高度的1/10，并不小于底层层高

B. 剪力墙高度的1/8，并不小于底层层高

C. 不小于两层层高

D. 需根据具体情况确定

4. 剪力墙结构中，采用简化计算时，水平力作用下剪力墙内力计算时水平力(　　)。

A. 按各片剪力墙等效抗弯刚度进行分配

B. 按各片剪力墙等效抗剪刚度进行分配

C. 按各片剪力墙的线刚度进行分配

D. 按各片剪力墙的截面刚度进行分配

5. 剪力墙结构中的剪力墙的厚度(　　)。

A. 不应小于楼层高度或者无肢长度的1/25，且不应小于140mm

B. 不应小于楼层高度或者无肢长度的1/20，且不应小于160mm

C. 对一、二级抗震等级不应小于楼层高度或无肢长度的1/20，且不应小于160mm；一、二级抗震等级的底部加强区厚度不应小于层高或者无肢长度的1/16，且不应小于200mm

D. 对一、二级抗震等级不应小于楼层高度或无肢长度的1/25，且不应小于160mm；一、二级抗震等级的底部加强区厚度不应小于层高或者无肢长度的1/20，且不应小于200mm

6. 进行抗震设计的剪力墙，下列哪种情况下需要按规定设置暗柱或翼柱(　　)。

A. 一、二级剪力墙和三级剪力墙的加强部位应设暗柱或翼柱，横向剪力墙截面端部宜设翼柱

B. 一、二级剪力墙和三级剪力墙的加强部位应设暗柱或翼柱，一、二级横向剪力墙截面端部宜设翼柱

C. 一、二级、三级剪力墙的加强部位应设暗柱或翼柱

D. 一、二级、三级剪力墙的加强部位以及一、二级横向剪力墙的端部应设暗柱或翼柱

7. 整体工作系数α愈大，说明剪力墙的侧向刚度(　　)，侧移(　　)。

A. 增大，减小　　　　B. 增大，增大

C. 减小，减小　　　　D. 减小，增大

8. 当(　　)时，为大偏压剪力墙。

A. $x \leqslant \xi_b h_0$　　　　B. $x > \xi_b h_0$

C. $x \leqslant 0.3h_0$　　　　D. $x > 0.3h_0$

9. $V_w \leqslant 0.25\beta_c f_c b h_w$ 是为了保证剪力墙的截面不宜(　　)。

A. 变化　　　　B. 过小

C. 过大　　　　D. 其他

10. 当$\alpha \geqslant 10$，且$I_n/I \leqslant \xi$时，按(　　)计算。

A. 整体小开口墙　　　　B. 整片墙

C. 联肢墙　　　　D. 壁式框架

第6章 框架—剪力墙结构

教学目标

本章介绍钢筋混凝土框架—剪力墙结构。通过本章的学习，要求达到以下目标。

(1) 了解框架—剪力墙结构的受力特点及内力和位移计算方法。

(2) 熟悉框架—剪力墙结构布置原则。

(3) 掌握框架—剪力墙的构造要求。

教学要求

知识要点	能力要求	相关知识
框架—剪力墙的受力特点	(1) 了解框架—剪力墙结构布置要求 (2) 理解框架—剪力墙协同工作	(1) 框架 (2) 剪力墙 (3) 现浇楼盖
框架—剪力墙的计算要点	(1) 理解基本假定和计算简图 (2) 了解计算基本参数 (3) 了解基本方程的建立	(1) 铰结体系 (2) 刚接体系 (3) 刚度特征值
框架—剪力墙的设计与构造	(1) 理解框架—剪力墙的设计要点 (2) 掌握框架—剪力墙的构造要求	

基本概念

框架、剪力墙、框架—剪力墙、框架—剪力墙的侧移曲线

引言

在框架结构的适当部位设置剪力墙，由框架和剪力墙共同承受竖向和水平作用的结构称为框架—剪力墙结构(图6.1)。它的受力体系包括框架和剪力墙，通过连梁、楼盖、屋盖将两种结构连接为整体。高层建筑中，框架—剪力墙结构是常见的一种结构形式。

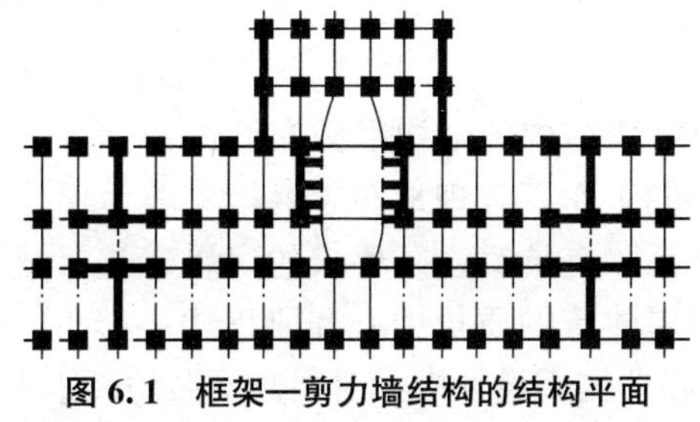

图6.1 框架—剪力墙结构的结构平面

6.1 框架—剪力墙的结构布置

6.1.1 房屋的适用高度和高宽比

钢筋混凝土框架—剪力墙结构的A级和B级最大使用高度见第1章中的表1-4。高宽比应符合表6-1的要求。结构的竖向布置见第1章1.1.3.2。

表6-1 框架—剪力墙结构适用的最大高宽比

抗震设防烈度	非抗震设计	6度、7度	8度	9度
最大高宽比	7	6	5	4

6.1.2 楼盖结构

1. 楼盖类型

当框架—剪力墙房屋高度超过50m时，应采用现浇楼盖结构。不超过50m时，8、9度时宜采用现浇楼盖结构；6、7度抗震设计时可采用装配式整体楼盖；房屋的顶层、结构转换层、平面复杂或开洞过大的楼层、作为上部结构嵌固部位的地下室楼层应采用现浇楼盖。

2. 楼板厚度及配筋

现浇预应力混凝土楼板厚度可按跨度的1/45～1/50采用，并不宜小于150mm；一般楼层现浇楼板厚度不应小于80mm，顶层楼板厚度不宜小于120mm，并宜双层双向配筋；普通地下室顶板厚度不宜小于160mm；作为上部结构嵌固部位的地下室楼层的顶楼盖应采用梁板结构，楼板厚度不宜小于180mm，并应采用双层双向配筋，且每个方向的配筋率不宜小于0.25%。

6.1.3 平面布置原则

1. 一般原则

钢筋混凝土框架—剪力墙结构的结构平面布置的一般要求详见第1章1.1.3。为使框架和剪力墙两种结构协同工作，合理地布置框架和剪力墙非常重要。框架—剪力墙结构应设计成双向抗侧力体系。有抗震设防要求的房屋建筑，结构两主轴方向均应设置剪力墙，布置时应尽量使房屋建筑的质量中心和刚度中心接近，注意抗侧力结构的对称和均匀，以减小扭转作用；在非抗震设计中，对层数不多的长矩形平面，允许只在横向设置剪力墙。

框架—剪力墙结构中的剪力墙多是带边框的剪力墙，即墙体和周边的柱、梁连接在一起，梁与柱或柱与剪力墙中心线宜重合，框架梁与柱的之间的偏心距不宜大于柱宽的1/4。

2. 剪力墙的布置

框架的平面布置在前面章节中已讲解，剪力墙的布置应遵照“均匀、分散、对称、周边”的原则。

横向剪力墙宜对称、均匀地布置在房屋的楼梯间、电梯间、房屋端部附近、平面形状变化处和恒荷载较大的地方。如有困难无法布置在房屋的端部，布置时距尽端不宜太远；恒荷载较大的地方宜布置剪力墙，可避免柱截面过大；在防震缝、沉降缝、伸缩缝的两侧，不宜同时布置剪力墙；结构平面变化处，如平面形状凹凸较大，楼盖水平刚度变化部位处，宜布置剪力墙，以保证结构有效地传递水平力。

纵、横向剪力墙宜设置成L形、T形或[形等，以使纵墙可以作为横墙的翼缘，横墙也可以作为纵墙的翼缘，从而增大剪力墙的刚度和抗扭能力。

要合理调整剪力墙的长度：每道剪力墙 H/L 宜大于2，并宜贯通建筑物全高，避免刚度突然变化，若有洞口，洞口宜上下对齐；双肢墙或多肢墙长度不宜大于8m，单片剪力墙的刚度宜接近，长度较长的剪力墙宜设置洞口和连梁形成双肢墙或多肢墙；每道剪力墙在底部承受的弯矩和剪力均不宜大于整个结构底部剪力和倾覆力矩的30%。

纵向剪力墙不宜布置在房屋结构的两尽端，宜布置在中间区段，房屋纵向较长时，为减小收缩应力，宜在施工时留出后浇带，同时应加强屋面保温以减少温度变化产生的影响。

框架应在各主轴方向均做成刚接，剪力墙应沿各主轴布置；楼梯间、竖井等造成连续开洞时，宜在洞边设置剪力墙，且尽量与靠近的抗侧力结构结合，可增强其整体性和空间刚度。

3. 剪力墙的间距

框架—剪力墙结构依靠楼板和屋盖传递水平荷载，剪力墙的间距不宜过大，以满足楼板平面刚度的要求，保证框架、剪力墙协同工作。在框架—剪力墙计算中，假定楼板的水平面内刚度为无穷大，因此需限制楼盖在水平荷载下的变形。楼板平面刚度与剪力墙的间距相关，因此需限制剪力墙的间距，见表6-2。

表6-2 剪力墙的间距

楼盖形式	非抗震设计（取较小值）	抗震设防烈度		
		6度、7度（取较小值）	8度（取较小值）	9度（取较小值）
现浇	5.0B，60	4.0B，50	3.0B，40	2.0B，30
装配整体	3.5B，50	3.0B，40	2.5B，30	—

注：① 表中 B 为楼面宽度，单位为m；

② 现浇层厚度大于60mm的叠合楼板可以作为现浇楼板考虑。

4. 剪力墙的数量

框架—剪力墙结构中，剪力墙承担了大部分的水平荷载，为保证剪力墙的抗侧力能力，需要有足够数量的剪力墙，但是剪力墙的数量过多时，会影响建筑物的使用功能，而且不够经济，所以宜将剪力墙的数量控制在合理范围内。下面介绍确定合理的剪力墙的数量的一些方法。

1）参考国内工程经验

总结我国已建的框架—剪力墙结构工程经验，可初步估计结构中剪力墙的数量。一般底层结构剪力墙截面面积(A_w)与柱截面面积(A_c)之和对楼面面积(A_f)之比或者剪力墙截面面积与楼面面积之比，均可控制在表6-3的范围内。当设防烈度、场地土情况不同时，表中的值可适当增减；层数多、高度大的框架—剪力墙结构宜取上限值；剪力墙纵横两个方向总量在上述范围内，两个方向剪力墙的数量宜接近。

表6-3　底层结构截面面积与楼层截面面积的比值

设计条件	$(A_w+A_c)/A_f$	A_w/A_f
7度，Ⅱ类土 8度，Ⅱ类土	3%～5% 4%～6%	2%～3% 3%～4%

2）由剪力墙的抗弯刚度确定

根据结构各榀剪力墙在一个方向上的抗弯刚度的总和 $\sum EI_W$ 初步衡量该方向上的剪力墙数量的多少。每一方向上剪力墙抗弯刚度之和 $\sum EI_W$ 的最小值见表6-4，结构的水平位移随 $\sum EI_W$ 的增大而减小。

表6-4　每一方向剪力墙弯曲刚度之和 $\sum EI_W$ 的最小值　　$kN \cdot m^2$

烈度＼场地土	Ⅰ	Ⅱ	Ⅲ
7	$55WH$	$83WH$	$193WH$
8	$110WH$	$165WH$	$385WH$
9	$220WH$	$330WH$	$770WH$

注：① W——地面以上的建筑物的总重力(kN)；
② H——地面以上的建筑物的总高度(m)。

以上两种方法都是半理论、半经验的参考数值，不是规范中所规定的限值，剪力墙的数量和刚度是否合理，应以满足按照《高层建筑混凝土结构技术规程》JGJ 3—2010规定的结构水平位移限值作为设置剪力墙数量的依据。

6.2 框架—剪力墙的受力特点

框架结构布置灵活，空间大，易于布置建筑平面，但是侧向刚度小；剪力墙结构整体性好，侧向刚度大，但是由于墙体数量较多，使建筑平面布置受局限，很难满足有大空间使用要求的房屋建筑。在框架中局部增加剪力墙可以在对建筑物的使用功能影响不大的情况下，使结构的抗侧刚度和承载力都有明显提高，所以这种结构体系兼有框架和剪力墙结构的优点，适于建造层数较多的高层建筑，是一种适用性很广的结构形式，其受力特点简述如下。

1. 框架承受大部分的竖向荷载

在竖向荷载作用下，框架和剪力墙分别承受各自传递范围内的楼面和屋面荷载。由于框架的布置范围大，故框架承受大部分的竖向荷载。

2. 剪力墙承担大部分水平荷载

剪力墙的侧移刚度远大于框架，因此剪力墙承担了大部分的水平荷载。在水平荷载作用下，框架和剪力墙由于各层楼盖的连结作用而共同工作、变形协调，框架和剪力墙的荷载和剪力分布沿高度在不断调整。水平荷载作用下，框架—剪力墙结构中的框架底部剪力为零，剪力控制部位在房屋高度的中部甚至在上部，而纯框架最大剪力在底部。因此，对实际布置有剪力墙(如楼梯间墙、电梯井道墙、设备管道井墙等)的框架结构，必须按框架—剪力墙结构协同工作计算内力，不应简单按纯框架分析。

3. 框架—剪力墙结构的变形曲线

剪力墙单独承受水平荷载时，剪力墙各层楼面处的弯矩等于外荷载在该楼面处的倾覆力矩，这时剪力墙的侧移形状与悬臂梁的位移曲线相同，剪力墙的这种变形称为弯曲型[图 6.2(a)]。框架结构单独承受全部水平荷载时，为抵抗各楼层的剪力，将在柱与梁内产生弯矩、框架节点发生转动，但其楼面仍保持水平状态。由于柱轴向变形的影响是次要的，由 D 值法可知，框架结构的层间位移与层间总剪力成正比，层间总剪力越往下越大，层间位移也越大，因此框架结构的变形曲线为剪切型 [图 6.2(b)]。当剪力墙与框架共同工作时，由于两者位移必须协调一致，因此框架—剪力墙结构的侧移曲线是介于剪切型和弯曲型之间的弯剪型 [图 6.2(c)]。

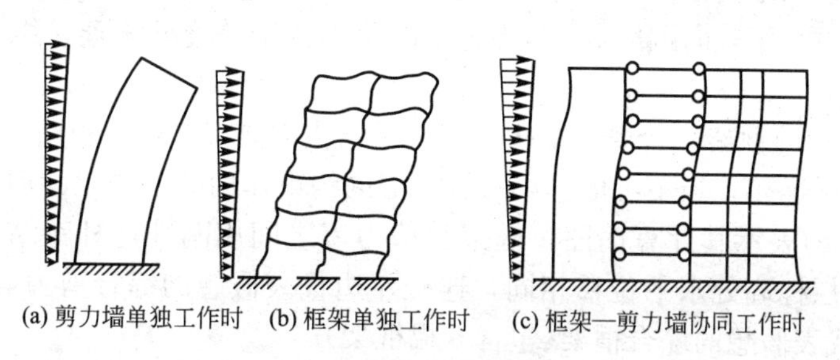
(a) 剪力墙单独工作时　(b) 框架单独工作时　(c) 框架—剪力墙协同工作时

图 6.2　水平荷载下的侧移曲线

在框架—剪力墙结构下部，侧移较小的剪力墙对框架提供帮助，框架—剪力墙的侧移比框架单独侧移小，比剪力墙单独侧移大；而上部，框架又可以对剪力墙提供支持，其侧移比框架单独侧移大，比剪力墙单独侧移小。两者的协同作用，最终使框架—剪力墙结构的侧移大大减小，且使框架和剪力墙中内力分布更趋合理。

6.3 框架—剪力墙的计算要点

6.3.1 基本假定和计算简图

在水平荷载作用下，由于各层楼盖的连接作用使框架和剪力墙协调变形、共同工作。但是，由于框架和剪力墙在水平荷载单独作用下的侧移曲线并不一致，因此框架和剪力墙共同承受水平荷载时，荷载在框架和剪力墙之间的分配沿高度方向是变化的。根据下述假定，把所有框架等效为综合框架、把所有剪力墙等效为综合剪力墙，在综合框架和综合剪力墙之间用轴向刚度为无限大的连杆或连梁相连接，列出基本方程求解，最后得出综合框架、综合剪力墙的内力和位移。

1. 基本假定

在确定计算简图时，作如下假定。

1）关于楼板刚度

假定楼板在自身平面内的刚度无限大，平面外的刚度忽略不计。

在这个假设条件下，不产生相对变形的楼板将框架结构和剪力墙连为整体，且同一楼层标高处，各榀框架和剪力墙有着相同的位移。

2）水平荷载的合力点

假定水平荷载的合力点与房屋的抗侧刚度中心重合。

这个假设条件保证了房屋结构在水平荷载下不发生绕竖轴的扭转。

2. 计算简图

按照剪力墙与框架之间及剪力墙之间有无连梁，或者是否考虑连梁对剪力墙的约束作用，框架—剪力墙结构可分为铰结体系和刚接体系。

1）框架—剪力墙铰结体系

所谓铰结体系，是指在框架和剪力墙之间没有弯矩的传递，而仅传递剪力。因此，在结构的计算简图中，用轴向刚度 E_A 为无穷大的两端铰结的连杆来连接综合剪力墙和综合框架。

图 6.3(a)所示的框架—剪力墙结构平面，沿结构横向有 3 榀剪力墙，剪力墙与框架之间通过楼板和连梁连接，当不考虑连梁对剪力墙的约束作用时，框架和剪力墙可按铰结连接考虑。图 6.3(b)表示其计算简图，框架和剪力墙之间用刚性连杆铰结，保证了框架和剪力墙在同一楼层标高处水平位移相同，连杆左边代表假想的综合剪力墙(包含 6 片剪力墙)，连杆右边代表假想的综合框架(包含 6 榀框架)。

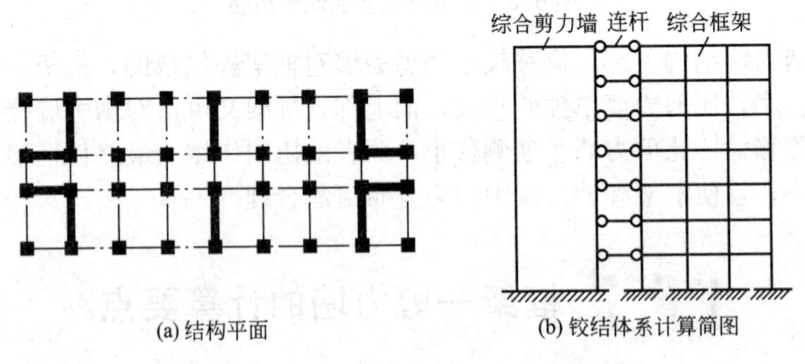

图 6.3　框架—剪力墙铰结体系计算简图

2）框架—剪力墙刚接体系

图 6.4(a)所示为剪力墙与框架之间有连梁连接，与图 6.3(a)不同的是，此处考虑连梁对剪力墙的约束作用，连梁两端视为刚接，计算简图如图 6.4(b)所示。总剪力墙代表图 6.4(a)中 3 榀剪力墙的总和，总框架代表 9 榀框架总和，总连梁(包含 3 根连梁)将总框架和总连梁连接成一个整体，连梁两端为刚接。

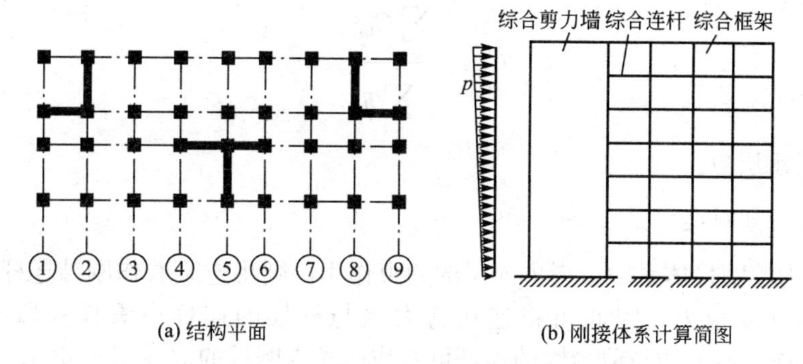

(a) 结构平面 (b) 刚接体系计算简图

图 6.4 框架—剪力墙刚接体系计算简图

6.3.2 基本参数的确定

1. 总剪力墙的抗弯刚度

若各层的抗弯刚度相等，则总剪力墙各层的抗弯刚度 E_wI_w 等于结构单元内每片墙的抗弯刚度的总和，即

$$E_wI_w = \sum E_jI_j \tag{6.1}$$

式中：E_j、I_j——第 j 榀墙的弹性模量和截面惯性矩。

2. 总框架的剪切刚度

图 6.5 所示为一三跨框架的楼层的层间相对变形，虚线表示变形前的梁柱连线，曲线表示梁柱的变形曲线，框架的剪切刚度的定义是：使框架产生单位剪切变形 $\phi=1$(表示层间相对位移与层高相等，即 $\Delta u=h$)所需施加的水平剪力 C_f。

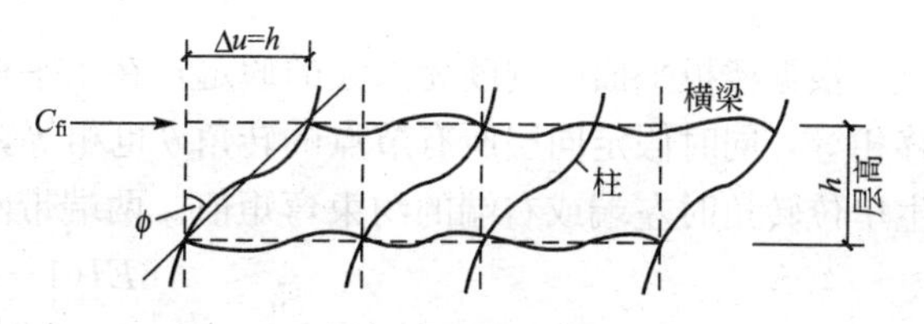

图 6.5 框架楼层的层间相对变形

$$C_{fi} = Dh = h\sum D_{ji} \tag{6.2}$$

式中：D_{ji}——第 i 层第 j 根柱的侧向刚度；

D——同层内所有柱的侧向刚度之和；

h——层高。

若各层的剪切刚度相同，总框架各层的总剪切刚度 C_f 等于结构单元内各框架剪切刚度之和，即

$$C_f = \sum C_{fi} \tag{6.3}$$

式中：C_{fi}——第 i 榀框架的剪切刚度。

如各层的 E_wI_w 和 C_f 沿高度变化较大，则可采用求加权平均值的方法确定刚度，即

$$E_wI_w = \frac{\sum_{j=1}^{n} E_{wj}I_{wj}h_j}{\sum_{j=1}^{n} h_j} \tag{6.4}$$

$$C_f = \frac{\sum_{j=1}^{n} C_{fj} h_j}{\sum_{j=1}^{n} h_j} \tag{6.5}$$

式中：j——表示层数。

3. 连梁的约束刚度

框架—剪力墙刚接体系中，考虑连梁的约束作用，则将连梁看作刚结连杆，连梁伸入剪力墙的部分刚度很大，因此可将连接剪力墙与框架的连杆可看作一段有刚域的梁[图 6.6(a)]，连接剪力墙与剪力墙的连杆可看作两端有刚域的墙［图 6.6(b)]。

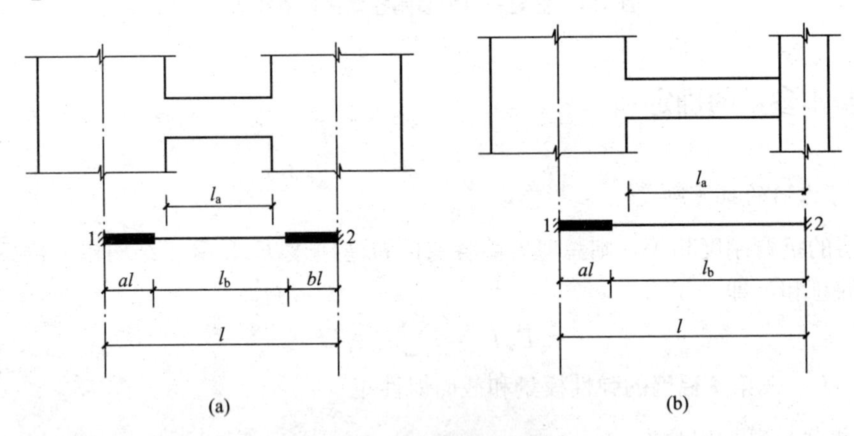

图 6.6　连梁的约束作用

根据楼板平面内刚度无限大的假定，在水平荷载作用下，同层框架与剪力墙的水平位移相等，同时假定同层所有节点的转角 θ 也相等，梁端转动刚度的意义为：使梁两端均产生单位转角时左端或右端的约束弯矩值。两端带刚域的连梁的梁端转动刚度可表示为：

$$S_{12} = \frac{6EI(1+a-b)}{l(1-a-b)^3(1+\beta)} \tag{6.6a}$$

$$S_{21} = \frac{6EI(1+b-a)}{l(1-a-b)^3(1+\beta)} \tag{6.6b}$$

式中：β——考虑剪切变形影响时的附加系数，$\beta = \frac{12\mu EI}{GAl'}$

如果不考虑剪切变形的影响，可取 $\beta=0$。

一端带刚域的连梁($b=0$)的转动刚度可表示为：

$$S_{12} = \frac{6EI(1+a)}{l(1-a)^3(1+\beta)} \tag{6.7a}$$

$$S_{21} = \frac{6EI(1-a)}{l(1-a)^3(1+\beta)} \tag{6.7b}$$

由梁端约束刚度的定义，可知当梁端转角为 θ 时梁端约束弯矩为：

$$M_{12} = S_{12}\theta \tag{6.8a}$$

$$M_{21} = S_{21}\theta \tag{6.8b}$$

采用连续化计算时，转动刚度 S_{12}、S_{21} 应化为沿层高分布的线约束刚度 C_{12}、C_{21}：

$$C_{12}=\frac{S_{12}}{h} \tag{6.9a}$$

$$C_{21}=\frac{S_{21}}{h} \tag{6.9b}$$

式中：C_{12}、C_{21}——单位高度上左端和右端的约束刚度值。

单位高度上两端约束刚度之和为：

$$C_b=C_{12}+C_{21} \tag{6.10}$$

当第 i 层的同一层内有 n 根刚接连梁时，总线约束刚度 C_b 为：

$$C_b=\sum_{j=1}^{n}(C_{12}+C_{21})_j \tag{6.11}$$

总线约束刚度 C_b 也可表示为：$C_b=\sum_{j=1}^{n}\frac{M_{ij}}{h}=\sum_{j=1}^{n}\frac{S_{ij}\theta}{h}$

式中：S_{ij}、M_{ij}——分别表示第 i 层内第 j 根连梁与剪力墙刚接时的转动刚度与弯矩。

若各层的总连梁线约束刚度值不同，可按高度取加权平均值。

6.3.3 基本方程的建立

1. 框架—剪力墙铰结体系

图 6.7(a)所示为框架—剪力墙铰结体系的计算简图，外荷载为 P，将连杆切断后，各楼层标高处的框架和混凝土之间还存在着相互作用的水平集中力 P_{fi} [图 6.7(b)]，为简化计算，将集中力简化为连续的分布力 $P(x)$和 $P_f(x)$ [图 6.7(c)]，当楼层层数较多时，将集中力简化为分布力不会给计算带来多少误差。

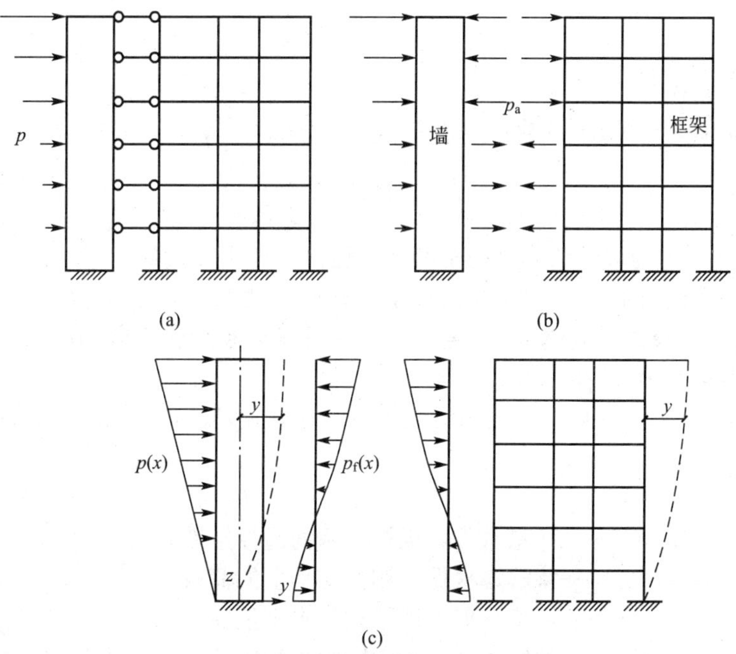

图 6.7 框架—剪力墙铰结体系计算简图

图 6.8 为切开后剪力墙的受力图及其内力正负号的规定，根据材料力学的知识，可以得到所受荷载与水平位移 y 之间的关系为：

$$E_w I_w \frac{d^4 y}{dx^4} = P(x) - P_f(x) \tag{6.12}$$

式中：$P_f(x)$——剪力墙与框架的相互作用力，当框架剪切变形为 ϕ 时，y、x 分别代表柱的水平和竖向坐标，根据框架剪切刚度的定义，框架所受的剪力可以表示为：

$$V_f = C_f \phi = C_f \frac{d_y}{d_x} \tag{6.13}$$

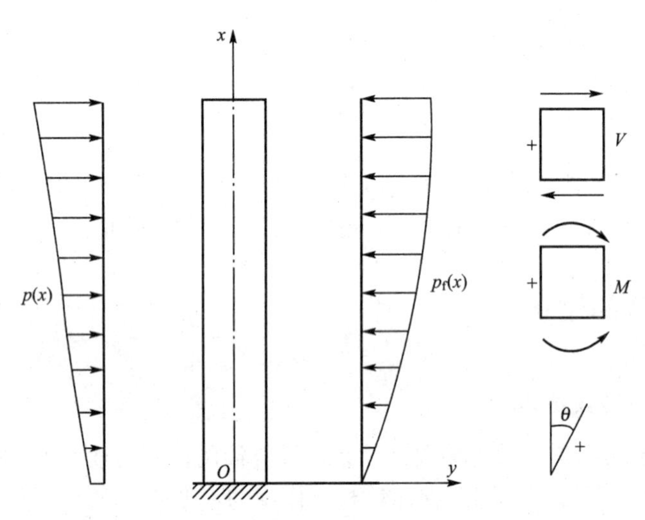

图 6.8 剪力墙的受力图及内力正负号的规定

将上式对 x 微分一次得：

$$\frac{dV_f}{dx} = C_f \frac{d^2 y}{dx^2} = -P_f(x) \tag{6.14}$$

代入式(6.12)，为方便计算，引入 $\xi = \frac{x}{H}$，$\lambda = H\sqrt{\frac{C_f}{E_w I_w}}$，可得到方程：

$$\frac{d^4 y}{d\xi^4} - \lambda^2 \frac{d^2 y}{dx^2} = \frac{q(\xi) H^4}{E_w I_w} \tag{6.15}$$

λ 称为框架—剪力墙铰结体系的刚度特征值，是一个无量纲的量，它反映的是框架和剪力墙之间刚度比值的一个参数，λ 值越小，表示相对于总剪力墙等效刚度而言，总框架的剪切刚度较小；反之，则越大。λ 值的大小对总框架和总剪力墙的内力以及框架—剪力墙结构的位移曲线都将产生影响。

式(6.15)就是框架—剪力墙结构铰结体系的基本方程，它是四阶全系数微分方程，其一般解为：

$$y = C_1 + C_2 \xi + C_3 sh\lambda\xi + C_4 ch\lambda\xi + y_1 \tag{6.16}$$

式中：C_1、C_2、C_3、C_4——任意常数，根据结构的边界条件确定；

y_1——特解，根据作用在结构上的荷载形式而定；

y——框架—剪力墙结构的水平位移，按公式 将其确定之后，结构的转角 θ，总剪力墙的剪力 V_w、弯矩 M_w 和总框架的剪力 V_f，可按下列关系求得。

$$\theta=\frac{\mathrm{d}y}{\mathrm{d}z}=\frac{1}{H}\cdot\frac{\mathrm{d}y}{\mathrm{d}\xi} \tag{6.17}$$

$$V_{\mathrm{w}}=-E_{\mathrm{w}}I_{\mathrm{w}}\frac{\mathrm{d}^3y}{\mathrm{d}x^3}=-\frac{E_{\mathrm{w}}I_{\mathrm{w}}}{H^3}\cdot\frac{\mathrm{d}^3y}{\mathrm{d}\xi^3} \tag{6.18a}$$

$$M_{\mathrm{w}}=E_{\mathrm{w}}I_{\mathrm{w}}\frac{\mathrm{d}^2y}{\mathrm{d}x^2}=\frac{E_{\mathrm{w}}I_{\mathrm{w}}}{H^2}\cdot\frac{\mathrm{d}^2y}{\mathrm{d}\xi^2} \tag{6.18b}$$

$$V_{\mathrm{f}}=C_{\mathrm{f}}\frac{\mathrm{d}y}{\mathrm{d}x}=\frac{C_{\mathrm{f}}}{H}\cdot\frac{\mathrm{d}y}{\mathrm{d}\xi} \tag{6.18c}$$

2. 框架—剪力墙刚接体系

图 6.19 所示为框架—剪力墙刚接体系，剪力墙之间或剪力墙与框架之间有连梁连接且考虑连梁的约束作用，连梁不仅传递总框架和总剪力墙之间相互作用的水平力 $P_{\mathrm{f}}(x)$，还通过剪力传递竖向力。将框架—剪力墙沿总连梁的反弯点断开，将剪力向墙轴线简化，可得到由剪力产生的弯矩 M_i [图 6.9(c)]，将弯矩 M_i 转化为分布约束线弯矩 $m(x)$，得到计算简图 [图 6.9(d)]。总剪力墙除了受水平力 $P(x)$ 和 $P_{\mathrm{f}}(x)$ 之外，还承受分布约束弯矩 $m(x)$。

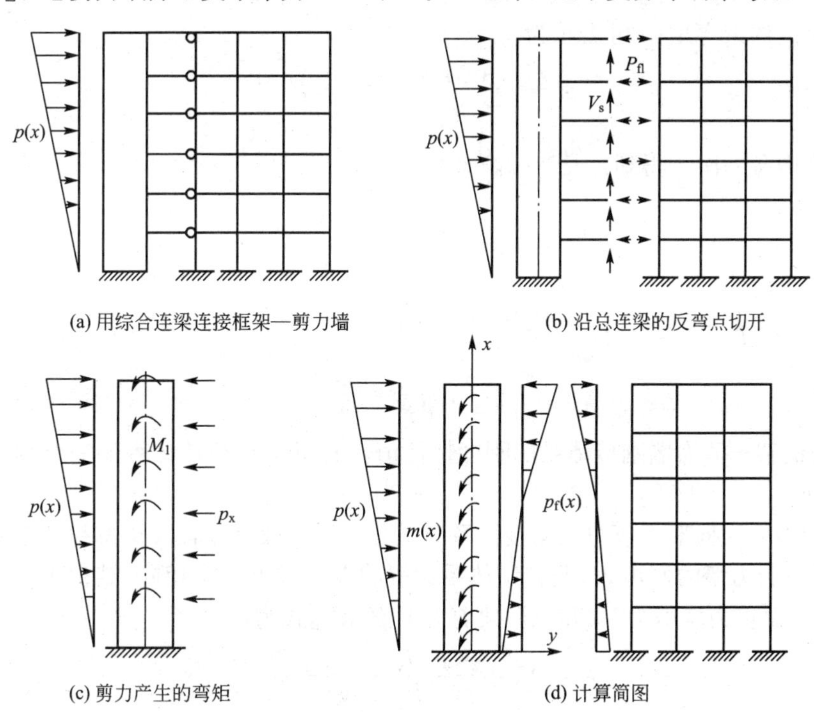

图 6.9 框架—剪力墙刚接体系计算简图

对总框架部分，可忽略剪力的作用，仍可行到：$c_{\mathrm{f}}\dfrac{\mathrm{d}^2y}{\mathrm{d}x^2}=-p_{\mathrm{x}}(x)$

从剪力墙截取高度为 dx 的微段，在横截面上引入截面内力，其受力情况如图 6.10 所示。由该微段水平方向所有力的平衡条件，可得：

$$\mathrm{d}V_{\mathrm{w}}+P(x)\mathrm{d}x-P_{\mathrm{f}}(x)\mathrm{d}x=0 \tag{6.19}$$

整理方程得：

$$\frac{\mathrm{d}V_{\mathrm{w}}}{\mathrm{d}x}=-P(x)+P_{\mathrm{f}}(x) \tag{6.20}$$

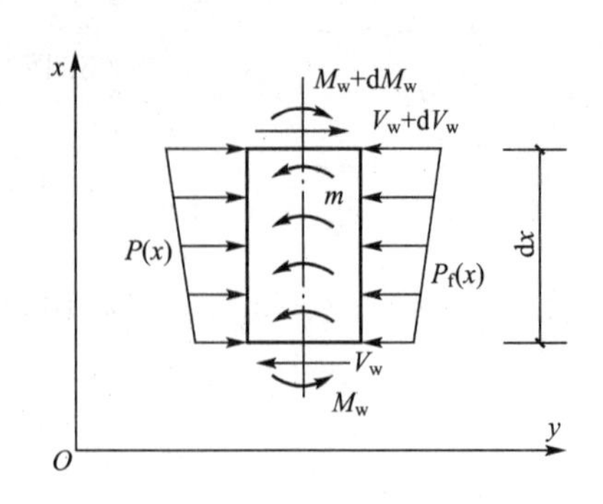

图 6.10 微段的平衡

对截面下边缘形心点取矩，作用在微段上的所有力对该点力矩之和为 0，可得：

$$dM_w+(V_w+dV_w)dx+[q(x)-q_f(x)]dx\cdot\frac{dx}{2}-m(x)dx=0$$

略去上式中的二阶微量，可得：

$$\frac{dM_w}{dx}=-V_w+m(x) \tag{6.21}$$

由材料力学公式： $M_w=E_wI_w\frac{d^2y}{dx^2}$ (6.22)

将式(6.22)代入式(6.21)，得到框架—剪力墙结构刚接体系剪力墙剪力的表达式：

$$V_w=-E_wI_w\frac{d^3y}{dx^3}+m \tag{6.23}$$

将公式对 x 再微分一次： $\frac{dV_w}{dx}=-E_wI_w\frac{d^4y}{dx^4}+\frac{dm}{dx}$ (6.24)

总连梁的约束弯矩 m 可表示为：

$$m=\sum\frac{M_{ij}}{h}=C_b\theta=C_b\frac{dy}{dx} \tag{6.25}$$

将上式微分一次，得到：$\frac{dm}{dx}=C_b\frac{d^2y}{dx^2}$

代入公式，得： $E_wI_w\frac{d^4y}{dx^4}-(C_b+C_f)\frac{d^2y}{dx^2}=P(x)$ (6.26)

令 $\lambda=H\sqrt{\frac{C_f+C_b}{E_wI_w}}$，$\xi=\frac{x}{H}$，上式可简化为：

$$\frac{d^4y}{d\xi^4}-\lambda^2\frac{d^2y}{d\xi^2}=\frac{q(\xi)H^4}{E_wI_w} \tag{6.27}$$

λ 称为框架—剪力墙刚接体系的刚度特征值，其意义与铰接体系的完全相同，仅计算公式有差别。

式(6.27)即为框架—剪力墙刚接体系的微分方程，微分方程及该方程的解、刚接体系的转角 θ、总剪力墙的弯矩 M_w与铰结体系的解的表达式也完全相同(结构刚度特征值 λ 的计算不同)。总剪力墙剪力 V_w和总框架剪力 V_f的表达式为：

$$V_w=-\frac{E_wI_w}{H^2}\cdot\frac{d^2y}{d\xi^2}+m \tag{6.28}$$

$$V_f=V-\left(-\frac{E_wI_w}{H^3}\cdot\frac{d^3y}{d\xi^3}+m\right)=V_f'-m \tag{6.29}$$

V_f'称为总框架的名义剪力。

2) 结构内力的分布特征

框架—剪力墙的刚度特征值 λ 对框架—剪力墙的受力和变形特征有重大影响。当 λ 值很小时(如 $\lambda\leqslant1$)，即综合框架的侧移刚度比综合剪力墙的等效抗弯刚度小很多时，结构的侧移曲线较接近于剪力墙结构的侧移曲线(弯曲型)，曲线凸向原始位置。反之，当 λ 值较大时，结构的侧移曲线较接近于框架结构的侧移曲线，曲线凹向原始位置［图 6.11(a)］。

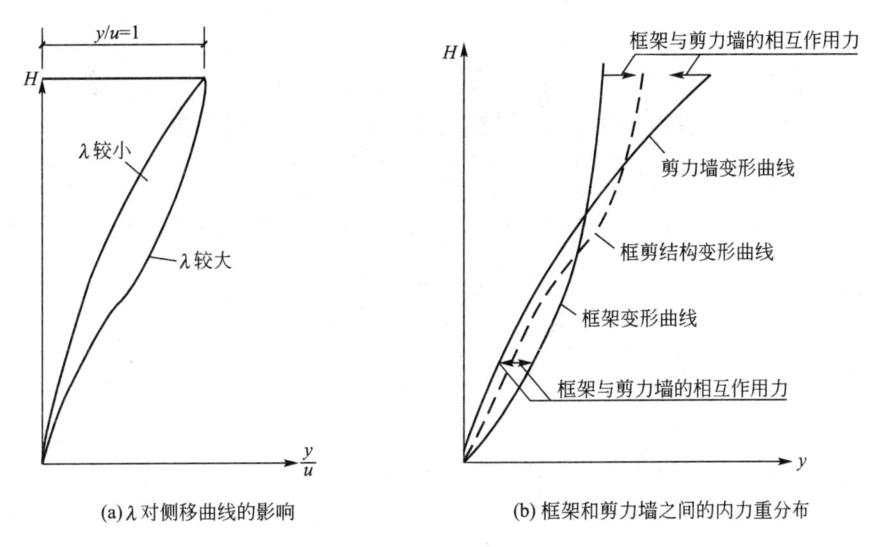

(a) λ 对侧移曲线的影响　　(b) 框架和剪力墙之间的内力重分布

图 6.11　框架—剪力墙的位移曲线

作用在整个框架—剪力墙结构上的水平荷载 p 由综合剪力墙和综合框架共同承担，即

$$p=p_w+p_f$$

由于剪力墙和框架在水平荷载作用下的变形特征不同，因而 p_w 和 p_f 沿结构高度方向的分布形式与外荷载 p 的形式不一致。而楼板的约束使得剪力墙和框架的变形必须协调，因此两者都有阻止对方发生自由变位的趋势，使两者之间发生内力重分布［图 6.11(b)］：在结构顶部，外荷载所产生总剪力为零，而框架在单独受力时侧移曲线的转角较小，剪力墙在单独受力时侧移曲线的转角较大，因此结构顶部，框架在抵抗水平荷载中发挥了主要作用，剪力墙在顶部由于于受到框架的约束，综合框架和综合剪力墙承受大小相等、方向相反的剪力；而在结构底部，剪力墙侧移曲线的转角为零，剪力墙提供了非常大的刚度，使综合框架所受的剪力不断减少直至为零；此时，外荷载所产生的剪力均由剪力墙承担(图 6.12)。

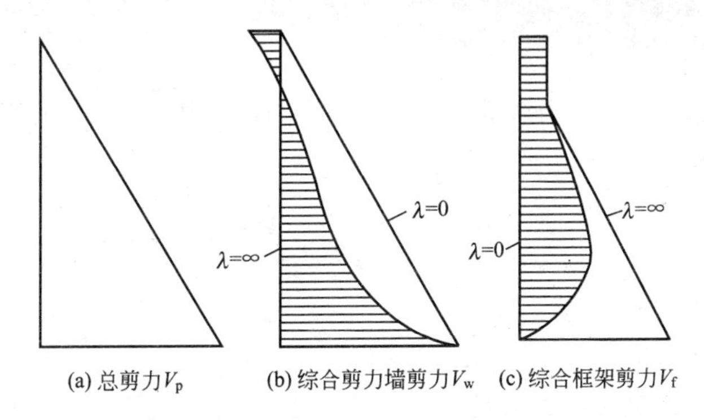

(a) 总剪力 V_p　　(b) 综合剪力墙剪力 V_w　　(c) 综合框架剪力 V_f

图 6.12　均布荷载下剪力分布的变化

6.3.4　各榀剪力墙、框架的内力计算

求出总框架、总剪力墙、总连梁的内力后，就可求出各框架梁柱、各剪力墙肢、各连梁的内力，供截面设计时采用。

1. 框架梁柱内力

求出了各层框架的总剪力 V_f，就可按各柱的 D 值比例将总剪力分配给各柱，知道了各柱的剪力后，可以按框架结构的计算梁柱内力的方法求出各杆件内力。

2. 刚接连梁内力

将总连梁的线约束弯矩 $m(x)$乘以层高 h 达到该层所有刚接连梁梁端弯矩 M_{ij}之和，即：

$$\sum M_{ij} = m(x)h \tag{6.30}$$

按转动刚度的比值将 $\sum M_{ij}$ 分配给每根梁，有：

$$M_{ij} = \frac{S_{ij}}{\sum S_{ij}} m(x)h \tag{6.31}$$

按式(6.31)求得的弯矩是剪力墙形心处的弯矩，设计时还应求出墙边的弯矩和剪力(图 6.13)。

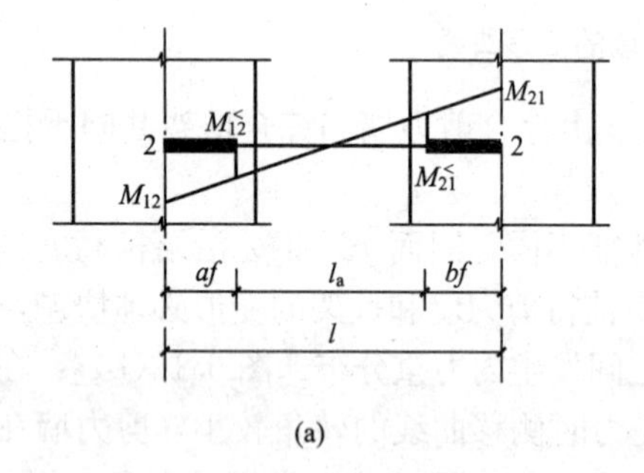

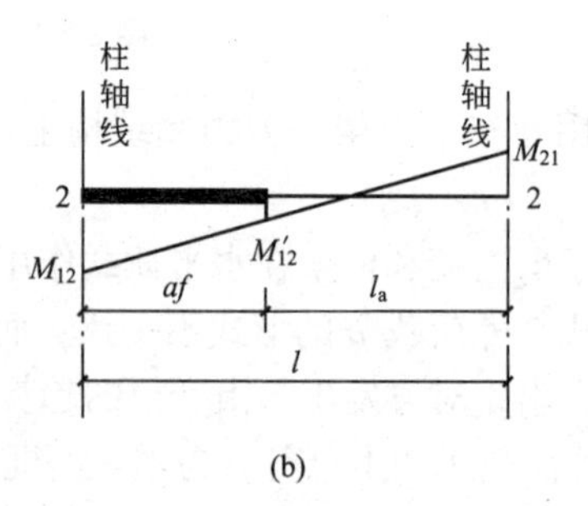

图 6.13　墙边的弯矩和剪力

显然，连梁剪力为

$$V_b = \frac{M_{12} + M_{21}}{l} \tag{6.32}$$

3. 剪力墙内力

各片剪力墙的内力可按剪力墙的等效刚度进行分配，第 i 层第 j 片剪力墙的弯矩 M_{wij}、剪力 V_{wij} 按下式计算：

$$M_{wij} = \frac{E_w I_w}{\sum E_w I_w} M_{wi} \tag{6.33}$$

$$V_{wij} = \frac{E_w I_w}{\sum E_w I_w}(V_{wi} - m_i) + m_{ij} \tag{6.34}$$

式中：V_{wi}——第 i 层总剪力墙剪力；

m_i——第 i 层总连梁梁端线约束弯矩。

6.4 框架—剪力墙的设计与构造

框架—剪力墙结构中的剪力墙一般有两种布置方式：一种是剪力墙与框架分开，剪力墙围成筒，墙的两端没有柱，这种情况的剪力墙与剪力墙结构的区别不大；另一种是剪力墙嵌入框架内，形成有端柱、边框梁的带边框剪力墙。在进行内力分析后，框架—剪力墙的截面设计可按照第 4 章、第 5 章所介绍的框架和剪力墙的计算方法进行设计。

6.4.1 有抗震要求时的设计方法

有抗震要求的框架—剪力墙结构，应首先确定抗震等级。框架部分注意设计成“强柱弱梁”结构，剪力墙部分也应符合抗震设计要求。

1. 考虑地震倾覆力矩的比例

在规定的水平力作用下，结构底层框架部分承受的地震倾覆力矩与结构总地震倾覆力矩的比值不同，应采取不同的设计方法：①框架部分承受的地震倾覆力矩不大于结构总地震倾覆力矩的 10%时，结构按剪力墙结构进行设计，其中的框架部分按框架—剪力墙结构的框架进行设计；②框架部分承受的地震倾覆力矩不大于结构总地震倾覆力矩的 50%时，按框架—剪力墙结构的框架进行设计；③框架部分承受的地震倾覆力矩大于结构总地震倾覆力矩的 50%但不大于 80%时，按框架—剪力墙结构的框架进行设计，其最大适用高度可比框架结构适当增加，框架部分的抗震等级和轴压比限值宜按框架结构的规定采用；④框架部分承受的地震倾覆力矩大于结构总地震倾覆力矩的 80%时，按框架—剪力墙结构的框架进行设计，其最大适用高度宜按框架结构的采用，框架部分的抗震等级和轴压比限值宜按框架结构的规定采用。

2. 框架总剪力的调整

框架—剪力墙在水平地震作用下，楼层的剪力大部分由剪力墙承担，框架部分所承担的剪力比较小。根据抗震设防的概念，抗震的第一道防线是剪力墙，第二道防线是框架；在设防地震、罕遇地震作用下，剪力墙应先于框架破坏；由于塑性内力重分布，框架部分按侧向刚度所分配的剪力要比多遇地震下的大很多。因此，为保证框架部分有一定的抗侧力能力，对框架所承担的地震剪力有一定限值，具体规定如下。

抗震设计时，框架—剪力墙结构中框架所承担的地震剪力满足式(6.35)要求的楼层，其框架总剪力不必调整。

$$V_f \geqslant 0.2V_0 \tag{6.35}$$

式中：V_0——对框架数量从上至下基本不变的规则建筑，应取对应于地震作用标准值的结构底部总剪力；对框架柱数量从上至下分段有规律变化的结构，应取每段最下一层结构对应于地震作用标准值的总剪力；

V_f——对应于地震作用标准值且未经调整的各层(或某一段内各层)框架所承担的地震总剪力。

不满足式(6.35)要求的楼层，其框架剪力应按 $0.2V_0$ 和 $1.5V_{f,max}$ 二者的较小值采用。其中，$V_{f,max}$ 为对应于地震作用标准值未经调整的各层框架所承担的地震总剪力的最大值(对框架数量从上至下基本不变的规则建筑)，或每段最下一层结构对应于地震作用标准值未经调整的各层框架所承担的地震总剪力的最大值(对框架柱数量从上至下分段有规律变化的结构)

各层框架所承担的地震总剪力按上述要求调整后，应按调整前、后总剪力的比值调整每根框架柱和与之相连框架柱的剪力及端部弯矩标准值，框架柱的轴力标准值可不予调整。

按振型分解反应谱法计算地震作用时，对框架柱的地震剪力的调整可在振型组合之后，并满足楼层最小地震剪力系数的前提下进行。

6.4.2 框架—剪力墙的构造要求

框架—剪力墙结构除需满足框架和剪力墙相关的构造要求外，框架—剪力墙中的剪力墙作为第一道抗侧力防线，需要比一般的剪力墙有所加强。

1. 框架—剪力墙中剪力墙的配筋要求

框架—剪力墙结构中，剪力墙的竖向、水平分布钢筋的配筋率，抗震设计时均不应小于0.25%，非抗震设计时不小于0.2%，并应至少双排布置；各排分布钢筋应设拉筋，拉筋的直径不应小于6mm，间距不应大于600mm。

2. 带边框的剪力墙的构造要求

1）剪力墙厚度

为保证框架—剪力墙中剪力墙的刚度、稳定性，剪力墙的厚度不应小于160mm且不宜小于层高或无肢长度的1/20，底部加强部位的剪力墙厚度不应小于200mm且不宜小于层高或无肢长度的1/16。

2）暗梁

与剪力墙重合的框架梁可保留，亦可做成宽度与墙厚相同的暗梁，暗梁的截面高度可取墙厚的二倍或与该榀框架梁截面等高，暗梁的配筋可按构造要求配置且应符合一般框架梁相应抗震等级的最小配筋要求。

① 剪力墙的水平钢筋应全部锚入边框柱内，锚固长度不应小于l_a(非抗震设计)l_{aE}(抗震设计)。

② 剪力墙截面宜按工字形设计，其端部的纵向钢筋应配置在边框柱截面内。

③ 边框柱的截面宜与该榀框架其他柱的截面相同，并应符合框架柱的相关构造规定剪力墙底部加强部位的端柱和紧靠剪力墙洞口的端柱宜按柱箍筋加密区的要求沿全高加密箍筋。

3. 其他构造要求

楼面梁与剪力墙平面外连接时(多发生在剪力墙与框架分开设置的情况)，不宜支承在洞口连梁上，沿连梁轴线方向宜设置与梁连接的剪力墙，梁的纵筋应锚固在墙内，也可在支承梁的位置设置扶壁柱或暗梁，并应按计算确定其截面尺寸和配筋。

本 章 小 结

框架—剪力墙结构是框架结构和剪力墙结构组成的结构体系，这种结构具有较大的抗侧力刚度，也能为建筑物提供较大的空间。

这两种结构的受力特点和变形性质是不同的，在水平力作用下，两种结构协同工作，框架—剪力墙结构呈反S形的弯剪型变形曲线。

按照剪力墙与框架之间及剪力墙之间有无连梁，或者是否考虑连梁对剪力墙的约束作用，框架—剪力墙结构可分为铰结体系和刚接体系，确定总剪力墙的抗弯刚度、总框架的剪切刚度、连梁的约束刚度等基本参数，通过解基本方程，求出总框架、总剪力墙、总连梁的内力后，还应求出各框架梁柱、各剪力墙肢、各连梁的内力，以供截面设计时采用。

框架—剪力墙的截面设计应按照第 4 章、第 5 章所介绍的框架和剪力墙的计算方法进行设计。抗震设计时，根据在规定的水平力作用下结构底层框架部分承受的地震倾覆力矩与结构总地震倾覆力矩的比值不同，应采取不同的设计方法；框架—剪力墙在设防地震、罕遇地震作用下，为保证框架部分有一定的抗侧力能力，对框架所承担的地震剪力有一定限值，框架所承担的地震总剪力按上述要求调整后，应按调整前、后总剪力的比值调整每根框架柱和与之相连框架柱的剪力及端部弯矩标准值，框架柱的轴力标准值可不予调整；框架—剪力墙结构除需满足框架和剪力墙相关的构造要求外，框架—剪力墙中的剪力墙作为第一道抗侧力防线，需要比一般的剪力墙有所加强。

思　考　题

1. 框架—剪力墙结构中，平面、竖向布置及剪力墙的布置应遵循什么原则？
2. 框架—剪力墙结构中，为什么应限制剪力墙的间距？
3. 简述框架与剪力墙的受力特点。
4. 框架—剪力墙结构计算简图什么情况下用刚接体系？
5. 总框架的抗侧刚度的定义是什么？当各层抗侧刚度不同时，如何计算？
6. 框架—剪力墙结构体系求解的基本思路是怎么样的？
7. 有抗震要求的框架—剪力墙结构，应采取何种设计方法？
8. 为什么要限制框架承担的地震剪力的大小？
9. 框架—剪力墙结构除了需满足框架和剪力墙相关的构造要求外，还有哪些构造要求？

习　　题

一、选择题

1. 框架—剪力墙结构中，(　　)主要承受水平荷载。

A. 剪力墙　　B. 框架　　C. 剪力墙和框架　　D. 不能确定

2. 框架—剪力墙结构中，竖向荷载主要由(　　)承担。

A. 剪力墙　　B. 框架　　C. 剪力墙和框架　　D. 不能确定

3. 多高层房屋的平面形状应简单、规则，刚度分布均匀，以减少水平荷载作用下结构的(　　)带来的不利影响。

A. 扭转　　B. 弯曲　　C. 侧移　　D. 剪切

4. 框架—剪力墙结构的优点有(　　)。

A. 平面布置灵活　　B. 剪力墙布置位置不受限制

C. 自重大　　　　D. 侧向刚度大

5. 剪力墙承受的水平作用包括(　　)。

A. 恒荷载　　　　B. 雪荷载

C. 活荷载　　　　D. 地震荷载、风荷载

6. 框架—剪力墙协同工作的优点是(　　)。

A. 框架、剪力墙在这个体系中能充分发挥各自的作用

B. 框架主要承受大部分的竖向荷载和水平荷载

C. 框架在房屋上部所承受的水平剪力有所减小

D. 两者协同作用，最终使框架—剪力墙结构的侧移有所增加，且使框架和剪力墙中内力分布更趋合理

二、判断题

1. λ值越小，表示相对于总剪力墙等效刚度而言，总框架的剪切刚度较大。(　　)

2. 框架的剪切刚度的定义是：使框架产生单位剪切变形所需施加的水平剪力。(　　)

3. 框架—剪力墙结构中，剪力墙的竖向、水平分布钢筋的配筋率，抗震设计、非抗震设计时均不应小于0.25%。(　　)

4. 框架—剪力墙结构中，框架部分承受的地震倾覆力矩大于结构总地震倾覆力矩的80%时，按框架—剪力墙结构的框架进行设计。(　　)

5. 框架—剪力墙结构中，剪力墙是框架剪力墙结构体系中抗震设防的第一道防线。(　　)

附　　录

附表 1　普通钢筋强度设计值　　N/mm²

牌　　号		f_y	f'_y
光圆钢筋	HPB235	210	210
	HPB300	270	270
带肋钢筋	HRB335、HRBF335	300	300
	HRB400、HRBF400、RRB400	360	360
	HRB500、HRBF500	435	410

注：① 横向钢筋的抗拉强度设计值 f_{yv}应按表中 f_y 的数值取用，但用作受剪、受扭、受冲切承载力计算时，其数值大于 360N/mm² 时应取 360N/mm²；

② HPB235 级钢筋将逐渐淘汰，RRB400 级钢筋不得用于重要结构构件。

附表 2　混凝土轴心抗压、轴心抗拉强度的设计值 f_c、f_t　　N/mm²

强度种类	混凝土强度等级													
	C15	C20	C25	C30	C35	C40	C45	C50	C55	C60	C65	C70	C75	C80
f_c	7.2	9.6	11.9	14.3	16.7	19.1	21.1	23.1	25.3	27.5	29.7	31.8	33.8	35.9
f_t	0.91	1.10	1.27	1.43	1.57	1.71	1.80	1.89	1.96	2.04	2.09	2.14	2.18	2.22

附表 3　钢筋的弹性模量 E_s　　×10⁵ N/mm²

牌号或种类	弹性模量 E_s
HPB235、HPB300	2.10
HRB335、HRB400、HRB500 钢筋 HRBF335、HRBF400、HRBF500 钢筋 RRB400 钢筋	2.00

注：必要时可通过试验采用实测的弹性模量。

附表 4　混凝土弹性模量 E_c　　×10⁴ N/mm²

C20	C25	C30	C35	C40	C45	C50	C55	C60	C65	C70	C75	C80
2.55	2.80	3.00	3.15	3.25	3.35	3.45	3.55	3.60	3.65	3.70	3.75	3.80

注：① 当有可靠试验依据时，弹性模量值也可根据实测数据确定；

② 当混凝土中掺有大量矿物掺合料时，弹性模量可按规定龄期根据实测值确定。

附表 5　最外层钢筋的混凝土保护层最小厚度 c　　mm

环境等级	板墙壳	梁柱
一	15	20
二 a	20	25
二 b	25	35
三 a	30	40

（续）

环境等级	板墙壳	梁柱
三 b	40	50

注：① 混凝土强度等级不大于 C25 时，表中保护层厚度数值应增加 5mm；

② 钢筋混凝土基础应设置混凝土垫层，其纵向受力钢筋的混凝土保护层厚度应从垫层顶面算起，且不小于 40mm；

③ 设计使用年限为 100 年的混凝土结构，不应小于表中数值的 1.4 倍；

④ 当有充分依据并采取下列有效措施时，可适当减小混凝土保护层的厚度：构件表面有可靠的防护层；采用工厂化生产的预制构件，并能保证预制构件混凝土的质量；在混凝土中掺加阻锈剂或采用阴极保护处理等防锈措施；当对地下室墙体采取可靠的建筑防水做法时，与土壤接触一侧钢筋的保护层厚度可适当减少，但不应小于 25mm；

⑤ 当梁、柱、墙中纵向受力钢筋的保护层厚度大于 50mm 时，宜对保护层采取有效的防裂、防剥落构造措施；

⑥ 有防火要求的建筑物，其混凝土保护层厚度尚应符合国家现行有关标准的规定。

附表 6　纵向受力钢筋的最小配筋百分率　　%

受力类型		最小配筋百分率
受压构件	全部纵向钢筋	0.50（500MPa 级钢筋） 0.55（400MPa 级钢筋） 0.60（300、335MPa 级钢筋）
	一侧纵向钢筋	0.20
受弯构件、偏心受拉、轴心受拉构件一侧的受拉钢筋		0.20 和 $45f_t/f_y$ 中的较大值

注：① 受压构件全部纵向钢筋最小配筋百分率，当采用 C60 及以上强度等级的混凝土时应按表中规定增加 0.10；

② 偏心受拉构件中的受压钢筋，应按受压构件一侧纵向钢筋考虑；

③ 受弯构件、大偏心受拉构件一侧受拉钢筋的配筋率应按全截面面积扣除受压翼缘面积$(b_f'-b)h_f'$后的截面面积计算；

④ 当钢筋沿构件截面周边布置时，“一侧纵向钢筋”指沿受力方向两个对边中的一边布置的纵向钢筋；

⑤ 卧置于地基上的混凝土板，板中受拉钢筋的最小配筋率可适当降低，但不应小于 0.15%。

附表 7　单跨梁梁板的计算跨度

单跨板	单跨梁

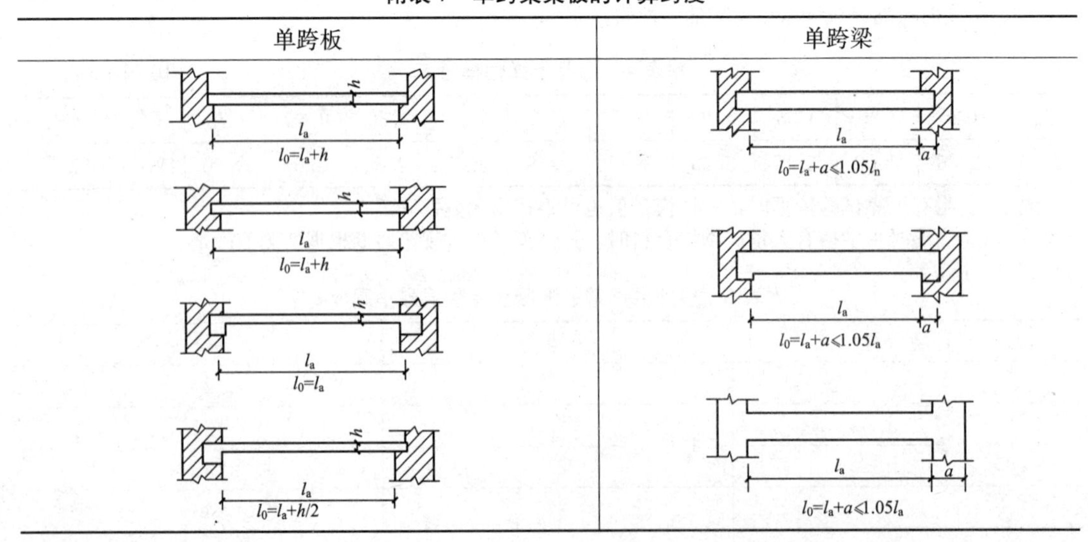

附表 8　等截面等跨连续梁在常用荷载作用下的内力系数表

(1) 在均布荷载及三角形荷载作用下：

$$M=\text{表中系数}\times ql_0^2$$
$$V=\text{表中系数}\times ql_0$$

(2) 在集中荷载作用下：

$$M=\text{表中系数}\times Fl_0$$
$$V=\text{表中系数}\times F$$

(3) 内力正负号规定：

M：按截面上部受压、下部受拉力为正。

V：对邻近截面所产生的力矩沿顺时针方向者为正。

附表 8-1　两　跨　梁

荷载图	跨中最大弯矩		支座弯矩	剪力		
	M_1	M_2	M_B	V_A	V_{Bl} V_{Br}	V_C
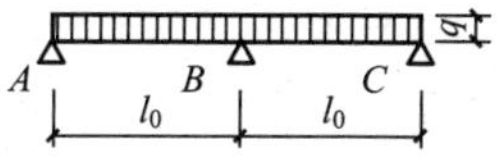	0.070	0.070	−0.125	0.375	−0.625 0.625	−0.375
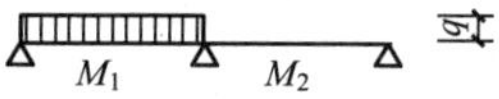	0.096	−0.025	−0.063	0.437	−0.563 0.063	0.063
	0.048	0.048	−0.078	0.172	−0.328 0.328	−0.172
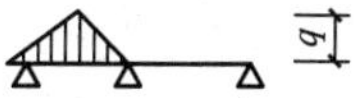	0.064	—	−0.039	0.211	−0.289 0.039	0.039
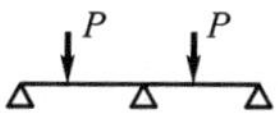	0.156	0.156	−0.188	0.312	−0.688 0.688	−0.312
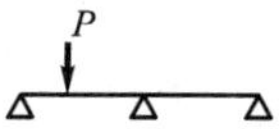	0.203	−0.047	−0.094	0.406	−0.594 0.094	0.094
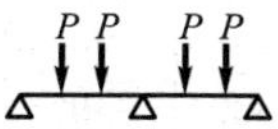	0.222	0.222	−0.333	0.667	−1.333 1.333	−0.667
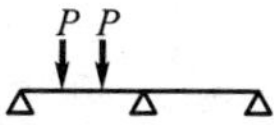	0.278	−0.056	−0.167	0.833	−1.167 0.167	0.167

附表 8－2　三　跨　梁

荷载图	跨中最大弯矩		支座弯矩		剪力			
	M_1	M_2	M_B	M_C	V_A	V_{Bl} V_{Br}	V_{Cl} V_{Cr}	V_D
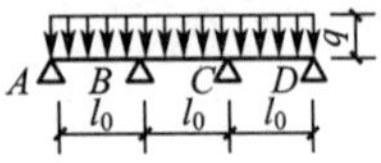 q A B C D l_0 l_0 l_0	0.080	0.025	－0.100	－0.100	0.400	－0.600 0.500	－0.500 0.600	－0.400
 q M_1 M_2 M_3	0.101	－0.050	－0.050	－0.050	0.450	－0.550 0	0 0.550	－0.450
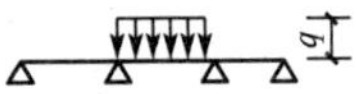 q	－0.025	0.075	－0.050	－0.050	0.050	－0.050 0.500	－0.500 0.050	0.05
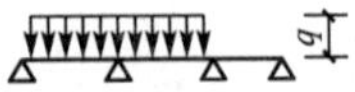 q	0.073	0.054	－0.117	－0.033	0.383	－0.617 0.583	－0.417 0.033	0.033
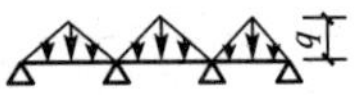 q	0.054	0.021	－0.063	－0.063	0.188	－0.313 0.250	－0.250 0.313	－0.188
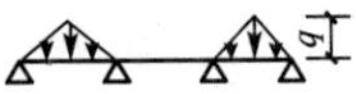 q	0.068	－0.03	－0.031	－0.031	0.219	－0.281 0	0 0.281	－0.219
 q	—	0.052	－0.031	－0.031	－0.031	－0.031 0.250	－0.250 0.031	0.031
 q	0.050	0.038	－0.073	－0.021	0.177	－0.323 0.302	－0.198 0.021	0.021
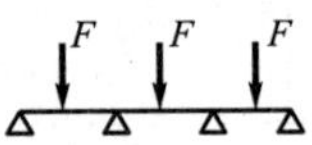 F F F	0.175	0.100	－0.150	－0.150	0.350	－0.650 0.500	－0.500 0.650	－0.350
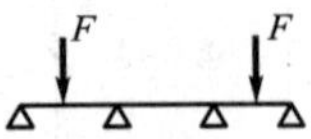 F F	0.213	—	－0.075	－0.075	0.425	－0.575 0	0 0.575	－0.425
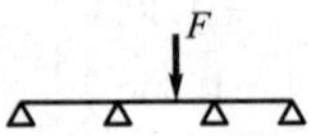 F	—	0.175	－0.075	－0.075	－0.075	－0.075 0.500	－0.500 0.075	0.075
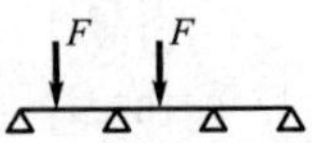 F F	0.162	0.137	－0.175	－0.050	0.325	－0.675 0.625	－0.375 0.050	0.050

（续）

荷载图	跨中最大弯矩		支座弯矩		剪力			
	M_1	M_2	M_B	M_C	V_A	V_{Bl} V_{Br}	V_{Cl} V_{Cr}	V_D
FF FF FF	0.244	0.067	−0.267	−0.267	0.733	−1.267 1.000	−1.000 1.267	−0.733
FF FF	0.289	−0.133	−0.133	−0.133	0.866	−1.134 0	0 1.134	−0.866
FF	—	0.200	−0.133	−0.133	−0.133	−0.133 1.000	−1.000 0.133	0.133
FF FF	0.229	0.170	−0.311	−0.089	0.689	−1.311 1.222	−0.778 0.089	0.089

附表8-3　四　跨　梁

荷载图	跨中最大弯矩				支座弯矩			剪力				
	M_1	M_2	M_3	M_4	M_B	M_C	M_D	V_A	V_{Bl} V_{Br}	V_{Cl} V_{Cr}	V_{Dl} V_{Dr}	V_E
A B C D E l_0 l_0 l_0 l_0	0.077	0.036	0.036	0.077	−0.107	−0.071	−0.107	0.393	−0.607 0.536	−0.464 0.464	−0.536 0.607	−0.393
M_1 M_2 M_3 M_4	0.100	—	0.081	—	−0.054	−0.036	−0.054	0.446	−0.554 0.018	0.018 0.482	−0.518 0.054	0.054
	0.072	0.061	—	0.098	−0.121	−0.018	−0.058	0.380	−0.620 0.603	−0.397 −0.040	−0.040 0.558	−0.442
	—	0.056	0.056	—	−0.036	−0.107	−0.036	−0.036	−0.036 0.429	−0.571 0.571	−0.429 0.036	0.036
	0.052	0.028	0.028	0.052	−0.067	−0.045	−0.067	0.183	−0.317 0.272	−0.228 0.228	−0.272 0.317	−0.183
	0.067	—	0.055	—	−0.034	−0.022	−0.034	0.217	−0.284 0.011	0.011 0.239	−0.261 0.034	0.034

（续）

荷载图	跨中最大弯矩				支座弯矩			剪力				
	M_1	M_2	M_3	M_4	M_B	M_C	M_D	v_A	V_{Bl} V_{Br}	V_{Cl} V_{Cr}	V_{Dl} V_{Dr}	V_E
	0.049	0.042	—	0.066	−0.075	−0.011	−0.036	0.175	−0.325 0.314	−0.186 0.025	−0.025 0.286	−0.214
	—	0.040	0.040	—	−0.022	−0.067	−0.022	−0.022	−0.022 0.205	−0.295 0.295	−0.205 0.022	0.022
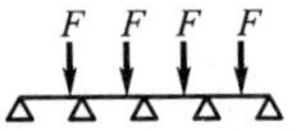	0.169	0.116	0.116	0.169	−0.161	−0.107	−0.161	0.339	−0.661 0.554	−0.446 0.446	−0.554 0.661	−0.339
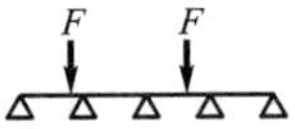	0.210	—	0.183	—	−0.080	−0.054	−0.080	0.420	−0.580 0.027	0.027 0.473	−0.527 0.080	0.080
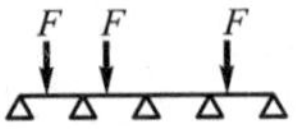	0.159	0.146	—	0.206	−0.181	−0.027	−0.087	0.319	−0.681 0.654	−0.346 −0.060	−0.060 0.587	−0.413
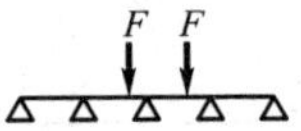	—	0.142	0.142	—	−0.054	−0.161	−0.054	−0.054	−0.054 0.393	−0.607 0.607	−0.393 0.054	0.054
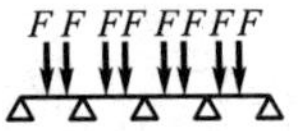	0.238	0.111	0.111	0.238	−0.286	−0.191	−0.286	0.714	1.286 1.095	−0.905 0.905	−1.095 1.286	−0.714
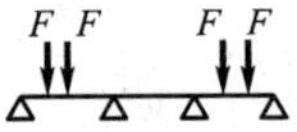	0.286	—	0.222	—	−0.143	−0.095	−0.143	0.857	−0.143 0.048	0.048 0.952	−1.048 0.143	0.143
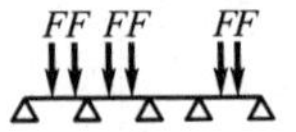	0.226	0.194	—	0.282	−0.321	−0.043	−0.155	0.679	−1.321 1.274	−0.726 −0.107	−0.107 1.155	−0.845
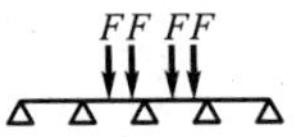	—	0.175	0.175	—	−0.095	−0.286	−0.095	−0.095	−0.095 0.810	−1.190 1.190	−0.810 0.095	0.095

附表9　双向板弯矩、挠度计算系数

$$B_c=\frac{Eh^3}{12(1-\nu^2)}$$

式中：B_c——板的刚度；

E——弹性模量；

h——板厚；

ν——泊松比。

符号说明

a_f、a_{fmax}——板中心点的挠度和最大挠度；

a_{fox}、a_{foy}——平行于 l_x 和 l_y 方向自由边的中心挠度；

m_x、m_{xmax}——平行于 l_x 方向板中心点单位板宽内的弯矩和板跨内最大弯矩；

m_y、m_{ymax}——平行于 l_y 方向板中心点单位板宽内的弯矩和板跨内最大弯矩；

m'_x——固定边中点沿 l_x 方向单位板宽内的弯矩；

m'_y——固定边中点沿 l_y 方向单位板宽内的弯矩；

m_{mx}——平行于 l_x 方向自由边上固定端单位板宽内的支座弯矩；

- - - - 代表简支边；|||||代表固定边。

正负号的规定

弯矩：使板的受荷面受压者为正；

挠度：变位方向与荷载方向相同者为正。

附表 9-1　四 边 简 支

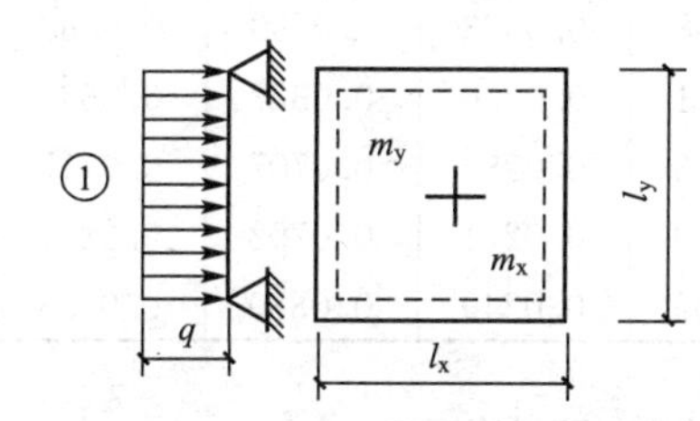

挠度＝表中系数×$\frac{ql^4}{B_c}$；

ν＝0，弯矩＝表中系数×ql^2。

式中 l 取用 l_x 和 l_y 中的较小者。

l_x/l_y	a_f	m_x	m_y	l_x/l_y	a_f	m_x	m_y
0.50	0.01013	0.0965	0.0174	0.80	0.00603	0.0561	0.0334
0.55	0.00940	0.0892	0.0210	0.85	0.00547	0.0506	0.0348
0.60	0.00867	0.0820	0.0242	0.90	0.00496	0.0456	0.0358
0.65	0.00796	0.0750	0.0271	0.95	0.00449	0.0410	0.0364
0.70	0.00727	0.0683	0.0296	1.00	0.00406	0.0368	0.0368
0.75	0.00663	0.0620	0.0317				

附表 9-2　三边简支、一边固定

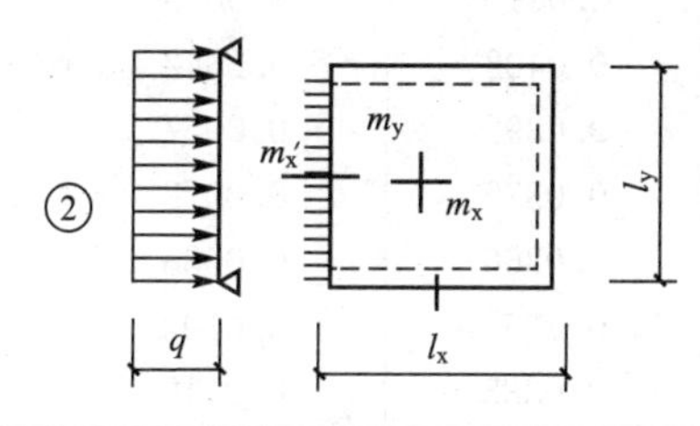

挠度＝表中系数×$\frac{ql^4}{B_c}$；

ν＝0，弯矩＝表中系数×ql^2。

式中 l 取用 l_x 和 l_y 中的较小者。

l_x/l_y	l_y/l_x	c	a_{imax}	m_x	m_{xmax}	m_y	m_{ymax}	m'_x
0.50		0.00488	0.00504	0.0583	0.0646	0.0060	0.0063	−0.1212
0.55		0.00471	0.00492	0.0563	0.0618	0.0084	0.0087	−0.1187
0.60		0.00453	0.00472	0.0539	0.0589	0.0104	0.0111	−0.1158
0.65		0.00432	0.00448	0.0513	0.0559	0.0126	0.0133	−0.1124
0.70		0.00410	0.00422	0.0485	0.0529	0.0148	0.0154	−0.1087
0.75		0.00388	0.00399	0.0457	0.0496	0.0168	0.0174	−0.1048
0.80		0.00365	0.00376	0.0428	0.0463	0.0187	0.0193	−0.1007
0.85		0.00343	0.00352	0.0400	0.0431	0.0204	0.0211	−0.0965
0.90		0.00321	0.00329	0.0372	0.0400	0.0219	0.0226	−0.0922
0.95		0.00299	0.00306	0.0345	0.0369	0.0232	0.0239	−0.0880

（续）

l_x/l_y	l_y/l_x	c	a_{imax}	m_x	m_{xmax}	m_y	m_{ymax}	m'_x
1.00	1.00	0.00279	0.00285	0.0319	0.0340	0.0243	0.0249	−0.0839
	0.95	0.00316	0.00324	0.0324	0.0345	0.0280	0.0287	−0.0882
	0.90	0.00360	0.00368	0.0328	0.0347	0.0322	0.0330	−0.0925
	0.85	0.00409	0.00417	0.0329	0.0345	0.0370	0.0373	−0.0970
	0.80	0.00464	0.00473	0.0326	0.0343	0.0424	0.0433	−0.1014
	0.75	0.00526	0.00536	0.0319	0.0335	0.0485	0.0494	−0.1056
	0.70	0.00595	0.00605	0.0308	0.0323	0.0553	0.0562	−0.1096
	0.65	0.00670	0.00680	0.0291	0.0306	0.0627	0.0637	−0.1133
	0.60	0.00752	0.00762	0.0263	0.0289	0.0707	0.0717	−0.1166
	0.55	0.00838	0.00848	0.0239	0.0271	0.0792	0.0801	−0.1193
	0.50	0.00927	0.00935	0.0205	0.0249	0.0880	0.0888	−0.1215

附表 9－3　两对边简支、两对边固定

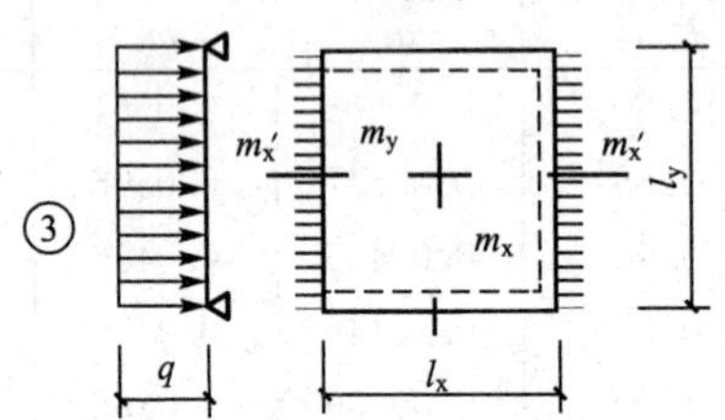

挠度＝表中系数×$\frac{ql^4}{B_c}$；

$\nu=0$，弯矩＝表中系数×ql^2。

式中 l 取用 l_x 和 l_y 中的较小者。

l_x/l_y	l_y/l_x	a_f	m_x	m_y	m'_x
0.50		0.00261	0.0416	0.0017	−0.0843
0.55		0.00259	0.0410	0.0028	−0.0840
0.60		0.00255	0.0402	0.0042	−0.0834
0.65		0.00250	0.0392	0.0057	−0.0826
0.70		0.00243	0.0379	0.0072	−0.0814
0.75		0.00236	0.0366	0.0088	−0.0799
0.80		0.00228	0.0351	0.0103	−0.0782
0.85		0.00220	0.0335	0.0118	−0.0763
0.90		0.00211	0.0319	0.0133	−0.0743
0.95		0.00201	0.0302	0.0146	−0.0721
1.00	1.00	0.00192	0.0285	0.0158	−0.0698
	0.95	0.00223	0.0296	0.0189	−0.0746
	0.90	0.00260	0.0306	0.0224	−0.0797
	0.85	0.00303	0.0314	0.0266	−0.0850
	0.80	0.00354	0.0319	0.0316	−0.0904
	0.75	0.00413	0.0321	0.0374	−0.0959
	0.70	0.00482	0.0318	0.0441	−0.1013
	0.65	0.00560	0.0308	0.0518	−0.1066
	0.60	0.00647	0.0292	0.0604	−0.1114
	0.55	0.00743	0.0267	0.0698	−0.1156
	0.50	0.00844	0.0234	0.0789	−0.1191

附表 9-4 四边固定

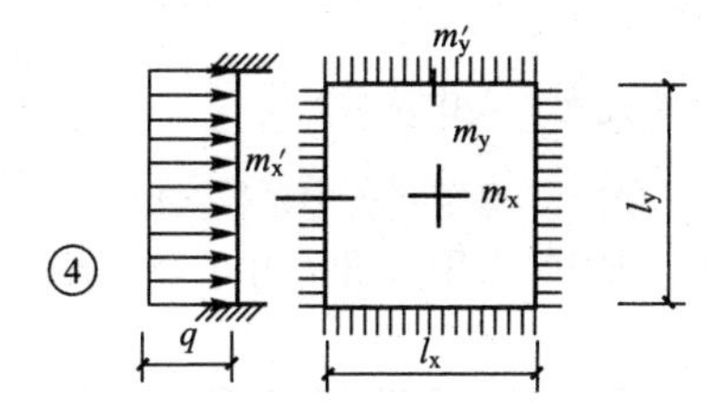

挠度＝表中系数×$\frac{ql^4}{B_c}$；

$\nu=0$，弯矩＝表中系数×ql^2。

式中 l 取用 l_x 和 l_y 中的较小者。

l_x/l_y	a_f	m_x	m_y	m_x'	m_y'
0.50	0.00253	0.0400	0.0038	−0.0829	−0.0570
0.55	0.00246	0.0385	0.0056	−0.0814	−0.0571
0.60	0.00236	0.0367	0.0076	−0.0793	−0.0571
0.65	0.00224	0.0345	0.0095	−0.0766	−0.0571
0.70	0.00211	0.0321	0.0113	−0.0735	−0.0569
0.75	0.00197	0.0296	0.0130	−0.0701	−0.0565
0.80	0.00182	0.0271	0.0144	−0.0664	−0.0559
0.85	0.00168	0.0246	0.0156	−0.0626	−0.0551
0.90	0.00153	0.0221	0.0165	−0.0588	−0.0541
0.95	0.00140	0.0198	0.0172	−0.0550	−0.0528
1.00	0.00127	0.0176	0.0176	−0.0513	−0.0513

附表 9-5 两邻边固定、两邻边简支

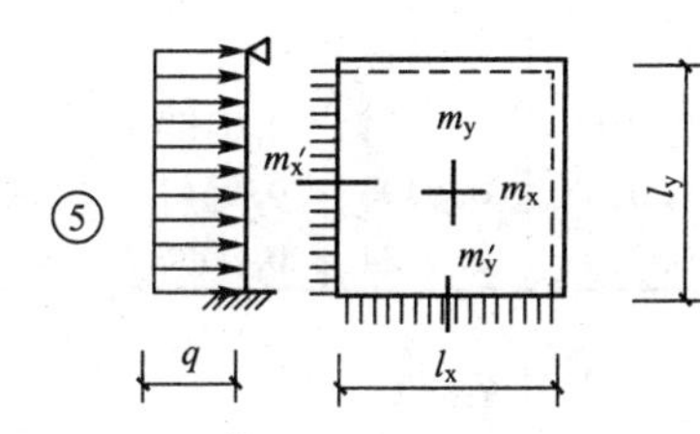

挠度＝表中系数×$\frac{ql^4}{B_c}$；

$\nu=0$，弯矩＝表中系数×ql^2。

式中 l 取用 l_x 和 l_y 中的较小者。

l_x/l_y	a_f	a_{fmax}	m_x	m_{xmax}	m_y	m_{ymax}	m_x'	m_y'
0.50	0.00468	0.00471	0.0559	0.0562	0.0079	0.0135	−0.1179	−0.0786
0.55	0.00445	0.00454	0.0529	0.0530	0.0104	0.0153	−0.1140	−0.0785
0.60	0.00419	0.00429	0.0496	0.0498	0.0129	0.0169	−0.1095	−0.0782
0.65	0.00391	0.00399	0.0461	0.0465	0.0151	0.0183	−0.1045	−0.0777
0.70	0.00336	0.00368	0.0426	0.0432	0.0172	0.0195	−0.0992	−0.0770
0.75	0.00335	0.00340	0.0390	0.0369	0.0189	0.0206	−0.0938	−0.0760
0.80	0.00308	0.00313	0.0356	0.0361	0.0204	0.0218	−0.0883	−0.0748
0.85	0.00281	0.00286	0.0322	0.0328	0.0215	0.0229	−0.0829	−0.0733
0.90	0.00256	0.00261	0.0291	0.0297	0.0224	0.0238	−0.0776	−0.0716
0.95	0.00232	0.00237	0.0261	0.0267	0.0230	0.0244	−0.0726	−0.0698
1.00	0.00210	0.00215	0.0234	0.0240	0.0234	0.0249	−0.0677	−0.0677

附表 9-6　三边固定、一边简支

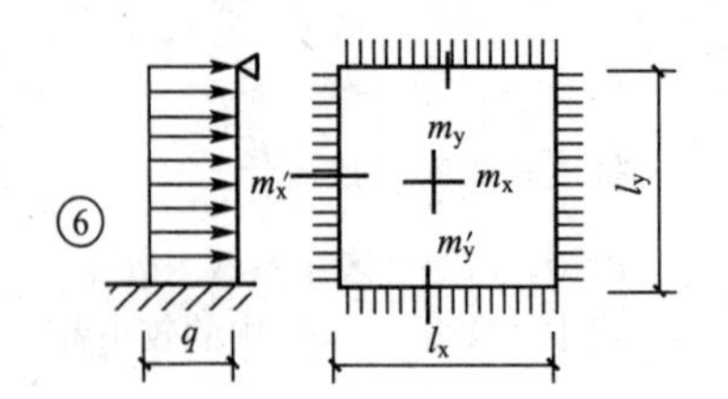

挠度＝表中系数×$\frac{ql^4}{B_c}$；

$\nu=0$，弯矩＝表中系数×ql^2。

式中 l 取用 l_x 和 l_y 中的较小者。

l_x/l_y	l_y/l_x	a_f	a_{fmax}	m_x	m_{xmax}	m_y	m_{ymax}	m_x'	m_y'
0.50		0.00257	0.00258	0.0408	0.0409	0.0028	0.0089	−0.0836	−0.0569
0.55		0.00252	0.00255	0.0398	0.0399	0.0042	0.0093	−0.0827	−0.0570
0.60		0.00245	0.00249	0.0384	0.0386	0.0059	0.0105	−0.0814	−0.0571
0.65		0.00237	0.00240	0.0368	0.0371	0.0076	0.0116	−0.0796	−0.0572
0.70		0.00227	0.00229	0.0350	0.0354	0.0093	0.0127	−0.0774	−0.0572
0.75		0.00216	0.00219	0.0331	0.0335	0.0109	0.0137	−0.0750	−0.0572
0.80		0.00205	0.00208	0.0310	0.0314	0.0124	0.0147	−0.0722	−0.0570
0.85		0.00193	0.00196	0.0289	0.0293	0.0138	0.0155	−0.0693	−0.0567
0.90		0.00181	0.00184	0.0268	0.0273	0.0159	0.0163	−0.0663	−0.0563
0.95		0.00169	0.00172	0.0247	0.0252	0.0160	0.0172	−0.0631	−0.0558
1.00	1.00	0.00157	0.00160	0.0227	0.0231	0.0168	0.0180	−0.0600	−0.0550
	0.95	0.00178	0.00182	0.0229	0.0234	0.0194	0.0207	−0.0629	−0.0599
	0.90	0.00201	0.00206	0.0228	0.0234	0.0223	0.0238	−0.0656	−0.0653
	0.85	0.00227	0.00233	0.0225	0.0231	0.0255	0.0273	−0.0683	−0.0711
	0.80	0.00256	0.00262	0.0219	0.0224	0.0290	0.0311	−0.0707	−0.0772
	0.75	0.00286	0.00294	0.0208	0.0214	0.0329	0.0354	−0.0729	−0.0837
	0.70	0.00319	0.00327	0.0194	0.0200	0.0370	0.0400	−0.0748	−0.0903
	0.65	0.00352	0.00365	0.0175	0.0182	0.0412	0.0446	−0.0762	−0.0970
	0.60	0.00386	0.00403	0.0153	0.0160	0.0454	0.0493	−0.0773	−0.1033
	0.55	0.00419	0.00437	0.0127	0.0133	0.0496	0.0541	−0.0780	−0.1093
	0.50	0.00449	0.00463	0.0099	0.0103	0.0534	0.0588	−0.0784	−0.1146

附表 10　井式梁的内力计算系数表

说明：(1) 跨中弯矩用表中 M 栏的系数，M_A、M_{A1}、M_{A2}＝表中系数×qab^2；

M_B、M_{B1}、M_{B2}＝表中系数×qa^2b；

(2) 梁端剪力用表中 V 栏的系数，V_A 或 V_B＝表中系数×qab；

(3) q 为单位面积上的荷载值，假定井式梁简支在周边边梁上；

(4) 图中 A 梁间距为 a，B 梁间距为 b。

附表 10-1　井式梁的内力计算系数表(1)

梁格布置	$\frac{b}{a}$	A梁		B梁	
		M	V	M	V
B A　A	0.6	0.480	0.730	0.020	0.270
	0.8	0.455	0.705	0.045	0.295
	1.0	0.420	0.670	0.080	0.330
	1.2	0.370	0.620	0.130	0.380
	1.4	0.325	0.575	0.175	0.425
	1.6	0.275	0.525	0.225	0.575

（续）

梁格布置	$\frac{b}{a}$	A梁		B梁	
		M	V	M	V
2×2 梁格（A、B）	0.6	0.410	0.660	0.090	0.340
	0.8	0.330	0.580	0.170	0.420
	1.0	0.250	0.500	0.250	0.500
	1.2	0.185	0.435	0.315	0.565
	1.4	0.135	0.385	0.365	0.615
	1.6	0.100	0.350	0.400	0.650
3×3 梁格（A、A；B、B）	0.6	0.820	1.070	0.180	0.430
	0.8	0.660	0.910	0.340	0.590
	1.0	0.500	0.750	0.500	0.750
	1.2	0.370	0.620	0.630	0.880
	1.4	0.270	0.520	0.730	0.980
	1.6	0.200	0.450	0.800	1.050

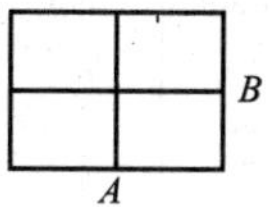

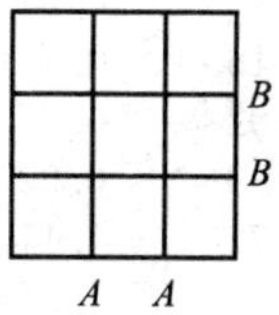

附表 10-2 井式梁的内力计算系数表(2)

梁格布置	$\frac{b}{a}$	A_1梁		A_2梁		B_1梁		B_2梁	
		M	V	M	V	M	V	M	V
4×4 梁格（A_1、A_2、A_3；B_1、B_2、B_3）	0.6	1.41	1.33	1.97	1.73	0.26	0.505	0.36	0.60
	0.8	1.11	1.115	1.58	1.46	0.54	0.71	0.77	0.89
	1.0	0.83	0.915	1.17	1.17	0.83	0.915	1.17	1.17
	1.2	0.59	0.745	0.84	0.94	1.06	1.08	1.51	1.41
	1.4	0.42	0.62	0.60	0.77	1.24	1.21	1.74	1.57
	1.6	0.30	0.535	0.42	0.64	1.37	1.30	1.91	1.69
5×5 梁格（A_1、A_2、A_2、A_1；B_1、B_2、B_2、B_1）	0.6	1.80	1.50	2.85	2.16	0.36	0.58	0.57	0.76
	0.8	1.42	1.26	2.29	1.82	0.70	0.80	1.15	1.12
	1.0	1.06	1.03	1.72	1.47	1.06	1.03	1.72	1.47
	1.2	0.76	0.84	1.25	1.18	1.36	1.22	2.19	1.76
	1.4	0.55	0.70	0.89	0.96	1.59	1.37	2.54	1.97
	1.6	0.39	0.60	0.62	0.79	1.77	1.48	2.80	2.13

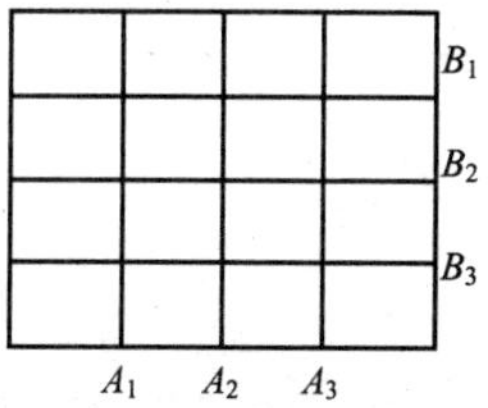

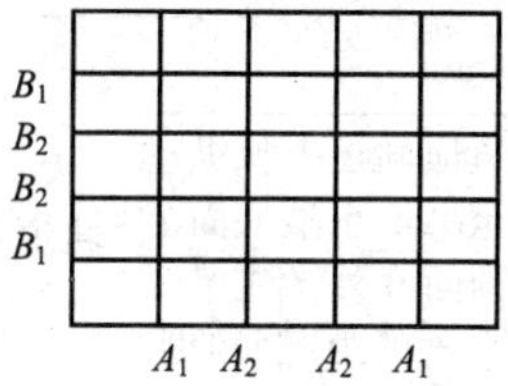

附表 10-3 井式梁的内力计算系数表(3)

梁格布置	$\frac{b}{a}$	A_1梁		A_2梁		B梁	
		M	V	M	V	M	V
4×2 梁格（A_1、A_2、A_1；B）	0.6	0.46	0.71	0.545	0.795	0.035	0.285
	0.8	0.435	0.685	0.555	0.805	0.075	0.325
	1.0	0.415	0.665	0.55	0.80	0.12	0.37
	1.2	0.395	0.645	0.53	0.78	0.18	0.43
	1.4	0.37	0.62	0.505	0.755	0.255	0.505
	1.6	0.345	0.585	0.475	0.725	0.36	0.61

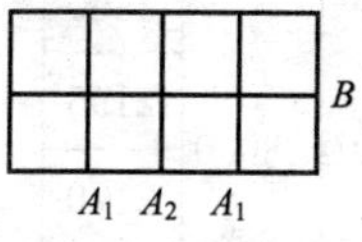

（续）

梁格布置	$\frac{b}{a}$	A_1梁 M	A_1梁 V	A_2梁 M	A_2梁 V	B梁 M	B梁 V
A_1 A_2 A_2 A_1；B	0.6	0.455	0.705	0.53	0.78	0.03	0.28
	0.8	0.425	0.675	0.535	0.785	0.08	0.33
	1.0	0.40	0.65	0.54	0.79	0.12	0.37
	1.2	0.375	0.625	0.54	0.79	0.17	0.42
	1.4	0.36	0.61	0.53	0.78	0.22	0.47
	1.6	0.34	0.59	0.52	0.77	0.28	0.53
A_1 A_2 A_1；B B	0.6	0.82	1.02	1.09	1.34	0.135	0.385
	0.8	0.75	1.00	1.02	1.27	0.24	0.49
	1.0	0.66	0.91	0.91	1.16	0.43	0.635
	1.2	0.55	0.80	0.78	1.03	0.67	0.81
	1.4	0.46	0.71	0.64	0.89	0.90	0.97
	1.6	0.37	0.62	0.52	0.77	1.11	1.12
A_1 A_2 A_2 A_1；B B	0.6	0.79	1.04	1.08	1.33	0.13	0.38
	0.8	0.72	0.97	1.07	1.32	0.21	0.46
	1.0	0.66	0.91	1.02	1.27	0.32	0.57
	1.2	0.60	0.85	0.95	1.20	0.50	0.70
	1.4	0.54	0.79	0.86	1.11	0.74	0.85
	1.6	0.48	0.73	0.76	1.01	1.00	1.01

附表 11 电动桥式吊车数据表

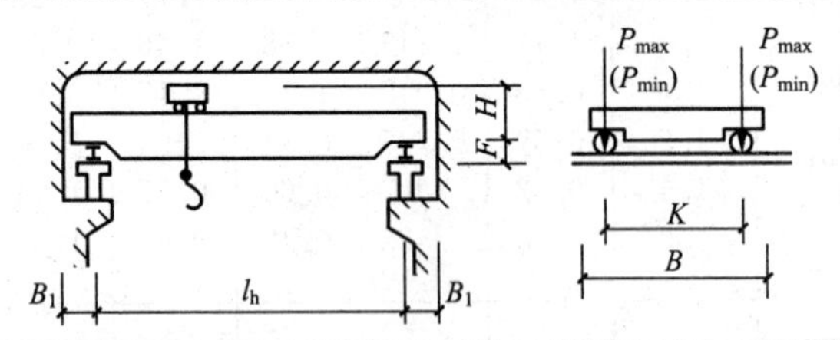

吊车类型	起重量 Q/t	跨度 l_b/m	起升高度/m	吊车工作级别A4 P_{max}/kN	P_{min}/kN	小车重 g/kN	吊车总重/kN	主要尺寸/mm 吊车最大宽度 B	大车轮距 K	大车底面至轨道顶面的距离 F	轨道顶面至吊车顶面的距离 H	轨道中心至吊车外缘的距离 B_1	操纵室底面至主梁底面的距离 h_3	大车轨道重/(kN/m)
单钩桥式吊车	5	10.5	12	64	19	19.9	116	4500	3400	−24	1753.5	230.0	2350	0.38
		13.5		70	22		134			126			2195	
		16.5		76	27.5		157			226			2170	
		22.5		90	41		212	4660	3550	526			2180	
	10	10.5	12	103	18.5	39.0	143	5150	4050	−24	1677.0	230.0	2350	0.43
		13.5		109	22		162			126			2195	
		16.5		117	26		186			226			2170	
		22.5		133	37		240	5290	4050	526			2180	

（续）

吊车类型	起重量 Q /t	跨度 l_b /m	起升高度 /m	吊车工作级别 A4				主要尺寸/mm						大车轨道重 /(kN/m)
				P_{max} /kN	P_{min} /kN	小车重 g /kN	吊车总重 /kN	吊车最大宽度 B	大车轮距 K	大车底面至轨道顶面的距离 F	轨道顶面至吊车顶面的距离 H	轨道中心至吊车外缘的距离 B_1	操纵室底面至主梁底面的距离 h_3	
双钩桥式吊车	15/3	10.5	12/14	135	41.5	73.2	203	5660	4400	80	2047	230	2290	0.43
		13.5		145	40		220			80			2290	
		16.5		155	42		244			180			2170	
		22.5		176	55		312			390	2137		2180	
	20/5	10.5	12/14	158	46.5	77.2	209	5600	4400	80	2046	230	2280	0.43
		13.5		169	45		228			84			2280	
		16.5		180	16.5		253			184			2170	
		22.5		202	60		324			392	2136	260	2180	

注：表内数值均为标准值。

附表 12　部分风荷载体型系数表

<table>
<tr><th>项次</th><th>名称</th><th>体型及体型系数 μ_s</th></tr>
<tr><td>1</td><td>封闭式落地双坡屋面</td><td>

<table>
<tr><th>α</th><th>μ_s</th></tr>
<tr><td>0</td><td>0</td></tr>
<tr><td>30°</td><td>+0.2</td></tr>
<tr><td>≥60°</td><td>+0.8</td></tr>
</table>
中间值按插入法计算</td></tr>
<tr><td>2</td><td>封闭式双坡屋面</td><td>

<table>
<tr><th>α</th><th>μ_s</th></tr>
<tr><td>≤15°</td><td>−0.6</td></tr>
<tr><td>30°</td><td>0</td></tr>
<tr><td>≥60°</td><td>+0.8</td></tr>
</table>
中间值按插入法计算</td></tr>
</table>

（续）

<table>
<tr><th>项次</th><th>名称</th><th>体型及体型系数 μ_s</th></tr>
<tr><td>3</td><td>封闭式落地拱形屋面</td><td><table><tr><th>f/l</th><th>μ_s</th></tr><tr><td>0.1</td><td>+0.1</td></tr><tr><td>0.2</td><td>+0.2</td></tr><tr><td>0.3</td><td>+0.6</td></tr></table>中间值按插入法计算</td></tr>
<tr><td>4</td><td>封闭式拱形屋面</td><td><table><tr><th>f/l</th><th>μ_s</th></tr><tr><td>0.1</td><td>−0.8</td></tr><tr><td>0.2</td><td>0</td></tr><tr><td>0.5</td><td>+0.6</td></tr></table>中间值按插入法计算</td></tr>
<tr><td>5</td><td>封闭式单坡屋面</td><td>迎风坡面的 μ_s 按第 2 项采用</td></tr>
<tr><td>6</td><td>封闭式高低双坡屋面</td><td>迎风坡面的 μ_s 按第 2 项采用</td></tr>
<tr><td>7</td><td>封闭式带天窗的双坡屋面</td><td>带天窗的拱形屋面可按本图采用</td></tr>
<tr><td>8</td><td>封闭式双跨双坡屋面</td><td>迎风坡面的 μ_s 按第 2 项采用</td></tr>
<tr><td>9</td><td>封闭式不等高不等跨的双跨双坡屋面</td><td>迎风坡面的 μ_s 按第 2 项采用</td></tr>
</table>

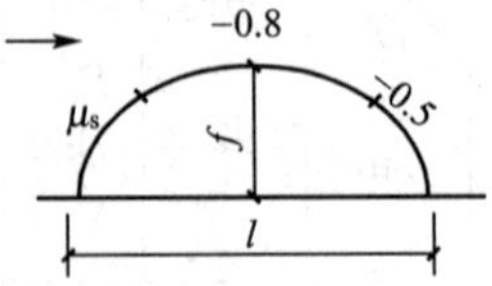

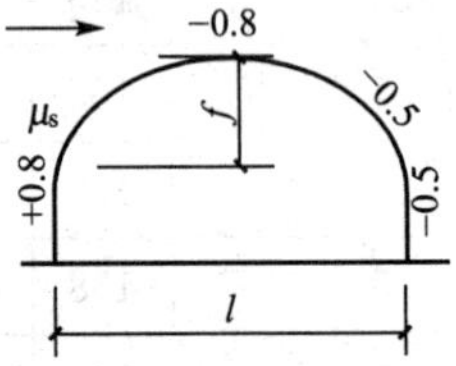

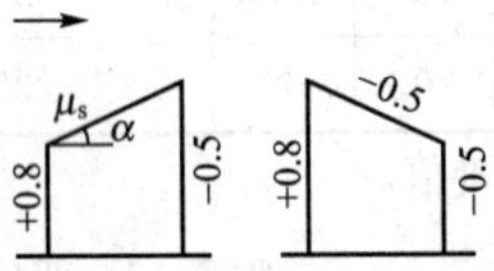

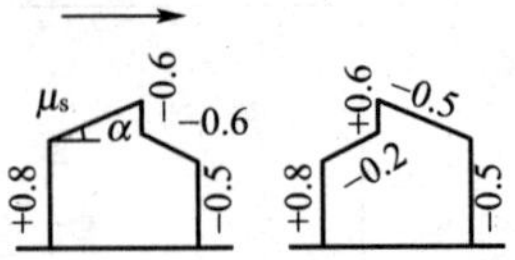

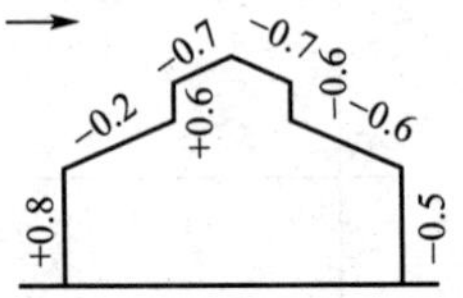

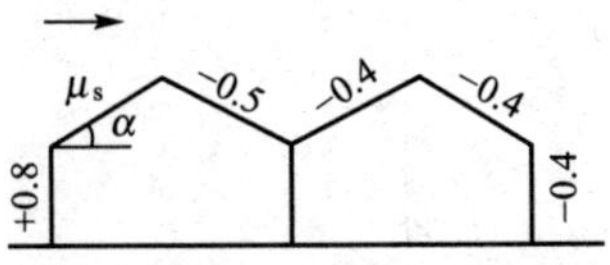

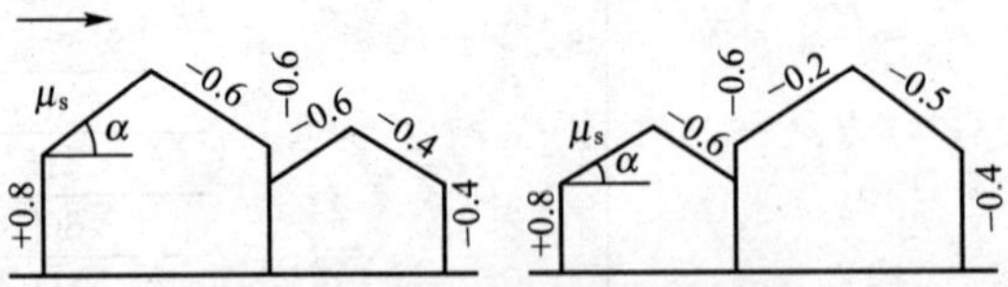

（续）

项次	名称	体型及体型系数 μ_s
10	封闭式不等高不等跨的三跨双坡屋面	迎风坡面的 μ_s 按第 2 项采用；中跨上部迎风墙面的 μ_{s1} 按下式采用： $\mu_{s1}=0.6(1-2h_1/h)$ 但当 $h_1=h$ 时，取 $\mu_{s1}=-0.6$
11	封闭式带天窗带披的双坡屋面	
12	封闭式带天窗带双披的双坡屋面	
13	封闭式不等高不等跨且中跨带天窗的三跨双坡屋面	迎风坡面的 μ_s 按第 2 项采用；中跨上部迎风墙面的 μ_{s1} 按下式采用： $\mu_{s1}=0.6(1-2h_1/h)$ 但当 $h_1=h$ 时，取 $\mu_{s1}=-0.6$
14	封闭式带天窗的双跨双坡屋面	迎风面第 2 跨的天窗面的 μ_s 按下式采用： 当 $a\leqslant 4h$，取 $\mu_s=0.2$；当 $a>4h$，取 $\mu_s=0.6$

（续）

项次	名称	体型及体型系数 μ_s
15	封闭式带女儿墙的双坡屋面	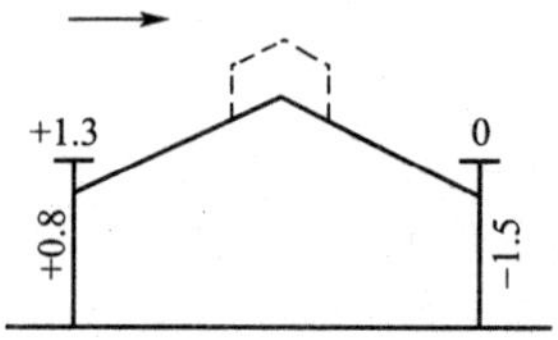 当女儿墙高度有限时，屋面上的体型系数可按无女儿墙屋面采用
16	封闭式带雨篷的双坡屋面	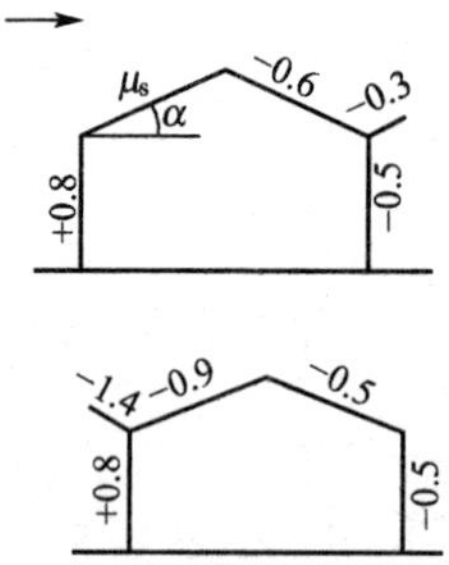 迎风坡面的 μ_s 按第 2 项采用
17	封闭式对立两个带雨篷的双坡屋面	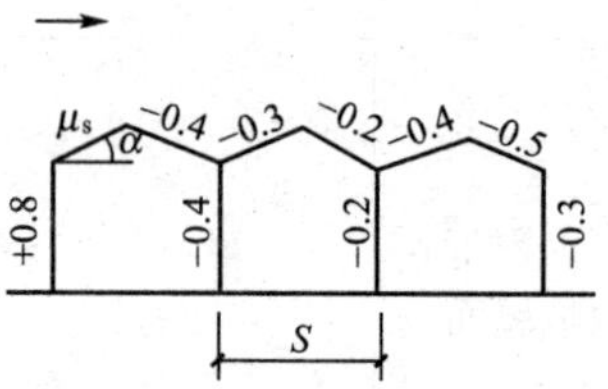 本图适用于 s 为 8～20m 的迎风坡面的 μ_s 按第 2 项采用
18	封闭式带下沉式天窗的双坡屋面或拱形屋面	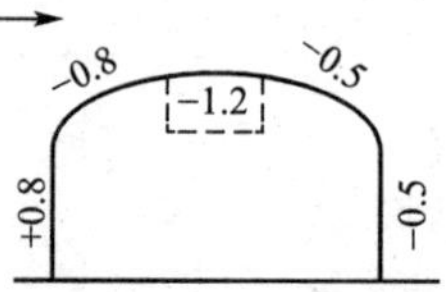
19	封闭式带下沉式天窗的双跨双坡或拱形屋面	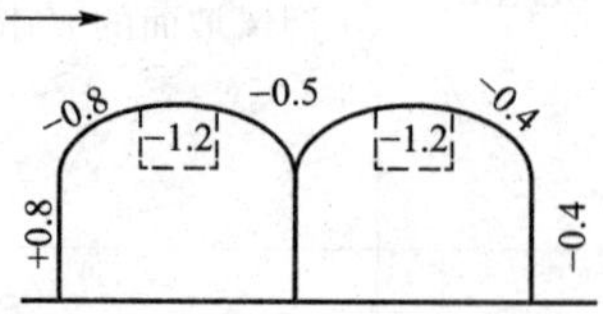
20	封闭式带天窗挡风板的屋面	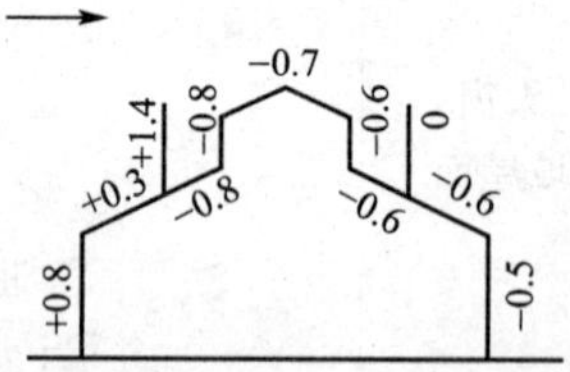

（续）

项次	名称	体型及体型系数 μ_s
21	封闭式带天窗挡风板的双跨屋面	
22	独立墙壁及围墙	
23	封闭式房屋和构筑物	(a) 正多变形(包括矩形)平面 (b) Y形平面 (c) L形平面

（续）

项次	名称	体型及体型系数 μ_s
23	封闭式房屋和构筑物	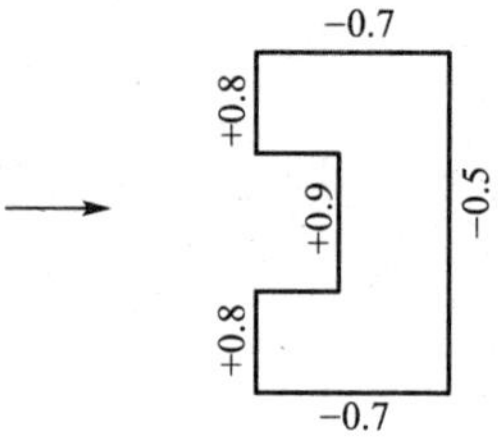 −0.7　+0.8　+0.9　+0.8　−0.5　−0.7 (d) ⊓形平面 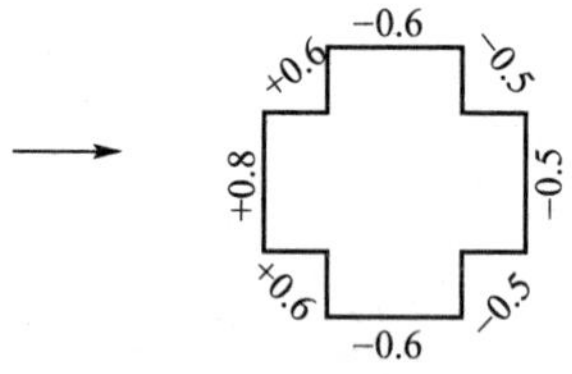 −0.6　+0.6　−0.5　+0.8　−0.5　+0.6　−0.5　−0.6 (e) 十字形平面 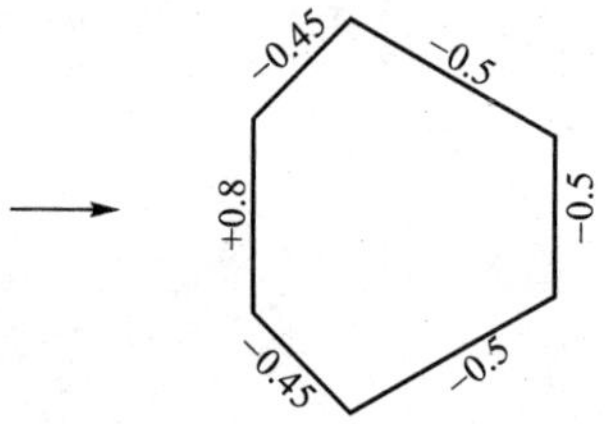 −0.45　−0.5　+0.8　−0.5　−0.45　−0.5 (f) 截角三边形平面

注：① 表图中符号：→表示风向，＋表示压力，－表示吸力；

② 表中的系数未考虑邻近建筑群体的影响。

附表 13　部分风压高度变化系数 μ_z

离地面(或海面)高度/m	地面粗糙变化类别			
	A	B	C	D
5	1.17	1.00	0.74	0.62
10	1.38	1.00	0.74	0.62
15	1.52	1.14	0.74	0.62
20	1.63	1.25	0.84	0.62
30	1.80	1.42	1.00	0.62
40	1.92	1.56	1.13	0.73
50	2.03	1.67	1.25	0.84

注：地面粗糙度分类——A 类指近海海面和海岛、海岸、湖岸及沙漠地区；B 类指田野、乡村、丛林、丘陵以及房屋比较稀疏的乡镇和城市郊区；C 类指有密集建筑群的城市市区；D 类指有密集建筑群且房屋较高的城市市区。

附表 14－1 柱顶单位集中荷载作用下系数 β_0 数值

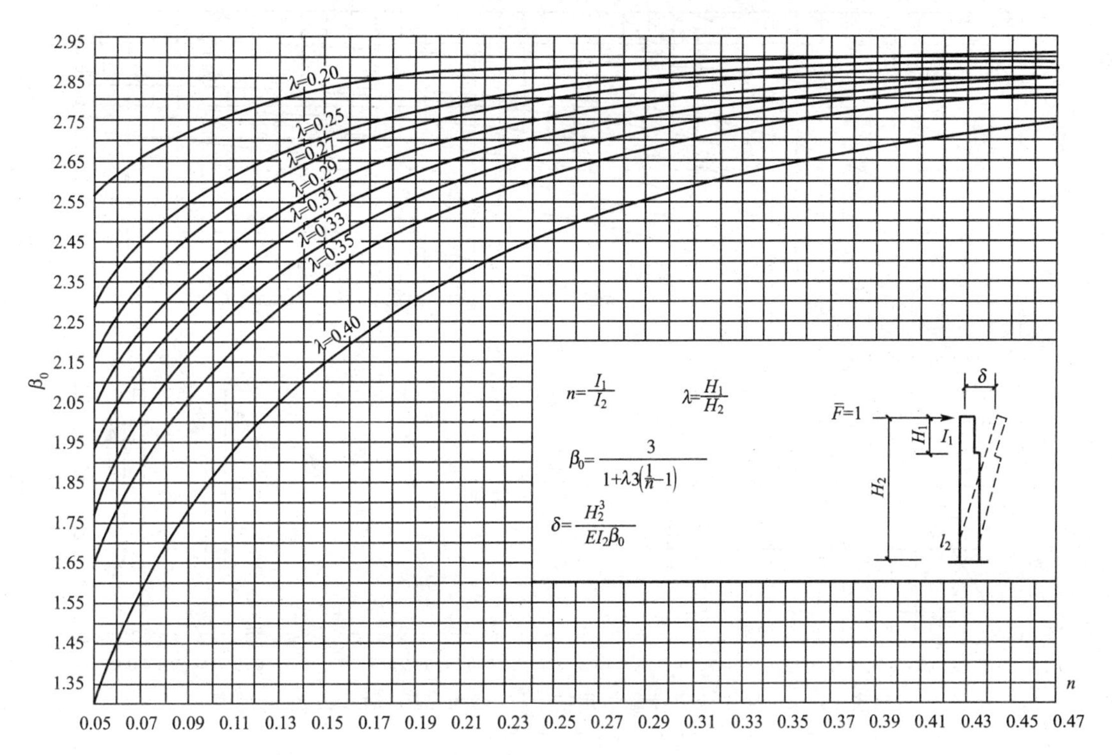

附表 14－2 柱顶力矩作用下系数 β_1 数值

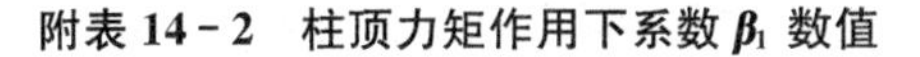

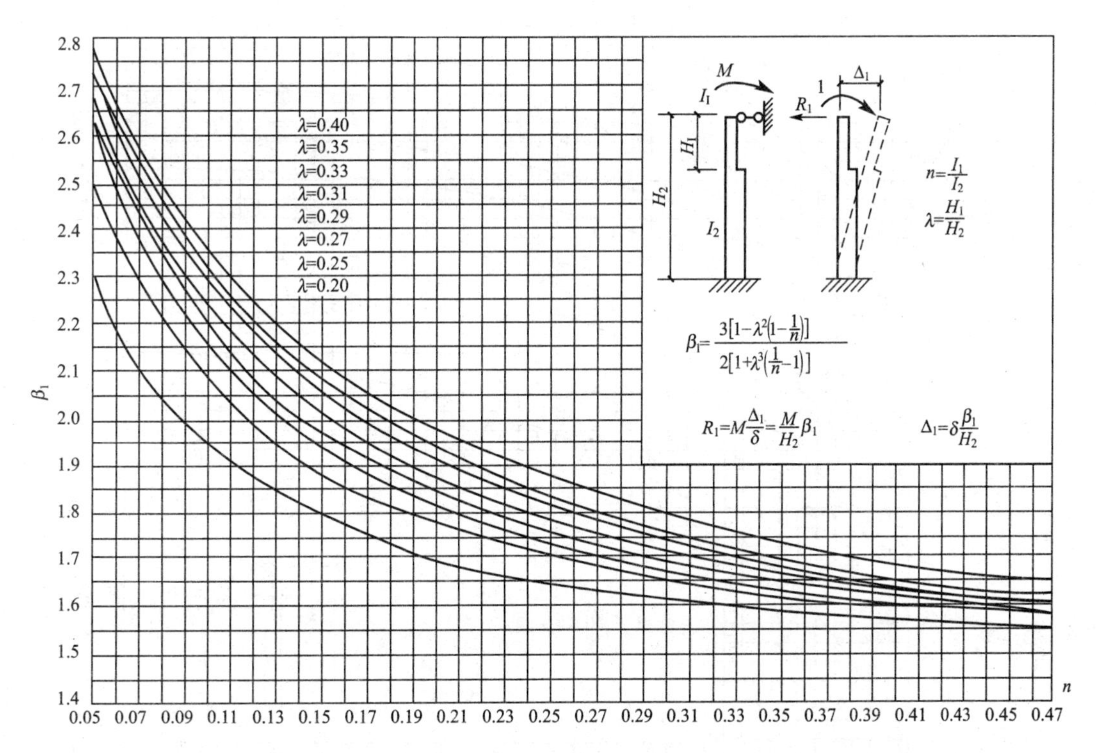

附表 14-3　力矩作用在牛腿顶面时系数 β_2 数值

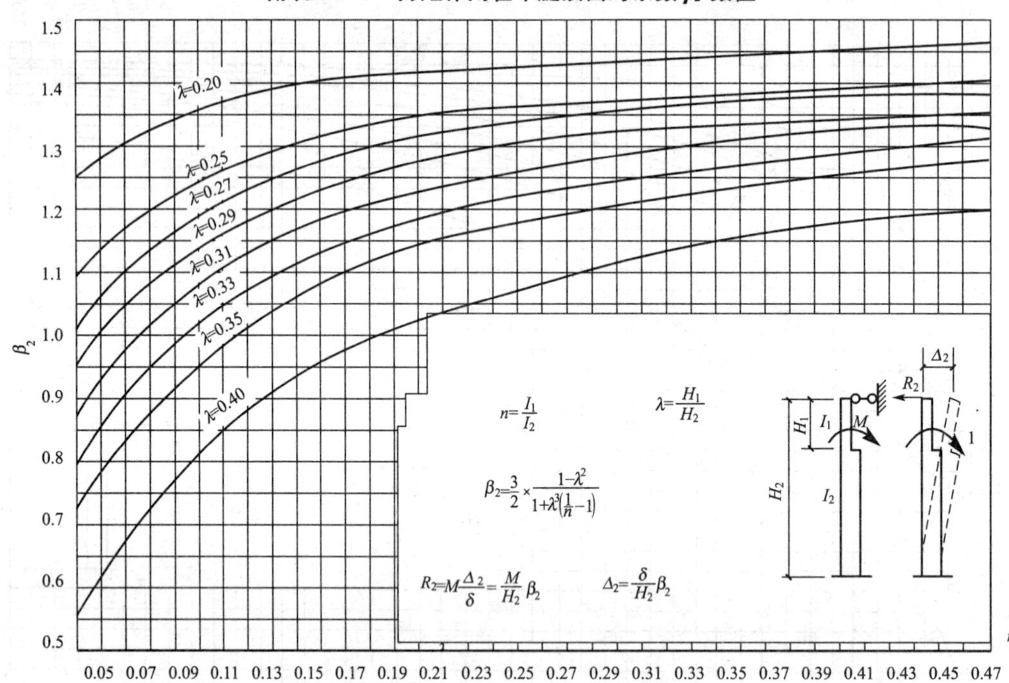

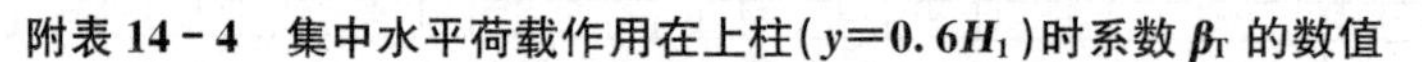

附表 14-4　集中水平荷载作用在上柱($y=0.6H_1$)时系数 β_T 的数值

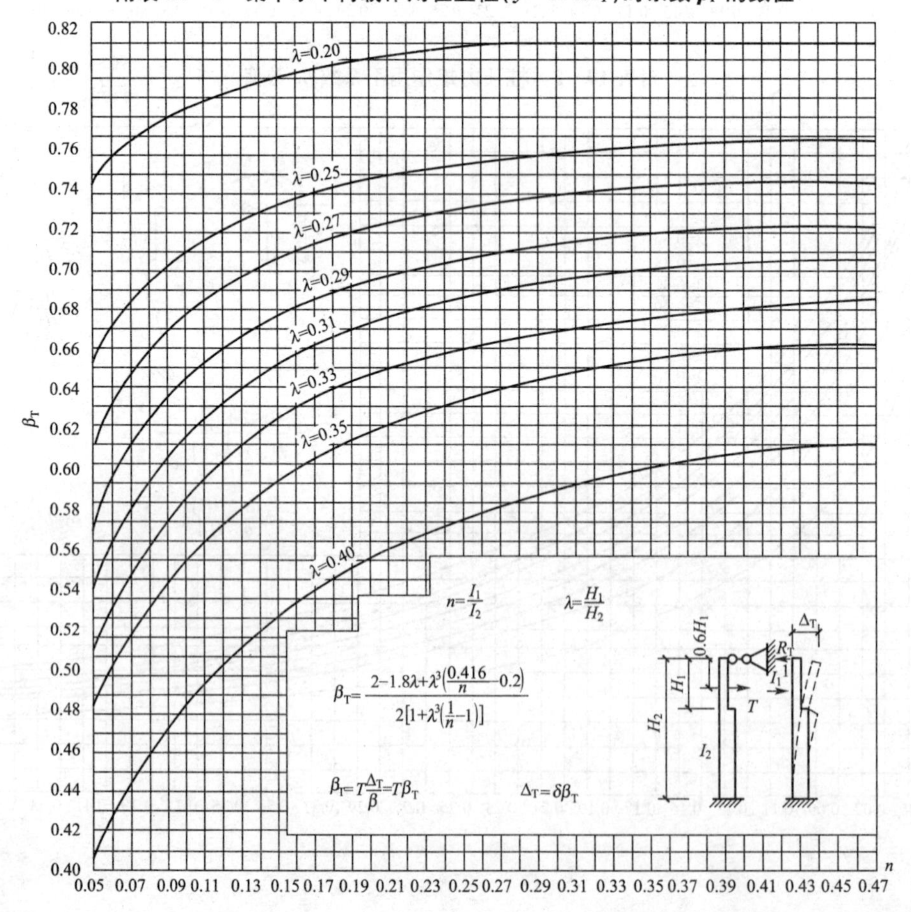

附表 14－5 集中水平荷载作用在上柱（$y=0.7H_1$）时系数 β_T 的数值

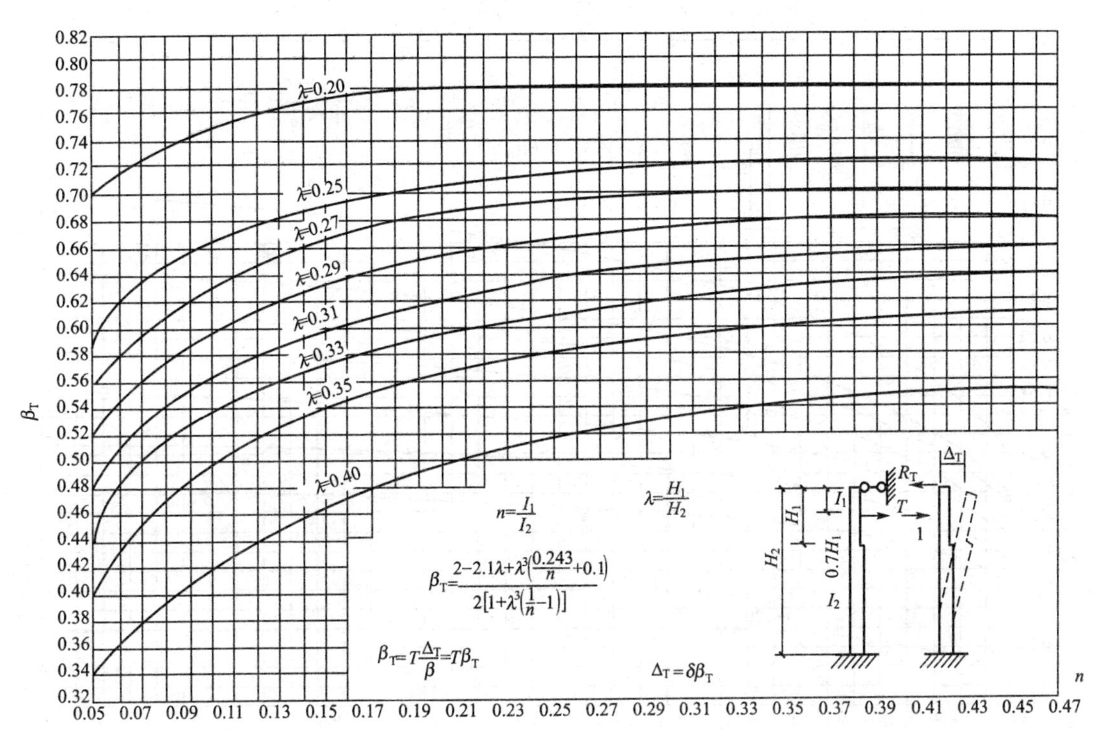

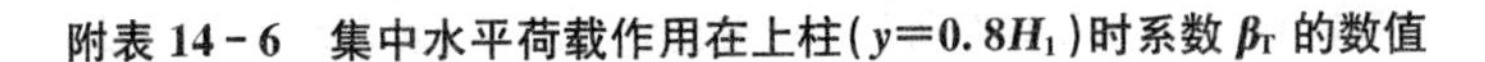

附表 14－6 集中水平荷载作用在上柱（$y=0.8H_1$）时系数 β_T 的数值

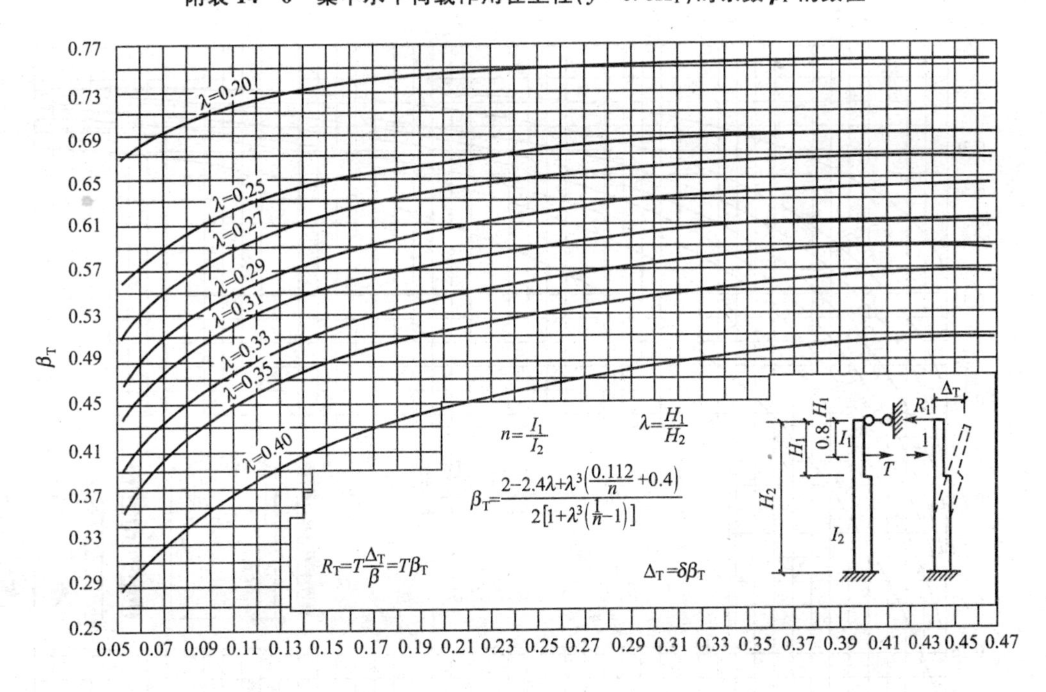

附表 14 - 7　水平均布荷载作用在整个上柱时系数 β_{wu} 的数值

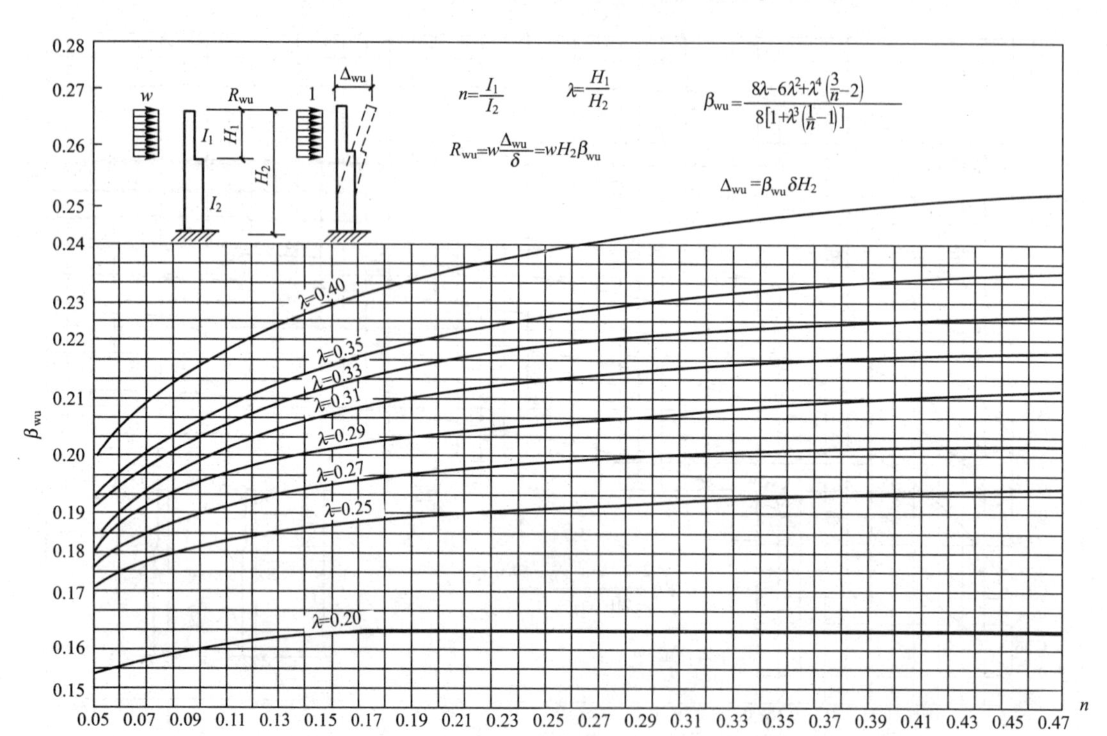

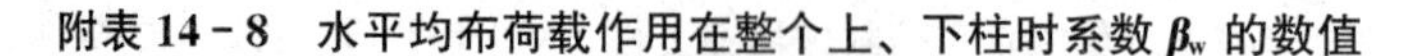
附表 14 - 8　水平均布荷载作用在整个上、下柱时系数 β_w 的数值

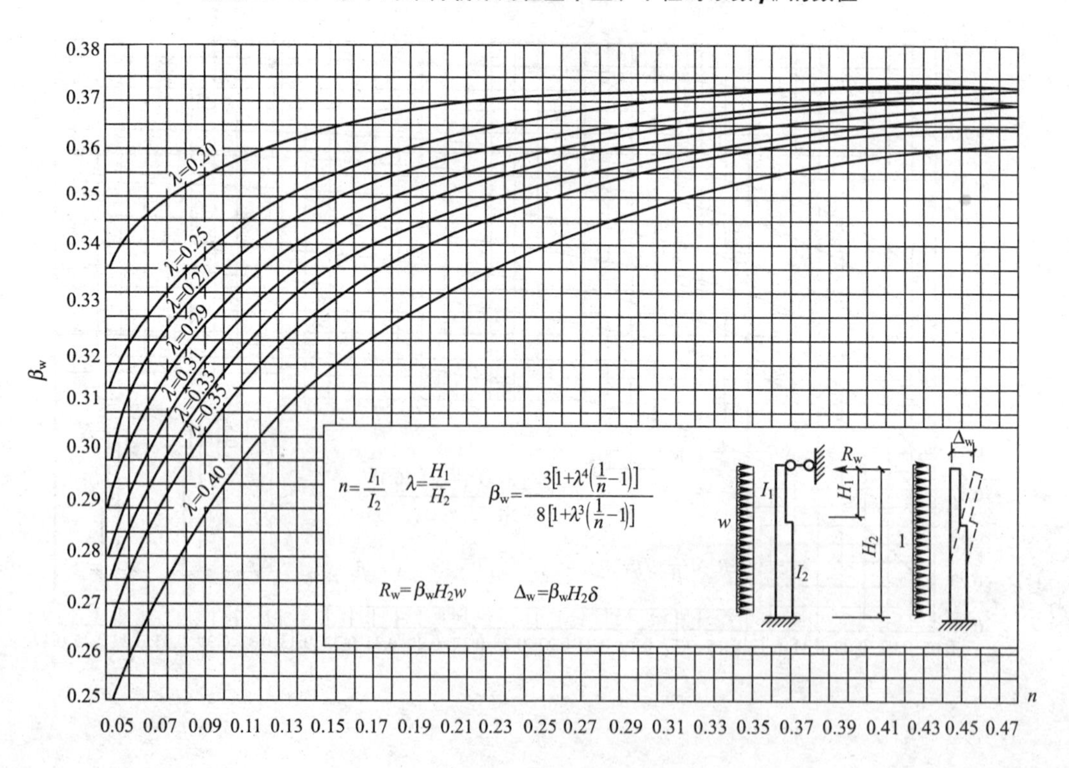

附表 15　梁的等效均布荷载

序号	荷载草图	q_c	序号	荷载草图	q_c
1	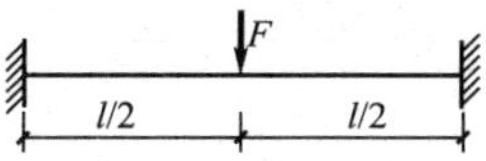 F ; $l/2$　$l/2$	$\frac{3F}{2l}$	12	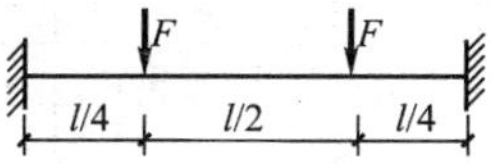 F　F ; $l/4$　$l/2$　$l/4$	$\frac{9F}{4l}$
2	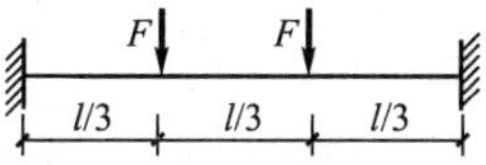 F　F ; $l/3$　$l/3$　$l/3$	$\frac{8F}{3l}$	13	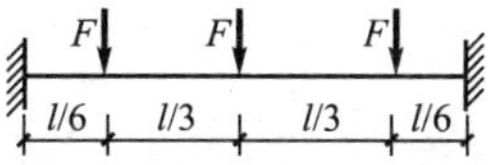 F　F　F ; $l/6$　$l/3$　$l/3$　$l/6$	$\frac{19F}{6l}$
3	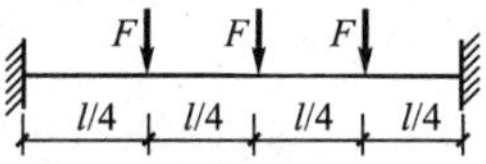 F　F　F ; $l/4$　$l/4$　$l/4$　$l/4$	$\frac{15F}{4l}$	14	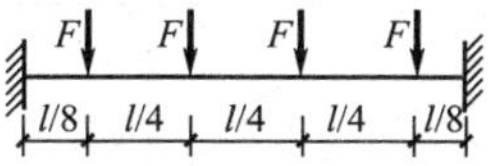 F　F　F　F ; $l/8$　$l/4$　$l/4$　$l/4$　$l/8$	$\frac{33F}{8l}$
4	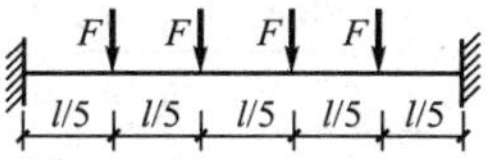 F　F　F　F ; $l/5$　$l/5$　$l/5$　$l/5$　$l/5$	$\frac{24F}{5l}$	15	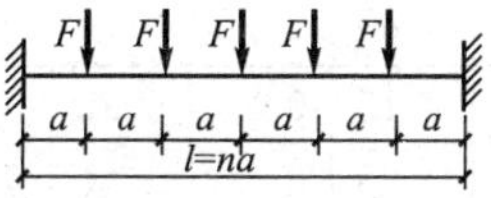 F　F　F　F　F ; a　a　a　a　a　a ; $l=na$	$\frac{(2n^2+1)F}{2nl}$
5	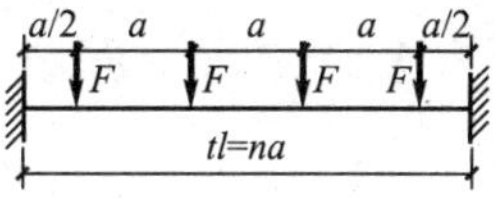 $a/2$　a　a　a　$a/2$; F　F　F　F ; $tl=na$	$\frac{(n^2-1)F}{nl}$	16	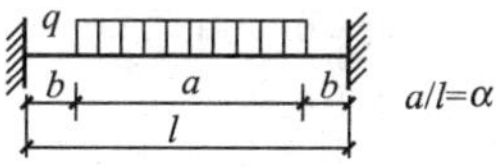 q ; b　a　b ; l ; $a/l=\alpha$	$\frac{\alpha(3-\alpha^2)}{2}q$
6	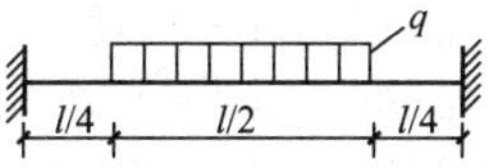 q ; $l/4$　$l/2$　$l/4$	$\frac{11}{16}q$	17	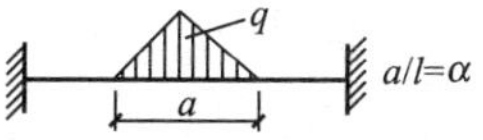 q ; a ; $a/l=\alpha$	$\frac{\alpha}{4}\left(3-\frac{\alpha^2}{2}\right)q$
7	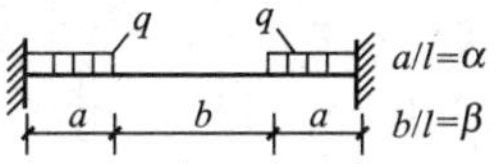 q　q ; a　b　a ; $a/l=\alpha$; $b/l=\beta$	$\frac{2(2+\beta)\alpha^3 q}{l^2}$	18	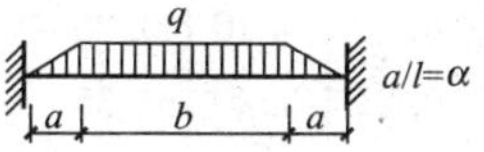 q ; a　b　a ; $a/l=\alpha$	$(1-2\alpha^2+\alpha^3)q$
8	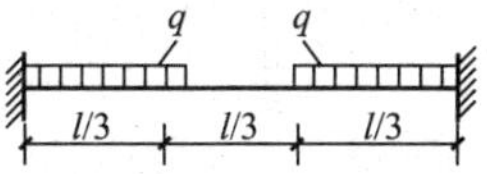 q　q ; $l/3$　$l/3$　$l/3$	$\frac{14}{27}q$		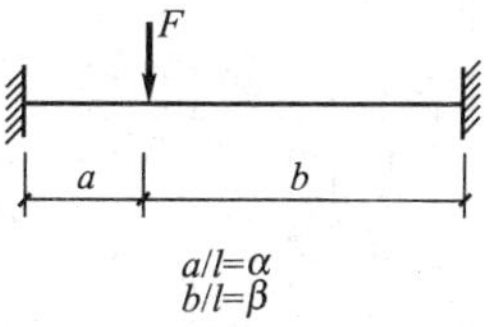	
9	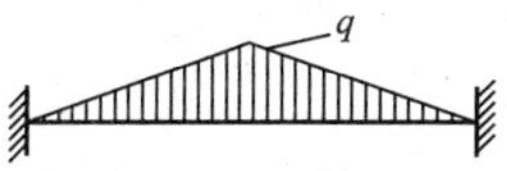 q	$\frac{5}{8}q$	19	F ; a　b ; $a/l=\alpha$; $b/l=\beta$	$q_{1左}=4\beta(1-\beta^2)\frac{p}{l}$; $q_{1右}=4\alpha(1-\alpha^2)\frac{p}{l}$
10	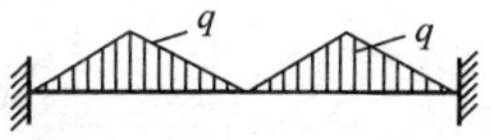 q　q	$\frac{17}{32}q$			
11	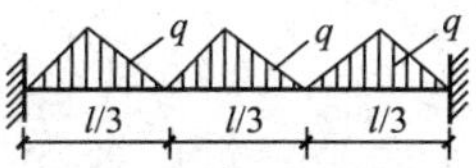 q　q　q ; $l/3$　$l/3$　$l/3$	$\frac{37}{12}q$	20	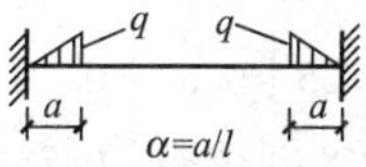 q　q ; a　a ; $\alpha=a/l$	$\alpha(4-3\alpha)q$

附表 16－1　规则框架承受均布水平荷载时的标准反弯点高度比 y_0

m	n \ $\bar{k}$	0.1	0.2	0.3	0.4	0.5	0.6	0.7	0.8	0.9	1.0	2.0	3.0	4.0	5.0
1	1	0.80	0.75	0.70	0.65	0.65	0.60	0.60	0.60	0.60	0.55	0.55	0.55	0.55	0.55
2	2	0.45	0.40	0.35	0.35	0.35	0.35	0.40	0.40	0.40	0.40	0.45	0.45	0.45	0.45
	1	0.95	0.80	0.75	0.70	0.65	0.65	0.65	0.60	0.60	0.60	0.55	0.55	0.55	0.50
3	3	0.15	0.20	0.20	0.25	0.30	0.30	0.30	0.35	0.35	0.35	0.40	0.45	0.45	0.45
	2	0.55	0.50	0.45	0.45	0.45	0.45	0.45	0.45	0.45	0.45	0.45	0.50	0.50	0.50
	1	1.00	0.85	0.80	0.75	0.70	0.70	0.65	0.65	0.65	0.60	0.55	0.55	0.55	0.55
4	4	−0.05	0.05	0.15	0.20	0.25	0.30	0.30	0.35	0.35	0.35	0.40	0.45	0.45	0.45
	3	0.25	0.30	0.30	0.35	0.35	0.40	0.40	0.40	0.40	0.45	0.45	0.50	0.50	0.50
	2	0.65	0.55	0.50	0.50	0.45	0.45	0.45	0.45	0.45	0.45	0.50	0.50	0.50	0.50
	1	1.10	0.90	0.80	0.75	0.70	0.70	0.60	0.65	0.65	0.60	0.55	0.55	0.55	0.55
5	5	−0.20	0.00	0.15	0.20	0.25	0.30	0.30	0.30	0.35	0.35	0.40	0.45	0.45	0.45
	4	0.10	0.20	0.25	0.30	0.35	0.35	0.40	0.40	0.40	0.40	0.45	0.45	0.50	0.50
	3	0.40	0.40	0.40	0.40	0.40	0.45	0.45	0.45	0.45	0.45	0.50	0.50	0.50	0.50
	2	0.65	0.55	0.50	0.50	0.50	0.50	0.50	0.50	0.50	0.50	0.50	0.50	0.50	0.50
	1	1.20	0.95	0.80	0.75	0.75	0.70	0.70	0.65	0.65	0.65	0.55	0.55	0.55	0.55
6	6	−0.30	0.00	0.10	0.20	0.25	0.25	0.30	0.30	0.35	0.35	0.40	0.45	0.45	0.45
	5	0.00	0.20	0.25	0.30	0.35	0.35	0.40	0.40	0.40	0.40	0.45	0.45	0.50	0.50
	4	0.20	0.30	0.35	0.35	0.40	0.40	0.40	0.45	0.45	0.45	0.45	0.50	0.50	0.50
	3	0.40	0.40	0.40	0.45	0.45	0.45	0.45	0.45	0.45	0.45	0.50	0.50	0.50	0.50
	2	0.70	0.60	0.55	0.50	0.50	0.50	0.50	0.50	0.50	0.50	0.50	0.50	0.50	0.50
	1	1.20	0.95	0.85	0.80	0.75	0.70	0.70	0.65	0.65	0.65	0.55	0.55	0.55	0.55
7	7	−0.35	−0.05	0.10	0.20	0.20	0.25	0.30	0.30	0.35	0.35	0.40	0.45	0.45	0.45
	6	−0.10	0.15	0.25	0.30	0.35	0.35	0.35	0.40	0.40	0.40	0.45	0.45	0.50	0.50
	5	0.10	0.25	0.30	0.35	0.40	0.40	0.40	0.45	0.45	0.45	0.45	0.50	0.50	0.50
	4	0.30	0.35	0.40	0.40	0.40	0.45	0.45	0.45	0.45	0.45	0.50	0.50	0.50	0.50
	3	0.50	0.45	0.45	0.45	0.45	0.45	0.45	0.45	0.45	0.45	0.50	0.50	0.50	0.50
	2	0.75	0.60	0.55	0.50	0.50	0.50	0.50	0.50	0.50	0.50	0.50	0.50	0.50	0.50
	1	1.20	0.95	0.85	0.80	0.75	0.70	0.70	0.65	0.65	0.65	0.55	0.55	0.55	0.55
8	8	−0.35	−0.15	0.10	0.15	0.25	0.25	0.30	0.30	0.35	0.35	0.40	0.45	0.45	0.45
	7	−0.10	0.15	0.25	0.30	0.35	0.35	0.40	0.40	0.40	0.40	0.45	0.50	0.50	0.50
	6	0.05	0.25	0.30	0.35	0.40	0.40	0.40	0.45	0.45	0.45	0.45	0.50	0.50	0.50
	5	0.20	0.30	0.35	0.40	0.40	0.45	0.45	0.45	0.45	0.45	0.50	0.50	0.50	0.50
	4	0.35	0.40	0.40	0.45	0.45	0.45	0.45	0.45	0.45	0.45	0.50	0.50	0.50	0.50
	3	0.50	0.45	0.45	0.45	0.45	0.45	0.45	0.45	0.50	0.50	0.50	0.50	0.50	0.50
	2	0.75	0.60	0.55	0.55	0.50	0.50	0.50	0.50	0.50	0.50	0.50	0.50	0.50	0.50
	1	1.20	1.00	0.85	0.80	0.75	0.70	0.70	0.65	0.65	0.65	0.55	0.55	0.55	0.55

（续）

m	n \ $\bar{k}$	0.1	0.2	0.3	0.4	0.5	0.6	0.7	0.8	0.9	1.0	2.0	3.0	4.0	5.0
9	9	−0.40	−0.05	0.10	0.20	0.25	0.25	0.30	0.30	0.35	0.35	0.45	0.45	0.45	0.45
	8	−0.15	0.15	0.25	0.30	0.35	0.35	0.35	0.40	0.40	0.40	0.45	0.45	0.50	0.50
	7	0.05	0.25	0.30	0.35	0.40	0.40	0.40	0.45	0.45	0.45	0.45	0.50	0.50	0.50
	6	0.15	0.30	0.35	0.40	0.40	0.45	0.45	0.45	0.45	0.45	0.50	0.50	0.50	0.50
	5	0.25	0.35	0.40	0.40	0.45	0.45	0.45	0.45	0.45	0.45	0.50	0.50	0.50	0.50
	4	0.40	0.40	0.40	0.45	0.45	0.45	0.45	0.45	0.45	0.45	0.50	0.50	0.50	0.50
	3	0.55	0.45	0.45	0.45	0.45	0.45	0.45	0.45	0.50	0.50	0.50	0.50	0.50	0.50
	2	0.80	0.65	0.55	0.55	0.50	0.50	0.50	0.50	0.50	0.50	0.50	0.50	0.50	0.50
	1	1.20	1.00	0.85	0.80	0.75	0.70	0.70	0.65	0.65	0.65	0.55	0.55	0.55	0.55
10	10	−0.40	−0.05	0.10	0.20	0.25	0.30	0.30	0.30	0.30	0.35	0.40	0.45	0.45	0.45
	9	−0.15	0.15	0.25	0.30	0.35	0.35	0.40	0.40	0.40	0.40	0.45	0.45	0.50	0.50
	8	0.00	0.25	0.30	0.35	0.40	0.40	0.40	0.45	0.45	0.45	0.45	0.50	0.50	0.50
	7	0.10	0.30	0.35	0.40	0.40	0.40	0.45	0.45	0.45	0.45	0.50	0.50	0.50	0.50
	6	0.20	0.35	0.40	0.40	0.45	0.45	0.45	0.45	0.45	0.45	0.50	0.50	0.50	0.50
	5	0.30	0.40	0.40	0.45	0.45	0.45	0.45	0.45	0.45	0.50	0.50	0.50	0.50	0.50
	4	0.40	0.40	0.45	0.45	0.45	0.45	0.45	0.45	0.45	0.50	0.50	0.50	0.50	0.50
	3	0.55	0.50	0.45	0.45	0.45	0.50	0.50	0.50	0.50	0.50	0.50	0.50	0.50	0.50
	2	0.80	0.65	0.55	0.55	0.55	0.50	0.50	0.50	0.50	0.50	0.50	0.50	0.50	0.50
	1	1.30	1.00	0.85	0.80	0.75	0.70	0.70	0.65	0.65	0.65	0.60	0.55	0.55	0.55
11	11	−0.40	−0.05	0.10	0.20	0.25	0.30	0.30	0.30	0.35	0.35	0.40	0.45	0.45	0.45
	10	−0.15	0.15	0.25	0.30	0.35	0.35	0.40	0.40	0.40	0.40	0.45	0.45	0.50	0.50
	9	0.00	0.25	0.30	0.35	0.40	0.40	0.40	0.45	0.45	0.45	0.45	0.50	0.50	0.50
	8	0.10	0.30	0.35	0.40	0.40	0.45	0.45	0.45	0.45	0.45	0.50	0.50	0.50	0.50
	7	0.20	0.35	0.40	0.45	0.45	0.45	0.45	0.45	0.45	0.45	0.50	0.50	0.50	0.50
	6	0.25	0.35	0.40	0.45	0.45	0.45	0.45	0.45	0.45	0.45	0.50	0.50	0.50	0.50
	5	0.35	0.40	0.40	0.45	0.45	0.45	0.45	0.45	0.45	0.50	0.50	0.50	0.50	0.50
	4	0.40	0.45	0.45	0.45	0.45	0.45	0.45	0.50	0.50	0.50	0.50	0.50	0.50	0.50
	3	0.55	0.50	0.50	0.50	0.50	0.50	0.50	0.50	0.50	0.50	0.50	0.50	0.50	0.50
	2	0.80	0.65	0.60	0.55	0.55	0.50	0.50	0.50	0.50	0.50	0.50	0.50	0.50	0.50
	1	1.30	1.00	0.85	0.80	0.75	0.70	0.70	0.65	0.65	0.65	0.60	0.55	0.55	0.55
12及以上	↓1	−0.40	−0.05	0.10	0.20	0.25	0.30	0.30	0.30	0.35	0.35	0.40	0.45	0.45	0.45
	2	−0.15	0.15	0.25	0.30	0.35	0.35	0.40	0.40	0.40	0.40	0.45	0.45	0.50	0.50
	3	0.00	0.25	0.30	0.35	0.40	0.40	0.40	0.45	0.45	0.45	0.50	0.50	0.50	0.50
	4	0.10	0.30	0.35	0.40	0.40	0.45	0.45	0.45	0.45	0.45	0.50	0.50	0.50	0.50
	5	0.20	0.35	0.40	0.40	0.45	0.45	0.45	0.45	0.45	0.45	0.50	0.50	0.50	0.50
	6	0.25	0.35	0.40	0.45	0.45	0.45	0.45	0.45	0.45	0.45	0.50	0.50	0.50	0.50
	7	0.30	0.40	0.40	0.45	0.45	0.45	0.45	0.45	0.50	0.50	0.50	0.50	0.50	0.50
	8	0.35	0.40	0.45	0.45	0.45	0.45	0.45	0.50	0.50	0.50	0.50	0.50	0.50	0.50
	中间	0.40	0.40	0.45	0.45	0.45	0.45	0.50	0.50	0.50	0.50	0.50	0.50	0.50	0.50
	4	0.45	0.45	0.45	0.15	0.50	0.50	0.50	0.50	0.50	0.50	0.50	0.50	0.50	0.50
	3	0.60	0.50	0.50	0.50	0.50	0.50	0.50	0.50	0.50	0.50	0.50	0.50	0.50	0.50
	2	0.80	0.65	0.60	0.55	0.55	0.50	0.50	0.50	0.50	0.50	0.50	0.50	0.50	0.50
	↑1	1.30	1.00	0.85	0.80	0.75	0.70	0.70	0.65	0.65	0.65	0.55	0.55	0.55	0.55

附表 16－2　规则框架承受倒三角形水平作用时的标准反弯点高度比 γ_0

m	n \ $\bar{k}$	0.1	0.2	0.3	0.4	0.5	0.6	0.7	0.8	0.9	1.0	2.0	3.0	4.0	5.0
1	1	0.80	0.75	0.70	0.65	0.65	0.60	0.60	0.60	0.60	0.55	0.55	0.55	0.55	0.55
2	2	0.50	0.45	0.40	0.40	0.40	0.40	0.40	0.40	0.40	0.45	0.45	0.45	0.45	0.50
	1	1.00	0.85	0.25	0.70	0.65	0.65	0.65	0.65	0.60	0.60	0.55	0.55	0.55	0.55
3	3	0.25	0.25	0.25	0.30	0.30	0.35	0.35	0.35	0.40	0.40	0.45	0.45	0.45	0.50
	2	0.60	0.50	0.50	0.50	0.50	0.45	0.45	0.45	0.45	0.45	0.50	0.50	0.55	0.50
	1	1.15	0.90	0.80	0.75	0.75	0.70	0.70	0.65	0.65	0.65	0.55	0.55	0.55	0.55
4	4	0.10	0.15	0.20	0.25	0.30	0.35	0.35	0.35	0.35	0.40	0.45	0.45	0.45	0.45
	3	0.35	0.35	0.35	0.40	0.40	0.40	0.40	0.45	0.45	0.45	0.45	0.50	0.50	0.50
	2	0.70	0.60	0.55	0.50	0.50	0.50	0.50	0.50	0.50	0.50	0.50	0.50	0.50	0.50
	1	1.20	0.95	0.85	0.80	0.75	0.70	0.70	0.65	0.65	0.65	0.55	0.55	0.55	0.55
5	5	−0.05	0.10	0.20	0.25	0.30	0.30	0.35	0.35	0.35	0.35	0.40	0.45	0.45	0.45
	4	0.20	0.25	0.35	0.35	0.40	0.40	0.40	0.40	0.45	0.45	0.45	0.50	0.50	0.50
	3	0.45	0.40	0.45	0.45	0.45	0.45	0.45	0.45	0.45	0.50	0.50	0.50	0.50	0.50
	2	0.75	0.60	0.55	0.55	0.55	0.50	0.50	0.50	0.50	0.50	0.50	0.50	0.50	0.50
	1	1.30	1.00	0.85	0.80	0.75	0.70	0.70	0.65	0.65	0.65	0.60	0.55	0.55	0.55
6	6	−0.15	0.05	0.15	0.20	0.25	0.30	0.30	0.35	0.35	0.35	0.40	0.45	0.45	0.45
	5	0.10	0.25	0.30	0.35	0.35	0.40	0.40	0.40	0.45	0.45	0.45	0.50	0.50	0.50
	4	0.30	0.35	0.40	0.40	0.45	0.45	0.45	0.45	0.45	0.45	0.50	0.50	0.50	0.50
	3	0.50	0.45	0.45	0.45	0.45	0.45	0.45	0.45	0.45	0.50	0.50	0.50	0.50	0.50
	2	0.80	0.65	0.55	0.55	0.55	0.55	0.50	0.50	0.50	0.50	0.50	0.50	0.50	0.50
	1	1. 30	1.00	0.85	0.80	0.75	0.70	0.70	0.65	0.65	0.65	0.60	0.55	0.55	0.55
7	7	−0.20	0.05	0.15	0.20	0.25	0.30	0.30	0.35	0.35	0.35	0.45	0.45	0.45	0.45
	6	0.05	0.20	0.30	0.35	0.35	0.40	0.40	0.40	0.40	0.45	0.45	0.50	0.50	0.50
	5	0.20	0.30	0.35	0.40	0.40	0.45	0.45	0.45	0.45	0.45	0.50	0.50	0.50	0.50
	4	0.35	0.40	0.40	0.45	0.45	0.45	0.45	0.45	0.45	0.45	0.50	0.50	0.50	0.50
	3	0.55	0.50	0.50	0.50	0.50	0.50	0.50	0.50	0.50	0.50	0.50	0.50	0.50	0.50
	2	0.80	0.65	0.60	0.55	0.55	0.55	0.50	0.50	0.50	0.50	0.50	0.50	0.50	0.50
	1	1.30	1.00	0.90	0.80	0.75	0.70	0.70	0.70	0.65	0.65	0.60	0.55	0.55	0.55
8	8	−0.20	0.05	0.15	0.20	0.25	0.30	0.30	0.35	0.35	0.35	0.45	0.45	0.45	0.45
	7	0.00	0.20	0.30	0.35	0.35	0.40	0.40	0.40	0.40	0.45	0.50	0.50	0.50	0.50
	6	0.15	0.30	0.35	0.40	0.40	0.45	0.45	0.45	0.45	0.45	0.50	0.50	0.50	0.50
	5	0.30	0.35	0.40	0.45	0.45	0.45	0.45	0.45	0.45	0.45	0.50	0.50	0.50	0.50
	4	0.40	0.45	0.45	0.45	0.45	0.45	0.45	0.50	0.50	0.50	0.50	0.50	0.50	0.50
	3	0.60	0.50	0.50	0.50	0.50	0.50	0.50	0.50	0.50	0.50	0.50	0.50	0.50	0.50
	2	0.85	0.65	0.60	0.55	0.55	0.55	0.50	0.50	0.50	0.50	0.50	0.50	0.50	0.50
	1	1.30	1.00	0.90	0.80	0.75	0.70	0.70	0.70	0.65	0.65	0.60	0.55	0.55	0.55
9	9	−0.25	0.00	0.15	0.20	0.25	0.30	0.30	0.35	0.35	0.40	0.45	0.45	0.45	0.45
	8	0.00	0.20	0.30	0.35	0.35	0.40	0.40	0.40	0.40	0.45	0.45	0.50	0.50	0.50
	7	0.15	0.30	0.35	0.40	0.40	0.45	0.45	0.45	0.45	0.45	0.50	0.50	0.50	0.50
	6	0.25	0.35	0.40	0.40	0.45	0.45	0.45	0.45	0.45	0.50	0.50	0.50	0.50	0.50
	5	0.35	0.40	0.45	0.45	0.45	0.45	0.45	0.45	0.50	0.50	0.50	0.50	0.50	0.50
	4	0.45	0.45	0.45	0.45	0.45	0.50	0.50	0.50	0.50	0.50	0.50	0.50	0.50	0.50
	3	0.60	0.50	0.50	0.50	0.50	0.50	0.50	0.50	0.50	0.50	0.50	0.50	0.50	0.50
	2	0.85	0.65	0.60	0.55	0.55	0.55	0.55	0.50	0.50	0.50	0.50	0.50	0.50	0.50
	1	1.35	1.00	0.90	0.80	0.75	0.75	0.70	0.70	0.65	0.65	0.60	0.55	0.55	0.55

（续）

m	n \ $\bar{k}$	0.1	0.2	0.3	0.4	0.5	0.6	0.7	0.8	0.9	1.0	2.0	3.0	4.0	5.0
10	10	−0.25	0.00	0.15	0.20	0.25	0.30	0.30	0.35	0.35	0.40	0.45	0.45	0.45	0.45
	9	−0.05	0.20	0.30	0.35	0.35	0.40	0.40	0.40	0.40	0.45	0.45	0.50	0.50	0.50
	8	0.10	0.30	0.35	0.40	0.40	0.40	0.45	0.45	0.45	0.45	0.50	0.50	0.50	0.50
	7	0.20	0.35	0.40	0.40	0.45	0.45	0.45	0.45	0.45	0.50	0.50	0.50	0.50	0.50
	6	0.30	0.40	0.40	0.45	0.45	0.45	0.45	0.45	0.45	0.50	0.50	0.50	0.50	0.50
	5	0.40	0.45	0.45	0.45	0.45	0.45	0.45	0.50	0.50	0.50	0.50	0.50	0.50	0.50
	4	0.50	0.45	0.45	0.45	0.50	0.50	0.50	0.50	0.50	0.50	0.50	0.50	0.50	0.50
	3	0.60	0.55	0.50	0.50	0.50	0.50	0.50	0.50	0.50	0.50	0.50	0.50	0.50	0.50
	2	0.85	0.65	0.60	0.55	0.55	0.55	0.55	0.50	0.50	0.50	0.50	0.50	0.50	0.50
	1	1.35	1.00	0.90	0.80	0.75	0.75	0.70	0.70	0.65	0.65	0.60	0.55	0.55	0.55
11	11	−0.25	0.00	0.15	0.20	0.25	0.30	0.30	0.30	0.35	0.35	0.45	0.45	0.45	0.45
	10	0.05	0.20	0.25	0.30	0.35	0.40	0.40	0.40	0.40	0.45	0.45	0.50	0.50	0.50
	9	0.10	0.30	0.35	0.40	0.40	0.40	0.45	0.45	0.45	0.45	0.50	0.50	0.50	0.50
	8	0.20	0.35	0.40	0.40	0.45	0.45	0.45	0.45	0.45	0.45	0.50	0.50	0.50	0.50
	7	0.25	0.40	0.40	0.45	0.45	0.45	0.45	0.45	0.45	0.50	0.50	0.50	0.50	0.50
	6	0.35	0.40	0.45	0.45	0.45	0.45	0.45	0.50	0.50	0.50	0.50	0.50	0.50	0.50
	5	0.40	0.44	0.45	0.45	0.45	0.50	0.50	0.50	0.50	0.50	0.50	0.50	0.50	0.50
	4	0.50	0.50	0.50	0.50	0.50	0.50	0.50	0.50	0.50	0.50	0.50	0.50	0.50	0.50
	3	0.65	0.55	0.50	0.50	0.50	0.50	0.50	0.50	0.50	0.50	0.50	0.50	0.50	0.50
	2	0.85	0.65	0.60	0.55	0.50	0.55	0.50	0.50	0.50	0.50	0.50	0.50	0.50	0.50
	1	1.35	1.50	0.90	0.80	0.75	0.75	0.70	0.70	0.65	0.65	0.60	0.55	0.55	0.55
12层以上	1	−0.30	0.00	0.15	0.20	0.25	0.30	0.30	0.30	0.35	0.35	0.40	0.45	0.45	0.45
	自 2	−0.10	0.20	0.25	0.30	0.35	0.40	0.40	0.40	0.40	0.40	0.45	0.45	0.45	0.50
	上 3	0.05	0.25	0.35	0.40	0.40	0.40	0.45	0.45	0.45	0.45	0.45	0.50	0.50	0.50
	4	0.15	0.30	0.40	0.40	0.45	0.45	0.45	0.45	0.45	0.45	0.45	0.50	0.50	0.50
	5	0.25	0.35	0.40	0.45	0.45	0.45	0.45	0.45	0.45	0.45	0.50	0.50	0.50	0.50
	6	0.30	0.40	0.40	0.45	0.45	0.45	0.45	0.45	0.45	0.45	0.50	0.50	0.50	0.50
	7	0.35	0.40	0.40	0.45	0.45	0.45	0.50	0.50	0.50	0.50	0.50	0.50	0.50	0.50
	8	0.35	0.45	0.45	0.45	0.50	0.50	0.50	0.50	0.50	0.50	0.50	0.50	0.50	0.50
	中间	0.45	0.45	0.45	0.45	0.50	0.50	0.50	0.50	0.50	0.50	0.50	0.50	0.50	0.50
	4	0.55	0.50	0.50	0.50	0.50	0.50	0.50	0.50	0.50	0.50	0.50	0.50	0.50	0.50
	自 3	0.65	0.55	0.50	0.50	0.50	0.50	0.50	0.50	0.50	0.50	0.50	0.50	0.50	0.50
	下 2	0.70	0.70	0.60	0.55	0.55	0.55	0.55	0.50	0.50	0.50	0.50	0.50	0.50	0.50
	1	1.35	1.05	0.90	0.80	0.75	0.75	0.70	0.70	0.65	0.65	0.60	0.55	0.55	0.55

注：m 为总层数；n 为所在楼层的位置；$\bar{k}$ 为平均线刚度比。

附表 17　考虑上下横梁线刚度比对反弯点高度的影响 γ_1

α_1 \ $\bar{k}$	0.1	0.2	0.3	0.4	0.5	0.6	0.7	0.8	0.9	1.0	2.0	3.0	4.0	5.0
0.4	0.55	0.40	0.30	0.25	0.20	0.20	0.20	0.10	0.15	0.15	0.05	0.05	0.05	0.05
0.5	0.45	0.30	0.20	0.20	0.15	0.15	0.15	0.10	0.10	0.10	0.05	0.05	0.05	0.05
0.6	0.30	0.20	0.15	0.15	0.10	0.10	0.10	0.10	0.05	0.05	0.05	0.05	0	0
0.7	0.20	0.15	0.10	0.10	0.10	0.10	0.05	0.05	0.05	0.05	0.05	0	0	0
0.8	0.15	0.10	0.05	0.05	0.05	0.05	0.05	0.05	0.05	0	0	0	0	0
0.9	0.05	0.05	0.05	0.05	0	0	0	0	0	0	0	0	0	0

注：$\alpha_1=\dfrac{i_1+i_2}{i_3+i_4}$，$i_1+i_2$ 为上层横梁线刚度；i_3+i_4 为下层横梁线刚度。

附表 18　考虑相邻层层高对本层反弯点高度的影响 γ_2、γ_3

α_2	α_3 \ $\bar{k}$	0.1	0.2	0.3	0.4	0.5	0.6	0.7	0.8	0.9	1.0	2.0	3.0	4.0	5.0
2.0		0.25	0.15	0.15	0.10	0.10	0.10	0.10	0.10	0.05	0.05	0.05	0.05	0	0
1.8		0.20	0.15	0.10	0.10	0.10	0.05	0.05	0.05	0.05	0.05	0.05	0	0	0
1.6	0.4	0.15	0.10	0.10	0.05	0.05	0.05	0.05	0.05	0.05	0.05	0	0	0	0
1.4	0.6	0.10	0.05	0.05	0.05	0.05	0.05	0.05	0.05	0.05	0	0	0	0	0
1.2	0.8	0.05	0.05	0.05	0	0	0	0	0	0	0	0	0	0	0
1.0	1.0	0	0	0	0	0	0	0	0	0	0	0	0	0	0
0.8	1.2	−0.05	−0.05	−0.05	0	0	0	0	0	0	0	0	0	0	0
0.6	1.4	−0.10	−0.05	−0.05	−0.05	−0.05	−0.05	−0.05	−0.05	−0.05	0	0	0	0	0
0.4	1.6	−0.05	−0.10	−0.10	−0.05	−0.05	−0.05	−0.05	−0.05	−0.05	−0.05	0	0	0	0
	1.8	−0.20	−0.15	−0.10	−0.10	−0.10	−0.05	−0.05	−0.05	−0.05	−0.05	−0.05	0	0	0
	2.0	−0.25	−0.15	−0.15	−0.10	−0.10	−0.10	−0.10	−0.10	−0.05	−0.05	−0.05	−0.05	0	0

注：γ_2 按 α_2 查得，上层较高时取正数，最上层不考虑 γ_2；γ_3 按 α_3 查得，底层不考虑 γ_3。α_2 为上层层高与本层层高之比，α_3 为下层层高与本层层高之比。

参 考 文 献

[1] 中华人民共和国国家标准. 建筑结构可靠度设计统一标准(GB 50068—2001) [S]. 北京：中国建筑工业出版社，2001.

[2] 中华人民共和国国家标准. 建筑结构荷载规范(GB 50009—2001) [S]. 北京：中国建筑工业出版社，2002.

[3] 中华人民共和国国家标准. 混凝土结构设计规范(GB 50010—2010) [S]. 北京：中国建筑工业出版社，2011.

[4] 中华人民共和国国家标准. 建筑抗震设计规范(GB 50011—2010) [S]. 北京：中国建筑工业出版社，2011.

[5] 中华人民共和国行业标准. 高层建筑混凝土结构技术规程(JGJ 3—2010) [S]. 北京：中国建筑工业出版社，2011.

[6] 东南大学，同济大学，天津大学. 混凝土结构下册：混凝土结构设计 [M]. 北京：中国建筑工业出版社，2002.

[7] 熊丹安. 混凝土结构设计 [M]. 武汉：武汉理工大学出版社，2006.

[8] 熊丹安，吴建林. 混凝土结构设计原理 [M]. 北京：北京大学出版社，2012.

[9] 中华人民共和国国家标准. 建筑结构制图标准(GB/T 50105—2001) [S]. 北京：中国计划出版社，2002.

[10] 中华人民共和国国家标准. 混凝土结构施工图平面整体表示方法制图规则和构造详图(00G101) [S]. 北京：中国建筑标准设计研究所，2000.

[11] 中华人民共和国国家标准. 国家建筑标准设计图集 03G101-2，现浇混凝土板式楼梯 [S]. 北京：中国建筑标准设计研究院，2006.

北京大学出版社土木建筑系列教材(已出版)

序号	书名	主编	定价	序号	书名	主编	定价
1	建筑设备(第2版)	刘源全 张国军	46.00	56	混凝土结构设计原理	邵永健	40.00
2	土木工程测量(第2版)	陈久强 刘文生	40.00	57	土木工程计量与计价	王翠琴 李春燕	35.00
3	土木工程材料(第2版)	柯国军	45.00	58	房地产开发与管理	刘 薇	38.00
4	土木工程计算机绘图	袁 果 张渝生	28.00	59	土力学	高向阳	32.00
5	工程地质(第2版)	何培玲 张 婷	26.00	60	建筑表现技法	冯 柯	42.00
6	建设工程监理概论(第2版)	巩天真 张泽平	30.00	61	工程招投标与合同管理	吴 芳 冯 宁	39.00
7	工程经济学(第2版)	冯为民 付晓灵	42.00	62	工程施工组织	周国恩	28.00
8	工程项目管理(第2版)	仲景冰 王红兵	45.00	63	建筑力学	邹建奇	34.00
9	工程造价管理	车春鹂 杜春艳	24.00	64	土力学学习指导与考题精解	高向阳	26.00
10	工程招标投标管理(第2版)	刘昌明	30.00	65	建筑概论	钱 坤	28.00
11	工程合同管理	方 俊 胡向真	23.00	66	岩石力学	高 玮	35.00
12	建筑工程施工组织与管理(第2版)	余群舟 宋会莲	31.00	67	交通工程学	李 杰 王 富	39.00
13	建设法规(第2版)	肖 铭 潘安平	32.00	68	房地产策划	王直民	42.00
14	建设项目评估	王 华	35.00	69	中国传统建筑构造	李合群	35.00
15	工程量清单的编制与投标报价	刘富勤 陈德方	25.00	70	房地产开发	石海均 王 宏	34.00
16	土木工程概预算与投标报价(第2版)	刘 薇 叶 良	37.00	71	室内设计原理	冯 柯	28.00
17	室内装饰工程预算	陈祖建	30.00	72	建筑结构优化及应用	朱杰江	30.00
18	力学与结构	徐吉恩 唐小弟	42.00	73	高层与大跨建筑结构施工	王绍君	45.00
19	理论力学(第2版)	张俊彦 赵荣国	40.00	74	工程造价管理	周国恩	42.00
20	材料力学	金康宁 谢群丹	27.00	75	土建工程制图	张黎骅	29.00
21	结构力学简明教程	张系斌	20.00	76	土建工程制图习题集	张黎骅	26.00
22	流体力学	刘建军 章宝华	20.00	77	材料力学	章宝华	36.00
23	弹性力学	薛 强	22.00	78	土力学教程	孟祥波	30.00
24	工程力学	罗迎社 喻小明	30.00	79	土力学	曹卫平	34.00
25	土力学	肖仁成 俞 晓	18.00	80	土木工程项目管理	郑文新	41.00
26	基础工程	王协群 章宝华	32.00	81	工程力学	王明斌 庞永平	37.00
27	有限单元法(第2版)	丁 科 殷水平	30.00	82	建筑工程造价	郑文新	38.00
28	土木工程施工	邓寿昌 李晓目	42.00	83	土力学(中英双语)	郎煜华	38.00
29	房屋建筑学(第2版)	聂洪达 郄恩田	48.00	84	土木建筑CAD实用教程	王文达	30.00
30	混凝土结构设计原理	许成祥 何培玲	28.00	85	工程管理概论	郑文新 李献涛	26.00
31	混凝土结构设计	彭 刚 蔡江勇	28.00	86	景观设计	陈玲玲	49.00
32	钢结构设计原理	石建军 姜 袁	32.00	87	色彩景观基础教程	阮正仪	42.00
33	结构抗震设计	马成松 苏 原	25.00	88	工程力学	杨云芳	42.00
34	高层建筑施工	张厚先 陈德方	32.00	89	工程设计软件应用	孙香红	39.00
35	高层建筑结构设计	张仲先 王海波	23.00	90	城市轨道交通工程建设风险与保险	吴宏建 刘宽亮	75.00
36	工程事故分析与工程安全	谢征勋 罗 章	22.00	91	混凝土结构设计原理	熊丹安	32.00
37	砌体结构	何培玲	20.00	92	城市详细规划原理与设计方法	姜 云	36.00
38	荷载与结构设计方法(第2版)	许成祥 何培玲	30.00	93	工程经济学	都沁军	42.00
39	工程结构检测	周 详 刘益虹	20.00	94	结构力学	边亚东	42.00
40	土木工程课程设计指南	许 明 孟茁超	25.00	95	房地产估价	沈良峰	45.00
41	桥梁工程(第2版)	周先雁 王解军	37.00	96	土木工程结构试验	叶成杰	39.00
42	房屋建筑学(上：民用建筑)	钱 坤 王若竹	32.00	97	土木工程概论	邓友生	34.00
43	房屋建筑学(下：工业建筑)	钱 坤 吴 歌	26.00	98	工程项目管理	邓铁军 杨亚频	48.00
44	工程管理专业英语	王竹芳	24.00	99	误差理论与测量平差基础	胡圣武 肖本林	37.00
45	建筑结构CAD教程	崔钦淑	36.00	100	房地产估价理论与实务	李 龙	36.00
46	建设工程招投标与合同管理实务	崔东红	38.00	101	混凝土结构设计	熊丹安	37.00
47	工程地质	倪宏革 时向东	25.00	102	钢结构设计原理	胡习兵	30.00
48	工程经济学	张厚钧	36.00	103	土木工程材料	赵志曼	39.00
49	工程财务管理	张学英	38.00	104	工程项目投资控制	曲 娜 陈顺良	30.00
50	土木工程施工	石海均 马 哲	40.00	105	建设项目评估	黄明知 尚华艳	38.00
51	土木工程制图	张会平	34.00	106	结构力学实用教程	常伏德	47.00
52	土木工程制图习题集	张会平	22.00	107	道路勘测设计	刘文生	43.00
53	土木工程材料	王春阳 裴 锐	40.00	108	大跨桥梁	王解军 周先雁	30.00
54	结构抗震设计	祝英杰	30.00	109	工程爆破	段宝福	42.00
55	土木工程专业英语	霍俊芳 姜丽云	35.00				